CW00673824

ISBN 978-1-332-47645-9
PIBN 10383392

FB &c Ltd, Dalton House, 60 Windsor Avenue, London, SW19 2RR.
Company number 08720141. Registered in England and Wales.

For support please visit www.forgottenbooks.com

LEÇONS

SUR

LA PHYSIOLOGIE ET LA PATHOLOGIE

DU

SYSTÈME NERVEUX.

II.

OUVRAGES DE M. CL. BERNARD.

CHEZ LES MÊMES LIBRAIRES.

Leçons de physiologie expérimentale appliquée à la médecine, faites au Collége de France pendant les années 1854-1855. Paris, 1855-1856, 2 volumes in-8 de chacun 512 pages, avec figures intercalées dans le texte.. 14 fr.

Séparément, le tome II. Paris, 1856, in-8 de 512 pages, avec 78 fig. 7 fr.

Cours de médecine du Collége de France, 1856 : **Leçons sur les effets des substances toxiques et médicamenteuses.** Paris, 1857, 1 vol. in-8 de 492 pages, avec 32 figures intercalées dans le texte..... 7 fr.

Cours de médecine du Collége de France, 1857-1858 : **Leçons sur les propriétés physiologiques et les altérations pathologiques des différents liquides de l'organisme.** Paris, 1858, 2 vol. in-8 de chacun 500 pages, avec figures intercalées dans le texte. (*Sous presse.*)

Mémoire sur le pancréas et sur le rôle du suc pancréatique dans les phénomènes digestifs, particulièrement dans la digestion des matières grasses neutres. Paris, 1856, in-4 de 200 pages, avec 9 planches gravées, en partie coloriées.................................... 12 fr.

Recherches expérimentales sur le grand sympathique, et spécialement sur l'influence que la section de ce nerf exerce sur la chaleur animale. Paris, 1854, in-8 .... 2 fr. 50

Paris. — Imprimerie de L. Martinet, rue Mignon, 2.

nous avons posé à propos des paires rachidiennes, à savoir : *qu'un nerf moteur joue le rôle de racine antérieure par rapport à un nerf sensitif, toutes les fois qu'il reçoit de ce dernier sa sensibilité récurrente; et que, réciproquement, un nerf sensitif joue, par rapport à un nerf moteur, le rôle de racine postérieure toutes les fois qu'il lui fournit la sensibilité récurrente.* Quant à l'élément sympathique qui, émanant de la moelle épinière, entre encore dans la constitution de l'unité nerveuse, il nous serait difficile de dire, pour le moment, s'il est plus spécialement associé à l'élément moteur d'une paire nerveuse qu'à son élément sensitif. Notons seulement que les mouvements réflexes auxquels les nerfs sympathiques donnent lieu peuvent avoir pour point de départ, soit des sensations internes, soit des sensations externes, soit enfin des sensations spéciales.

Parmi les propriétés nouvelles que nous présentent les nerfs crâniens, nous devons surtout signaler celles qui appartiennent à un ordre nouveau de nerfs qui ne se rencontrent que dans l'encéphale; ce sont celles des nerfs spéciaux des sens, ou nerfs sensoriaux.

Relativement à la sensibilité des nerfs rachidiens, nous avons déjà longuement insisté, dans le semestre dernier, sur ce fait, que les nerfs sensitifs et les nerfs moteurs intacts sont les uns et les autres sensibles quoiqu'à des degrés divers; seulement, que l'un de ces éléments, le nerf sensitif, possède une *sensibilité directe* qu'il tient du centre nerveux et qui, après sa section, persiste dans son bout central, tandis que l'autre, le nerf moteur, possède une *sensibilité récurrente*, qu'il tire du nerf sensitif et qui après sa section persiste dans son bout périphérique.

A la tête, les nerfs possèdent les mêmes propriétés et les mêmes caractères physiologiques qu'au rachis; cela nous permettra donc toujours de distinguer un nerf moteur d'avec un nerf sensitif. Toutefois les nerfs des sens spéciaux, ou nerfs sensoriels, présentent des propriétés tout à fait différentes. Pendant très longtemps on avait cru que les nerfs, chargés de percevoir les impressions les plus délicates, devaient être doués d'une sensibilité exquise. Magendie, le premier, a montré qu'il n'en était pas ainsi, et que le nerf optique, le nerf acoustique, le nerf olfactif, pouvaient être déchirés, contus, sans provoquer les moindres signes de douleur. Mais l'excitation de ces nerfs développe cependant des mouvements réflexes qui ne sont plus, dans ce cas, seulement le résultat d'une sensibilité inconsciente, mais celui d'une sensibilité subjective, analogue aux propriétés du nerf sensitif sur lequel on expérimente. En effet, la contusion, l'irritation du nerf optique déterminent, même dans l'obscurité, des sensations lumineuses et la contraction de la pupille comme sous l'influence de la lumière extérieure elle-même.

Ici le nerf sensoriel se comporte, pour la direction de son action, comme un nerf sensitif, car le pincement du bout central du nerf optique détermine la contraction de la pupille chez l'animal rendu aveugle par cette section, tandis que le pincement du bout nerveux périphérique ne produit rien. De même aussi, l'irritation du nerf acoustique détermine des sensations auditives subjectives.

Il est des nerfs spéciaux qui sont, en quelque sorte, indu nerf avec la surface longitudinale du muscle, soit la surface longitudinale du nerf avec la coupe du muscle.

En ce moment je désarticule la jambe du lapin, en conservant le nerf sciatique qui s'y rend, et je peux, avec le long bout du nerf qui tient à la jambe, répéter toutes les expériences que nous avons faites durant le semestre dernier avec la patte galvanoscopique de la grenouille.

Nous constatons ici que, en mettant une portion du nerf en contact avec la surface longitudinale d'un muscle de la cuisse qui reste attachée au tronc, et une autre portion du nerf en contact avec la coupe du même muscle, en ayant soin de soulever le nerf en anse entre ces deux points de contact, on voit survenir une contraction brusque par le courant musculaire, absolument comme cela a lieu pour les pattes galvanoscopiques.

Nous pouvons également constater ici qu'il y a une contraction dans la patte quand on pose le nerf sur la pointe et la surface des ventricules du cœur de l'animal.

Nous observons encore la contraction par l'excitation que nous avons appelée excitation métallique, qui consiste à faire toucher deux points d'un nerf sur une surface métallique homogène. Nous obtenons dans ce cas encore, avec le nerf sciatique de notre lapin, des contractions absolument semblables à celles que nous a données la patte galvanoscopique de la grenouille. Il y a plus de vingt minutes que l'animal est mort, et les propriétés que nous examinons ne sont encore en rien affaiblies, et si l'animal n'eût pas été amené à cet état d'abaissement des fonctions dans lequel vous l'avez vu, au bout de quelques instants les propriétés nerveuses et musculaires auraient complètement disparu. Nous n'avons, du reste, qu'à comparer, pour nous en rendre compte, les muscles du cou du même animal, au-dessus de la section de la moelle, avec ceux du train postérieur. Ces derniers se contractent au moindre attouchement de la pointe du bistouri, tandis que les autres ont perdu déjà depuis longtemps leur contractilité.

Nous pourrions encore continuer longtemps les mêmes études avec ces nerfs et ces muscles de lapin; mais ce que nous avons vu suffit pour vous prouver de la manière la plus évidente qu'il n'y a pas de différence radicale entre les propriétés du système nerveux des animaux supérieurs et celles des animaux inférieurs, et qu'en les ramenent dans des conditions de circulation et de calorification identiques, on obtient les mêmes phénomènes. Cette démonstration n'est pas sans importance, car souvent on entend dire qu'il n'y a pas de comparaison à faire entre les propriétés des nerfs d'une grenouille et celles des nerfs de l'homme, par exemple. Il faut savoir au contraire que, quant à leur essence, ces propriétés sont exactement les mêmes, et que tout ce qu'on peut constater sur une grenouille peut être constaté sur les animaux plus élevés. De sorte, donc, que nous pouvons parfaitement invoquer les expériences faites sur les animaux pour éclairer l'histoire de la physiologie du système nerveux chez l'homme.

Dans la prochaine leçon, nous commencerons l'histoire des nerfs de la face.

Il est probable qu'il en serait de même chez les cétacés souffleurs.

On obtient alors sur les chevaux des résultats analogues à ceux qu'on produit en leur cousant les narines.

Voici une expérience qui établit ce que nous venons d'avancer touchant l'influence du nerf facial sur les mouvements des narines :

Exp. — Sur un cheval morveux, maintenu couché à terre, on découvrit le facial et on disséqua ses branches. En les pinçant, on les trouva toutes sensibles, mais assez faiblement. On coupa les trois branches du nerf, et les bouts centraux restèrent sensibles, tandis que les bouts périphériques se montrèrent alors insensibles.

On remarqua qu'aussitôt après la section du nerf facial sur la joue, la lèvre correspondante, inférieure, devint pendante; le naseau du même côté était paralysé. Lors de l'inspiration, il s'affaissait et s'aplatissait comme une soupape, (comme le fait, par exemple, le repli aryténo-épiglottique dans l'œdème de la glotte), de sorte qu'à ce moment la narine se trouvait complétement fermée. Dans l'expiration, au contraire, les bords de la narine s'ouvraient et s'écartaient légèrement. C'est donc là tout à fait l'inverse de ce qu'on observe à l'état normal, dans lequel la narine s'élargit au moment de l'inspiration et se rétrécit au moment de l'expiration.

On tourna le cheval de l'autre côté et on répéta la même expérience sur l'autre nerf facial. Les branches intactes du nerf étaient sensibles comme celles du côté opposé. Lorsque ces branches furent coupées, leurs bouts centraux, examinés immédiatement, se montrèrent sensibles, mais les bouts périphériques n'accusèrent aucune sensibilité.

Au moment où l'on fit la section des branches du facial, la lèvre inférieure devint complétement tombante. La narine de ce côté fut frappée de paralysie, et, ainsi que cela avait eu lieu de l'autre côté, la narine s'aplatissait et se soulevait comme une soupape au moment de l'inspiration et de l'expiration. Il en résulta une véritable asphyxie pour le cheval, qui, ouvrant largement la bouche, suffoquait malgré ses efforts pour respirer. Le cheval ne pouvant respirer par la bouche, à cause de la disposition du voile du palais et de l'épiglotte qui remonte jusqu'à l'orifice postérieur des fosses nasales; il s'en suivit une mort de l'animal par asphyxie.

Cet accident est particulier au cheval et ne se montre pas chez le chien ou chez d'autres animaux qui peuvent respirer par la bouche.

En outre, chez l'homme, chez le chien, la résistance des cartilages du nez empêche la paralysie des nerfs faciaux d'avoir les conséquences qu'elles ont chez le cheval; il leur resterait d'ailleurs, ainsi que nous venons de le dire, la ressource de respirer par la bouche.

Le nerf facial, nous le savons, se distribue encore aux lèvres et aux joues. L'immobilité de ces parties est la conséquence de sa section. Si l'animal veut prendre ses aliments avec les lèvres lorsque le facial est coupé des deux côtés, ce mode de préhension lui est devenu impossible. J'ai vu par exemple, en coupant les deux nerfs faciaux chez des lapins que ceux-ci, étant réduits à saisir avec les dents les aliments qu'on leur donne, étaient obligés de les mâcher en levant la tête, sans quoi ces aliments leur échappaient. La joue est alors paralysée en même temps et, le buccinateur ne se contractant plus, les aliments ne sont plus ramenés sous les dents pendant la mastication. Ils s'accumulent dès lors entre l'arcade dentaire et la joue, et gonflent celle-ci au point de gêner les mouvements des mâchoires. Il y a en outre, comme conséquence de la paralysie des filets du digastrique et stylo-hyoïdien du nerf facial, des difficultés apportées dans la déglutition, si bien qu'après la section des deux nerfs faciaux, ces animaux mangent lentement, difficilement, ne peuvent plus se nourrir suffisamment et finissent par mourir de faim.

La paralysie du muscle buccinateur qui est animé par le nerf facial, donne à la joue une flaccidité qui, dans les mouvements d'expiration, l'empêche de résister à la pression de l'air expiré. Il en résulte, du côté paralysé seulement, une distension intermittente de la joue produisant un soulèvement particulier, souvent observé chez l'homme et qu'on caractérise en disant que le malade *fume la pipe.*

Enfin, messieurs, la section du nerf facial amène aussi des modifications très apparentes du côté de l'oreille.

Sur ce lapin, qui a le nerf facial gauche coupé, vous pouvez voir l'oreille gauche tomber; il ne peut plus la redresser comme l'oreille droite, ce qui tient à la paralysie des muscles extérieurs du pavillon de l'oreille. Ce phénomène est très marqué chez les animaux qui, comme l'âne, ont de longues oreilles. Chez l'homme il n'a pas lieu; l'oreille reste à peu près immobile, dans une position déterminée à cause de la rigidité de ses cartilages et la paralysie des muscles auriculaires n'y produit pas de déformation apparente.

La branche auriculaire du nerf pneumogastrique parait aussi avoir une certaine influence sur les mouvements de l'oreille. Voici, en effet, ce que nous avons observé :

Exp.—On fit sur un lapin la section de la branche auriculaire du nerf pneumogastrique avant son anastomose avec le facial. Aussitôt après la section de ce filet, l'oreille devint basse et tombante, tandis que celle du côté opposé resta droite. Cependant, quand on irritait l'animal, l'oreille tombante se redressait; mais ensuite, quand le lapin était en repos, l'oreille retombait. On observa ce résultat d'une manière constante pendant quatre jours de suite; après quoi, l'animal étant sacrifié, on constata que l'anastomose entre le facial et le pneumogastrique était bien exactement coupée.

En résumé, la partie extérieure du nerf facial préside aux mouvements de la face qui ont en général pour siège les ouvertures des organes de sens. Ce nerf est donc exclusivement moteur, et lorsqu'on a coupé son tronc au sortir du trou stylo-mastoïdien, on n'observe aucune altération dans les mouvements profonds de la face.

Une dernière observation doit encore être faite ici relativement à la paralysie de la partie externe du facial.

Lorsque ce nerf est paralysé chez l'homme d'un seul côté, on a une déviation des traits qui sont tires du côté sain; cette déviation est bien connue et je n'insisterai pas sur elle. On a expliqué cette déviation en disant que les muscles paralysés ayant perdu leur puissance contractile ou leur ton, l'action antagoniste subsistait seule.

Je ne sais pourquoi, chez les animaux, on observe exactement l'inverse, c'est-à-dire que les traits sont tirés du côté de la paralysie. Cette déviation s'observe moins facilement chez le lapin, mais je vous la montrerai chez le chien. Je vous donne simplement ce fait sans chercher pour le moment à l'expliquer.

Actuellement, messieurs, nous allons vous exposer un certain nombre d'expériences que nous avons faites déjà depuis longtemps et dans lesquelles vous trouverez les preuves des différentes assertions que nous avons avancées dans cette leçon.

Exp. — Sur un lapin on coupa à gauche le nerf facial à la sortie du trou stylo-mastoïdien. Après cette section, les traits de la face étaient aplatis, et attirés en arrière, à gauche, c'est-à-dire du côté paralysé. Cette déviation des traits est donc l'inverse de ce qui a lieu chez l'homme.

Après la section de la cinquième paire, la face présente un autre aspect : au lieu d'être tendu et tiré en arrière, le côté de la face est, au contraire, flasque et les traits sont tombants. On peut, à cet aspect seul, reconnaître de loin si c'est le facial ou la cinquième paire qui a été coupé.

Exp. — Sur un lapin chez lequel les deux nerfs faciaux avaient été coupés dans la caisse du tympan, on constata que la sensibilité était conservée des deux côtés de la face. Les mouvements du nez, des lèvres, des oreilles, des joues, étaient complétement perdus. Les mâchoires seules pouvaient se mouvoir.

Le lapin prenait sa nourriture avec les dents, mâchant très bien; mais les aliments mâchés se plaçaient entre les joues et les mâchoires et y restaient accumulés en quantité plus ou moins considérable.

On observa le même phénomène sur quatre autres lapins chez lesquels le nerf facial avait été coupé des deux côtés.

Exp. — Sur un chat, on fit l'extirpation du facial d'un côté.

L'oreille correspondante resta parfaitement droite, immobile; la paupière était fixe et ne se fermait pas, mais l'animal clignait avec la troisième paupière qui avait conservé tous ses mouvements. La pupille était verticale, et, comme celle de l'autre œil, n'offrait rien d'anormal. Le globe oculaire avait également conservé tous ses mouvements.

L'animal se plaçait souvent devant le feu, et quand il s'endormait en se chauffant, il fermait les paupières de l'œil sain, tandis que celles de l'œil opéré restaient ouvertes. Mais de ce côté la paupière clignotante s'étendait au-devant de l'œil.

Exp. — Sur un lapin de taille moyenne, on fit l'extirpation des deux faciaux. Après l'extirpation du facial droit, les traits de la face étaient aplatis, tirés en bas et en arrière de ce côté. Après l'extirpation des nerfs faciaux, tous les mouvements étaient paralysés; les oreilles étaient basses. Il y avait cependant parfois une espèce de soulèvement des narines qui tenait sans doute à un soulèvement par l'air expulsé.

Dans l'arrachement du facial, il arrive quelquefois que l'on ménage le nerf acoustique et parfois aussi le petit ganglion géniculé du facial ainsi que le nerf intermédiaire de Wrisberg. Ici, on n'a pas examiné ce qui avait eu lieu ; mais on observa que l'ouïe du lapin était considérablement affaiblie. Toutefois l'animal entendait encore les bruits lorsqu'ils étaient très violents. L'animal mangeait mais avalait difficilement ; les aliments s'accumulaient entre les arcs dentaires et les joues; si bien qu'il mourut pendant la nuit, probablement étouffé par les aliments qu'il avait dans la bouche.

Nous avons fait ensuite différentes expériences sur l'extirpation des nerfs qui ont des rapports avec le facial, et nous avons vu que :

a. En extirpant le facial, on n'arrache pas son anastomose avec le pneumogastrique dans la portion osseuse du temporal.

b. En arrachant le pneumogastrique, on enlève les deux faisceaux radiculaires du nerf ; mais on ne détruit pas son anastomose avec le facial. Comme cette anastomose prend directement naissance du ganglion jugulaire, il est probable qu'on n'arrache pas ce ganglion.

c. En extirpant le nerf spinal on peut quelquefois n'enlever que la branche externe ; d'autres fois on n'extirpe aussi la branche interne, quand on saisit le nerf plus haut. Quelquefois les animaux suffoquent subitement, cela tient-il à ce qu'on a lésé les vagues ou d'autres nerfs ?

d. En extirpant l'hypoglosse, on n'atteint aucunement les nerfs de la huitième paire.

Exp. — Sur un lapin de forte taille, on enleva le ganglion cervical supérieur. Le ganglion put être pincé sans douleur, seulement l'arrachement détermina un peu de sensibilité. On fit ensuite la section des branches superficielles du plexus cervical. Les mouvements de la narine correspondante ne changèrent pas. On observa seulement encore, après l'ablation du ganglion, la déformation déjà signalée de l'ouverture palpébrale avec saillie considérable de la troisième paupière ainsi que la contraction de la pupille.

On exposa les deux yeux à la lumière du soleil : Les deux pupilles se contractèrent; mais l'iris du côté gauche où le ganglion avait été enlevé paraissait bien plus sensible à l'action de la lumière.

Ensuite on essaya de couper l'anastomose du pneumogastrique dans la caisse à gauche et on coupa le facial. Il y eut immobilité de tout le côté correspondant.

Le lendemain, les mêmes phénomènes persistaient. On voulut faire la section de l'anastomose du pneumogastrique à droite et on coupa encore le nerf facial.

L'animal avalait difficilement; l'herbe s'accumulait entre les dents et les joues; il mourut deux jours après.

A l'autopsie : épanchement de sang dans les deux poumons, sérosité liquide dans le péricarde, rien dans la plèvre.

Exp. — Sur un lapin de forte taille, on fit à gauche l'ablation du ganglion cervical supérieur.

Le ganglion cervical put être pincé et lacéré sans provoquer aucun signe de douleur, seulement l'animal cria au moment de l'arrachement. On examina si cette opération avait amené quelque diminution dans les mouvements de la narine du côté correspondant et on ne vit rien de bien évident à ce sujet.

Le lendemain, en observant l'animal, on remarqua pour la première fois qu'il existait du côté où le ganglion avait été enlevé un rétrécissement et une déformation particulière de l'ouverture palpébrale. On observa également le phénomène bien connu du rétrécissement de la pupille qui existait du côté gauche.

Deux jours après, on n'observait rien de nouveau. Alors on fit à gauche la section de l'anastomose du pneumogastrique, mais on opéra involontairement la section du facial et on abolit tous les mouvements de la face. Le rétrécissement de la pupille persista. Le lendemain on essaya de couper l'anastomose du côté droit; mais cette fois encore on coupa le facial du côté droit, de sorte que ce nerf était coupé des deux côtés. On s'assura que l'animal entendait très bien, malgré que les deux faciaux fussent coupes dans la caisse. Lorsqu'on laissait tomber quelque chose à terre, il prenait la fuite au moment où le bruit se produisait.

Les jours suivants, l'animal présenta les mêmes symptômes; il mangeait avec difficulté et mourut après cinq jours. A l'autopsie, on trouva la bouche remplie d'herbe incomplètement broyée. L'animal, qui n'avalait que difficilement à cause du séjour des aliments entre ses joues paralysées, mâchait toujours et avait l'air de ruminer. On remarqua dans les derniers jours de la vie du lapin que l'œil gauche, du côté où le ganglion cervical avait été enlevé, était humide et larmoyant. On avait également observé qu'il y avait un écoulement par la narine, du même côté.

Exp. — Sur un jeune lapin, on fit la section de la cinquième pairè à gauche. Après la section, les traits étaient poussés en avant. Les mouvements des narines s'exécutaient bien des deux côtés. Alors on fit l'ablation du ganglion cervical supérieur à gauche ; les mouvements de la narine de ce côté continuaient, surtout quand on comprimait la trachée ; à l'état de repos, ils semblaient un peu modifiés.

Enfin on fit la section du nerf facial dans la caisse du tympan du côté gauche. Les traits qui avaient été poussés en avant au moment de la section de la cinquième paire se retirèrent un peu en arrière et se mirent de niveau avec ceux du côté opposé.

L'animal fut ensuite sacrifié dans une autre expérience.

Tels sont messieurs, les phénomènes extérieurs qui apparaissent dans la face quand on a détruit le facial par un procédé quelconque. Nous aurions maintenant à rapprocher les résultats que nous fournit l'expérimentation chez les animaux, des symptômes que la lésion de ce nerf détermine chez l'homme. Sous ce rapport, nous pourrions citer un grand nombre de cas de paralysies de la face simples ou doubles chez l'homme, observées par différents auteurs, et nous trouverions l'analogie la plus complète entre les phénomènes pathologiques et ceux qui sont le résultat de l'expérimentation. Ce sont là des faits tellement connus qu'il est complétement inutile d'y insister. Il y a seulement une différence que nous avons déjà signalée : c'est la déviation des traits du côté du du nerf paralysé chez les animaux et du côté opposé chez l'homme. Sans vouloir entrer dans l'explication de ce phénomène, nous dirons cependant que chez l'homme, dans certains cas où la paralysie du facial a succédé à une névralgie, il survient une sorte de contraction qui tire les traits du côté même de la paralysie. C'est là une sorte d'influence que le nerf de sensibilité exercerait sur le nerf de mouvement. Nous aurons à revenir sur cette influence à propos de la cinquième paire en vous parlant de l'affection convulsive, à laquelle on a donné le nom de *tic douloureux de la face*, affection caractérisée par des mouvements convulsifs, réflexes, qui surviennent dans le nerf de mouvement par suite d'une lésion du nerf de sentiment.

QUATRIÈME LEÇON.

15 MAI 1857.

SOMMAIRE : Nerf trijumeau. — Ses fonctions. — Expériences de Magendie, de Shaw. — Vues de Ch. Bell. — Anatomie de la cinquième paire. — Section de la cinquième paire dans le crâne. — Procédé. — Expérience. — Effets de cette opération, immédiats et consécutifs. — Effets comparés de la section de la cinquième paire avant et après le ganglion de Gasser. — Accidents qui surviennent du coté de l'œil après la section du nerf trijumeau. — La cécité est consécutive et non primitive. — Expériences.

MESSIEURS,

Après avoir étudié la distribution et le rôle de la portion extra-crânienne du facial, nous devrions aujourd'hui examiner sa partie intra-crânienne, c'est à dire les filets qui en émanent depuis son origine de la moelle allongée jusqu'à sa sortie par le trou stylo-mastoïdien. Mais, ainsi que je vous l'ai déjà indiqué, ces filets, suivant nous, font partie du grand sympathique et nous renvoyons leur étude après celle de la cinquième paire qui est le nerf sensitif principal de la face.

Je dois vous montrer encore le lapin sur lequel nous avons, dans la dernière séance, fait la section du nerf facial à sa sortie du crâne. Vous voyez que du côté gauche où ce nerf a été coupé les mouvements de la face sont complétement abolis, bien que la sensibilité persiste, comme il est facile de le voir aux mouvements provoqués par les excitations dans les parties qui sont encore capables de se mouvoir, tel que le globe de l'œil. Il est aisé de voir sur cet animal qu'aucune altération de nutrition n'a suivi la section du facial. Bien que les paupières ne puissent plus recouvrir le globe de l'œil, celui-ci est resté humide et brillant; la cornée n'a pas perdu sa transparence.

Laissons donc là le nerf facial; nous allons aujourd'hui entreprendre l'étude de la cinquième paire, dont l'histoire se rattache du reste étroitement à celle de la portion dure de la septième paire.

La cinquième paire, nerf trijumeau, donne la sensibilité à la face; la physiologie de ce nerf n'est bien connue que depuis les travaux de Magendie. Avant lui, voyant le nerf trijumeau se distribuer à la peau de la face et le facial se distribuer aux muscles de cette région, Ch. Bell avait déjà établi la différence fonctionnelle qui sépare physiologiquement ces deux nerfs. Il fit faire l'expérience sur un âne par Schaw, qui, coupant d'un côté la branche sous-orbitaire de la cinquième paire et de l'autre les rameaux buccaux du facial, anéantit le sentiment de la lèvre supérieure d'un côté et le mouvement de l'autre côté.

La présence du ganglion de Gasser à l'origine du nerf trijumeau fut ensuite pour Ch. Bell une raison de rapprocher ce nerf des racines postérieures.

Au moment où Magendie entreprit ses expériences sur la cinquième paire, on avait donc seulement démontré qu'elle donne le sentiment à la lèvre, et que le facial lui donne le mouvement. Les expériences de Magendie apprirent surtout que non-seulement le nerf trijumeau est un nerf sensitif, mais qu'il a encore une influence très remarquable sur la nutrition de la face et par suite sur les manifestations sensorielles.

Vous savez que l'origine apparente de la cinquième paire a lieu au pont de Varole par deux portions, l'une grosse, l'autre petite ; la grosse portion constitue un nerf de sentiment, la petite portion est motrice.

Immédiatement en sortant du ganglion qui se trouve peu après son origine, le trijumeau se divise en trois anches : la branche ophthalmique, la branche maxillaire supérieure et la branche maxillaire inférieure. Les deux branches supérieures sont des nerfs purs de sentiment. Mais la branche inférieure est mixte, ce qui est dû à une partie motrice fort grêle, qui n'entre pas dans le ganglion et vient, un peu au delà, se joindre à la branche maxillaire inférieure. Cette portion motrice vient ensuite s'associer à certains filets du nerf maxillaire inférieur, qui grâce à cette adjonction deviennent mixtes, tandis que d'autres restent seulement sensitifs. Tandis que toute la partie ganglionaire du nerf trijumeau préside à la sensibilité générale de tous les organes des sens, de la peau de la face,. excepté à celle de la partie inférieure et postérieure de l'oreille, la portion motrice qui est venue se joindre à la branche maxillaire inférieure, donne le mouvement aux muscles masticateurs. Aussi, quand on a coupé complétement sur un lapin, la cinquième paire, l'animal a perdu non-seulement la sensibilité de la face, mais aussi les mouvements de la mâchoire inférieure : si le trijumeau a été coupé des deux côtés, la mastication est devenue impossible. Lorsque la section n'a été pratiquée que d'un seul côté, les mouvements masticateurs peuvent encore s'exécuter grâce à l'intégrité des mouvements du côté opposé.

Voilà pour ce qui concerne les phénomènes qui suivent immédiatement la section du nerf trijumeau.

D'autres effets, portant plus spécialement sur les sens, s'observent lorsque, comme l'a fait Magendie, on coupe la cinquième paire dans le crâne de manière que les animaux survivent.

Cette opération, que nous allons pratiquer devant vous, est difficile par la raison simple qu'on ne voit pas ce qu'on fait. Le tronc du trijumeau émane de la partie supérieure et externe de la protubérance annulaire, vers le lieu où naissent les pédoncules cérébelleux moyens. Il est évident qu'on ne pourrait découvrir le nerf en ce point qu'en enlevant la voûte du crâne et une partie du cerveau, ainsi qu'on l'a fait sur cette pièce qui vient d'un lapin (fig. 2). Comme dans l'opération que nous allons pratiquer, nous agissons sans voir le nerf, il faut toujours se résigner, en raison même de cette difficulté, à courir les chances de quelques insuccès.

Pour couper la cinquième paire dans le crâne, on peut faire usage d'instruments de forme très différente.

Le premier, celui dont se servait Magendie est une sorte de crochet cunéiforme tranchant que voici. Celui dont nous faisons usage pour arriver sur la racine du trijumeau et la couper est

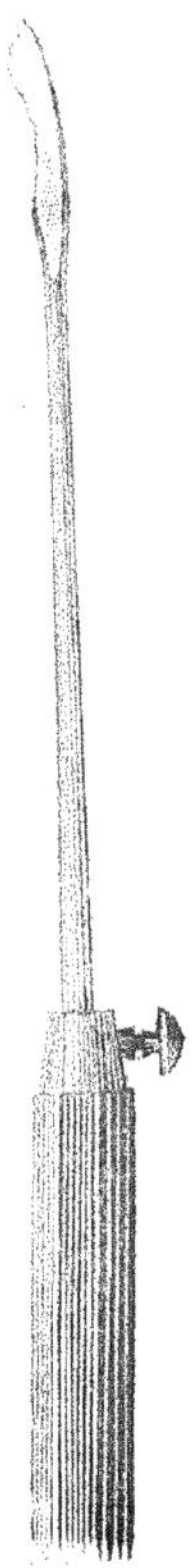

FIG. 1.

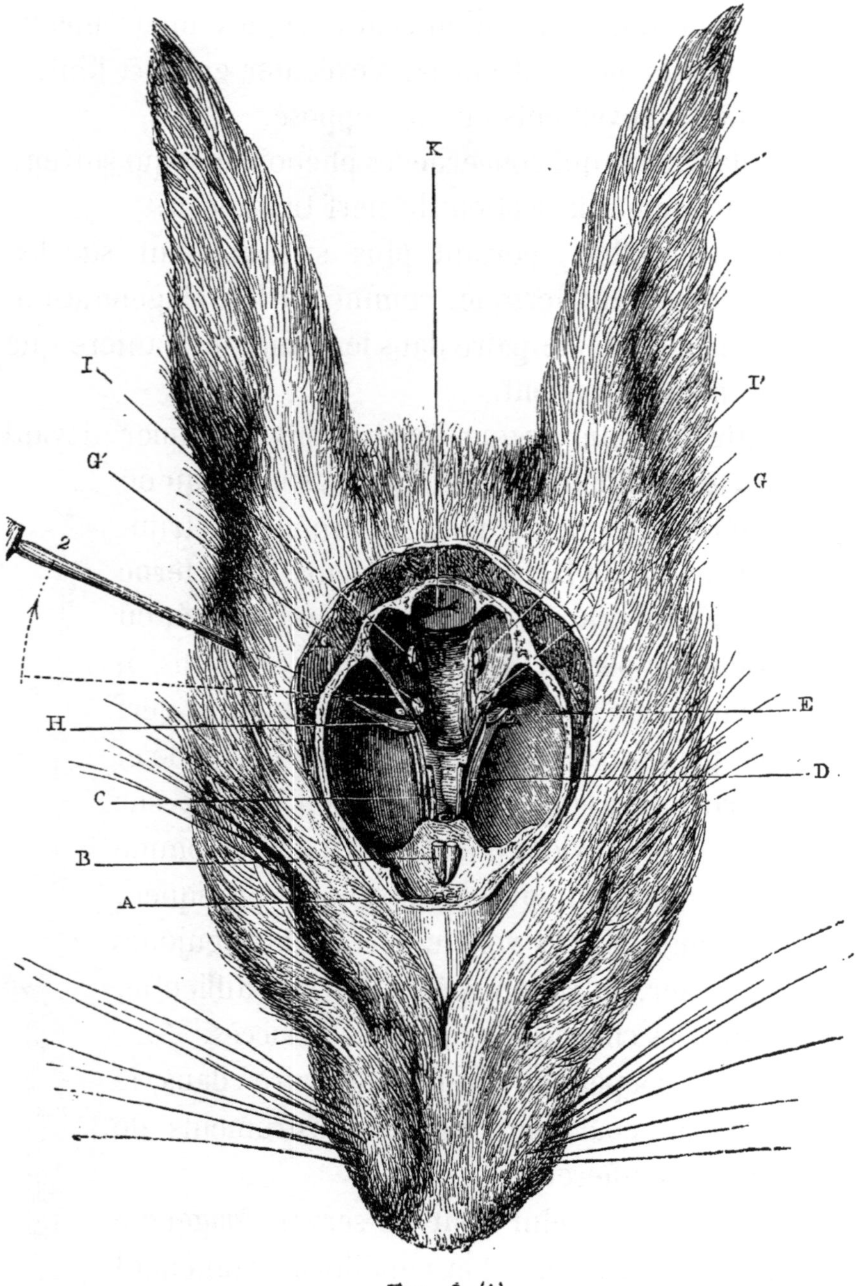

Fig. 2 (1).

(1) *Section de la cinquième paire dans le crâne chez le lapin.* — Le crâne est ouvert et le cerveau enlevé afin de montrer les origines des

représenté (fig. 1). On peut encore donner à cet instrument une forme analogue à celle d'un canif. Voici d'ailleurs le procédé tel que nous le suivons (fig. 2) :

1° On tient solidement de la main gauche la tête du lapin en sentant avec le doigt un tubercule placé immédiatement au-devant de l'oreille et qui est constitué par le condyle de la mâchoire inférieure. En arrière de ce tubercule, on trouve une portion osseuse dure qui est l'origine du conduit auditif;

2° On pique avec l'instrument H immédiatement en arrière du bord supérieur du tubercule condylien, en dirigeant la pointe de l'instrument un peu en avant pour éviter de tomber dans l'épaisseur même du rocher et parvenir plus facilement dans la fosse temporale moyenne; on incline en même temps un peu en haut afin de ne pas glisser dans la fosse zygomatique en manquant ainsi d'entrer dans le crâne;

3° Aussitôt que l'instrument a pénétré dans le crâne, ce qui se reconnaît à ce que sa pointe peut se mouvoir à l'aise, on cesse de le pousser et le dirige aussitôt en

nerfs et la marche que l'instrument doit suivre pour parvenir sur le tronc de la cinquième paire.

A, nerfs olfactifs; — B, nerfs optiques; — C, nerfs moteurs oculaires communs; — D, nerfs pathétiques; — E, lame de l'instrument pénétrant dans le crâne par sa base pour couper le trijumeau (deuxième procédé); — G, G', tronc du nerf de la cinquième; à droite, en G', le nerf est coupé par le premier procédé, par le côté latéral du crâne; — H, extrémité de l'instrument arrivée sur le tronc de la cinquième paire, après avoir glissé d'arrière en avant et de haut en bas sur la face du rocher, en même temps que le manche de l'instrument se dirigeait de bas en haut et en arrière, 2; — I I', nerfs de la septième paire; — K, coupe de la moelle allongée.

bas et en arrière en faisant glisser son dos contre la face antérieure du rocher qui doit servir de guide dans l'opération ;

4° Ce point de répère, c'est-à-dire la face antérieure du rocher, étant trouvé, on pousse l'instrument sur cette face du rocher en suivant son bord inférieur et procédant graduellement, en enfonçant l'instrument et appuyant sur l'os dont la résistance est facile à reconnaitre. Mais bientôt on sent, à une certaine profondeur, que la résistance osseuse cesse : on est alors sur la cinquième paire et les cris que pousse l'animal donnent aussitôt la preuve qu'on comprime le nerf ;

5° C'est à ce moment, qu'il faut tenir solidement l'instrument et la tète de l'animal ; puis on tourne le tranchant de l'instrument de façon à le diriger en arrière et en bas, en même temps qu'on appuie dans le même sens pour opérer la section du nerf immédiatement à son passage sur l'extrémité du rocher, en arrière du ganglion de Gasser, si c'est possible, ou tout au moins sur ce ganglion lui-même.

6° On ramène ensuite l'instrument en appuyant sur l'os de manière à bien achever la section du tronc de la cinquième paire ; puis on le retire en lui faisant parcourir le même trajet sur la face antérieure du rocher en sortant qu'en entrant, afin de ne pas labourer la substance cérébrale.

L'accident à redouter dans l'opération est surtout la section de l'artère carotide lorsqu'on pousse l'instrument trop en dedans, ou la lésion du sinus caverneux lorsqu'on le pousse trop en avant.

Nous allons maintenant faire cette expérience devant vous en suivant le procédé que je viens de vous indiquer :

Au-devant de l'oreille de ce lapin nous sentons le tubercule qui marque l'origine du conduit auditif; c'est au-devant de ce tubercule qu'il faut enfoncer l'instrument. Cet instrument est piquant; l'os peu épais peut être percé directement. Nous voici dans le crâne, nous suivons le rocher; le lapin s'agite : nous sommes arrivé sur le nerf. Le mouvement violent auquel l'animal s'est livré, aurait eu des suites fâcheuses si nous n'avions tenu, à ce moment, très solidement la tête de la main gauche et l'instrument de la main droite. De cette façon, les deux mains de l'opérateur et la tête de l'animal faisant pour ainsi dire corps, il n'y a pas eu de déplacement relatif de la pointe de l'instrument. L'animal pousse des cris aigus; nous coupons le nerf de la cinquième paire. Vous voyez saillir le globe oculaire du côté droit où nous opérons la section du nerf. Maintenant nous retirons l'instrument.

Vous voyez en touchant la cornée, les lèvres et les joues, que la sensibilité de la face est complétement perdue de ce côté droit où l'opération a été pratiquée, bien qu'elle soit toujours très vive du côté opposé. On peut pincer la narine à côté de la section, y introduire un corps étranger sans provoquer de douleur; du côté sain, ces parties sont restées très sensibles. L'animal est un peu affaissé, toutefois il n'y a pas de signes actuels d'hémorrhagie, et je pense qu'en laissant le lapin en repos il n'en surviendra pas.

La langue est insensible comme la face. On pourrait

la saisir et la pincer à gauche sans que l'animal la retire; la même chose n'aurait pas lieu à droite.

Les phénomènes immédiats d'insensibilité que nous observons chez ce lapin persisteront toujours, comme nous le verrons, en conservant l'animal. Mais bientôt d'autres phénomènes surviendront : lésions consécutives de nutrition qu'à découvertes Magendie en suivant les animaux opérés, après leur avoir coupé la cinquième paire dans le crâne.

Magendie est le premier expérimentateur qui ait coupé la cinquième paire dans le crâne, de manière à conserver les animaux vivants. Il a exécuté cette opération en 1824. Il est vrai que d'autres physiologistes avaient eu avant lui l'idée de couper la cinquième paire dans le crâne : Ainsi, Herbert Mayo, en 1823, publiait des expériences dans lesquelles il avait coupé la cinquième paire dans le crâne à des pigeons après leur avoir enlevé le cerveau; la même année, Fodéra fit des expériences dans lesquelles il coupa la cinquième paire sans enlever la calote crânienne, en entrant par le pariétal et enlevant une petite portion du rocher. Les deux expériences qu'il fit par ce procédé ne donnèrent que des résultats tout à fait incomplets et très confus : les animaux ne survécurent dans aucun cas. Or, comme l'idée de cette expérience n'a rien de particulier, et que tout le mérite consiste dans l'invention d'un procédé qui permette de l'exécuter et de conserver les animaux vivants, tout le mérite de cette expérience et des découvertes auxquelles elle a conduit reviennent à Magendie, bien que, comme cela arrive à tous les inventeurs, on ait essayé de lui enlever ce mérite au profit des physiologistes que nous avons cités.

Le lapin sur lequel nous avons tout à l'heure fait la section de la cinquième paire dans le crâne, est maintenant très vivace. Ayant eu occasion de pratiquer cette opération un grand nombre de fois, j'ai cru remarquer que lorsque un affaissement ou une tendance aux hémorrhagies se manifestaient après l'opération, un repos absolu permettait à l'animal de se rétablir plus promptement, tandis que le mouvement était presque constamment funeste.

Pour être en mesure de vous montrer en même temps aujourd'hui les phénomènes consécutifs à la section de la cinquième paire, nous avons pratiqué cette opération il y a deux jours sur cet autre lapin.

Nous avons d'abord constaté chez lui les mêmes phénomènes immédiats que nous avons signalés chez le lapin opéré devant vous, savoir : la perte de sensibilité de tout un côté de la face. Vous pouvez voir que ces phénomènes persistent encore et qu'on peut impunément porter sur la moitié gauche de la face des irritations mécaniques. Cette paralysie du sentiment n'est pas bornée aux parties superficielles, un stylet introduit profondément dans la narine du côté lésé n'y produit aucune sensation douloureuse. L'oreille seule n'a pas perdu sa sensibilité. Cela tient à ce qu'elle reçoit ses nerfs de sensibilité, non de la cinquième paire exclusivement, mais du plexus cervical et même du pneumo-gastrique.

L'opération est faite depuis deux jours, et déjà les accidents consécutifs sont très visibles. L'œil est rouge, la conjonctive est injectée; déjà on voit une tache sur la cornée qui a perdu son brillant et un peu de sa transparence. La cornée est plus convexe, l'iris est comme chagrinée. Cette altération est une conséquence de la section de la cinquième paire; elle ne tient pas, comme on l'a prétendu, uniquement au défaut d'occlusion des paupières, quoiqu'on ait dit que si l'œil était soustrait au contact de l'air, l'altération consécutive arriverait plus lentement ou même n'aurait pas lieu. Ce qui prouve que ce n'est pas du tout une conséquence forcée du contact prolongé de l'air avec le globe oculaire, c'est ce qui se passe sur un lapin auquel nous avons coupé le facial il y a sept jours. L'œil est sain, quoique la section du facial, paralysant le muscle orbiculaire, ne permette plus le rapprochement des paupières.

L'altération de l'œil, après la section de la cinquième paire dans le crâne, a été très bien étudiée dans ces derniers temps par M. Schiff. Il y a des causes diverses, causes qui peuvent retarder l'altération de la cornée. J'ai remarqué encore qu'après de simples contusions du nerf lorsqu'il n'y avait pas une solution de continuité parfaite, l'altération était plus tardive ou même n'arrivait pas quoique la sensibilité eût parfaitement disparu.

Exp. — Sur un lapin déjà affaibli et par conséquent prédisposé à l'altération de la cornée, je coupai la cinquième paire dans le crâne du côté droit. L'animal cria au moment de la section, mais il n'y eut pas saillie de l'œil comme à l'ordinaire, et il y eût aussitôt après l'opération quelques mouvements de clignement dans la paupière. Cependant l'œil, le nez, les lèvres, étaient complétement insensibles. L'animal vécut quatre jours en présentant les mêmes symptômes d'insensibilité sans qu'il y eut aucune altération de la cornée, l'animal mourut d'affaiblissement, et non de la section de la cinquième paire.

A l'autopsie on trouva que la cinquième paire était très nettement coupée, excepté une portion de la branche ophthalmique qui tenait encore comme un fil, mais qui avait cependant été contondue, car l'animal ne manifestait aucune sensibilité dans l'œil pendant sa vie.

Immédiatement après son ganglion, la cinquième paire se divise en trois branches qui donnent la sensibilité générale aux organes des sens. La branche ophtalmique se rend à l'œil; la branche maxillaire supérieure à l'organe de l'odorat; la branche maxillaire inférieure aux organes du goût. Ces trois branches naissent du tronc de la cinquième paire sur lequel se rencontre le ganglion de Gasser, ganglion duquel ne naît aucun nerf. Ce dernier caractère qui le rapproche des ganglions intervertébraux, le différencie en même temps des ganglions du grand sympathique desquels naissent ordinairement des ramifications nerveuses.

Nous allons examiner successivement les effets de la paralysie de ces trois branches de la cinquième paire, en commençant par la branche ophthalmique.

La branche ophtalmique pénètre dans l'orbite par la fente sphénoïdale, après quoi elle se divise en plusieurs rameaux qui sont tous sensitifs.

Mais avant d'entrer dans l'étude de ces branches de la cinquième paire, il est une question dont nous devons nous occuper, c'est celle de l'influence du ganglion sur les effets consécutifs de la section du nerf trijumeau.

Lorsqu'on opère la section du nerf trijumeau, les effets sont-ils identiques quand la section porte avant le ganglion de Gasser ou après lui?

Déjà, en 1822, Magendie avait vu que non. C'est le hazard qui porte ordinairement la section avant le ganglion; lorsqu'on fait l'opération, il est difficile ou même impossible de choisir exactement le lieu sur lequel tombera l'instrument. La section ne saurait être dirigée à coup sûr entre le ganglion et le pont de Varole, en raison de l'espace très étroit qui les sépare, espace diminué encore par la cloison que forme la dure-mère entre la protubérance et le ganglion de Gasser. Pour arriver à détruire la cinquième paire avant son ganglion, j'avais autrefois imaginé un procédé qui consistait à attaquer le nerf par sa partie postérieure avec un crochet destiné non à le couper, mais à l'arracher; ce procédé est d'une exécution très diffficile et tout aussi peu certaine que l'autre.

Dans les expériences nombreuses qui ont été pratiquée sur la cinquième paire, il est donc arrivé que tantôt on a coupé le tronc de ce nerf avant le ganglion, tantôt on l'a coupé après, tantôt enfin on l'a coupé sur le ganglion lui-même. Magendie avait déjà observé que quand on avait coupé le trijumeau avant son ganglion, les phénomènes d'altération de nutrition étaient plus lents à se produire que lorsque la section avait porté sur le ganglion ou sur la partie du nerf située au delà.

J'ai même vu ces phénomènes d'altération manquer complètement quand on arrive à couper la cinquième paire dans le cerveau même, suffisamment loin du ganglion. On a alors tous les phénomènes que nous avons vu suivre la paralysie de la cinquième paire, moins les altérations de nutrition. Il est donc permis de penser que ces désordres de nutrition sont en rapport avec la lésion du ganglion. Cette interprétation est d'accord avec ce que l'on sait de l'influence des ganglions intervertébraux sur la nutrition des nerfs; elle est d'accord aussi avec ce qui s'observe chez l'homme où l'on rencontre des paralysies de la cinquième paire avec les deux ordres de lésions. A l'examen d'un malade affecté de paralysie des centres nerveux, l'absence des lésions de nutrition fera présumer que la cause de la paralysie a son siège dans les centres nerveux; la présence de ces désordres fera penser, au contraire, que la cause de la paralysie intéresse le ganglion, ou la partie du nerf située au delà du ganglion.

J'ai eu autrefois l'occasion de suivre à la Salpêtrière une observation de paralysie de la cinquième paire, avec troubles de la nutrition et destruction de l'œil. Dans ce cas, l'autopsie montra que le ganglion de Gasser était comprimé et détruit par une tumeur de la fosse temporale moyenne.

La pathologie avait déjà fourni quelques observations analogues aux expériences récentes de M. Waller, qui ont essayé une explication de ces faits. Suivant M. Waller, il faudrait rattacher, à une même loi physiologique les effets de la cinquième paire, et ceux des racines rachidiennes. Nous avons vu cependant que la section des racines rachidiennes ne paraît pas amener de désordres de nutrition dans les membres.

Examinons maintenant ces désordres de nutrition qu'entraîne la section de la cinquième paire.

Dans l'œil, où ils sont le plus apparents, indépendamment de la paralysie du sentiment dans toutes les autres parties où se distribue la branche ophthalmique, on voit qu'au bout de quelques heures la cornée transparente n'est plus aussi lisse ni aussi brillante. La saillie du globe oculaire paraît être plus grande, la cornée plus convexe; des vaisseaux grossis se dessinent sur le pourtour de la conjonctive comme on le voit dans la figure 3.

Après la section du nerf, indépendamment des causes citées plus haut et qui, tenant au siége de la lésion, peuvent accélérer ou retarder les accidents, nous devons indiquer encore que l'altération peut être rendue plus prompte ou plus tardive par l'état général des animaux sur lesquels on expérimente : les altérations de nutritions apparaissent plus tôt chez les animaux affaiblis.

Généralement, au bout de deux jours, la cornée commence à devenir opaque. Plus tard, l'animal devient aveugle.

Une question importante mérite de nous arrêter ici. La perte de la vue est-elle primitive ou consécutive; est-elle une conséquence de la section du nerf ou de la perte de transparence de la cornée?

Magendie avait pensé d'abord que la cécité était primitive et suivait immédiatement l'opération ; il croyait que le nerf optique ne pouvait être impressionné par la lumière, son excitant propre, qu'autant que la sensibilité générale de l'œil était intacte. La perte de la vue n'était cependant pas réelle, car on peut, en coupant la cinquième paire des deux côtés, voir qu'après l'opération l'animal y voit encore assez pour se conduire. Si l'on n'a opéré la section que d'un côté, on peut reconnaître aussi que, de ce côté, la pupille se contracte encore sous l'influence de la lumière.

Au bout de quelques jours l'opacité de la cornée se prononce de plus en plus, l'engorgement des vaisseaux de la conjonctive augmente, un bourrelet se forme quelquefois autour de la muqueuse; bourrelet qui donne un écoulement purulent, des symptômes inflammatoires se montrent, inflammation sans douleur ni chaleur. La température de ce côté de la face est, au contraire, moins élevée que celle du côté opposé.

Les désordres vont se prononçant de plus en plus : la tache qui s'était d'abord montrée sur la cornée, se creuse, devient un véritable ulcère, la cornée se perfore. Alors l'œil se vide : la perforation de la cornée donne issue au cristallin, à l'humeur vitrée; c'est une sorte de fonte de l'œil. Si l'animal y survit, il ne reste de l'œil qu'un moignon petit et dur.

En général, les animaux succombent à ces désordres, qui finiraient d'après Magendie par amener une gangrène de toute la moitié de la face, surtout chez des animaux à sang froid qui résistent mieux aux suites de cette opération. Je n'ai jamais vu les lapins vivre que quinze jours ou trois semaines au plus; et ce n'est pas assez longtemps pour qu'on assiste à la perte complète de l'œil.

Après la section de la cinquième paire, on remarque encore du côté des autres membranes muqueuses des désordres de nutrition.

Du côté du nez, il y a souvent un écoulement muqueux; du côté de la bouche, on en voit également par la commissure du côté opéré. Dès les premiers jours qui suivent la section de la cinquième paire, on observe aussi des ulcérations sur le bout de la langue et sur les lèvres, qui tiennent bien certainement à ce que l'animal mord ces parties devenues insensibles, morsures qui deviennent ensuite le siège d'ulcérations (voy. fig. 3).

On sait qu'il y a aussi paralysie des mouvements de la mâchoire du côté où l'on a coupé la cinquième paire; les dents ne se correspondent plus, d'où résulte que l'animal se nourrit plus difficilement, comme nous le verrons en étudiant les phénomènes qui sont spéciaux à la paralysie du maxillaire inférieur.

Quand on a coupé les deux cinquièmes paires on ne peut pas observer les phénomènes consécutifs, parce que l'animal ne pouvant plus se nourrir meurt de faim. Quand on a coupé une seule cinquième paire, ou seulement une de ses branches, l'animal peut encore se nourrir de manière à vivre quelque temps, on peut avoir ainsi isolément les désordres qu'entraînent la destruction de chacune de ces branches.

Certaines influences peuvent avoir une action sur la rapidité de la production des lésions de nutrition. Nous avons déjà parlé de l'état de faiblesse des animaux, qu'elle qu'en soit la cause; nous avons remarqué que l'ablation du ganglion cervical supérieur semblait au contraire retarder les désordres de nutrition. Ce fait est très intéressant parce que nous savons que l'ablation de ce ganglion active les phénomènes circulatoires des parties auxquelles s'étend son influence; ces parties paraissent avoir alors une vitalité plus grande, ce qui leur permettrait par là une plus longue résistance aux causes de désorganisation qui tiennent à l'opération.

Nous allons actuellement vous donner un certain nombre d'expériences dans lesquelles vous trouverez les preuves de ce que nous venons de vous annoncer, expériences qui comprennent des exemples de destruction de la cinquième paire soit des deux côtés, soit d'un seul, soit même simplement d'une branche isolée de ce nerf.

Exp. — Sur un lapin de taille moyenne et très vif, on coupa dans le crâne la cinquième paire du côté gauche. L'animal cria peu au moment de la section; cependant les phénomènes ordinaires apparurent : saillie de l'œil, constriction de la pupille, insensibilité de la conjonctive et de la moitié correspondante de la face.

Après l'opération, le lapin avait conservé sa vivacité.

Ce qu'il y eut de remarquable dans cette expérience, une des mieux róussies qu'on puisse trouver, c'est la liberté des mouvements du globe de l'œil dans tous les sens. Ces mouvements paraissaient s'effectuer aussi bien du côté gauche que du côté sain. Il y eut également des mouvements de clignement de la paupière, mouvements qui étaient peut-être moins prononcés du côté malade, mais qui survenaient en même temps dans les deux yeux. Tous les phénomènes précédents furent observés immédiatement après l'opération.

Un quart d'heure après la section du nerf, l'animal était dans le même état; seulement la pupille gauche, d'abord fortement contractée, s'était déjà notablement dilatée. L'iris du côté opéré présentait un aspect plissé en rayonnant. La cornée semblait un peu plus sèche à gauche qu'à droite. Les mouvements du globe oculaire étaient toujours très libres.

Trois quarts d'heure après l'opération, la pupille gauche était à peu près aussi dilatée que la droite, et elle se contractait très manifestement sous l'influence de la lumière d'une chandelle, puis elle se dilatait quand on la placait dans l'obscurité. La cornée du côté gauche était déjà terne et comme poisseuse, tandis que celle du côté droit avait conservé son aspect brillant ordinaire. L'animal qui jusque-là avait porté haut l'oreille gauche, la tenait baissée à ce moment.

Le lendemain, vingt-quatre heures après l'opération, l'animal avait l'oreille basse du côté gauche; lorsqu'il clignait du côté droit, il ne s'exécutait plus de mouvement de clignement à gauche. La conjonctive était injectée et présentait déjà une opacité vers sa partie interne et inférieure. L'œil et la face étaient insensibles, et tous les symptômes de la section de la cinquième paire existaient très bien caractérisés. Les mouvements du globe oculaire gauche étaient toujours très bien conservés. La pupille gauche, quoique dilatée, était toujours un peu plus resserrée que celle du côté opposé, et l'on constatait à plusieurs reprises qu'elle se resserrait davantage sous l'influence de la lumière d'une chandelle ; ce qui prouve que l'opacité commençante de la cornée n'empêchait pas l'action des rayons lumineux. L'iris était rougeâtre, bombé en avant, offrànt des plissements radiés profonds; la surface de l'œil était enduite d'une chassie visqueuse; il y avait un peu d'écoulement muqueux par la commissure labiale du côté gauche, et l'aile du nez paraissait un peu moins mobile de ce côté.

Le surlendemain, l'animal fut trouvé mort.

A son autopsie, on ne constata pas d'épanchement dans le crâne; la cinquième paire était très bien coupée et la section portait avant le ganglion qui était à peine atteint. Tous les nerfs moteurs de l'œil étaient parfaitement ménagés, ainsi que les nerfs pétreux qui semblaienit être restés parfaitement intacts.

La conservation de la mobilité du globe oculaire observée dans ce cas tenait-elle à ce que les nerfs moteurs de l'œil avaient été ménagés, à ce que la cinquième paire avait été coupée avant son ganglion, ou bien à ce que les nerf pétreux et carotidiens n'avaient pas été atteints?

Exp. (30 avril 1841). — Sur deux jeunes lapins je coupai la cinquième paire d'un seul côté.

Aussitôt après l'opération, l'œil devint saillant et la pupille fut contractée comme à l'ordinaire. De plus on observa l'insensibilité de tout le côté correspondant de la face.

En faisant cligner les paupières du côté sain, celles du côté opéré n'exécutèrent aucun mouvement.

Quatre heures après l'opération, l'œil opéré était, chez les deux lapins, déjà couvert de chassie, bien que la cornée fût encore transparente. La pupille était moins resserrée qu'elle ne l'avait été au moment de l'opération ; mais elle était toujours plus contractée que celle du côté opposé. Lorsqu'on approchait une lumière de l'œil opéré, la pupille se contractait ; puis, après, l'animal fermait la paupière ; ces phénomènes s'observaient chez les deux lapins.

Le lendemain, quinze heures après l'opération, les paupières étaient collées ; la partie supérieure de la conjonctive oculaire était très injectée ; la cornée transparente blanchissait déjà, l'altération commençant par la partie inférieure. La pupille était toujours plus contractée du côté opéré que du côté sain. Les phénomènes observés étaient toujours identiques chez les deux lapins.

Le surlendemain, 2 mai, la cornée était devenue de plus en plus opaque, etc.

L'un de ces lapins succomba le 5 mai, c'est-à-dire six jours après l'opération, et l'autre le 7 mai, c'est-à-dire huit jours après.

Exp. — Sur un autre jeune lapin, on fit à droite la section de la cinquième paire. Du côté correspondant à la section, la narine se mouvait bien, mais elle paraissait rester plus dilatée que celle du côté opposé.

Le lendemain l'animal mourut. La cornée était déjà opaque ; mais le cristallin et l'humeur vitrée avaient parfaitement conservé leur transparence. L'autopsie montra que le nerf de la cinquième paire avait été bien coupé.

Exp. (8 août 1849). — Sur un lapin rouge, vivace, on coupa à midi la cinquième paire à gauche en réussissant à passer derrière le rocher pour couper le nerf avant son ganglion. Après la section, il y eut insensibilité de tout le côté gauche de la face; les mouvements de ce côté, comparés à ceux du côté opposé, ne paraissaient pas sensiblement modifiés. La pupille était plus contractée du côté de l'opération que du côté sain; cependant elle paraissait l'être moins que dans les sections ordinaires de la cinquième paire. Le globe de l'œil était mobile.

Six heures et demie après l'opération, le même état persistait. Toutefois, il semblait y avoir déjà un commencement d'injection dans la conjonctive, et la cornée était peut-être un peu plus sèche que du côté opposé; la pupille était dilatée et redevenue pour le diamètre semblable à celle du côté opposé.

Le 9 août, vingt-six heures après l'opération, l'œil gauche semblait faire légèrement saillie. La cornée, un peu terne, était cependant humide et avait conservé sa transparence. L'iris était plissé et bombé en avant. La pupille était plus contractée que celle du côté opposé. On avait observé qu'il y avait une convexité moins grande de la cornée du côté coupé. C'est la cornée de ce lapin qui a été représentée (fig. 3).

L'animal fut conservé sept jours, et ce n'est que vers le cinquième jour que commença à se manifester une très légère opalescence de la cornée.

L'animal présenta en outre l'allongement par absence d'usure dans les deux dents incisives, qui avaient perdu leurs rapports naturels. Il offrait également les ulcérations caractéristiques qui surviennent aux lèvres et à la langue après la section de la cinquième paire; ce sont les dents et les lèvres de ce lapin qui ont été représentées (fig. 5, page 103).

A l'autopsie, on trouva que la cinquième paire était très nettement coupée avant le ganglion.

Cette expérience concorde avec les résultats observés par Magendie, à savoir que les altérations de l'œil sont beaucoup plus lentes quand le nerf a été coupé avant son ganglion. Toutefois, il faut noter ici que l'animal était d'une vigueur remarquable; et nous avons vu que, toutes choses égales d'ailleurs, l'altération de l'œil est d'autant plus rapide que les animaux sont plus jeunes et plus affaiblis.

Exp. (août 1842). —Sur un lapin, on coupa à gauche l'anastomose du facial et du pneumogastrique : il y eut une légère diminution de l'activité des mouvements respiratoires de la narine.

Alors on fit à gauche la section de la cinquième paire dans le crâne. Les traits de la face ne furent pas poussés en avant autant qu'à l'ordinaire, ce qui tenait peut-être à ce qu'on avait préalablement arraché le spinal et le ganglion cervical supérieur de ce côté.

Le 7 août, on fit la section des branches du plexus cervical qui se rendent à l'oreille. Après cette section, l'oreille était complètement paralysée : ayant été privée de sa sensibilité par la section de la cinquième paire et du plexus cervical, elle semblait avoir perdu complétement la motilité.

Avant la section du rameau auriculaire, lorsqu'on irritait le nerf auriculaire lui-même ou quand, d'abord, on pinçait l'oreille du lapin, qui recevait une partie de sa sensibilité de ce nerf, on déterminait une demi-occlusion de la paupière gauche quoique la cinquième paire fût coupée.

La cornée gauche, malgré la section de la cinquième paire, était transparente et humide; la pupille, resserrée, se contractait encore davantage sous l'influence de la lumière; l'iris était convexe en avant et commençait à offrir des plis rayonnés.

Le 8 août, vingt-quatre heures après l'opération, l'œil gauche était toujours humide; la cornée était transparente; la pupille, plus resserrée que du côté droit, se contractait encore sous l'influence de la lumière.

De plus, on observa que, depuis l'ablation du ganglion cervical supérieur, il y avait un écoulement muqueux par la narine gauche et par la bouche, du même côté.

On mit alors l'animal sous l'influence de l'opium, ce qui diminua les mouvements respiratoires dans les deux narines, mais sans les abolir entièrement ni d'un côté ni de l'autre.

Le 9 août, l'animal était toujours à peu près dans le même état; il était vif; son oreille gauche était toujours paralysée du mouvement et de la sensibilité, mais ce qu'il y avait de plus remarquable, c'est l'état de l'œil qui était humide et parfaitement transparent. La pupille était mobile, seulement elle était plus resserrée que celle du côté opposé. L'iris, brun et comme tuméfié, était bombé en avant et offrait des plis rayonnés. La conjonctive était injectée dans sa partie moyenne en haut et en bas; le globe oculaire gauche était mobile; les paupières se fermaient quand on exposait l'animal au soleil; la pupille se contractait alors davantage aussi. A onze heures du soir, l'animal était mourant avec une respiration excessivement gênée : on opéra la trachéotomie, et les mouvements exagérés des narines n'en furent en rien diminués. Le 10 août l'animal était mort.

A l'autopsie on constata que la cinquième paire avait été bien coupée avant son ganglion, qui était toutefois rouge et un peu enflammé. Les poumons étaient engorgés et très malades ; ce qui suffit pour expliquer la mort de l'animal

Exp. — Sur un autre lapin, la section de la cinquième paire amena une saillie considérable de l'œil ; la pupille était fortement contractée. En touchant l'œil sain pour le faire cligner, il n'y avait aucun clignement dans l'œil du côté où avait été pratiquée l'opération

Quatre heures après l'opération, la pupille, qui d'abord était fortement contractée, s'était dilatée; elle l'était toutefois moins que celle du côté opposé.

Alors, étant dans l'obscurité, on approcha une lumière de l'œil ; la pupille se contracta et le mouvement de clignement eut lieu.

Le lendemain, quinze heures après l'opération, l'œil commencait déjà à se couvrir de chassie ; la pupille était restée légèrement plus contractée que celle du côté opposé.

Exp. — Sur un lapin, on fit la section de la cinquième paire dans le crâne. Aussitôt après, l'œil était saillant, la pupille contractée et immobile. Parfois il y avait des mouvements de clignement dans l'œil opéré sans qu'il en résulta des mouvements synergiques dans l'œil opposé. Six heures après l'opération, l'animal ne paraissait pas y voir : une lumière approchée de l'œil ne détermina ni contractation de la pupille ni clignement. L'œil était larmoyant et la conjonctive palpébrale commençait à s'injecter.

Dix-huit heures après l'opération, l'œil était toujours larmoyant, la cornée transparente devint le siège d'une opacité qui commença par le centre.

Six jours après, l'animal mourut. En examinant l'œil, on trouva la cornée entièrement opaque. Le cristallin et les autres humeurs de l'œil étaient restés parfaitement transparents.

Exp. — Sur un jeune lapin, on pratiqua la section de la cinquième paire. Au moment de la section, on observa les phénomènes ordinaires; le lendemain, une opacité existait déjà dans le centre de la cornée; l'animal toutefois ne paraissait pas complètement aveugle et il se dirigeait lorsqu'on le laissait aller, après lui avoir bouché l'œil sain avec une bandelette de diachylon.

Exp. — Sur un lapin, après la section de la cinquième paire des deux côtés, les deux pupilles pouvaient se contracter. Seulement le clignement n'existait que d'un seul côté parce que, de l'autre, le facial avait été coupé préalablement.

Exp. — Sur un gros lapin, on enleva le ganglion cervical supérieur à droite. Il y eut aussitôt après un rétrécissement de la pupille, en même temps qu'elle se déforma et qu'elle prit un plus grand diamètre vertical. Une heure après, il n'y avait rien de changé dans la pupille qui était restée dans le même état.

Un peu plus tard, on coupa, du même côté, la cinquième paire. Aussitôt la déformation de la pupille disparut; elle devint arrondie et excessivement contractée; le globe de l'œil était très saillant.

Une heure après la section de la cinquième paire, la pupille était redevenue comme avant, c'est-à-dire que l'influence du ganglion s'y faisait toujours sentir, car la pupille avait conservé son diamètre vertical plus considérable et sa forme elliptique. L'œil était resté saillant; mais le globe oculaire paraissait mou et flasque.

Exp. — Sur un jeune lapin de sept semaines, bien portant, on coupa la cinquième paire du côté gauche. Aussitôt l'œil devint saillant et il y eut un resserrement considérable de la pupille. Les paupières étaient largement ouvertes; la conjonctive et la peau du nez furent trouvés insensibles aussitôt après l'expérience; l'animal était très vif.

On tourna l'œil gauche du lapin du côté de la lumière et il présenta très bien les mouvements de totalité du globe oculaire.

Une demi-heure après, on constata que la pupille de l'œil opéré s'était dilatée; cependant elle ne l'était pas autant que celle du côté opposé. Il faut ajouter qu'au moment de l'opération, la pupille du côté droit n'avait pas éprouvé de changement appréciable dans son diamètre.

Une lumière dirigée sur l'œil, préalablement dans l'obscurité, détermina des mouvements non-seulement de la pupille mais des mouvements généraux du globe de l'œil, absolument comme du côté sain. On s'aperçut en outre que la cornée était redevenue brillante comme avant l'opération et que le globe de l'œil avait cessé d'être saillant. C'est alors que l'on reconnut que la branche ophtalmique n'avait pas été complétement coupée, et que l'insensibilité qui était survenue dans l'œil au moment de l'opération dépendait probablement d'une compression de ce nerf.

En effet, voici quels phénomènes présentait à ce moment l'animal : le globe oculaire offrait une sensibilité évidente, mais le nez, les lèvres, étaient parfaitement insensible ; c'est-à-dire qu'on avait les signes de la section complète des nerfs maxillaires supérieur et inférieur.

Alors je réintroduisis l'instrument pour achever la division de la branche ophtalmique ; et, au moment où je la coupai, l'animal poussa des cris aigus, l'œil redevint saillant, la pupille très contractée et la cornée complétement insensible. Aussitôt après cette opération, on fit éprouver à la tête un mouvement de rotation, de manière à voir si le globe oculaire restait immobile. Les mouvements de rotation de l'œil en dehors étaient excessivement faibles.

Au moment de cette seconde opération, il n'y avait pas eu non plus de contraction dans la pupille du côté opposé, du côté droit.

Une demi-heure après, l'œil gauche était resté saillant, la cornée était déjà devenue terne ; ce qui n'avait pas eu lieu lors de la première opération, alors que le nerf n'avait été que comprimé. La pupille s'était un peu dilatée depuis l'opération.

Deux heures après la section du nerf, l'œil était toujours insensible, la pupille était un peu plus dilatée qu'avant, bien qu'elle le fût toujours moins que celle du côté opposé. Les mouvements du globe oculaire étaient toujours très faibles du côté gauche, tandis que du côté droit ils étaient très marqués.

Dans l'obscurité, la lumière artificielle déterminait une contraction très lente de la pupille ; l'iris était bombé et comme plissé ; l'œil, toujours terne, commençait à devenir un peu sec.

Après la seconde opération, le lapin demeura moins vif qu'après la première.

Le lendemain, dix-huit heures après l'opération, le lapin était à peu près dans le même état que la veille. On constata que du côté gauche il existait une insensibilité parfaite de l'œil et de toutes les parties de la face où se distribue la cinquième paire ; l'œil était terne et sec ; il était moins saillant qu'au moment de l'opération ; les mouvements du globe oculaire avaient absolument disparu. La pupille était immobile et largement dilatée ; elle l'était plus que celle du côté sain. Toutefois, cette immobilité de l'iris, par suite de la section de la cinquième paire, n'était pas une paralysie absolue ; et, sous l'influence de rameaux du sympathique venant par le ganglion cervical supérieur, elle pouvait encore se contracter. Cette source multiple d'innervation motrice semblerait exister aussi pour d'autres organes, tels que les glandes salivaires. Le bord pupillaire gauche était inégal, ondulé sur quelques points ; l'iris paraissait flasque, terne ; comparé à celui du côté sain il semblait lavé, décoloré, privé de l'aspect velouté que présente celui du côté non opéré.

La cornée transparente gauche était terne, ainsi qu'il vient d'être dit, mais elle n'était pas encore opaque ;

seulement, du côté interne de l'œil, un nuage blanchâtre commençait à apparaître.

Dans l'obscurité, la lumière artificielle, projetée alternativement sur les deux yeux, donna les résultats suivants :

Du côté gauche, la lumière projetée en plein dans l'œil faisait cligner l'animal, et ce clignement avait lieu par abaissement de la paupière supérieure sans que l'inférieure se relevât; on n'observa pas le moindre mouvement dans la pupille qui restait dilatée. On constata ce phénomène à cinq ou six reprises différentes; toujours les mêmes phénomènes se manifestèrent : clignement et immobilité de l'iris. De sorte que l'animal avait la sensation lumineuse.

Du côté droit, le clignement se faisait, sous l'influence de la lumière, simultanément avec une forte constriction de la pupille. Ce clignement se faisait comme à gauche, surtout par l'abaissement de la paupière supérieure.

Le lapin mourut pendant la journée, vingt-quatre heures après l'expérience. Après la mort, la pupille de l'œil sain s'était fortement contractée, tandis que celle du côté opposé était restée très élargie, comme cela se trouvait pendant la vie.

A l'autopsie, on constata que la cinquième paire avait été complétement coupée. Le nerf de la troisième paire et le pathétique étaient complétement intacts; peut-être le nerf pathétique et les pétreux avaient-ils été atteints par la section? Il y avait un peu d'épanchement, parce que le sinus caverneux avait été blessé.

Dans cette expérience, il y avait donc deux choses qui

méritent d'être notées, parce qu'elles peuvent, jusqu'à un certain point, servir de caractère pour reconnaître si on a coupé la cinquième paire :

1° L'aspect de l'œil. Lorsque après l'opération on voit l'œil et la face devenir insensibles mais la cornée conserver son aspect brillant, on peut être à peu près certain que bientôt la sensibilité reviendra et que la cinquième paire n'a été que contuse ou comprimée mais non complétement coupée.

2° Il en est de même pour les mouvements du globe oculaire. Dans l'état normal, lorsqu'on déplace latéralement la tète du lapin en observation, le globe oculaire se meut dans un sens opposé comme pour chercher à rester dans sa direction première. Lorsque la cinquième paire a été complétement coupée, le globe oculaire reste le plus souvent complétement immobile et suit les mouvements de la tète.

Exp. — Sur un lapin de taille moyenne, on essaya :

1° De faire la section de l'anastomose entre le pneumogastrique et le facial à gauche. L'animal poussa un cri à ce moment, et on n'observa pas de changement appréciable du côté de la narine correspondante; il était probable que l'opération n'avait pas réussi.

2° On essaya ensuite de faire la section de la même anastomose du côté droit et on coupa le facial, ce qui se reconnaissait à la paralysie du mouvement de la face de ce côté et à la rétraction des traits en arrière.

3° On opèra la section de la cinquième paire du côté gauche ; il y eut immobilité complète dans le côté gauche de la face et persistance des mouvements de la narine.

4° On coupa la cinquième paire à droite.

Avant la section de la cinquième paire, les mouvements étaient abolis par la section du facial, et les traits tirés en arrière. Aussitôt après la section de la cinquième paire, les muscles se relâchèrent et les traits tombèrent en avant comme cela arrive généralement dans la section de la cinquième paire. Les mouvements de la narine gauche persistaient toujours.

5° On fit la section des branches superficielles du plexus cervical et la section du pneumogastrique et de l'hypoglosse du côté gauche. Les mouvements de la narine correspondante persistèrent toujours, même avec une grande intensité, lorsque la respiration était gênée.

Le lapin examiné trois heures après la section des deux cinquièmes paires, on constata que les pupilles étaient mobiles sous l'influence de la lumière, qu'il y avait quelques clignements dans la paupière gauche, du côté où le facial était intact. Les yeux étaient déjà plus secs, mais il n'y avait aucune opacité, l'animal avait conservé la vue ; il courait dans le laboratoire en se guidant très bien et sans se heurter aux objets environnants. Les deux mâchoires étaient écartées et la mâchoire inférieure pendante. On fit respirer à l'animal du chlore et de l'hydrogène sulfuré, qui le firent tousser, mais rien ne démontrait pour cela qu'il percevait la mauvaise odeur. L'animal ne pouvait plus manger ; le lendemain, il mourut.

A l'autopsie, on trouva les deux cinquièmes paires coupées; le facial gauche était resté intact; le droit était lésé près de sa sortie du trou stylo-mastoïdien.

Exp. (21 juillet 1842). — Sur un lapin de taille moyenne, on coupa la cinquième paire du côté gauche mais la section ne porta que sur les deux branches inférieures; la branche ophtalmique restait intacte. Il y avait, comme symptômes: insensibilité de la moitié de la langue de ce côté, sensibilité vive de la conjonctive, de la narine, sensibilité du lobe du nez; toutefois, la sensibilité du lobe du nez était plus faible qu'à l'état normal.

On remarqua des clignements plus fréquents de la paupière gauche, qui tombait en quelque sorte involontairement, l'animal étant forcé de faire une sorte d'effort pour la relever.

Le lendemain l'animal se portait bien; il présentait les mêmes phénomènes; les mouvements de la narine gauche étaient diminués, seulement quand l'animal était au repos. Il s'était mordu la langue du côté gauche, et l'on y remarqua déjà une petite ulcération.

Exp. (24 juillet 1842). — Sur un jeune lapin, on fit à gauche la section de la cinquième paire. Les deux branches supérieures étaient seules atteintes.

L'animal présenta : insensibilité complète de l'œil, du nez et de la lèvre supérieure; sensibilité normale de la lèvre inférieure. Les mouvements de l'oreille étaient parfaitement conservés; l'animal la portait droite. Les mouvements de la narine paraissaient diminués, surtout quand l'animal était au repos.

Le lendemain, 25 juillet, l'animal se portait bien. L'oreille, mobile encore, ne se mouvait pas en harmonie avec celle du côté opposé. La cornée était opaque dans son centre.

Au moment de la section du nerf, l'œil n'avait pas été aussi saillant qu'il l'est généralement.

Le 28 juillet, l'animal se portait toujours bien, il était très vif; il présentait les mêmes phénomènes que le premier jour. La cornée gauche était opaque dans un seul point : en dedans et en bas. La pupille était plus contractée qu'à droite; l'œil était chassieux; l'iris, d'un brun rouge, était gonflé, rayonné, et offrait une convexité antérieure. Cependant cette membrane était contractile, et la pupille pouvait se resserrer. L'œil était clair et l'on voyait ses humeurs transparentes à travers la partie conservée de la cornée. La conjonctive palpébrale était injectée et l'œil était humide.

Le 29 juillet, les phénomènes étaient les mêmes du côté de l'œil; tandis que la sensibilité paraissait être un peu revenue dans la lèvre supérieure et dans le nez, surtout à la partie interne, et les mouvements respiratoires paraissaient aussi s'exécuter mieux.

L'animal mourut le 31 juillet.

A l'autopsie, on trouva que les branches ophthalmique et maxillaire supérieure étaient coupées, à part quelques filaments très fins de la branche maxillaire supérieure.

La branche maxillaire inférieure était intacte, de même que le filet auriculo-temporal.

Exp. (14 août 1842). — Sur un lapin de taille moyenne, on tenta la section de la cinquième paire à droite; la section ne fut que partielle; voici les phénomènes qu'on observa :

Il y avait sensibilité normale de la face à droite,

excepté l'œil qui était insensible. La pupille était contractée.

Le 18 août, l'œil était toujours insensible, un peu chassieux, mais transparent; la pupille, mobile, était toujours un peu plus contractée. L'iris, était fortement bombé en avant et présentait des plis rayonnés.

Le 21 août, sept jours après l'opération : œil droit toujours insensible, un peu chassieux, avec une très légère opacité au-dessous de la pupille, à la partie inférieure de la cornée. La pupille était plus contractée que du côté opposé et elle présentait une forme elliptique à grand diamètre vertical.

On fit ensuite servir cet animal à d'autres expériences sur le spinal. Il mourut le 25 août, onze jours après la section de la cinquième paire. On fit l'autopsie avec soin et on constata que la branche maxillaire supérieure de la cinquième paire était seule bien coupée; les branches ophthalmique et maxillaire inférieure paraissaient intactes.

Sans un épanchement considérable qui existait, il serait difficile d'expliquer par cette lésion les symptômes observés pendant la vie, quoique cependant le nerf maxillaire supérieur fournisse une branche orbitaire. Il semblait y avoir eu en outre les symptômes de l'ablation du ganglion cervical supérieur.

Exp. (24 juillet 1842). — Sur un jeune lapin, on coupa à gauche l'anastomose entre le facial et le pneumogastrique. Il y eut diminution des mouvements de la narine quand l'animal était au repos.

On tenta ensuite la section de la cinquième paire du

même côté, à gauche; la branche inférieure seule fut coupée, ce que l'on reconnut aux symptômes que présentait l'animal. En effet, il y avait insensibilité complète de la lèvre inférieure, de la moitié gauche de la langue, avec sensibilité conservée dans tout le reste de la face; l'oreille était basse et peu mobile. Les mouvements de la narine étaient modifiés; ils présentaient une notable diminution quand l'animal était au repos, et, dans les mouvements forcés, ils restaient un peu plus faibles à gauche.

Messieurs, d'après toutes les expériences que je viens de vous rapporter et que je pourrais multiplier encore, vous avez acquis une idée générale suffisante des troubles nombreux et variés que la section complète ou partielle de la cinquième peut produire. Il nous reste maintenant à entrer dans l'examen de certains phénomènes plus spéciaux qui sont propres à la paralysie de certaines branches de ce nerf. Ce sera l'objet de la prochaine leçon.

CINQUIÈME LEÇON.

20 MAI 1857.

SOMMAIRE : Du nerf trijumeau ; suite. — Branche ophthalmique. — Sensibilité de la cornée et de la conjonctive ; filets ciliaires directs et indirects. — Expériences sur les nerfs ciliaires. — Observation de paralysie de la cinquième paire avec conservation de la sensibilité de la cornée. — De la photophobie. — Son siége. — Influence de la section de la cinquième paire sur la glande lacrymale et sur les glandes de Meibomius. — Branche maxillaire supérieure, exclusivement sensitive. — De l'influence de cette branche sur l'olfaction. — Arrachement du ganglion sphéno-palatin. — Sensibilité spéciale d'un filet émanant de la branche maxillaire supérieure. — Branche maxillaire inférieure, sensitive et motrice. — Accroissement des incisives chez le lapin après la section de ce nerf. — Les lapins chez lesquels on a coupé la cinquième paire meurent surtout de faim. — Ulcérations de la langue et des lèvres. — Influence de la cinquième paire sur les sécrétions salivaires.

MESSIEURS,

Après avoir vu d'une manière générale quels sont les symptômes de la section de la cinquième paire, symptômes qu'on peut classer en immédiats et en consécutifs, il nous reste à entrer dans quelques détails relatifs à certaines particularités de paralysie de la cinquième paire, détails qui se rapportent aux altérations dont les organes des sens sont le siége. Nous ferons porter cet examen successivement sur les trois branches de la cinquième paire : la branche ophthalmique, la branche maxillaire supérieure et la branche maxillaire inférieure.

A propos de la branche ophthalmique, nous vous avons déjà longuement entretenus de l'altération de l'œil qui suit la section de la cinquième paire, nous n'y reviendrons pas ; nous vous rappellerons que les premiers symptômes qui apparaissent sont une vascularisation de l'œil, un aspect terne de la cornée, une altération de l'iris, avec constriction de la pupille et une plus grande convexité de la cornée du côté opéré, etc. (voy. fig. 3).

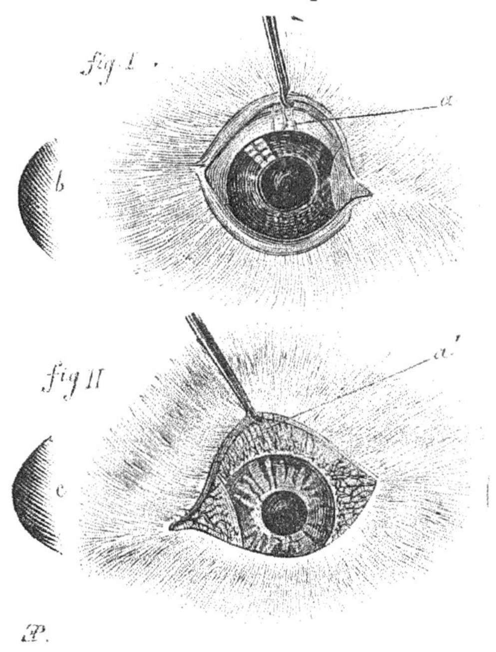

FIG. 3 (1).

Lorsque la branche ophthalmique a été coupée en masse, toute sensibilité a disparu dans l'œil. Mais en

(1) *Altérations de l'œil après la section de la cinquième paire.* — *Fig.* I. OEil normal du côté non opéré ; l'œil est brillant et très sensible ; la paupière supérieure étant soulevée, on aperçoit à peine quelques vaisseaux grêles en *a* ; — *b*, représente la convexité normale de la cornée de l'œil sain.

Fig. II. OEil malade, du côté opéré ; la cornée transparente insensible est terne, la conjonctive fortement injectée, la pupille contractée, l'iris décoloré et flétri ; un commencement d'opacité se montre au centre ; — *c*, représente la convexité exagérée de la cornée de l'œil opéré.

étudiant les paralysies partielles des divers rameaux de la branche ophthalmique, on peut voir qu'il en est qui sont doués de propriétés sensitives particulières.

La branche ophthalmique se distribue à l'œil après s'être divisée en trois rameaux :

Le rameau lacrymal, qui va à la glande lacrymale;

Les rameaux frontaux, à la peau du front;

Le rameau nasal, au bout du nez.

Ce dernier fournit une racine au ganglion ophthalmique, après quoi des filets partent de ce ganglion pour aller à l'iris. Outre les filets indirects que le rameau nasal envoie à l'œil en passant par le ganglion ophthalmique, il fournit encore à cet organe des filets ciliaires directs.

La sensibilité que l'œil reçoit par les filets qui lui viennent du ganglion ophthalmique se présente avec des caractères spéciaux, qui la différencient de la sensibilité qui lui arrive par des filets ciliaires directs venant du nerf nasal. L'iris paraît recevoir les deux ordres de filets; les nerfs ciliaires, directs, donnent la sensibilité à la conjonctive et à l'iris; les filets indirects, ceux qui ont passé par le ganglion ophthalmique, donnent la sensibilité à la cornée transparente et à l'iris. On conçoit dès lors qu'il puisse exister telle lésion qui entraîne l'insensibilité complète de tout l'œil moins la cornée transparente, et réciproquement que la cornée transparente devienne insensible, toutes les autres parties de l'œil ayant conservé leur sensibilité.

Lorsque la sensibilité disparaît chez un animal soumis à une intoxication ou à une cause de mort quelconque, la cinquième paire paraît être atteinte la dernière. Mais, chose singulière, qui je crois n'avait pas été signalée avant moi, c'est que, dans cette abolition des propriétés sensitives de la cinquième paire, la cornée et la conjonctive ne perdent pas leur sensibilité en même temps, mais successivement et dans un ordre qui varie avec la cause qui produit la mort.

Ainsi, dans la mort par la strychnine, la conjonctive reste sensible après que la cornée est devenue insensible.

Dans la mort par section du bulbe rachidien, la cornée reste encore sensible après que la conjonctive est devenue insensible.

Évidemment, cette sensibilité de la cornée a un caractère spécial. Étant interne à l'Hôtel-Dieu, j'ai observé un cas dans lequel elle était conservée. Le sujet de cette observation était une femme offrant d'un seul côté une paralysie complète de la cinquième paire, paralysie sans altérations de nutrition. Tout l'œil était insensible à l'exception de la cornée transparente.

Je ne connais de cet remarquable phénomène que ce seul exemple chez l'homme, qu'on trouvera rapporté dans la thèse de M. le Dr Demeaux (1843).

Souvent j'ai fait chez des chiens l'ablation du ganglion ophthalmique. La cornée transparente devient alors insensible. D'autres désordres de nutrition s'observent encore, ainsi qu'on va le voir.

Exp. (29 mars 1848). — Sur un chien adulte, j'ai mis les nerfs de l'œil à découvert. Le procédé consista à fendre en dehors la peau de l'orbite, et à diviser le muscle crotaphyte jusqu'au-devant de l'oreille, à enlever par deux traits de scie l'arcade zygomatique; à reséquer l'apophyse coronoïde de la mâchoire, puis disséquer les nerfs en étanchant le sang qui s'écoulait en abondance.

Après avoir isolé le nerf optique, je constatai que les nerfs ciliaires qui rampent dans le tissu cellulaire environnant le nerf optique sont sensibles. Car après avoir dépouillé le nerf optique des nerfs ciliaires, il était complétement insensible.

En coupant les nerfs ciliaires, j'ai constaté les phénomènes suivants du côté de l'iris : ayant d'abord coupé seulement les filets ciliaires situés sur le côté externe du nerf optique, j'ai vu la pupille paralysée seulement en dehors ; de sorte que la pupille se contractant après, sous l'influence de la lumière, elle se resserrait partout excepté en dehors, ce qui lui donnait alors une forme allongée transversalement. Chez les animaux qui ont la pupille disposée en long ou en travers, cela tiendrait-il à ce que les nerfs ciliaires ne se distribuent pas aux points de l'iris qui servent de commissure à la pupille ?

Après avoir coupé les nerfs ciliaires tout autour du nerf optique, la pupille était largement dilatée et immobile.

Après la section des nerfs ciliaires, je vis la cornée devenir subitement insensible et il me sembla aussi qu'elle devint aussitôt terne et sèche, comme cela a lieu après la section de la cinquième paire. D'où il résulterait que ces nerfs ciliaires ont une influence directe sur l'état de la cornée transparente.

L'animal guérit de cette opération, mais son œil fondit complétement, ce qui tient sans doute à la fois à la destruction des vaisseaux et à celle des nerfs.

Exp. — Le 31 mars 1848, sur un lapin bien portant, j'ai, par le même procédé, mis le nerf optique à découvert. Il me parut également sensible au pincement lorsqu'il était entouré des nerfs ciliaires.

Je vis de même que la cornée transparente reçoit sa sensibilité des nerfs ciliaires; car, après avoir dénudé l'œil de la conjonctive tout autour de la cornée transparente, celle-ci était restée toujours sensible; et elle ne perdit sa sensibilité que lorsque les nerfs ciliaires eurent été coupés.

Un fait singulier s'est manifesté relativement à la pupille. Sous l'influence de l'opération, sans doute à cause de la lésion des rameaux de la cinquième paire, la pupille s'était resserrée. Mais, au moment de la section des nerfs ciliaires, elle ne se dilata point comme cela avait eu lieu chez le chien, de telle sorte que, après la section des nerfs ciliaires, la pupille était fortement dilatée chez le chien, tandis qu'elle était restée fortement contractée chez le lapin.

Nous noterons en passant que ces animaux présentent des différences analogues lorsqu'on vient à couper chez eux la cinquième paire. Plus tard, nous reviendrons sur ce sujet quand nous nous occuperons spécialement du ganglion ophthalmique. Sur un autre lapin j'ai pincé le ganglion ophthalmique qui ne possédait pas de sensibilité, tandis que les nerfs ciliaires qui en émanaient étaient sensibles. Cette sensibilité paraît devoir s'expliquer par la jonction après le ganglion des filets ciliaires directs, venant de la cinquième paire, avec les filets ciliaires indirects.

Maintenant, messieurs, ces considérations, ainsi que les expériences qui précèdent, m'amènent à vous entretenir d'une question qui se rattache à la sensibilité de l'œil; je veux parler de la photophobie.

On sait combien ce symptôme est fréquent dans les inflammations de l'œil, particulièrement dans les altérations de la cornée, de l'iris; la photophobie n'existe pas lorsque la conjonctive seule est malade. D'où vient la photophobie? La sensation douloureuse est-elle due à l'action de la lumière sur l'iris, sur la rétine, ou sur les nerfs de la cinquième paire qui ont traversé le ganglion ophthalmique?

Cette question a déjà préoccupé les physiologistes, et quelques épreuves ont été tentées dans le but de la résoudre.

Magendie avait déjà montré que la rétine est insensible. Des opérations chirurgicales ont montré que la section du nerf optique chez l'homme n'est pas non plus douloureuse.

D'autres raisons portaient encore à penser que la photophobie n'avait pas son origine dans la rétine. En effet, on avait rencontré ce symptôme chez des malades porteurs de taches de la cornée qui ne leur permettaient pas de voir; ainsi des amaurotiques qui étaient pris d'ophthalmie éprouvaient alors de la photophobie. Depuis longtemps j'avais été amené par mes expériences à considérer dans mes cours la photophobie comme n'existant pas dans la rétine, mais dans les parties de l'œil qui reçoivent les nerfs ciliaires indirects. M. Castorani, que j'avais l'année dernière engagé à élucider ce sujet par des expériences directes, a repris la question. Ses expériences sont arrivées aux mêmes résultats et ont montré que chez un animal auquel on a préalablement coupé le nerf optique, une plaie de la cornée détermine de la photophobie. Ce sont là des phénomènes extrêmement curieux et qui semblent prouver que les nerfs qui se sont associés avec le grand sympathique, ont reçu de cette association des qualités particulières.

On avait d'un autre côté signalé déjà la sensibilité de l'iris pour la lumière. M. Brown-Séquard avait montré qu'après la section du nerf optique, l'iris conserve encore la propriété de se contracter sous l'influence de la lumière et de se relâcher dans l'obscurité. Son expérience consiste à enlever les deux yeux d'une anguille ou d'une grenouille, et à les placer séparément sur des éponges humides pour éviter une perte trop rapide des propriétés de tissus par la dessiccation. L'un de ces yeux restant à la lumière, et l'autre étant placé dans une boîte fermée, on constatait bientôt, en les comparant, que la pupille était contractée seulement dans l'œil qui était resté exposé à la lumière. On changeait ensuite ces yeux de place, laissant à la lumière celui qui avait d'abord été enfermé et plaçant dans la boîte celui qui avait été exposé à la lumière. La pupille se contractait sur le premier et se dilatait sur le dernier; le phénomène était renouvelé par le renversement des conditions. L'iris paraît donc jouir d'une sensibilité à la lumière indépendante de celle de la rétine. Or la cornée reçoit les nerfs de la même source que l'iris : c'est donc dans les filets ciliaires indirects de la cinquième paire qu'il faudrait, suivant nous, localiser le symptôme de la photophobie.

Quant aux modifications organiques que la section de la cinquième paire apporte dans l'œil, nous avons cité à propos des expériences leurs principales particularités, sur lesquelles nous ne nous étendrons pas davantage parce que ce sont des phénomènes bien connus. M. Schiff a publié sur ce sujet un travail très complet.

La glande lacrymale paraît, après la section de la cinquième paire, sécréter moins. Au contraire, les glandes de Meibomius sembleraient fournir une sécrétion plus abondante.

Nous aurons ultérieurement à revenir sur les nerfs qui président à la sécrétion des glandes de l'organe de la vision, à propos des fonctions du grand sympathique de la tête en général, et de celle du ganglion ophthalmique en particulier.

Nous allons continuer l'histoire physiologique des autres branches de la cinquième paire, par la branche maxillaire supérieure.

Comme la branche ophthalmique, la branche maxillaire supérieure est exclusivement sensitive.

Chez l'homme la branche maxillaire supérieure sort du crâne par le trou maxillaire supérieur ou grand rond, traverse la fosse ptérygo-maxillaire et vient, s'épanouissant sur la face, donner la sensibilité à la lèvre supérieure et à la narine.

Cette branche porte sur son trajet un ganglion, le ganglion de Meckel ou ganglion sphéno-palatin. Ce ganglion, qui appartient au système du grand sympathique communique avec la septième paire.

Chez certains animaux, le lapin, le chien, le cheval, le trou grand rond n'existe réellement pas ou plutôt il n'existe qu'en dehors du crâne. Les branches maxillaires supérieures et inférieures sortent de la base du crâne par un même trou, le trou ovale, et c'est à la sortie de cette ouverture que la branche maxillaire supérieure se dirige en avant dans une sorte de virole osseuse qui représenterait le trou grand rond.

Je n'insisterai pas ici sur la propriété qu'a la branche maxillaire supérieure de donner la sensibilité aux téguments des parties auxquelles elle se distribue, non plus que sur la sensibilité qu'elle fournit aux dents par ses filets dentaires; sensibilité que nous examinerons tout à l'heure en parlant de la branche maxillaire inférieure. La branche maxillaire supérieure donne encore la sensibilité générale à la membrane muqueuse du nez. Quand nous examinons ce lapin chez lequel la cinquième paire a été coupée, nous voyons qu'on peut, sans qu'il témoigne la moindre douleur, lui introduire un instrument dans les narines. La section de la cinquième paire a donc aboli la sensibilité, non-seulement dans les parties superficielles, mais encore dans les parties profondes de la face.

En parlant de l'influence que pouvait exercer la section de la cinquième paire sur les organes des sens, je vous ai signalé une influence indirecte, secondaire, sur les phénomènes de la vision qui sont consécutivement rendus impossibles par suite de l'altération de certains milieux de l'œil. Ce qui se passe du côté de l'organe de l'odorat présente-t-il quelque analogie avec les phénomènes que je vous rappelle? Quelle influence peut avoir la cinquième paire sur l'olfaction?

C'est là une question sur laquelle on a beaucoup discuté. On a été porté par analogie à penser que la branche maxillaire supérieure donnait la sensibilité générale à la membrane muqueuse nasale, et que la sensibilité spéciale en rapport avec la perception des odeurs était due au nerf olfactif. Pour vérifier l'exactitude de cette vue, à laquelle il est naturel de s'arrêter d'abord, il était nécessaire de faire des expériences; or, la pratique de ces expériences et surtout l'appréciation des phénomènes produits offrait de sérieuses difficultés. Ici encore des faits de deux ordres pouvaient conduire à la connaissance de la vérité : des expériences physiologiques et des observations pathologiques. Nous verrons, à propos de l'olfaction, ce qu'ont donné les unes et les autres; toutefois je dois vous faire remarquer d'avance quelle importance relative prennent ici les observations faites sur l'homme, et combien elle peuvent fournir de renseignements plus nets dans une question aussi délicate que celle de la perception des odeurs.

Nous avons, messieurs, essayé il y a deux jours d'enlever chez un chien le ganglion de Meckel, ganglion du grand sympathique qui affecte des rapports assez intéressants avec la branche maxillaire supérieure.

Nous voulions voir si cette ablation était possible; et si, à la suite de l'opération, quelques phénomènes nouveaux ne pouvaient pas être observés.

L'expérience ne fut pas fort difficile. Chez l'homme, ce ganglion est collé au nerf lui-même; chez le chien, il en est séparé et se trouve à côté de lui dans la fosse ptérygoïde. Nous avons donc, sur un chien, enlevé l'arcade zygomatique, soulevé l'œil, suivi vers l'orbite le nerf maxillaire supérieur; et, arrivé sur le ganglion sphéno-palatin, nous l'avons arraché.

Avant d'enlever ce ganglion, nous avons vu que quand on le pinçait on ne provoquait pas de sensibilité bien évidente, tandis que quand on l'arracha on produisit une douleur très vive, ce qui est d'accord avec ce que nous avons vu des autres ganglions du grand sympathique. Nous avons ensuite observé ce chien, et n'avons rien vu qui parût se rattacher aux conséquences de l'opération. Aucun symptôme particulier ne s'est manifesté du côté de l'œil; rien de précis du côté des narines où se distribue le nerf maxillaire supérieur. La sensibilité de la membrane muqueuse nasale paraissait aussi développée du côté où avait été enlevé le ganglion de Meckel, peut-être même l'était-elle davantage?

Les filets qui émanent du ganglion de Meckel vont se distribuer à la membrane muqueuse du nez avec une branche de la cinquième paire. Examinant chez le chien le nerf naso-palatin qui va à la membrane muqueuse du nez, nous avons été très surpris de le trouver en apparence complétement insensible, tandis que la branche principale, la sous-orbitaire, nous offrait tous les signes d'une sensibilité vive. Cette insensibilité d'un rameau appartenant à la cinquième paire porterait à penser qu'elle renferme des filets de sensibilité spéciale; Magendie ayant prouvé que les nerfs de sensations spéciales sont complétement insensibles aux irritations mécaniques.

Déjà autrefois, expérimentant sur la cinquième paire, il m'avait semblé que le nerf lingual, nerf de sensibilité générale et spéciale à la fois, était moins sensible que les rameaux superficiels de la cinquième paire. Cela pourrait peut-être tenir aussi à cette double aptitude fonctionnelle.

En résumé, dans l'opération citée plus haut, nous avions donc remarqué que le ganglion sphéno-palatin, insensible quand on le pince, ne peut être arraché sans produire une vive douleur. Un autre fait nous avait surtout frappé, je veux parler de l'insensibilité d'un filet nerveux de la cinquième paire qui se rend à la muqueuse nasale.

Aujourd'hui nous avons répété sur le même animal cette expérience, de l'autre côté, avec les mêmes résultats. Ce filet singulier a donc été coupé des deux côtés. En introduisant un stylet dans les narines on trouve que la membrane muqueuse nasale est toujours sensible; d'ici aux prochaines leçons, nous observerons l'animal et tâcherons de voir si l'odorat a été modifié, et, dans le cas où il l'aurait été, quelle altération il aura subie.

Si les observations précédentes se vérifiaient, la cinquième paire se trouverait ainsi composée de trois parties : un nerf moteur, petite branche d'origine qui se rend tout entière dans le nerf maxillaire inférieur; des nerfs de sensibilité générale, et des nerfs de sensibilité spéciale qui présideraient à l'olfaction et à la gustation. Il ne s'agira plus que de vérifier ces vues expérimentalement en analysant convenablement les faits; il faudra couper les branches que nous sommes disposé à regarder comme présidant à la sensibilité spéciale, et voir si après la section de ces branches l'olfaction a été détruite ou troublée.

Sans insister aujourd'hui sur ce fait de savoir si la cinquième paire préside ou ne préside pas, dans le nez, pour une certaine part à la sensibilité olfactive, question sur laquelle l'expérience doit prononcer, je me borne à vous poser la proposition que nous examinerons plus tard.

Nous savons que la cinquième paire tient sous sa dépendance certains phénomènes de nutrition. Vous l'avez vu pour la branche ophthalmique; on peut le constater aussi pour les branches maxillaires supérieure et inférieure. La membrane muqueuse nasale est gonflée et rougeâtre. Nous constaterons cette apparence le jour où nous ferons l'autopsie de ce lapin. Je vous signalerai à ce propos une précaution à prendre dans les conclusions à tirer des expériences entreprises pour juger de l'influence de la cinquième paire sur l'olfaction : il ne faudrait évidemment pas attendre, pour étudier les modifications de ce sens après la section du trijumeau, que les altérations de nutrition se fussent produites dans le nez. L'expérience ayant pour objet de rechercher si le sens olfactif est atteint primitivement, son altération, après que les désordres de nutrition sont survenus, n'établirait pas plus son aptitude sensoriale que la cécité, après les altérations de l'œil consécutives à la section de la branche ophthalmique, n'établit une influence directe de cette branche sur la vision.

Passons maintenant à l'examen des usages de la branche maxillaire inférieure.

La branche maxillaire inférieure du nerf trijumeau sort du trou maxillaire inférieur et vient se distribuer à la bouche. Ce nerf diffère des autres branches de la cinquième paire en ce qu'il n'est pas exclusivement sensitif. Lorsqu'au delà du ganglion de Gasser, la cinquième paire s'est divisée en trois branches, la branche inférieure de cette trifucation, branche maxillaire inférieure, reçoit un filet d'origine distincte qui passe au-dessous du ganglion sans se confondre avec lui. Ce filet représente la partie motrice d'une paire nerveuse, dont le tronc principal du trijumeau renferme l'élément sensitif. Cette branche motrice n'abandonnant rien aux deux branches supérieures du trijumeau, le nerf maxillaire inférieur se trouve seul dans la cinquième paire représenter un nerf mixte.

Dans l'étude du nerf maxillaire inférieur, nous avons donc à considérer des phénomènes de sentiment et des phénomènes de mouvement.

Je vous ai déjà dit que la branche maxillaire inférieure donne la sensibilité aux parois de la bouche et le mouvement aux muscles de la mâchoire inférieure. Tandis que le facial donne le mouvement aux muscles superficiels, le nerf maxillaire inférieur préside au mouvement des muscles masticateurs profonds : masséters, mylo-hyoïdiens, ptérygoïdiens et crotaphytes.

Après la section de la cinquième paire, on constate en effet, une paralysie des muscles de la mâchoire. Lorsque la lésion n'a été produite que d'un côté, cette paralysie n'empêche pas immédiatement l'animal de se nourrir : la mâchoire formant un seul os, et les mouvements du côté opposé étant conservés, la mastication peut encore s'effectuer. Cependant cette mastication est incomplète, l'animal se nourrit mal, dépérit et maigrit.

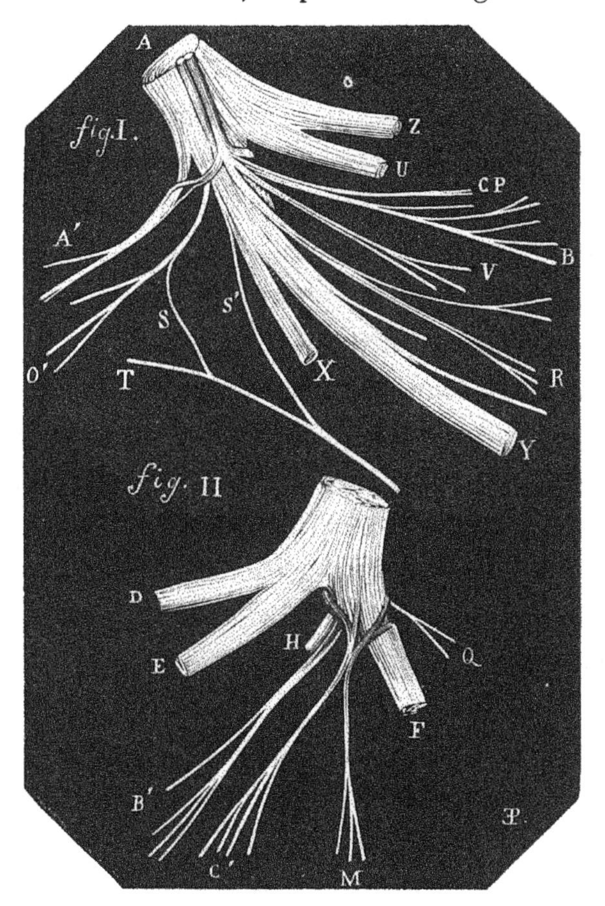

Fig. 4 (1).

Je dois vous signaler à ce propos un fait intéressant à noter, fait relatif à l'accroissement des dents. La sec-

(1) *Portion motrice de la cinquième paire chez le cheval.* — *Fig.* I. A, portion motrice de la cinquième paire qui embrasse en forme de collier le nerf maxillaire inférieur ; — A', branche auriculo-temporale qui est entourée par une anse provenant de la portion motrice ; — O', autre portion du nerf auriculo-temporal provenant exclusivement de

tion des rameaux dentaires que fournit la cinquième paire, n'empêche pas les dents de pousser. On peut le constater sur les animaux chez lesquels l'accroissement des dents est continuel, chez les lapins, par exemple.

Lorsque chez ces animaux, on coupe la cinquième paire d'un seul côté, les dents incisives correspondantes ne sont plus en rapport; elles ne s'usent plus les unes sur les autres. Cette altération des rapports entre les dents tient à ce qu'après la section de la cinquième paire, la destruction de sa petite racine motrice a paralysé les muscles masticateurs d'un côté.

La mâchoire étant déviée et attirée du côté sain, la dent incisive supérieure du côté sain frotte seule sur l'incisive inférieure du côté paralysé. Mais alors l'incisive supérieure du côté opéré et l'incisive inférieure du côté sain portant à vide continuent à s'accroître. Au bout de cinq ou six jours on peut déjà reconnaître que ces dents sont plus longues (voy. fig. 5).

la portion sensitive du maxillaire inférieur, et envoyant un filet anastomotique S à la corde du tympan I; — S', autre filet allant du maxillaire inférieur à la corde du tympan I; — B, rameau buccal du maxillaire inférieur venant en plus grande partie de la portion motrice du nerf; — CP, filet moteur pour le muscle crotaphyte; — V, filet moteur pour le voile du palais; — R, rameau moteur pour le ptérygoïdien; — Z, branche ophthalmique de la cinquième paire; — U, branche maxillaire supérieure de la cinquième paire; — X, nerf lingual; — Y, nerf dentaire inférieur.

Fig. II. Même nerf que précédemment vu par la face externe; — C'M, filets mésseteriens et crotaphytes venant de la portion motrice du maxillaire inférieur et auxquels se mêlent cependant quelques fibres venant de la portion sensitive du nerf; — D, branche ophthalmique; — E, nerf maxillaire supérieur; — F, nerf dentaire; — H, nerf lingual; A, portion de la branche auriculo-temporale.

L'accroissement des dents est donc indépendant de l'influence nerveuse.

Il est très probable que c'est là un fait général ; car, chez le fœtus, le développement des organes se fait alors qu'ils ne sont pas encore pourvus de nerfs : l'influence nerveuse ne paraît, en effet, intervenir dans les phénomènes de nutrition que comme moyen d'harmonisation générale.

Le lapin que nous avons montré tout à l'heure périra dans quelques jours. Il ne mourra pas par l'opération même de la section de la cinquième paire ; il mourra de faim. A l'autopsie, on trouvera dans l'estomac peu d'aliments, beaucoup moins que dans les conditions normales : on pourrait peut-être prolonger son existence en lui injectant dans l'estomac des aliments suffisamment divisés ou dissous, du bouillon, par exemple.

Cette imperfection de la mastication doit reconnaître deux causes : d'une part, l'animal se sert moins bien de ses dents molaires, dont le contact ne se fait plus que par une portion restreinte de leur surface triturante ; ensuite, l'action des incisives est singulièrement amoindrie par ce déplacement latéral qui ne permet qu'à deux dents de se mettre en rapport.

Chez un chien ces inconvénients seraient moins prononcés, les mouvements de diduction des mâchoires prenant une part beaucoup moins large dans la mastication des carnivores. Toutefois, le rapprochement des dents se fait assez faiblement du côté paralysé pour qu'on puisse, en mettant le doigt entre les deux mâchoires du côté lésé, sentir qu'il n'est serré que légèrement.

Lorsque au lieu de couper la cinquième paire d'un côté seulement on la coupe des deux côtés, l'animal ne peut plus ni mâcher, ni avaler. Alors il meurt de faim; la bouche reste béante et la mâchoire inférieure pendante.

Vous voyez donc que la section de la cinquième paire amène des désordres du mouvement qui sont limités à la mâchoire; voilà tout pour ce qui concerne son influence motrice.

Mais, outre cela, le nerf maxillaire inférieur est aussi un nerf de sentiment. C'est lui qui donne la sensibilité aux joues, à la bouche, à certaines parties de l'oreille. Il fournit des anastomoses au facial par une branche auriculo-temporale. La section du nerf maxillaire inférieur est suivie d'une paralysie du sentiment, non-seulement dans les parties profondes, mais encore dans les parties superficielles; c'est ce qu'il est facile de constater sur ce lapin. La sensibilité a disparu dans la muqueuse comme dans la peau des joues; nous pouvons aussi sans causer de douleur à l'animal pincer la langue du côté paralysé.

Les effets de la paralysie de la branche maxillaire inférieure ou de sa section ne paraissent pas se borner à ces lésions du mouvement et de la sensibilité : nous trouvons sur les lèvres et la langue des altérations consécutives qui peuvent porter à penser qu'il y a en même temps des altérations de nutrition. La muqueuse des lèvres est quelquefois rouge, gonflée; elle est, aux lèvres supérieure et inférieure, le siége d'ulcérations; le bout de la langue présente aussi une ulcération. Toutefois, avant de se prononcer sur la nature de ces ulcérations, il convient de se demander si elles sont la conséquence d'une altération de nutrition, ou si elles sont dues simplement aux morsures que se ferait l'animal qui a perdu la sensibilité. Je crois que cette dernière supposition est plus fondée, parce que les altérations que je vous signale, et que vous

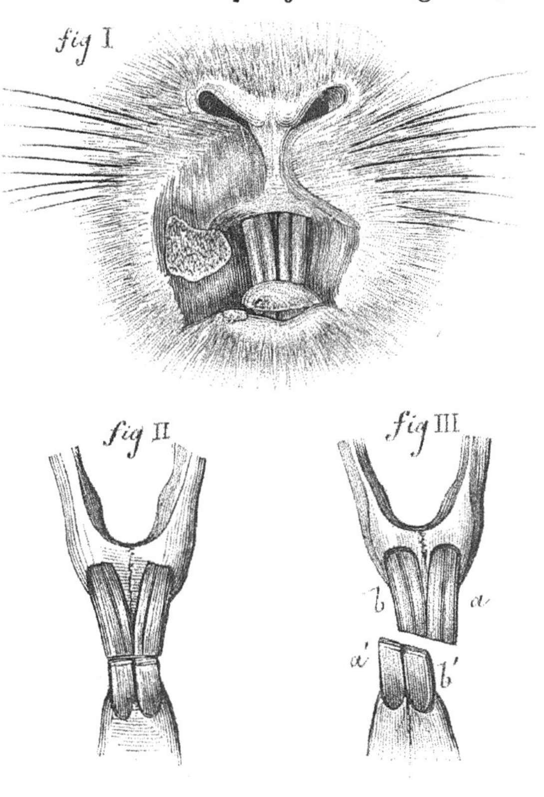

FIG. 5 (1).

pouvez encore voir sur ce lapin, se montrent dès le lendemain de l'opération et siégent précisément dans les parties qui sont exposées à l'action des dents (fig. 5, *fig.* I).

(1) Fig. 5. — *Fig.* I. Ulcérations survenues du côté correspondant à la section de la cinquième paire; elles sont ordinairement au nombre de trois : 1° une, la plus large, à la lèvre supérieure; 2° une plus petite à

Pour compléter l'histoire de la branche maxillaire inférieure, il me resterait à vous parler de son influence sur le sens du goût.

Cette influence est ici incontestable : elle s'exerce sur la partie antérieure de la langue. Elle est due au nerf lingual, qui donne à cette partie à la fois la sensibilité générale et la sensibilité spéciale. Ces deux sensibilités disparaissent après la section du lingual.

Nous reviendrons sur les phénomènes de la gustation lorsque nous aurons à examiner l'action des autres nerfs du goût ; qu'il nous suffise de vous indiquer aujourd'hui que, dans certaines parties de la langue, elle est d'une manière absolue sous la dépendance du nerf lingual.

Quant aux altérations de nutrition qui, consécutivement à la section de la cinquième paire, se remarquent dans l'oreille moyenne, on pense qu'elles peuvent amener quelques troubles secondaires de l'audition ; mais primitivement on n'aperçoit rien d'appréciable. La cinquième paire a aussi une influence sur les sécrétions de la face et particulièrement sur la sécrétion salivaire. Nous verrons qu'après la section de ce nerf. les excita-

la lèvre inférieure; 3° une autre sur le bout de la langue et sur le côté correspondant à la paralysie du sentiment.

Fig. II. Dents incisives normales de lapin ; elles se correspondent exactement et sont taillées carrément.

Fig. III. Dents incisives de lapin, le septième jour après la section de la cinquième paire ; les dents *b* et *b'* se correspondent seules pendant la mastication, les dents *a*, *a'* ne se correspondant plus, ne s'usent pas et s'allongent, d'où il résulte que la coupe des dents, au lieu de former une ligne transversale, forme une ligne oblique de haut en bas et de droite à gauche quand la cinquième paire a été coupée à droite, et oblique de haut en bas et de gauche à droite quand la cinquième paire a été coupée à gauche.

tions sensitives qui déterminent les sécrétions par action réflexe ne peuvent plus avoir lieu.

Toutefois, les sécrétions ne sont pas pour cela abolies complétement; elles sont seulement diminuées. Et lorsqu'on met un corps sapide sur la langue, par exemple, la sécrétion a lieu faiblement du côté où la cinquième paire a été coupée, non plus par excitation du nerf lingual de ce côté mais par excitation du même nerf du côté opposé, dont les fibres agissent alors par action réflexe croisée sur les glandes du côté où la cinquième paire a été coupée.

Nous avons déjà donné ailleurs des expériences sur ce sujet, sur lequel nous reviendrons encore en parlant de la corde du tympan.

SIXIÈME LEÇON.

22 MAI 1857.

SOMMAIRE : Comparaison des phénomènes consécutifs à la section de la cinquième et de la septième paire. — Portion intra-crânienne du nerf facial. — Difficultés de l'expérimentation sur cette partie. — Constitution de la septième paire dans le conduit auditif interne. — Hypothèse sur le nerf facial, considéré comme une racine antérieure, formant une paire nerveuse avec le nerf de Wrisberg, qui constituerait la racine postérieure. — Cette hypothèse est inadmissible, physiologiquement et anatomiquement. — Le nerf de Wrisberg est une racine d'origine du grand sympathique. — De la paralysie du nerf facial. — Observations recueillies chez l'homme. — Paralysies faciales superficielles et paralysies faciales profondes.

MESSIEURS,

Voici deux lapins que je vous ai déjà présentés plusieurs fois et que j'aurai à vous montrer encore pour que vous puissiez suivre sur eux les accidents qu'ont déterminé les opérations auxquelles ils ont été soumis.

Vous pouvez, sur celui-ci, auquel nous avons, il y a quelques jours, coupé devant vous la cinquième paire, voir que l'œil s'altère de plus en plus. La cornée, entre les lames de laquelle le pus est épanché en grande quantité, offre aujourd'hui l'aspect d'une grande tache blanchâtre. Mais les altérations de nutrition ne se bornent pas à l'œil ; la lèvre supérieure et aussi la lèvre inférieure commencent à suppurer ; la membrane muqueuse nasale est tuméfiée, rouge ; les dents ayant perdu leurs rapports continuent à pousser en s'usant inégalement ; elles offrent la déformation que je vous signalais dans la dernière leçon.

Vous pouvez voir comparativement cet autre lapin sur lequel nous avons coupé le nerf facial : toute la moitié gauche de la face a perdu ses mouvements, cependant elle est toujours sensible. L'œil, bien qu'il reste constamment à découvert et que les paupières ne puissent plus l'occlure offre une cornée toujours transparente et brillante.

La partie intra-crânienne du facial qu'il nous reste à examiner, est d'une étude beaucoup plus difficile que celle de sa portion externe. Sa disposition anatomique est extrêmement compliquée, et la difficulté qu'on rencontre lorsqu'on veut l'attaquer, en vue de l'expérimentation physiologique, est telle que celle-ci a été jusqu'à ce jour presque impossible. Tout se réduit en effet à une question de procédé opératoire : quand on peut couper un nerf, on voit quelles sont ses propriétés, quelles sont ses fonctions; aussi le nerfs les plus faciles à couper ont-ils été les premiers étudiés. A la suite des indications de Ch. Bell, on expérimenta d'abord sur les branches du facial et de la cinquième paire; plus tard Magendie opéra sur les racines rachidiennes, etc.

L'étude de la partie interne du facial offre des difficultés telles que les questions qui se rattachent à divers points de son histoire physiologique sont encore en litige. Une autre raison tend encore à jeter de l'obscurité sur les fonctions de cette partie du facial. En effet, elle n'est pas simple; plusieurs autres nerfs l'accompagnent dans ce trajet et viennent compliquer de leur influence propre les phénomènes que l'expérimentation a à déterminer. Le facial n'entre pas seul dans le conduit auditif interne ; il y est accompagné par le nerf auditif et par le nerf intermédiaire de Wrisberg, nerf d'une nature spéciale, comme nous le verrons, et dont l'influence propre ne saurait être négligée sans exposer à des causes d'erreur dans l'appréciation des faits physiologiques.

Le nerf de la septième paire, quand il entre dans le conduit auditif, est donc constitué par trois nerfs : le facial proprement dit est en avant, le nerf acoustique en arrière ; entre eux est le nerf intermédiaire de Wrisberg, décrit par Schaw comme une anastomose qui réunirait le nerf acoustique au facial. En effet, il semble que les filets les plus antérieurs du nerf acoustique se séparent du tronc de ce nerf et viennent se joindre au nerf facial. On avait vu là une anastomose; mais ces filets constituent réellement, comme nous le verrons, un nerf spécial.

Nous devons donc d'abord éliminer du facial le nerf acoustique qui, arrivé au fond du conduit auditif interne, s'y arrête et se distribue à l'oreille interne.

Il ne reste plus alors que le facial proprement dit, et ces filets que nous venons de voir former le nerf intermédiaire de Wrisberg.

Le facial et le nerf de Wrisberg entrent ensemble dans le canal de Fallope, où ils sont réunis en un seul faisceau présentant, dans un trajet flexueux, trois portions séparées par deux coudes; la dernière de ces portions conduisant le nerf au trou stylo-mastoïdien par lequel il sort du crâne.

Arrivé dans le canal de Fallope le facial est bientôt accolé au ganglion géniculé d'où partent deux filets, le rgand et le petit petreux. Ces deux filets qui émanent de ce ganglion géniculé établissent des communications avec la cinquième paire. Le petit pétreux, en effet, se jette dans le ganglion otique, situé sur le trajet de la branche maxillaire inférieure, tandis que le grand pétreux se jette dans le ganglion sphéno-palatin, situé sur le trajet de la branche maxillaire supérieure.

De la portion moyenne du trajet spiroïde du facial n'émane aucun rameau. Ce nerf en fournit, au contraire, plusieurs dans sa portion descendante, entre son dernier coude et sa sortie par le trou stylo-mastoïdien. Il donne d'abord les filets qui se rendent au muscle de l'étrier; ensuite la corde du tympan, qui sort du crâne par la scissure de Glaser et vient se jeter dans un ganglion situé sur le trajet du rameau lingual de la branche maxillaire inférieure. Un autre filet, fourni encore par le facial dans cette dernière partie de son trajet intra-crànien, établit une anastomose entre lui et le nerf glosso-pharyngien. Enfin, dans cette partie le facial communique encore avec le pneumo-gastrique par une anastomose.

Avant d'examiner quel est le rôle de ces différents nerfs, je dois vous parler d'une hypothèse relative au facial et au nerf de Wrisberg, hypothèse d'après laquelle on a considéré ces deux nerfs comme constituant les deux racines d'une même paire nerveuse.

On avait dit que le facial naît comme une racine antérieure, à laquelle le nerf de Wrisberg viendrait se joindre à la manière des racines postérieures. Le caractère anatomique dominant des racines postérieures étant d'avoir un ganglion sur leur trajet, on retrouvait ce fait dans l'observation qui montre les filets du nerf de Wrisberg allant se jeter plus spécialement dans le ganglion géniculé du facial. On trouvait donc là des

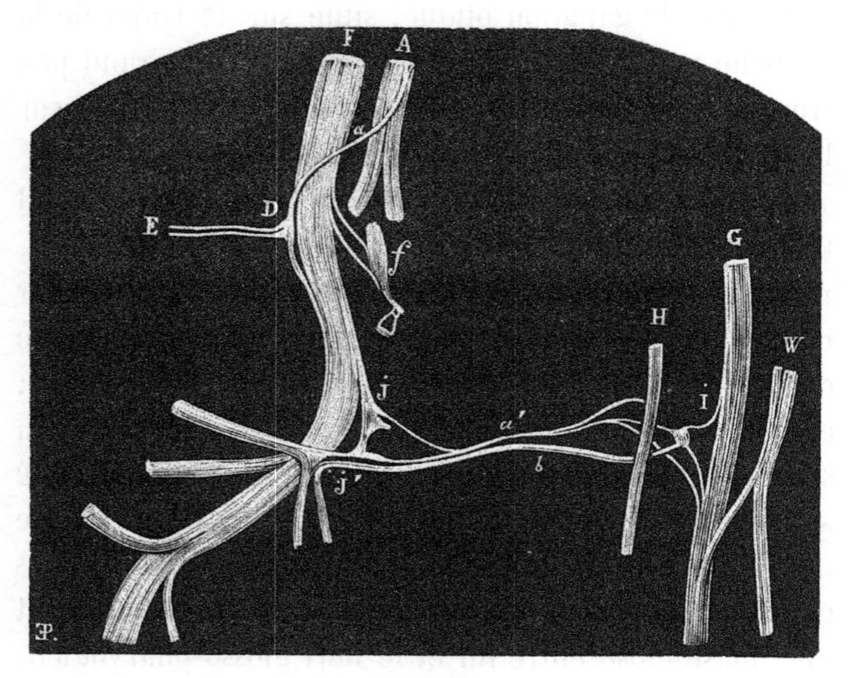

Fig. 6 (1).

(1) *Portion intra-crânienne du nerf facial chez un ânon.*— A, nerf acoustique; — F, nerf facial; — G, nerf pneumogastrique; — H, nerf glosso-pharyngien; — W, nerf accessoire de Willis; — D, ganglion géniculé sur le trajet du nerf intermédiaire *a*; — E, nerfs pétreux émanant du ganglion géniculé; — *i*, ganglion jugulaire du pneumogastrique; — *j*, *j'*, anastomose entre le nerf facial et le pneumo-gastrique; — *a*, nerf intermédiaire de Wrisberg autrefois considéré comme une anastomose entre le nerf acoustique et le facial; — *a'*, anastomose entre le facial et le glosso-pharyngien; — *b*, anastomose entre le facial et le ganglion jugulaire du facial; — *f*, muscle de l'étrier recevant deux filets nerveux du nerf facial.

raisons qui rapprochaient, jusqu'à un certain point, le nerf de Wrisberg d'une racine postérieure.

On s'appuyait ensuite sur ce que c'était ce nerf intermédiaire qui venait fournir la corde du tympan, le grand pétreux, le petit pétreux, pour considérer ces nerfs comme des filets de sensibilité destinés à la langue et à l'oreille, etc.

Cette opinion ne me parait pas soutenable physiologiquement ni même anatomiquement.

Et d'abord quel est le caractère physiologique d'une racine postérieure? Une grande sensibilité; sensibilité qui, alors que le nerf a été coupé, persiste dans son bout central. Lorsque, sur un animal dont le crâne a été ouvert, on pince la masse des nerfs de la septième paire, on trouve qu'il n'y a pas de sensibilité évidente. Ce défaut de sensibilité relative serait-il la conséquence du délabrement ? Cependant la cinquième paire, pincée à ce moment, donne des signes d'une vive douleur. Les propriétés du nerf intermédiaire de Wrisberg ne permettraient donc pas de le regarder comme une racine postérieure.

On a prétendu que ce nerf fournissait des filets sensitifs, la corde du tympan qui intervient dans les phénomènes de gustation. Nous verrons qu'il y a une autre interprétation à donner dans ce cas : la corde du tympan, sans rien préjuger sur sa sensibilité, agirait plutôt sur la gustation comme nerf moteur; son influence porterait ici sur des phénomènes purement mécaniques.

Une autre raison, d'ordre anatomique, vient encore

montrer que les analogies qui avaient fait regarder le nerf de Wrisberg, comme une racine postérieure. étaient des analogies trompeuses.

En examinant les paires rachidiennes, on peut constater que jamais il n'émane de filets du ganglion intervertébral. Or, ici, le ganglion géniculé donnant naissance à des filets nerveux, s'éloigne par ce caractère des ganglions intervertébraux pour se rapprocher des ganglions du grand sympathique. Ce caractère, qui n'a jamais été invoqué, me paraît cependant très bon pour caractériser les ganglions du grand sympathique et les faire distinguer des ganglions intervertébraux.

J'espère vous démontrer plus tard que le nerf de Wrisberg est une racine du grand sympathique, racine qui naîtrait de la moelle allongée, comme une autre racine, signalée par MM. Budge et Waller, naît de la moelle rachidienne entre la région cervicale et la région dorsale, d'un point auquel ces observations ont donné le nom de région cilio-spinale. Quant au ganglion qui dans la paire crânienne, à laquelle appartient le nerf facial, représente le ganglion intervertébral, il faudrait le chercher vers l'origine du nerf trijumeau : c'est le ganglion de Gasser.

Je pense donc que la septième paire crânienne des anatomistes doit être divisée en trois nerfs distincts; qu'elle réunit : 1° le nerf acoustique, nerf de sensibilité spéciale ; 2° le nerf facial, moteur ; 3° le nerf intermédiaire de Wrisberg constituant une racine d'origine du grand sympathique. Ce dernier porte sur son trajet le ganglion géniculé qui donne naissance aux nerfs pétreux et à la corde du tympan.

Cette distinction, que m'ont conduit à admettre mes expériences d'avulsion du facial, semble justifiée par les observations pathologiques. Les auteurs, en effet, ont quelquefois discuté sur les symptômes de la paralysie du facial, rencontrant tantôt les symptômes extérieurs seuls, tantôt les trouvant compliqués de symptômes internes du côté des glandes salivaires et sublinguales, de la luette, du voile du palais, etc. Dans ce dernier cas, le nerf de Wrisberg est atteint par la lésion. L'isolement possible de ces deux espèces de phénomènes, soit par les expérimentations physiologiques, soit par les observations pathologiques, justifieront donc pleinement la distinction que nous venons d'établir.

Avant d'entrer dans l'étude expérimentale des fonctions du nerf intermédiaire de Wrisberg, il faut savoir que les différents ordres de phénomènes répondant aux trois ordres de nerfs que nous venons d'indiquer peuvent se rencontrer isolément.

Tout le monde admet que les paralysies du nerf acoustique peuvent exister indépendamment de celles du nerf facial. Quant à la paralysie du nerf facial proprement dite, les auteurs reconnaissent que tantôt elle est simple, c'est-à-dire qu'elle n'atteint que les mouvements extérieurs de la face et n'altère que l'expression de la physionomie en laissant intactes toutes les parties profondes : voile du palais, langue, etc.

D'autres fois, au contraire, la paralysie faciale, outre les symptômes extérieurs qu'elle manifeste, atteint aussi certains organes intérieurs : langue, voile du palais, pharynx, et détermine alors des altérations particulières dans le goût, dans la déglutition, etc.

Il est très fréquent de rencontrer des paralysies du nerf facial qui ne donnent lieu qu'à des phénomènes extérieurs sans atteindre les organes intérieurs. Des cas de cette paralysie simple due à des causes très diverses, ont été rapportés par beaucoup d'auteurs. Ils sont trop connus pour qu'il soit nécessaire de nous y arrêter; nous rapporterons seulement comme exemple le cas suivant pris dans la pratique de Magendie, et publié par M. C. James.

Observation. — Mademoiselle X..., âgée de 22 ans, d'un tempérament d'apparence lymphatique, se présente, le 2 avril 1840, à la consultation de M. Magendie. Sa taille est moyenne, ses cheveux blonds, ses traits peu colorés. Elle dit avoir toujours joui d'une santé parfaite, lorsque, il y a 15 jours, elle éprouva, sans cause connue ni même appréciable, les premiers symptômes de la maladie dont elle est maintenant affectée. Ces symptômes, je vais les énumérer en suivant l'ordre de leur apparition, de leur succession et de leurs progrès.

Je divise donc mon observation en quatre périodes. A chacune de ces périodes correspondra un groupe particulier de symptômes, ainsi qu'une phase spéciale de la paralysie.

Première période. — Déviation des traits du côté droit ; paralysie de la septième paire gauche. — Le premier symptôme fut un léger embarras dans le jeu des paupières du côté gauche Bientôt le front et la tempe de ce côté cessèrent de se mouvoir. Puis la moitié gauche des lèvres et du menton perdirent leur contractilité et furent entraînées à droite. Jusque-là, la malade n'avait aucunement souffert. C'est alors qu'elle ressentit de l'engourdissement dans la moitié gauche de la langue, sans aucune gêne dans les mouvements de cet organe, en même temps qu'une exaltation vive de l'ouïe, à tel point que les moindres bruits provoquaient à l'intérieur de l'oreille gauche un pénible retentissement. Au bout de vingt-quatre heures, l'oreille et la langue avaient repris leur sensibilité normale ; mais les signes de la paralysie faciale persistaient. Ils avaient acquis leur maximum de développement à l'époque où la malade vint consulter M. Magendie.

Ainsi, distorsion des traits, surtout de la bouche et du menton, du côté droit. Impossibilité de les redresser, de plisser le front, ni de rapprocher complétement l'une de l'autre les paupières gauches. La lèvre supérieure de ce côté est pendante et paraît plus longue que du côté droit, l'inférieure est également paralysée dans toute sa moitié gauche. L'intervalle de ces deux lèvres donne issue à un écoulement involontaire de salive. La joue gauche, tiraillée à droite, est tendue, lisse, appliquée sur les dents et les gencives. On la voit se gonfler dans l'expiration, s'affaisser dans l'inspiration. Pendant le repas, les aliments se portent et s'accumulent du côté gauche. Quand la malade parle, rit, communique quelque expression à ses traits, la difformité augmente. Ce sont donc bien là tous les signes d'une paralysie complète de la septième paire gauche

M. Magendie prescrit le galvanisme et emploie le procédé qui lui a tant de fois réussi dans les affections de cette nature. Une aiguille est implantée dans la glande parotide gauche : une seconde aiguille est successivement placée aux trous sus-orbitaire, sous-orbitaire et mentonnier du même côté. Nous mettons ces aiguilles en rapport avec les conducteurs de la machine de Clarke, dont on tourne la roue lentement d'abord, puis ensuite un peu plus vite. Chaque commotion galvanique s'accompagne, dans tout le côté correspondant de la face, de douloureux élancements ; mais nous remarquons que les muscles se contractent très facilement. Ces séances sont continuées chaque jour de la même manière. Quelquefois M. Magendie n'emploie qu'une aiguille, celle de la parotide, mais alors il remplace la seconde par le bouton d'un des conducteurs qu'il applique sur la membrane muqueuse de la joue et des lèvres.

Peu de changement dans les premières séances. Les muscles se contractent un peu mieux dans le moment de l'influence du galvanisme, pour retomber ensuite dans leur immobilité. Quant à la sensibilité de tout ce côté de la face, elle est parfaitement intacte.

Vers la sixième séance (9 avril), il est survenu d'importants phénomènes qui sont le prélude de complications nouvelles dans la marche et le siége de la paralysie.

Deuxième période. — Redressement passif des traits ; paralysie de la septième paire droite. — La déviation des traits diminue notablement. La bouche est moins tiraillée à droite ; en un mot, la paralysie, au premier coup d'œil, semble être en voie de guérison. Mais est-ce là une amélioration bien réelle ? —Consultons les symptômes en les isolant Les mouvements sont à peu près aussi impossibles du côté gauche qu'ils l'étaient auparavant ; de plus, ils sont devenus difficiles du côté droit, où ils étaient restés intacts jusqu'alors. Ainsi, de ce côté, l'œil se ferme à peine, le front ne se plisse presque plus, le sourcil devient tombant, tous phénomènes qui ont signalé le début de la paralysie de la septième paire gauche. Il n'y a donc point amelioration ; c'est, au contraire, une paralysie nouvelle qui commence à envahir la septième paire du côté droit.

M. Magendie, dans l'espoir d'en arrêter les progrès, soumet ce côté de la face à l'action galvanique. Mais les muscles se contractent moins bien qu'à l'état normal. Nul doute, par conséquent, que la septième paire du côté droit ne soit bien positivement compromise à son tour. Mêmes applications galvaniques du côté gauche. Les contractions sont plus prononcées de ce côté, ce qu'il faut en partie attribuer à ce que les muscles antagonistes opposent moins de résistance.

La malade a ressenti, dans la journée du 12 avril, cet engourdissement du côté droit de la langue et cette surexcitation de l'ouïe que nous avions mentionnés lors de l'invasion de la paralysie gauche. Ce sont donc littéralement les mêmes phénomènes pour la droite.

Malgré plusieurs séances successives, la paralysie de la septième paire droite continue à faire des progrès. Elle est maintenant (15 avril) aussi complète que celle de la septième paire gauche. A ce degré de maladie, voici quel est l'état de la face :

Il n'y a plus la moindre déviation des traits. Ceux-ci sont réguliers, mais immobiles, impassibles, à tel point que les sensations intérieures ne se traduisent au dehors que par des changements dans la coloration du visage. Les yeux, largement ouverts, paraissent plus grands que de coutume. La malade essaye-t-elle de les fermer, elle ne le peut, et il reste entre les paupières un écoulement assez considérable qui laisse apercevoir la teinte blanchâtre de la conjonctive. Les larmes coulent involontairement sur les joues, le front ne peut plus se plisser. Les sourcils, obéissant à leur poids, pendent au-dessus des orbites, ce qui donne à la physionomie une effrayante expression. Affaissement des narines ; souvent, dans les fortes inspirations, elles se rapprochent de la cloison nasale au point de former soupape et d'intercepter complétement le passage de l'air. Les lèvres ont perdu toute faculté contractile, aussi le parler est-il devenu très embarrassé, surtout pour la prononciation des mots où se trouvent des lettres labiales. A chaque mouvement respiratoire, les lèvres, comme deux voiles mobiles, sortent et rentrent, selon la direction du courant de l'air. La mastication est pareillement très pénible, car les aliments se portent de chaque côté entre les gencives et les joues, et la malade est obligée de se servir des doigts pour les ramener sous les dents. Les joues sont flasques, pendantes, ce qui rend la figure plus longue et la fait paraître vieillie. D'après ces phénomènes, il est manifeste que, de chaque côté, les muscles soumis à l'influence de la septième paire ont perdu toute action qui leur soit propre pour ne plus remplir qu'un rôle exclusivement passif. On dirait presque une tête inanimée sur un corps vivant. Cependant la santé générale de la malade n'a point cessé un instant d'être parfaite. L'appétit est conservé, le sommeil calme, la tête est libre. La paralysie de la face est donc plutôt ici une incommodité qu'une maladie véritable.

M. Magendie galvanise à peu près tous les jours les deux septièmes paires. Les contractions musculaires deviennent de plus en plus

-marque gauche; elles sont, au contraire, très faibles du côté droit, c'est-à-dire du côté où la paralysie s'est montrée en dernier lieu.

Troisième période. — Déviation des traits du côté gauche; guérison de la paralysie de la septième paire de ce côté. — Vers la douzième séance (18 avril), les traits commencent à se dévier à gauche. Légère d'abord, cette déviation se prononce chaque jour davantage. La malade, qui en avait paru vivement affectée, reconnaît bientôt que ce qu'elle croyait être une nouvelle complication est un symptôme nerveux qui coïncide avec le retour des mouvements dans tout le côté correspondant de la face. Ainsi, du côté gauche, elle peut déjà plisser les lèvres, rider le front, rapprocher les paupières, tandis que ces mêmes mouvements sont encore presque nuls du côté droit.

C'est par le degré de déviation des traits que nous sommes avertis de l'amélioration de la paralysie gauche; de sorte que le même signe qui, dans la première période, nous indiquait le progrès de la maladie, nous indique dans celle-ci le progrès de la guérison. Cette contradiction apparente des phénomènes est bien simple à expliquer : dans le premier cas, les muscles du côté gauche devenaient plus faibles; dans le second cas, ils deviennent plus forts.

A chaque application galvanique, nous obtenons une augmentation de la contractilité musculaire; aussi la face est-elle de plus en plus déviée du côté gauche. Si les muscles de ce côté recouvrent chaque jour quelque chose de leur action, ceux du côté opposé ne restent pas stationnaires. Maintenant (24 avril), ils peuvent exécuter quelques mouvements par la seule volonté de la malade, et le galvanisme les fait se contracter bien plus fortement. Mais, qu'on me pardonne cette expression, ils sont en retard par rapport aux muscles du côté gauche. Ceux-ci étaient déjà en voie de guérison que ceux-là n'avaient éprouvé aucune amélioration sensible. De là prédominance des premiers sur les seconds.

Nous voici arrivés à la dix-huitième séance (28 avril). La déviation persiste, bien que de chaque côté les progrès continuent. Ils sont tels du côté gauche que les mouvements de ce côté paraissent être entièrement rétablis.

Quatrième période. — Redressement actif des traits, guérison de la paralysie de la septième paire gauche. — Les muscles du côté droit se contractent de jour en jour davantage, et par suite la déviation des traits tend à s'effacer. Le redressement de la face n'est plus ici, comme dans la seconde période, l'indice d'une double paralysie, mais, au contraire, d'une double guérison. Ainsi, du côté droit, les mouvements reviennent de la même manière qu'ils sont déjà revenus du côté gauche. Les larmes et la salive ne s'écoulent plus involontairement, la narine ne s'affaisse plus dans l'inspiration ; la malade n'a plus besoin du secours des doigts pour ramener les aliments sous les dents : en un mot, ce sont les mêmes symptômes d'amélioration que nous avons observés du côté gauche, alors que la paralysie de ce côté était près de disparaître.

A la vingt-cinquième séance (8 mai) , les traits paraissent redevenus réguliers, quand la face reste immobile; mais pour peu que la malade parle ou rie, on remarque encore une légère déviation du côté gauche. — A la trentième séance (15 mai), la face a repris son expression normale. Tous les mouvements sont libres, et dans quelque sens que la malade les exécute, on n'aperçoit plus que les traits se dévient d'aucun côté. La paralysie devait donc être regardée comme entièrement guérie, n'était encore un peu d'embarras dans la prononciation de certains mots qui exigent spécialement l'action des lèvres ; par exemple, la malade ne dira pas couramment *papa*, mais *pa—pa*, en mettant un petit intervalle entre les deux syllabes. Aussi M. Magendie juge-t-il quelques applications galvaniques encore nécessaires. Dans les séances qui ont suivi, les aiguilles ont été implantées directement dans les muscles dont les contractions n'étaient point tout à fait assez nettes : de cette manière, les muscles ont été plus vivement stimulés que quand les aiguilles étaient placées aux deux extrémités du nerf. Il n'a plus fallu qu'un petit nombre de séances pour que la prononciation fût redevenue aussi facile qu'avant l'invasion de la paralysie.

Pendant les premiers jours qui ont suivi la guérison, les yeux sont restés un peu larmoyants par suite de l'action irritante que l'air avait exercée à leur surface alors que les paupières ne pouvaient se fermer. Le retour et la persistance des mouvements de clignement ont promptement fait cesser cette légère incommodité.

Depuis cette époque, mademoiselle X... n'a plus éprouvé la moindre gène dans les mouvements de la face. Ses traits ont repris toute leur vivacité, toute leur expression, et il ne reste aujourd'hui aucune trace des deux paralysies.

Cette observation est d'autant plus intéressante qu'elle offre successivement les phénomènes d'une paralysie simple, puis ceux d'une paralysie double.

Cette paralysie néanmoins est un cas simple dans lequel on n'a pas signalé de troubles du côté des organes intérieurs. M. Ricord a eu, dans son service à l'hôpital, un malade affecté d'une paralysie double du nerf facial, chez lequel il n'y avait que l'immobilité extérieure de la face sans aucun désordre des organes internes. La déglutition, la gustation étaient restées sans lésions apparentes.

D'autres fois au contraire, il y a, en même temps que les signes extérieurs de la paralysie de la face, des troubles du côté de la langue et du côté du voile du palais. Ces troubles peuvent exister tantôt avec une paralysie d'un seul côté, tantôt avec une paralysie double.

Dans les paralysies du facial, beaucoup de malades se sont plaints d'une altération du goût. Ce symptôme, signalé d'abord par M. Montault, a été souvent observé depuis. Cependant ce phénomène n'est pas constant et il est des malades chez lesquels on ne le rencontre pas. Il était assez naturel d'attribuer cette lésion du goût à une altération de la corde du tympan, ce nerf établissant la seule communication anatomique qui existe entre la langue et le facial. Lorsqu'on a examiné avec soin les malades chez lesquels une lésion du goût se rattachait à la paralysie du facial, on a vu que l'altération remontait très haut. On ne l'observe pas dans les affections de la portion superficielle du facial, dans les paralysies dont la cause n'a atteint que les branches superficielles du nerf.

Or, nous verrons en effet que ce phénomène s'observe chez les animaux auxquels on a coupé la corde du tympan.

Lorsqu'un malade offrant la lésion du goût qui nous occupe vient à tirer la langue, et qu'on dépose une substance sapide, de l'acide citrique par exemple, alternativement du côté sain et du côté malade, la sensation d'une saveur acide est immédiatement et très nettement perçue du côté sain. Du côté de la paralysie, au contraire, il y a seulement perception d'une sensation obscure, et encore cette sensation n'est-elle pas immédiate.

Si, après cette épreuve, on vient à toucher la langue alternativement à droite et à gauche, on peut voir que la sensibilité générale est parfaitement nette des deux côtés. Ces observations, faites sur l'homme, montrent donc que les paralysies profondes du facial s'accompagnent, non pas d'une abolition complète de la faculté gustative, mais d'une diminution et d'une perversion notable de cette faculté sensitive.

A une époque où j'avais entrepris des expériences sur la corde du tympan, j'avais apprivoisé des chiens assez bien pour pouvoir, sans éprouver de résistance, ouvrir la bouche et déposer sur la langue des substances sapides. L'impression produite par ces applications était immédiatement perçue, et ces animaux retiraient et remuaient aussitôt la langue. Après la section de la corde du tympan, la même épreuve ne provoquait que des mouvements de retrait moins énergique, et un intervalle de temps appréciable s'écoulait toujours entre l'impression et la réaction motrice qu'elle déterminait.

La section de la corde du tympan amène donc une diminution dans la faculté gustative du côté correspondant.

Quant à la nature de l'influence qu'exerce la corde du tympan sur la sensation gustative, nous l'examinerons longuement, mais je veux auparavant signaler un certain nombre d'observations que nous avons déjà publiées dans un mémoire, sur les hémiplégies faciales avec altération du goût

OBSERVATION I. — La femme Pinot, âgée de trente-trois ans, placée à la Salpêtrière, dans le service de M Falret, eut en 1835 une hémiplégie faciale à gauche, à la suite d'un coup de tabouret sur la région temporale du même côté : la sensibilité était conservée. Peu à peu la paralysie diminua et avait complètement disparu au bout de deux ans. Mais cinq ans plus tard, la malade fut prise d'accidents cérébraux et de douleurs violentes dans tout le côté gauche de la tête, et l'hémiplégie faciale, cette fois accompagnée de surdité, reparut et persistait d'une manière complète depuis seize mois, lorsque je pus voir la malade et constater les symptômes de sa maladie, savoir : paralysie complète du mouvement des muscles de la face dans tout le côté gauche, avec conservation de la sensibilité. La langue possède tous ses mouvements, n'est pas déviée et n'offre aucune déformation particulière. Le goût est altéré à gauche, et voici ce qu'on observe à cet égard : si l'on place sur la pointe de la langue un peu d'acide citrique pulvérisé, la malade éprouve une sensation beaucoup plus prompte et beaucoup plus intense du côté droit que du côté gauche. Si l'on agit avec le sulfate de quinine, la sensation d'amertume est également beaucoup plus rapide du côté droit que du côté gauche, mais ce phénomène, quoique très évident, est moins prononcé pour cette dernière substance que pour l'acide citrique. Du reste, la sensibilité tactile de la muqueuse linguale n'offre aucune altération et est aussi exquise d'un côté que de l'autre. Ces expériences ont été répétées un grand nombre de fois avec les mêmes résultats. Les troubles intellectuels et la surdité, qui ont coïncidé avec la réapparition de l'hémiplégie faciale, doivent lui faire supposer pour cause une lésion organique siégeant à l'origine de la septième paire et située, par conséquent, au-dessus de la naissance de la corde du tympan.

OBSERVATION II. — Le malade qui fait le sujet de cette deuxième observation est un jeune homme que je n'ai pu voir qu'une seule fois. Je vais rapporter ce qu'il m'a dit et ce que j'ai pu observer :

Depuis un mois la paralysie faciale existait à droite et était survenue brusquement après quelques douleurs névralgiques dans le côté correspondant de la face : la sensibilité était entièrement conservée, ainsi que tous les sens, excepté le goût. Dès les premiers jours de la paralysie, le malade avait remarqué qu'il goûtait moins bien sur le côté droit de la langue ; les impressions gustatives étaient obtuses, comme s'il avait eu, disait-il, la muqueuse linguale légèrement brûlée de ce côté. Je me suis moi-même assuré du fait avec de l'acide tartrique en poudre : le malade éprouvait la saveur fraîche et acide de cette substance d'une manière moins prononcée et beaucoup plus lentement du côté droit que du côté gauche.

OBSERVATION III. — Hourlier (Henry), âgé de dix ans, et d'une bonne constitution, entra à l'hôpital des Enfants malades le 10 décembre 1843, salle Saint-Jean, n° 17. A la suite d'une fièvre éruptive (rougeole), il survint dans l'oreille droite des douleurs profondes et très vives qui firent diagnostiquer par M. Menière, consulté pour cet enfant, la formation d'un abcès dans l'oreille moyenne. En effet, bientôt un écoulement purulent se manifesta, et en même temps les douleurs diminuèrent d'intensité. Cet écoulement de pus durait depuis douze ou quinze jours et était presque tari, lorsqu'un matin, en se réveillant, l'enfant s'aperçut qu'il parlait plus difficilement et qu'il ne pouvait plus fermer l'œil du côté droit. Il appela sa mère, qui fut effrayée par la déviation de la face qu'elle remarqua, et amena aussitôt son enfant à l'hôpital (16 décembre 1843).

En ce moment l'écoulement purulent de l'oreille droite est réduit à un simple suintement séreux. La sensibilité de la face est conservée partout, mais la paralysie du mouvement est complète du côté droit. Les traits sont considérablement déviés à gauche; le front ne se ride qu'à moitié ; les paupières ne peuvent plus se fermer à droite ; la narine du même côté reste immobile et largement déprimée. La luette non plus que la langue, dont les mouvements sont restés libres, ne présentent aucune déviation ; la prononciation des labiales est seulement un peu gênée, etc. Voici ce qu'on observe relativement à la gustation : lorsque la langue est tirée hors de la bouche, si l'on place à la surface de cet organe du sulfate de quinine ou du sel marin en poudre, la saveur de ces substances est obtuse et se manifeste lentement du côté droit, tandis qu'elle est vive et promptement perçue à gauche.

Le 7 janvier 1844, lorsque je vis le malade avec M. H. Gueneau de Mussy, tous ces symptômes existaient encore très bien caractérisés. Nous pûmes constater que la surface linguale, également humide des deux côtés, n'offrait pas de différence sensible dans son aspect. Quand on touchait la muqueuse de la langue ou qu'on la piquait légèrement, la sensibilité tactile était aussi exquise à droite qu'à gauche : c'était seulement pour l'appréciation des substances sapides qu'il y avait une différence remarquable; ainsi, la bouche étant ouverte, si l'on plaçait de l'acide citrique réduit en poudre très fine sur le côté droit et antérieur de la langue, la saveur était faible et demandait un laps de temps très appréciable pour être sentie : du côté gauche, au contraire, la saveur était pénétrante et instantanée.

A dater du 20 janvier, les symptômes extérieurs de la paralysie faciale diminuèrent, et la différence dans la sènsibilité gustative s'effaça progressivement. Ce dernier phénomène sembla même disparaître un peu plus rapidement que les autres, car l'altération du goût n'était plus appréciable, quoiqu'il existât encore une légère déviation dans les traits de la face. Le 18 février 1844, le malade sortit de l'hôpital parfaitement guéri.

Observation IV. — Louis Gauvin, âgé de trente-cinq ans, serrurier, entra, le 29 juin 1843, à l'hôpital de la Charité, salle Saint-Michel, n° 9. En octobre 1841, après avoir été atteint depuis quelque temps de toux et de crachement de sang, le malade fut pris d'un écoulement purulent peu abondant par l'oreille gauche. En mai 1842, la face du côté gauche, et l'œil en particulier, devinrent le siége de rougeur et d'une tuméfaction douloureuse accompagnée de frisson. Cet appareil de symptômes se termina par la rupture d'un abcès qui se fit jour par le conduit auditif externe. A dater de ce moment, l'écoulement par l'oreille fut très abondant, et un jour, au dire du malade, il sortit avec le pus un petit os présentant deux dents et une petite tête ronde ; quand je me mouchais, ajoute-t-il, il me passait comme un vent par l'oreille. Le 3 mars 1843, l'écoulement purulent par l'oreille gauche persistait toujours, mais il survint alors dans l'organe de l'ouïe des douleurs vives et profondes ; au bout de trois ou quatre jours elles s'apaisèrent et laissèrent à leur place une paralysie du mouvement dans tout le côté gauche de la face.

Tels sont les principaux symptômes que le malade éprouva dehors de l'hôpital ; lorsqu'il y entra, le 29 juin 1843, on reconnut chez lui une affection tuberculeuse des poumons déjà assez avancée. Voici les phénomènes qu'on observait pour l'hémiplégie faciale dont nous avons seulement à nous occuper ici : les traits sont considérablement déviés et la paralysie du mouvement est complète du côté gauche de la face ; la sensibilité est conservée partout. Les paupières ne peuvent s'occlure ; la vision est intacte pour l'œil du côté paralysé, seulement il y a parfois un peu d'épophora. L'ouïe est tout à fait perdue à gauche et l'écoulement purulent existe toujours assez abondant. Les mouvements de la langue sont libres, la luette n'est pas déviée ; il y a un peu de gêne pour la prononciation des labiales. La gustation offre une différence remarquable du côté droit et du côté gauche de la langue. Quand on place à gauche du sulfate de quinine, par exemple, la saveur y est plus faible, et il faut un certain temps pour qu'elle soit perçue, tandis que du côté droit, le malade la reconnaît et l'apprécie instantanément. Ces observations faites par M. Rayer furent répétées souvent devant les personnes qui suivaient sa visite. La paralysie faciale fut attribuée à une lésion de la septième paire consécutive à une affection tuberculeuse du rocher. Pendant toute la durée du séjour du malade à l'hôpital, l'écoulement purulent de l'oreille ne discontinua pas ; il ne survint non plus aucun changement dans les phénomènes relatifs à l'hémiplégie faciale, si ce n'est une petite tumeur allongée et douloureuse à la pression qui apparut au-devant du conduit auditif externe. Les symptômes de la phthisie pulmonaire marchaient toujours, et le 15 décembre 1848 le malade succomba.

Autopsie. — Les poumons présentaient de vastes cavernes ; tous les ganglions bronchiques et ceux du cou étaient considérablement engorgés de matière tuberculeuse. C'est à une altération de cette nature qu'était due la petite tumeur qui s'était développée au-devant du conduit auditif externe du côté gauche, etc. Je recherchai avec beaucoup de soin les altérations pathologiques relatives au nerf facial gauche. A l'ouverture du crâne, et après avoir soulevé le cerveau, on voyait, du côté gauche, sur la dure-mère qui recouvre la face externe et supérieure de la base du rocher, une solution de continuité de forme arrondie, de deux centimètres de diamètre environ. On apercevait dans ce point dénudé la substance osseuse du rocher ; la portion qui répondait à la partie supérieure de l'oreille moyenne était dure et nécrosée, tandis que plus bas, au niveau de l'hiatus de Fallope, l'os pétreux friable et infiltré de matière tuberculeuse ramollie, permettait au stylet de pénétrer à travers cette substance jusque dans la caisse du tympan. La partie correspondante du lobe moyen du cerveau participait à ces altérations ; on y voyait une perte de substance de la même grandeur, creusée en forme d'ulcération de 3 millimètres environ de profondeur, et offrant un fond jaunâtre et comme induré. Au pourtour de cette perte de substance du cerveau, les méninges cérébrales avaient contracté des adhérences avec les bords de la dure-mère pétreuse, et de cette façon le pus du foyer circonscrit s'écoulait par l'oreille moyenne. Le nerf de la septième paire (portion dure et portion molle) était altéré jusque vers son origine : à son entrée dans le conduit auditif interne, il présentait sur son trajet une petite tumeur ovoïde blanchâtre, visible dans l'intérieur du crâne. Cette petite tumeur était due à de la matière tuberculeuse infiltrée au-dessous du névrilème. En suivant avec précaution le facial dans le canal spiroïde du rocher, il était gonflé, jaunâtre, et offrait la même dégénérescence tuberculeuse jusque vers son premier coude environ. Mais dans ce point, on perdait le nerf, et il disparaissait au milieu de la masse tuberculeuse ramollie qui, envahissant l'oreille moyenne, s'étendait au loin dans les cellules mastoïdiennes désorganisées et remplies de pus. D'après l'examen attentif de la pièce, tout porte à penser que c'était là le point de départ de l'affection, qui s'était ensuite propagée dans le crâne par l'hiatus de Fallope, et, vers l'origine du nerf, par le conduit auditif interne. Le facial, avons-nous dit, avait complétement disparu au milieu de ces altérations profondes : ce n'est que vers l'extrémité inférieure du canal de Fallope qu'on retrouvait le bout périphérique altéré et gonflé; de sorte que, dans toute sa portion pétreuse, le nerf facial était dégénéré ou désorganisé par la suppuration. Les branches du trijumeau, et le nerf lingual en particulier, furent examinés avec beaucoup de soin : on n'y découvrit aucune lésion.

Observation V. — Lagarde, âgé de trente-sept ans, tourneur, entra à l'Hôtel-Dieu, le 20 février 1844, salle Sainte-Agnès. Le 17 février, le malade, sans cause de lui connue et sans autre changement dans sa santé générale, ressentit une sorte d'engourdissement dans la langue, qui lui semblait plus grosse et plus lourde qu'à l'ordinaire. La parole ni la déglutition n'étaient pas gênées; mais le malade lui-même remarqua avec surprise qu'il ne percevait la saveur des aliments que du côté droit de la langue. « Pour m'assurer, dit-il, que je ne me trompais pas, je mis de la moutarde et du sel sur le côté gauche de ma langue; je les sentais à peine, tandis qu'à droite cela m'emportait la langue. »

Le 18 février, les symptômes sont les mêmes, seulement l'œil gauche est pris d'un peu de larmoiement, et devient le siége d'une sorte de battement profond. Le malade dormit très bien pendant la nuit; mais en s'éveillant le matin (19 février), il vit que sa bouche était déviée. Les mêmes phénomènes persistaient du côté de la gustation ; il y eut un épistaxis dans la journée. Le 20 février, le malade entra à l'hôpital, et voici les symptômes qu'on observe à la visite du lendemain (21 février) : les traits de la face sont tirés à droite. Tout le mouvement est paralysé à gauche ; le sentiment est conservé partout. L'œil gauche ne se ferme qu'imparfaitement ; le malade ne peut siffler et fume la pipe, comme on dit ; pendant la mastication, les aliments s'accumulent entre les dents et la joue gauche. La parole et la déglutition sont libres; il n'y a pas de déviation de la luette ni de la langue. On essaye la *sensibilité gustative* des deux côtés de la langue avec du sel et de l'alun : la sensation est inégale, et beaucoup plus prononcée à droite qu'à gauche. L'état général du malade est du reste excellent ; il a bon appetit, dort bien, n'a pas de céphalalgie, etc. On ne remarque non plus aucune douleur ni aucune contusion sur le trajet ou à la sortie du nerf facial gauche. Dès le 23 février, tous les symptômes de la paralysie ci-dessus mentionnés s'amoindrirent et disparurent progressivement sous l'influence des vésicatoires. Le 16 mars, le malade sortit de L'Hôtel-Dieu complétement guéri de son hémiplégie faciale.

OBSERVATION VI. — Broson (André), âgé de quarante-cinq ans, maçon. Le 24 mai 1843, à une heure, le malade fit une chute sur la tête, de la hauteur d'un premier étage. Il y eut perte de connaissance, plaie sur le côté gauche de la tête, et écoulement d'un peu de sang par l'oreille du même côté. Le malade, saigné aussitôt après sa chute, fut immédiatement transporté à l'hôpital, et il ne recouvra sa connaissance que le 25 mai, à six heures du matin. A la visite, on observa les symptômes suivants : il y a paralysie du facial gauche, et le malade accuse une douleur vive dans le côté gauche de la tête : M. le professeur Velpeau diagnostiqua une fracture du rocher. L'état grave du malade m'empêcha de me livrer à un examen détaillé des symptômes de l'hémiplégie faciale. Les jours suivants, sous l'influence d'un traitement convenable, les accidents cérébraux avaient disparu, la plaie de la tête s'était cicatrisée et la céphalalgie dissipée ; mais la paralysie du facial persistait toujours avec la même intensité, et elle était complète. A gauche, le front ne se plissait plus, les paupières ne pouvaient s'occlure; les traits étaient entraînés à droite. La parole est assez libre, la luette n'est pas déviée. Pendant la mastication, les aliments s'accumulent entre la joue et les dents. La vue est conservée ; l'ouïe et l'odorat ne sont pas sensiblement altérés, mais il y a une inégalité remarquable pour la *gustation* dans les deux côtés de la langue et seulement vers la partie antérieure. Si l'on place sur cet organe de l'acide citrique ou tartrique en poudre, la saveur est promptement sentie avec son caractère acide du côté droit, tandis qu'à gauche la saveur, plus lentement perçue, est affaiblie et le malade n'en reconnaît pas exactement la nature. Malgré cette inégalité dans la faculté gustative, la surface de la langue offre partout le même aspect; elle est également humectée dans tous les points, et la sensibilité tactile y est aussi exquise à droite qu'à gauche. La paralysie faciale ne fut que peu amendée par l'emploi des vésicatoires et du galvanisme, et le 14 juin 1843, le malade voulut sortir; il était parfaitement rétabli, quant à sa santé générale, mais non guéri de son hémiplégie faciale.

Dans toutes les observations précédentes, il y avait les phénomènes extérieurs de la paralysie du facial très prononcés en même temps qu'il y avait des lésions caractérisant une paralysie des rameaux profonds de ce nerf.

Voici un autre cas dans lequel il y avait surtout, au contraire, prédominance des symptômes internes de la paralysie du facial, tandis que les symptômes extérieurs étaient moins prononcés.

Si notre manière de voir est exacte, et si les phénomènes internes dépendent du nerf de Wrisberg, on pourrait comprendre à la rigueur que les phénomènes intérieurs existassent seuls en l'absence des phénomènes extérieurs. Ce sont là des résultats qu'on peut obtenir chez les animaux.

Voici cette observation, que j'emprunte au mémoire de mon ami, M. le docteur Davaine :

OBSERVATION. — Dans le courant de l'année 1851, M. le docteur Davaine fut consulté par M. X... La singularité et l'obscurité du cas l'engagèrent à me montrer le malade. De sorte que j'ai pu constater avec M. Davaine les phénomènes dont je vais vous donner la relation.

Voici d'abord une note qui a été rédigée et remise par le malade, M. X... :

J'ai trente-quatre ans, mon père est très sain ; ma mère jouissait aussi d'une bonne santé, mais elle était sujette à un rhume presque constant. A part l'affection dont je parlerai, je suis très bien portant et je n'ai jamais fait de grandes maladies ; je n'en ai pas eu de syphilitiques ; je n'ai eu que deux gonorrhées très bénignes, qui ont été facilement guéries avant 1838, époque où ma maladie actuelle s'est déclarée.

En avril 1838, à l'université de Saint-Pétersbourg, où je faisais mes études, un jour en discourant j'éprouvai tout à coup, et c'est encore le cas aujourd'hui, une difficulté à parler distinctement. Depuis lors j'ai toujours senti que le siège du mal était en arrière du nez, dans l'endroit où les fosses nasales s'ouvrent dans le pharynx. Si un doigt pouvait y pénétrer, je pourrais dire très facilement : C'est ici ! néanmoins je n'ai jamais senti la moindre douleur.

Voici les symptômes de mon mal : j'ai dit que le principal était de ne pouvoir parler distinctement. Ceci s'applique surtout à de certaines lettres et combinaisons de syllabes; il m'est surtout difficile de prononcer l'L ; cependant je parle tout à fait distinctement en commençant. Lorsque je parle beaucoup, je sens que les parties malades s'irritent, je crache beaucoup, et quand mon langage devient indistinct après avoir parlé quelque temps, je le rends de nouveau plus clair en expectorant, ne fût-ce qu'une fois. Plus ma maladie a empiré, moins j'ai eu de rhumes, lesquels étaient très fréquents autrefois ; il m'arrive rarement de me moucher, en revanche j'éternue bien fréquemment et violemment.

Je sens aussi souvent une espèce de paralysie de la langue, qui s'étend même quelquefois aux lèvres, de façon à ne pas pouvoir contenir l'eau quand je me gargarise ; en avalant les liquides, il en sort quelquefois par le nez, si je suis un peu penché en avant. J'ai aussi de la difficulté à avaler, mais ceci a surtout empiré depuis l'été de 1850; cela m'a fait contracter l'habitude de mâcher très soigneusement ; mais souvent les plus petits morceaux, qui ne m'empêchent nullement de respirer, s'arrêtent dans le gosier, et je bois alors de l'eau pour les faire descendre. Ce symptôme est fait pour impressionner l'imagination, et il est possible que j'avale mieux quand je n'y pense pas.

Il y a des époques, mais cela ne m'arrive qu'en me couchant et avant de m'endormir, où je sens le sang se porter à la tête. A moitié endormi, je m'éveille aussi quelquefois en sursaut ayant le sentiment que l'air manque, et il n'en est rien ; ceci ne date que de l'année 1849 ou 1850. Je souffre jusqu'à un certain degré de constipation, mais cela ne dure jamais plus de deux jours ; c'est un symptôme très variable. J'ai aussi quelquefois senti un rhumatisme dans un des pieds, du reste très peu douloureux et passager. J'avais avant ma maladie une voix de ténor forte et haute qui s'est perdue; j'ai aussi souffert un peu des yeux plus ou moins depuis.

Je dois dire que tous ces symptômes sont très variables, et que souvent les uns empirent, tandis que d'autres disparaissent. Il y a aussi des époques où j'étais presque comme tout à fait rétabli, et elles ont duré quatre à six mois, mais alors même je n'aurais pu faire sans interruption une lecture à haute voix de trois à quatre pages; il est vrai que dans un mauvais état de santé, je puis à peine lire distinctement cinq à six lignes. Aucun climat n'a influé sur mon état, et j'ai vécu à Pétersbourg, en Égypte, en Perse et en Portugal.

J'ai remarqué qu'un gros rhume me rétablissait pour quatre à six semaines au moins. Telle a été aussi l'influence de grands voyages. J'étais parfaitement bien portant aussi longtemps qu'ils duraient, et l'effet s'en faisait sentir encore six semaines à deux mois après. J'ai été une fois violemment amoureux, et en conséquence tout à fait bien portant pendant plus d'une année. En général, quand j'ai mené une vie agitée et mondaine, je me suis mieux porté, tandis qu'une vie retirée a empiré mon mal. Je m'en suis surtout aperçu pendant une année de deuil. J'ai aussi observé que mon état empirait considérablement en été et plus particulièrement dans les pays méridionaux, par exemple à Lisbonne et à Naples; mais à part cela et malgré une observation constante, je n'ai jamais pu découvrir les causes qui me font parler distinctement aujourd'hui, indistinctement demain et qui produisent même des variations d'un moment à l'autre.

Je dirai maintenant ce que j'ai fait en treize ans pour me guérir.

1838. Commencement de la maladie. *Cautère au bras.* Amélioration instantanée, mais qui n'a duré qu'autant que le cautère.

1839. *Un peu d'iode*, mais comme essai seulement. *Bains d'eau salée et chaude à Ischl.* Aucun effet.

A Vienne, se déclare mon mal syphilitique, et l'on me fait faire *la cure complète de mercure par voie de frottement.* Pas d'effet.

1840. A Berlin, *quatre semaines de salsepareille;* puis, en été, *deux mois de cure d'eau froide.* Même état.

A Paris, on me touche les parties malades avec la *pierre infernale*, deux fois par semaine, pendant quatre mois. Je me porte tout à fait bien, mais aussi longtemps seulement que dure cette opération. Gilet de flanelle pendant huit mois.

1841. *Cure d'eau froide pendant cinq mois.* Je me rends ensuite à Naples où je passe deux ans et demi.

1842. *Cure de rob Laffecteur*, quarante jours, avec diète exactement sévère. *Bains d'Ischia;* puis voyage de cinq mois en Orient, pendant lequel je me porte parfaitement bien.

Depuis lors jusqu'en 1849, je n'ai rien fait pour ma santé; mais je me suis en général assez bien porté, et j'ai même pu me croire quelquefois tout à fait rétabli, car c'est dans cette période que tombent de fréquents et longs voyages, de même que la passion amoureuse dont j'ai parlé.

1849. Mon mal étant attribué en partie à ma fausse circulation du sang, je pris en été *des bains et des eaux sulfureuses* en Russie, mais à une source d'une efficacité médiocre.

1850. A Naples. *Bains artificiels de soufre et eaux sulfureuses Castellamare.*

1851. Liq. cup. amm. de Kœchlin.

Pendant un séjour de deux ans à Naples, on m'a appliqué tous les quatre mois quelques *sangsues* à l'anus, et j'ai pris de temps en temps de la *poudre de soufre avec de la crème de tartre* pour agir contre la constipation.

On le voit, pour M. X..., la maladie a eu longtemps son siége au voile du palais, dans le pharynx, et les accidents qu'elle produisait consistaient principalement dans le nasonnement, dans la difficulté d'avaler et quelquefois de lire pendant un certain nombre de minutes d'une manière soutenue. D'un autre côté, on remarquera que cette affection nerveuse, quoique disparaissant quelquefois presque complétement sous l'influence de rhumes ou d'excitations physiques et morales, a été regardée comme grave par des médecins successivement consultés, les uns ayant conseillé l'application d'un cautère, d'autres un traitement antisyphilitique, d'autres des verres d'eau minérale de diverse nature.

Quant à l'expression de la face qui frappait tout d'abord, c'était l'immobilité de la figure et la large ouverture de ses yeux. En engageant le malade à froncer les sourcils et à contracter les muscles du front, il ne pouvait le faire que d'une manière très incomplète ; en lui disant de mouvoir les ailes du nez, cela lui était à peu près impossible ; en lui demandant de siffler, il avançait les lèvres et ne pouvait produire qu'un son faible et nasonné, l'orifice de la bouche restant assez largement entr'ouvert. Enfin, ayant engagé M. X... à essayer de grimacer, on était de plus en plus frappé du peu de mobilité des traits de la face.

Ayant été conduit de la sorte à examiner avec soin les divers phénomènes de l'affection de ce malade, voici ce qui fut observé :

M. X... parle en nasonnant, comme on l'observe pour une division ou une destruction du voile du palais. Lorsqu'il lit à haute voix, les premières phrases sont distinctes, les suivantes s'affaiblissent de plus en plus, en même temps que le nasonnement augmente et la lecture finit par une sorte d'épuisement. Lorsqu'il essaye de faire une gamme, le son s'éteint bientôt en se perdant dans les narines ; il en est de même lorsqu'il siffle ; mais si, dans ce cas, le malade se pince le nez, le nasonnement cesse, et le son peut être soutenu pendant un certain temps avec un degré de force proportionné au peu d'énergie des lèvres ; une semblable épreuve aurait sans doute produit le même effet sur la voix, si l'occlusion complète des narines ne la rendait naturellement nasillarde.

Quant à la prononciation des lettres, le nasonnement ne permet pas, en général, de bien juger de leur netteté; l'L et l'R sont surtout mal articulés : aussi les mots où il entre plusieurs de ces linguales, *Londres* par exemple, sont quelquefois inintelligibles.

A la paresse de la déglutition s'ajoute une difficulté d'expulser les mucosités qui se forment dans l'arrière-gorge; pour les en extraire et cracher, le malade jette fortement la tête en avant.

Par l'inspection des parties, on constate que le voile du palais tombe directement en bas, sans former la voûte qu'on lui connaît; la luette n'est point déviée. Dans le bâillement ou dans les efforts pour faire agir le voile du palais, cet organe reste dans une immobilité absolue ; mais les piliers se tendent et se contractent d'une manière bien évidente, sans cependant se porter en dedans aussi fortement que chez un homme sain.

La langue est très mobile et se porte avec facilité entre les arcades dentaires et les joues de chaque côté. Le malade la sort droite hors de la bouche sans pouvoir la porter très en avant. Hors de cette cavité, il peut lui faire exécuter divers mouvements, mais il ne peut la recourber en haut. Quelque effort qu'il fasse, la pointe de cet organe n'arrive jamais à recouvrir la lèvre supérieure; lorsqu'il essaye de faire ce mouvement, la lèvre inférieure vient au secours de la langue dont elle soulève la pointe, néanmoins celle-ci ne peut atteindre que le bord libre de la lèvre supérieure.

Bien que les joues, les paupières, etc., puissent se mouvoir sous l'influence de la volonté, ces parties ne remplissent qu'imparfaitement leurs fonctions. La physionomie est sérieuse, les lèvres font une saillie très prononcée en avant et restent habituellement un peu entr'ouvertes; les joues sont amincies et semblent, lorsqu'on les touche, n'être formées que par la peau. Les aliments séjournent en partie entre elles et les arcades dentaires; pour les en retirer le malade se sert habituellement de la langue ou d'un cure-dent et quelquefois du doigt. M. X... ne peut nullement élargir les ailes du nez, il leur communique seulement un léger mouvement en bas. Les paupières se ferment naturellement mais avec peu d'énergie. On les ouvre sans éprouver la moindre résistance pendant que le malade s'efforce de les contracter fortement; même dans ce moment, lorsqu'on soulève la paupière supérieure et qu'on la laisse retomber, elle s'arrête pour ainsi dire en chemin et ne recouvre pas complétement l'œil. Il y a, sous ce rapport, une différence entre les deux côtés. Les paupières de l'œil droit ont encore moins d'énergie que celles de l'œil gauche, et le malade ne peut les fermer en maintenant celles-ci ouvertes.

Du côté des organes des sens, on ne constate rien de particulier. L'ouïe n'est point altérée, la vue est bonne, l'odorat et le goût paraîtraient également intacts quoique sous ce rapport l'appréciation soit difficile. En effet, l'on n'a point ici pour terme de comparaison, comme dans l'affection bornée à un seul côté de la face, l'impression normale du côté resté sain. Un simple affaiblissement, survenu lentement dans la perception des odeurs et des saveurs, pourrait être difficilement apprécié par le malade; j'en dirai autant de la sensibilité cutanée de la face qui paraît normale. Les muscles masticateurs qui reçoivent l'influence nerveuse de la branche motrice de la cinquième paire, ont conservé toute leur énergie. Du reste, chez M. X..., dont l'esprit est cultivé, les fonctions intellectuelles s'exécutent très librement. Il n'y a aucun indice de paralysie, soit dans les membres inférieurs, soit dans les membres supérieurs, soit dans tous les autres organes qui dépendent de la moelle épinière. Les fonctions de la circulation, de la respiration, s'exécutent avec une grande régularité.

De sorte qu'en résumé, le médecin ne peut constater chez lui qu'une paralysie incomplète des deux côtés de la face, du pharynx, du voile du palais et de la langue.

Cette paralysie est accompagnée en outre par le peu d'irritabilité des muscles de la face et du voile du palais, sous l'excitation électro-magnétique.

Le reste de l'observation est consacré à des détails sur le traitement par l'électro-magnétisme, traitement qui resta sans effet.

On voit donc chez ce malade les symptômes de la septième paire intéressant les branches profondes et les branches superficielles. L'examen de la face leva les doutes que pouvait laisser à cet égard la lecture des renseignements fournis par le malade, renseignements qui émanent évidemment d'un sujet hypochondriaque.

Le Mémoire de M. Davaine, auquel nous avons emprunté cette observation contient quelques autres exemples de paralysie faciale intéressant les branches profondes du nerf. Les symptômes qui traduisent cette lésion sont une gène de la déglutition, du nasonnement, la chute du voile du palais avec courbure de la luette. Romberg a surtout insisté sur ce dernier signe dont il cite plusieurs exemples. Enfin il y a, dans la paralysie profonde du facial, imperfection de la prononciation des lettres linguales et paralysie partielle de la langue.

On a expliqué cette paralysie de la langue par le défaut d'action des muscles digastrique, stylo-hyoïdien et longitudinal superficiel. Par l'action du digastrique, l'os hyoïde se trouve soulevé et avec lui la base de la langue ; le stylo-hyoïdien porte l'os hyoïde en haut et un peu en arrière, ce qui fait qu'il soulève la base de la langue et rétrécit l'isthme du gosier ; le muscle longitudinal superficiel, raccourcissant la langue, en ramène la pointe en haut et en arrière.

La paralysie des rameaux de la septième paire qui animent ces muscles, rendra donc incomplets ou impossibles : 1° le mouvement d'élévation de la base de la langue et le retrécissement de l'isthme du gosier ; 2° le mouvement d'élévation de la pointe de la langue. Ces mouvements sont plus ou moins nécessaires pour porter la langue hors de la bouche, pour articuler les lettres gutturales et les lettres linguales.

Les phénomènes intérieurs qui ont été observés à la suite de la paralysie profonde du nerf facial sont donc relatifs : 1° à l'altération du goût ; 2° à la déviation de la luette ; 3° à la déviation de la langue ; 4° à la difficulté de la déglutition et de la parole ; 5° à l'altération de l'ouïe.

En résumé, nous pensons avoir établi qu'on doit distinguer deux sortes de paralysies de la septième paire : l'une que nous appellerons extérieure, tantôt double, tantôt simple, et qui dépend d'une altération du facial proprement dit ; — l'autre, que nous appellerons intérieure, qui affecte certains mouvements profonds des organes des sens, et qui dépendrait, suivant nous, d'une lésion du nerf intermédiaire de Wrisberg. Les expériences que nous aurons à vous rapporter dans la prochaine leçon établiront physiologiquement cette distinction.

Enfin, on pourrait encore admettre une paralysie partielle de la septième paire lorsque la lésion n'atteint que certains filets limités du nerf. Cette lésion ne peut guère être que le résultat de causes traumatiques qui ont agi directement sur le nerf facial, soit chez l'homme, soit chez les animaux où ces paralysies s'observent le plus souvent. M. Goubaux en a cité un certain nombre de cas observés sur les chevaux.

SEPTIÈME LEÇON.

27 MAI 1857.

SOMMAIRE : Portion intra-crânienne de la septième paire (suite). — Section du facial dans le crâne ; avulsion du facial. — Son indépendance du nerf de Wrisberg. — Altération du goût produite chez le chien par la section du facial dans le crâne. — Rameaux fournis dans le rocher par le nerf intermédiaire de Wrisberg. — De l'excrétion salivaire sous-maxillaire. — Action de la corde du tympan sur cette sécrétion. — Expérience. — Mécanisme physiologique de la sécrétion sous-maxillaire. — La section de la corde du tympan, qui supprime la sécrétion sous-maxillaire, laisse persister la sécrétion parotidienne. — L'excrétion parotidienne n'est pas sous la dépendance du nerf facial. — L'excrétion parotidienne, supprimée par la destruction du nerf de Wrisberg, peut s'effectuer lorsque le ganglion sphéno-palatin qui reçoit le grand nerf pétreux a été seul détruit. — Les sécrétions salivaires peuvent-elles être déterminées par une sensation partie de l'estomac ?

MESSIEURS,

Après nous être arrêtés sur une distinction à établir entre les différentes parties de la septième paire, et l'avoir appuyée d'arguments empruntés à la pathologie, il nous reste à vous présenter les raisons expérimentales qui viennent confirmer les résultats de l'observation clinique.

En effet, pour connaître les fonctions d'un nerf, on fait usage de plusieurs moyens.

La section de ce nerf supprime les manifestations fonctionnelles qui sont sous sa dépendance ; ensuite l'anatomie pathologique peut, dans certains cas, offrir de précieuses ressources et faire apprécier des nuances moins tranchées.

J'ai fait, il y a une quinzaine d'années, quelques essais qui m'ont permis d'observer sur des chiens des lésions semblables à celles que nous avons notées chez l'homme. J'avais coupé le facial dans le crâne en y pénétrant par le trou de passage de la veine mastoïdienne qui se rend dans le sinus occipital. L'instrument introduit par ce trou était dirigé vers l'origine de la septième paire pour en opérer la section. Les symptômes étaient notés avec soin et l'autopsie montrait si l'on avait produit la lésion cherchée. Les résultats que j'ai obtenus ainsi sont parfaitement d'accord avec ce qu'on observe chez l'homme dans les cas de paralysie des deux éléments du facial.

Une autre donnée me permit de varier les conditions de l'expérimentation. Ayant cherché quels pouvaient être les moyens de détruire le nerf accessoire de Willis sur lequel je faisais alors des recherches, je songeai à l'arrachement. Pour cela il suffit d'une traction opérée sur ce nerf qu'on saisit avec des pinces à sa sortie du crâne. Le succès qui avait couronné mes tentatives d'avulsion du spinal me donna l'idée d'essayer d'arracher le facial. Je vis alors que la chose est à peu près impossible chez les chiens, dont le tissu cellulaire est dense et ferme, tandis que l'opération réussit assez facilement sur les chats et les lapins.

Cette expérience peut fournir un argument d'une grande valeur pour prouver l'indépendance du facial et du nerf de Wrisberg. En effet, on arrache quelquefois lé facial seul, le nerf de Wrisberg restant intact, ainsi que le ganglion géniculé. Si ces nerfs n'étaient pas distincts, on ne pourrait pas, ce me semble, arracher l'un sans l'autre. Cette expérience permettrait d'observer les symptômes qui suivent la destruction complète du facial et de ses branches externes, les nerfs pétreux et la corde du tympan restant intacts. Mais malheureusement on ne réussit pas toujours, et souvent on arrache en même temps que le nerf facial le nerf de Wrisberg et le ganglion géniculé.

Lorsque avec un instrument introduit dans la caisse du tympan on détruit le facial à son entrée dans le canal de Fallope, on observe alors non-seulement les phénomènes notés du côté de la face, mais en même temps des désordres internes liés à la paralysie des filets que le facial fournit dans le crâne.

On retrouve alors une altération du goût qui, signalée déjà dans les observations pathologiques, ne se montre pas lorsque le facial est détruit seulement dans sa partie superficielle ou dans les cas pathologiques qui, chez l'homme, n'affectent que la partie extra-crânienne de ce nerf, comme on le voit dans certaines paralysies rhumatismales.

Nous avons déjà insisté sur les symptômes de la paralysie profonde du nerf facial, qu'elle ait été produite par une fracture du rocher, par la carie de cet os qui s'observe quelquefois chez des phthisiques, ou par toute autre cause. L'un de ces symptômes est une altération du goût qui a été constatée depuis chez l'homme par tous les observateurs.

Cette altération du goût, j'ai pu la constater aussi chez le chien. Il faut, pour y arriver, beaucoup de patience. J'avais coupé le facial dans le crâne sur un chien, en introduisant, ainsi que je l'ai dit tout à l'heure, l'instrument par le trou de la veine mastoïdienne. Puis, j'avais apprivoisé assez bien l'animal pour qu'il se laissât facilement mettre sur la langue les substances sapides qui me servaient de réactifs pour sa sensibilité gustative.

L'examen de la langue ne montrait au point de vue de la sensibilité tactile, aucune différence entre le côté sain et celui qui correspondait au facial coupé. Mais on obtenait des effets tout à fait différents lorsqu'on plaçait un corps sapide alternativement sur le côté sain et sur le côté paralysé. Je me servais d'acide tartrique en poudre. Son contact avec la muqueuse de la langue, du côté sain, faisait naître une sensation instantanée ; l'animal retirait immédiatement la langue. Lorsque l'acide tartrique était déposé sur le côté correspondant à la section, la sensation n'était plus perçue aussi rapidement; le chien ne retirait pas la langue de suite et il la retirait moins vivement : la sensation paraissait émoussée.

C'est aussi ce qui se passe chez les malades qui accusent dans ce cas une sensation obtuse, mais non une insensibilité absolue. Nous verrons plus tard comment on doit expliquer ce phénomène.

Nous avons également constaté chez des lapins, après la destruction du facial dans la caisse du tympan, une déviation de la langue et de la gène de la déglutition. Chez les chiens, nous avons observé une action remarquable sur les glandes salivaires. Nous allons examiner successivement ces symptômes et rechercher leur explication physiologique. Cette explication ressortira de l'étude que nous allons faire du nerf intermédiaire de Wrisberg et des ganglions sous-maxillaire, sublingual, sphéno-palatin, otique, qui se trouvent sur son trajet.

Les différents rameaux que fournit le nerf intermédiaire de Wrisberg sont : 1° la corde du tympan, en rapport avec les ganglions sous-maxillaire et sublingual; 2° le grand nerf pétreux superficiel, en rapport avec le ganglion sphéno-palatin ; 3° le petit nerf pétreux superficiel, en rapport avec le ganglion otique. Enfin, nous aurons à discuter si le filet qui va au muscle de l'étrier doit être considéré comme provenant du facial ou du nerf intermédiaire de Wrisberg.

Examinons d'abord les fonctions de la corde du tympan (fig. 6 et 7):

Lorsque après avoir engagé un tube dans le conduit de la glande sous-maxillaire mis à découvert, on place une substance sapide sur la langue, on voit s'écouler la salive. On a admis que cette action était provoquée par l'entremise du nerf lingual.

Comment s'opère cette transmission de l'excitation depuis le nerf lingual jusqu'à la glande ?

Évidemment ce ne peut être, comme on avait pu le croire autrefois, par des filets directs faisant communiquer la muqueuse linguale avec la glande, par l'intermédiaire du ganglion sous-maxillaire. En effet, si on coupe le nerf lingual au-dessus du ganglion sous-maxillaire, l'application d'une substance sapide sur le côté correspondant de la langue n'excite plus la sécrétion salivaire. Alors l'excitation galvanique du bout périphérique du lingual coupé reste également impuissante à produire la sensation, mais la galvanisation du bout central provoque la sécrétion, pourvu toutefois que ce bout central communique encore avec le ganglion sous-maxillaire.

On explique la sécrétion salivaire par une action réflexe à laquelle prendrait part, comme cela a toujours

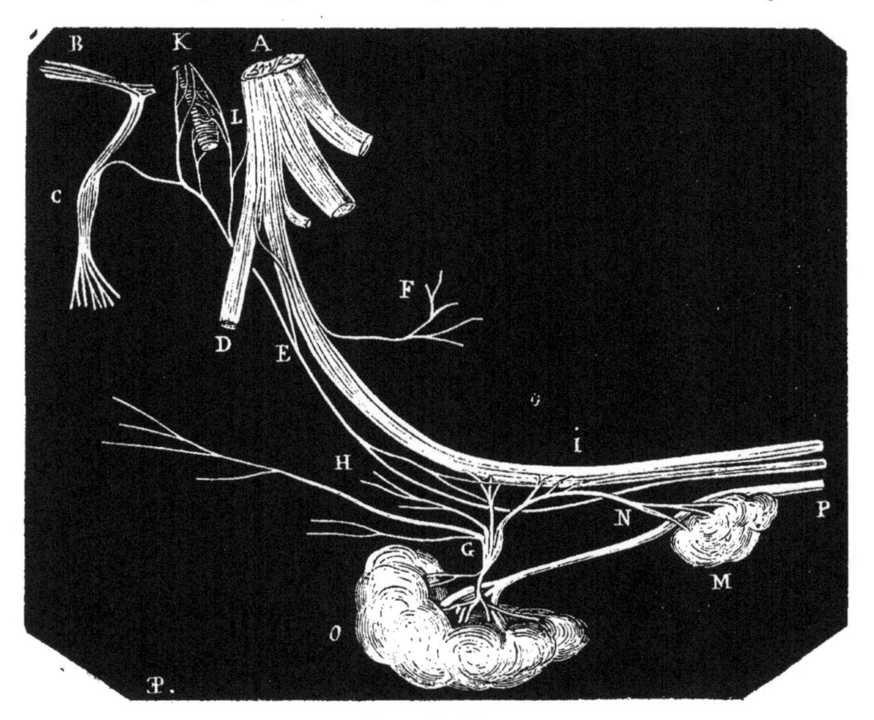

FIG. 7 (1).

lieu en pareil cas, un nerf sensitif et un nerf moteur. La question est maintenant de savoir si l'action motrice ap-

(1) *Disposition de la corde du tympan chez l'homme.* — A, tronc de la cinquième paire ; — B, nerf facial offrant vers son coude l'origine des nerfs pétreux, et dans sa portion descendante, pour cette pièce en particulier, une sorte d'intumescence gangliforme C, d'où naît la corde du tympan ; — D, nerf dentaire coupé ; — E, corde du tympan séparée, par la dissection, du nerf lingual ; on voit en E un filet du nerf lingual

partient au maxillaire inférieur de la cinquième paire ou à un autre nerf. On peut, dans l'explication de ce phénomène, faire intervenir le facial et attribuer l'action motrice à un filet venant de ce nerf, et qui serait la corde du tympan. On savait déjà que, quand on irrite les filets qui se séparent du nerf lingual pour se rendre à la glande, on provoque la sécrétion salivaire; mais on n'a jamais agi sur la corde du tympan elle-même avant son union avec le lingual.

Nous allons vous montrer l'effet que produit la section de la corde du tympan sur la sécrétion de la glande sous-maxillaire. L'expérience a été préparée : on a mis à nu le conduit salivaire de la glande sous-maxillaire, dans lequel nous allons introduire un tube par lequel vous verrez couler la salive. Avec un fil nous soulevons le filet lingual qui, du ganglion sous-maxillaire, va à la glande; plus tard nous agirons sur ce filet.

Maintenant on met du vinaigre dans la gueule de ce

qui paraît ensuite y rentrer en H; une autre portion de la corde du tympan va se rendre au ganglion sous-maxillaire G, tandis qu'une de ses divisions suit le nerf lingual; — F, filet buccal provenant du nerf lingual; — G, ganglion sous-maxillaire recevant un filet de la corde du tympan, et envoyant des rameaux en arrière qui se distribuent à diverses parties de la membrane muqueuse buccale, probablement dans les glandules qu'elle renferme; j'ai pu suivre un de ces rameaux très long, jusqu'à une masse glandulaire du voile du palais et du pharynx; — N, filet allant à la glande sublinguale M; — I, nerf lingual; — K, artère méningée moyenne entourée par des rameaux sympathiques communiquant avec la corde du tympan; — L, filet faisant communiquer le nerf maxillaire inférieur avec la corde du tympan; — M, glande sublinguale; — N, rameau nerveux venant du ganglion sous-maxillaire et allant à la glande sublinguable; — O, glande sous-maxillaire; — P, conduit de la glande sous-maxillaire; — M, glande sublinguale.

chien : la salive coule par le tube. L'application du vinaigre a déterminé une sensation, cette sensation a donc dû produire une réaction motrice sur la glande, car les actions motrices sont toujours les manifestations définitives.

Nous allons maintenant chercher à couper la corde du tympan dans l'oreille moyenne, puis nous verrons ce qui en résultera. C'est une expérience que je n'ai encore jamais faite dans ce but spécial. La corde du tympan est excessivement difficile à atteindre dans les diverses parties de son trajet. C'est un nerf très grêle qui naît du facial dans le canal spiroïde, à quatre ou cinq millimètres au-dessus du trou stylo-mastoïdien, se dirige en haut et en avant et pénètre dans l'oreille moyenne qu'il traverse d'arrière en avant ; là, ce filet se trouve isolé dans un très court espace entre l'enclume et le marteau, après un court trajet de six à huit millimètres, il passe vers la fissure de Glaser, et sort du crâne au voisinage de l'épine du sphénoïde.

Pour couper ce nerf, le moyen le plus simple est de l'attaquer dans le point où il est libre dans la caisse du tympan, en y entrant par le conduit auditif externe. Pénétrant dans cette cavité avec un instrument tranchant, analogue à celui que nous employons pour la section de la cinquième paire, nous dirigeons le tranchant en haut, et inclinant le manche en bas, nous accrocherons le nerf de telle façon qu'il est presque impossible de ne pas le couper. Dans tous les cas, l'autopsie de l'animal nous montrera s'il a été effectivement divisé. Une sensation de papier déchiré, accompagnée d'un bruit que vous avez pu entendre, nous avertit que nous perforons la membrane du tympan en pénétrant dans la caisse; je coupe maintenant la corde du tympan, ce qui arrache des cris à l'animal, probablement à cause de la sensibilité des parois de l'oreille moyenne.

Nous allons maintenant mettre du vinaigre sur la langue de l'animal. Si la sécrétion continue, il faudra chercher une autre voie à la transmission de l'excitation motrice et nous avons dit qu'il en pourrait exister une, venant soit de la portion motrice de la cinquième paire, soit de la septième paire.

Nous injectons maintenant le vinaigre dans la gueule du chien.

Voici une goutte de salive qui était au bout du tube, mais cette goutte enlevée, il ne coule plus rien. Ce que nous observons ici prouve donc que c'est la corde du tympan qui est la voie de transmission à la glande salivaire.

La sensation produite sur la membrane muqueuse linguale par l'instillation du vinaigre est cependant encore transmise au cerveau par la cinquième paire, mais elle ne peut plus l'être jusqu'à la glande. Un de mes anciens élèves, M. Vella (de Turin), a fait ici quelques expériences relatives à l'influence de la cinquième paire sur la sécrétion salivaire. Des tubes avaient été fixés dans les conduits parotidien et sous-maxillaire d'un chien. La cinquième paire était ensuite coupée de ce côté, puis après on mettait du vinaigre dans la gueule de l'animal. La cinquième paire étant supposé l'agent de transmission de la sensation, on pouvait penser que sa section empêcherait l'impression de se transmettre. Or la sécrétion continuait ; elle était seulement diminuée.

Que se passsait-il donc dans ce cas? — L'influence qui produit l'excrétion de la salive suit la loi ordinaire d'un mouvement réflexe. Lorsque la substance sapide est déposée sur la langue chez un animal sain, l'impression est transmise au cerveau par la cinquième paire des deux côtés. Ce nerf étant coupé d'un seul côté, celui qui est intact reste l'agent de transmission de la sensation gustative qui arrive ainsi au cerveau, centre qui la réfléchit en la transformant en action motrice.

Vous avez souvent ici été témoins de phénomènes réflexes de la moelle épinière, offrant l'analogie la plus parfaite avec les phénomènes réflexes croisés que nous considérons en ce moment. Lorsque, sur des grenouilles, nous avions coupé les racines postérieures qui se rendaient à un membre, vous avez vu l'irritation du membre du côté opposé mettre en mouvement, non-seulement le membre irrité, mais aussi, et en même temps, celui dont les racines postérieures avaient été coupées.

Un autre exemple semblable d'action réflexe croisée se montre, lorsque après avoir coupé le nerf optique d'un côté, on en irrite le bout central, on produit des deux côtés des mouvements réflexes de la pupille, contractions dont l'agent actif de retour est un nerf moteur.

Ces faits rentrent complètement dans les vues que nous vous avons exposées dans la première partie de ce cours, à savoir que, tandis que les influences motrices restent locales, on voit toujours dans les actions réflexes une généralisation des réactions du sentiment.

Mais revenons à l'expérience que nous avons faite : la section de la corde du tympan a dû abolir complétement la sécrétion de la glande sous-maxillaire. En effet, dans ce cas on n'agit plus sur un des nerfs qui portent l'impression au cerveau, où la sensation se généralise, mais bien sur le nerf qui rapporte du cerveau l'excitation motrice essentiellement localisée, limitée. Lorsqu'on coupe le nerf lingual d'un côté, le lingual du côté opposé transmet au cerveau la sensation gustative perçue sur la langue; cette sensation, qui s'y généralise plus ou moins, éveille la réaction du centre particulier dans lequel elle vient retentir, réaction qui se réfléchit sous forme d'excitation motrice dans les nerfs moteurs et la corde du tympan, qui sont sous la dépendance du centre impressionné.

Après avoir, par la section de la corde du tympan, arrêté la sécrétion de la glande maxillaire, nous galvanisons le bout périphérique du nerf que nous venons de couper, et la sécrétion va se produire sous cette influence.

Si nous avions voulu produire la sécrétion salivaire après la section du lingual, et en agissant sur lui, c'est son bout central qu'il eût fallu exciter.

La corde du tympan est donc bien un nerf moteur, et c'est elle qui provoque la sécrétion de la glande sous-maxillaire.

A cause de son importance, nous allons encore répéter devant vous cette expérience qui montre de la manière la plus nette ce fait que je vous ai déjà signalé, à savoir que l'action des nerfs sur les glandes, sur les organes qu'on regarde comme chargés de l'accomplissement de phénomènes chimiques, est bien une action motrice.

Nous n'avons pas encore étudié la sécrétion parotidienne dans ses rapports avec le système nerveux. Nous allons en même temps essayer d'être renseignés à cet égard, ou, au moins, à circonscrire le champ des recherches expérimentales propres à élucider cette question.

Voici un petit chien sur lequel nous avons, d'un côté, mis à découvert les conduits parotidien et sous-maxillaire, dans chacun desquels nous avons engagé un tube. Lorsque nous mettons du vinaigre dans la gueule de cet animal, vous voyez que des deux tubes s'écoule de la salive. On va vous faire passer ces salives, recueillies séparément dans des verres de montre, et vous pourrez voir, ainsi que je l'ai signalé depuis longtemps, qu'elles ne se ressemblent pas du tout : elles sont d'une consistance toute différente ; la salive parotidienne est parfaitement liquide, tandis que la salive sous-maxillaire se reconnaît à sa viscosité.

Nous allons maintenant, sur ce chien, couper la corde du tympan. Vous verrez, puisque nous l'avons déjà constaté à la suite de cette section, cesser la sécrétion sous-maxillaire. Quant à la sécrétion parotidienne, j'ignore ce qu'elle deviendra : je ne serais cependant pas éloigné de penser qu'elle continuera à s'effectuer.

Je ne vous décrirai pas de nouveau le procédé opératoire de la section de la corde du tympan que nous avons employé il n'y a qu'un instant : nous faisons cette section en portant l'instrument dans la partie supérieure de la caisse du tympan.

Maintenant que cette section est faite, nous mettons du vinaigre dans la gueule de l'animal. Aucun écoulement n'a lieu par le tube de la glande sous-maxillaire; la sécrétion parotidienne, au contraire, continue à couler comme avant l'opération.

Nous allons maintenant galvaniser la corde du tympan au-dessous du point où elle a été coupée : la sécrétion sous-maxillaire recommence. Il vous est donc encore prouvé, par cette épreuve, que la corde du tympan est un nerf moteur.

La glande sous-maxillaire excrète donc sous l'influence de l'excitation de la cinquième paire, mais cette influence est indirecte. L'excrétion est directement subordonnée à une action motrice : c'est cette action motrice qui est mise en jeu par l'excitation sensitive. Il n'y a donc pas lieu de voir là une action spéciale, spécifique en quelque sorte, une de ces influences mystérieuses par lesquelles certaines théories placent sous la dépendance directe du système nerveux des actes dits vitaux. Nous y voyons, au contraire, le système nerveux agir d'une façon uniforme, provoquer des phénomènes purement moteurs et exercer par ces phénomènes une action réelle; quoique indirecte, sur les phénomènes chimiques qui appartiennent à un autre ordre de faits, à des actes vraiment vitaux analogues aux phénomènes du développement organique.

L'expérience que nous venons de faire ne nous permet pas d'attribuer à la corde du tympan l'influence motrice qui produit l'écoulement de la salive parotidienne. La glande sous-maxillaire a donc avec l'appareil gustatif des connexions plus intimes que la parotide. La sécrétion parotidienne intervient dans des phénomènes d'une autre nature : elle se rattache plus spécialement à l'acte de la mastication.

Quel est le nerf qui préside à l'excrétion du liquide parotidien? — Jusqu'ici on n'a fait pour le voir aucune expérience directe. La question est d'abord de savoir si l'excrétion du liquide parotidien est sous la dépendance des nerfs faciaux superficiels ou des nerfs profonds. Est-elle due à l'intervention du facial qui préside aux mouvements superficiels de la face? Est-elle due à l'action du nerf intermédiaire de Wrisberg qui, analogue au nerf grand sympathique de la face, viendrait donner le mouvement aux parties profondes de cette région?

Nous savons que c'est ce nerf profond qui agit sur les membranes muqueuses, sur les glandes : il est le nerf des mouvements organiques, tandis que le facial superficiel est le nerf des mouvements de relation, d'expression.

Vous savez que la glande parotide est traversée par le tronc du facial. Les anatomistes sont divisés sur la question de savoir si le facial, en la traversant, lui abandonne quelques filets, ou si elle reçoit ses nerfs des rameaux du grand sympathique qui accompagnent les rameaux des artères qui s'y distribuent.

En présence de ces deux sources nerveuses possibles, l'expérience seule peut prononcer d'une manière sérieuse. Pour le voir, il nous faudra mettre à nu le facial au sortir du trou stylo-mastoïdien, puis le couper à cet endroit, et nous constaterons alors si, sous l'influence des sensations gustatives et des mouvements des mâchoires, la parotide ne sécrète plus. Dans le cas où il en serait ainsi, on devrait admettre que le facial lui abandonne des filets.

Au cas contraire, il faudrait chercher dans les nerfs profonds l'agent déterminant de sa sécrétion.

Voici maintenant notre chien sur lequel on a mis le facial a découvert au sortir du trou stylo-mastoïdien.

Avant de couper ce nerf, pour juger de l'influence qu'il peut exercer sur la sécrétion parotidienne, nous nous assurons encore, par une instillation de vinaigre dans la gueule de l'animal, que cette sécrétion se fait très bien. Nous coupons maintenant le facial. Les cris que pousse l'animal vous montrent ce que vous saviez déjà, qu'au sortir du trou stylo-mastoïdien le facial est sensible. Une artériole a été coupée qui nous donne du sang; on en fait la ligature. Le facial est bien coupé; l'animal ne peut plus fermer l'œil; tout ce côté de la face est paralysé du mouvement.

En plaçant du vinaigre sur la langue de l'animal, nous voyons que la sécrétion parotidienne continue toujours comme avant la section du nerf. L'influence nerveuse qui la tient sous sa dépendance vient donc des nerfs profonds.

Nous chercherons ultérieurement à en préciser l'origine, en expérimentant sur les ganglions du grand sympathique : nous essayerons si nous ferons cesser la sécrétion parotidienne par l'ablation du ganglion otique.

En définitive, nous venons de constater ici deux faits qui se résument ainsi :

1° *La section de la corde du tympan dans l'oreille moyenne fait cesser la sécrétion de la glande sous-maxillaire.*

2° *La section du facial, à sa sortie du crâne, n'a pas fait cesser la sécrétion parotidienne.*

Lorsqu'on détruit le facial à son origine dans le crâne, expérience que nous avons faite plusieurs fois, on trouve que les sécrétions salivaire sous-maxillaire et parotidienne sont abolies. Le nerf facial agit donc réellement sur les mouvements profonds comme sur les mouvements superficiels de la face. Cette dernière action, celle qu'il exerce sur les mouvements superficiels, appartient au facial proprement dit ; l'influence sur les mouvements profonds appartient au nerf de Wrisberg, ainsi que nous l'avons déjà dit.

Les raisons à invoquer en faveur de cette manière de voir, sont les suivantes :

Lorsque attaquant le facial chez un chien, par un instrument qui, introduit dans la caisse du tympan, permet de détruire ce nerf dans le crâne, les mouvements de la face sont abolis, les glandes sous-maxillaire et parotide ne sécrètent plus.

Dans cette opération, le nerf acoustique est détruit aussi; mais nous verrons que cette lésion ne doit modifier en rien nos conclusions relativement aux sécrétions qui sont déversées dans la cavité buccale.

Quand on coupe le facial au sortir du trou stylo-mastoïdien, les mouvements des muscles de la face sont abolis; les sécrétions continuent.

C'est donc aux filets qui se détachent du facial pendant son trajet intra-crânien que les glandes doivent la propriété de sécréter.

L'expérience qu'il faudrait faire pour résoudre définitivement la question par une épreuve directe, consisterait à séparer le facial du nerf de Wrisberg en détruisant le premier seulement. Nous verrions, en l'arrachant et respectant le nerf de Wrisberg, si l'influence que nous attribuons à ce dernier nerf persiste.

L'expérience n'est pas possible sur les chiens. Chez ces animaux, les deux nerfs sont trop étroitement unis pour qu'on puisse arracher l'un d'eux seulement. Chez les lapins, la séparation est possible, mais les phénomènes de la salivation sont trop obscurs, les conduits salivaires sont trop petits pour qu'on puisse facilement juger des modifications qui pourraient survenir dans leur production. C'est sur des chats que nous pourrions tenter l'expérience. Chez ces animaux, l'avulsion du facial n'entraîne pas toujours nécessairement celle du nerf de Wrisberg, et les conduits salivaires sont assez gros pour qu'on puisse y introduire des tubes.

Nous avons commencé tout à l'heure une expérience qui a dû être interrompue, et dont je vous rendrai compte dans la prochaine leçon; mais nous en avons fait une hier dont je vais vous exposer les résultats.

Nous avons pris un chat et mis à découvert les conduits salivaires des deux côtés. Après quoi, voulant arracher le facial, nous l'avons rompu à sa sortie du trou stylo-mastoïdien. Les glandes ont continué à sécréter sous l'influence des excitations sapides.

De l'autre côté, le nerf facial a été arraché; mais il ne l'a pas été seul et le nerf de Wrisberg a été détruit en même temps. Le nerf acoustique était resté intact. Les choses se sont passées alors comme lorsque nous avions détruit le facial dans le crâne, avec le nerf acoustique; c'est-à-dire que toutes les sécrétions ont été suspendues. En mettant à ce moment du vinaigre dans la gueule de l'animal, la salive coulait seulement du côté où le facial avait été rompu au sortir du trou stylo-mastoïdien.

Il semble donc qu'on doive admettre que du facial se détachent, pendant son trajet intra-crânien, des filets (corde du tympan, nerfs pétreux ou autres?) qui se rendent aux glandes et déterminent la sécrétion.

Nous avons vérifié l'exactitude de cette vue relativement à la glande sous-maxillaire, en montrant qu'elle cesse de sécréter après la section de la corde du tympan.

Il restait à faire la même épreuve pour la glande parotide.

Ici les inductions tirées de l'anatomie nous font complétement défaut. Nous savons ce qu'il faudrait penser de l'opinion qui fait provenir les nerfs parotidiens de la partie extra-crânienne du facial. Cette opinion, sur laquelle les anatomistes n'étaient pas même d'accord, vous avez dû y renoncer en voyant la glande continuer à sécréter après qu'on avait coupé le facial au point où il sort du crâne.

Les nerfs de la parotide lui viennent donc nécessairement des filets qui émergent du facial dans le canal spiroïde du temporal.

Viendraient-ils du grand nerf pétreux? — Messieurs, cela paraît impossible à admettre après une expérience que nous avons faite et qui a consisté à enlever le ganglion de Meckel, ou ganglion sphéno-palatin ; la parotide continuait à sécréter.

Nous nous trouvons ainsi conduit, par exclusion, à supposer que la sécrétion parotidienne est réglée par le petit nerf pétreux qui irait au ganglion otique. Cette hypothèse suppose entre la parotide et le ganglion otique des communications que les anatomistes n'ont pas signalées, mais que la physiologie nous porte a admettre. Si l'ablation du ganglion otique ou du ganglion géniculé tarissait la sécrétion parotidienne, notre hypothèse serait confirmée : c'est une expérience que nous tenterons ultérieurement.

Sauf ce détail relatif à la sécrétion parotidienne, nous avons donc dès à présent des notions exactes sur l'usage de la corde du tympan relativement à la glande sous-maxillaire.

Des considérations dans lesquelles nous venons d'entrer résulte un fait qui, au point de vue pathologique, n'est pas sans intérêt. Je veux parler de l'influence possible du système nerveux sur la persistance des fistules salivaires.

Vous savez que ces fistules guérissent très difficilement chez l'homme, et que, même dans les cas heureux, elles ne guérissent pas par le rétablissement de la continuité des voies salivaires naturelles. Il est aussi assez rare qu'elles guérissent de cette façon chez les animaux Que sur un chien, dont le facial est intact, on crée une fistule salivaire, elle donnera lieu à un écoulement de salive. Qu'on fasse la même opération sur un animal chez qui on aura détruit le facial ou la corde du tympan, la salivation n'aura pas lieu. Voici, par exemple, un chien auquel nous avons pratiqué des fistules salivaires, après quoi on lui a détruit le facial à son origine. L'opération remonte à quelques jours; la plaie ne donne pas d'écoulement de salive; elle est en voie de cicatrisation. Je ne sache pas que quelque chose d'analogue ait été observé chez l'homme, et qu'on ait eu l'occasion d'observer simultanément une fistule salivaire se tarissant par une paralysie profonde du facial.

Dans les conséquences que nous pouvons être tentés de tirer des expériences qui vous ont été exposées, ou dont vous avez été témoins, il ne faudrait peut-être pas être trop exclusif pour le moment.

Il existe une proposition parfaitement exacte et d'une haute importance en physiologie, c'est que lorsque plusieurs nerfs de même ordre se distribuent à un même organe, c'est pour lui donner des influences variées et non pour y accumuler la même activité nerveuse. Les muscles qui, comme ceux du larynx, ont des actions multiples, reçoivent des nerfs moteurs de différentes sources. Il en est de même des glandes qui reçoivent plusieurs nerfs et qui peuvent être en rapport avec plusieurs phénomènes fonctionnels. Dans ce cas, chaque influence est apportée par des filets nerveux différents. C'est ce qui s'observe pour les glandes de la face.

Il ne faudrait donc pas encore affirmer que tout se borne, dans les glandes, à ce que je vous ai signalé jusqu'ici. Ces glandes, après la destruction du facial, ne sécrètent plus sous l'influence des excitations venant de la bouche ; quand le nerf de Wrisberg manque, les actions qui portent sur la cinquième paire ne les font plus sécréter : voilà tout ce que nous sommes en droit d'affirmer.

Est-ce à dire qu'elles ne puissent plus sécréter sous l'influence d'excitations apportées d'ailleurs? — Nous, ne le savons pas; il est d'autres influences qui peuvent y éveiller ce mode d'activité, influences moins connues, plus profondes, mais incontestables.

Ces excitations viendraient, par exemple, de l'estomac.

Il est des animaux chez lesquels on en a constaté plus spécialement l'effet après l'insalivation, et alors que le bol alimentaire est parvenu dans l'estomac où il excite la sécrétion gastrique. Ce phénomène paraît très évident chez le cheval.

En dehors des conditions normales, on voit fréquemment un ptyalisme abondant être la conséquence d'un état pathologique de l'estomac. C'est ce qui s'observe surtout dans les nausées qui précèdent le vomissement. Comment peut se faire, dans ce cas, la transmission de l'impression sensitive ? — Est-ce encore par l'intermédiaire de la septième paire, le pneumogastrique étant le nerf de sensation ?

Quant à la transmission de l'excitation motrice, elle pourrait aussi se faire par d'autres nerfs moteurs. Il y a dans la glande sous-maxillaire, dans la glande parotide, des filets nerveux qui viennent du ganglion cervical supérieur du grand sympathique. Quand on excite le grand sympathique dans la région du cou, cette excitation agit, en effet, sur la sécrétion des glandes parotide et sous-maxillaire. C'est un fait dont nous vous rendrons témoins au commencement de la prochaine leçon.

Chez le chien, le pneumogastrique est uni au grand sympathique, mais on peut cependant les séparer au voisinage du ganglion cervical supérieur. Chez le cheval, le lapin, etc., ces deux nerfs sont distincts. Or, vous verrez, quand on galvanise le filet qui tient au ganglion cervical supérieur, qu'on agit sur la sécrétion salivaire; quand on galvanise le pneumogastrique isolé on ne produit rien.

Cette influence se transmet aux glandes par des filets qui passent par le ganglion cervical supérieur, accompagnent les divisions de l'artère maxillaire, et celles de l'artère faciale qui vont aux glandes salivaires.

Lorsque ce filet du grand sympathique est coupé, les influences venant des organes splanchniques n'auraient donc plus d'influence sur les glandes salivaires. Nous aurions seulement l'action du nerf de Wrisberg qui, nous vous l'avons déjà dit, peut être considéré comme appartenant au système du grand sympathique.

J'ai insisté déjà sur la nature de l'action qu'exerce ce nerf sur la glande pour la faire sécréter, et je vous ai dit que cette influence paraissait purement motrice. Nous considérerons aussi comme telle l'action exercée par les nerfs du grand sympathique. Les éléments moteurs des glandes sur lesquels agiraient les nerfs ne sont pas visibles à l'œil nu. Cependant, il existe dans la joue du lapin une petite glande enveloppée par une capsule musculaire, sur laquelle on pourrait peut-être vérifier s'il y a un resserrement produit par l'excitation nerveuse.

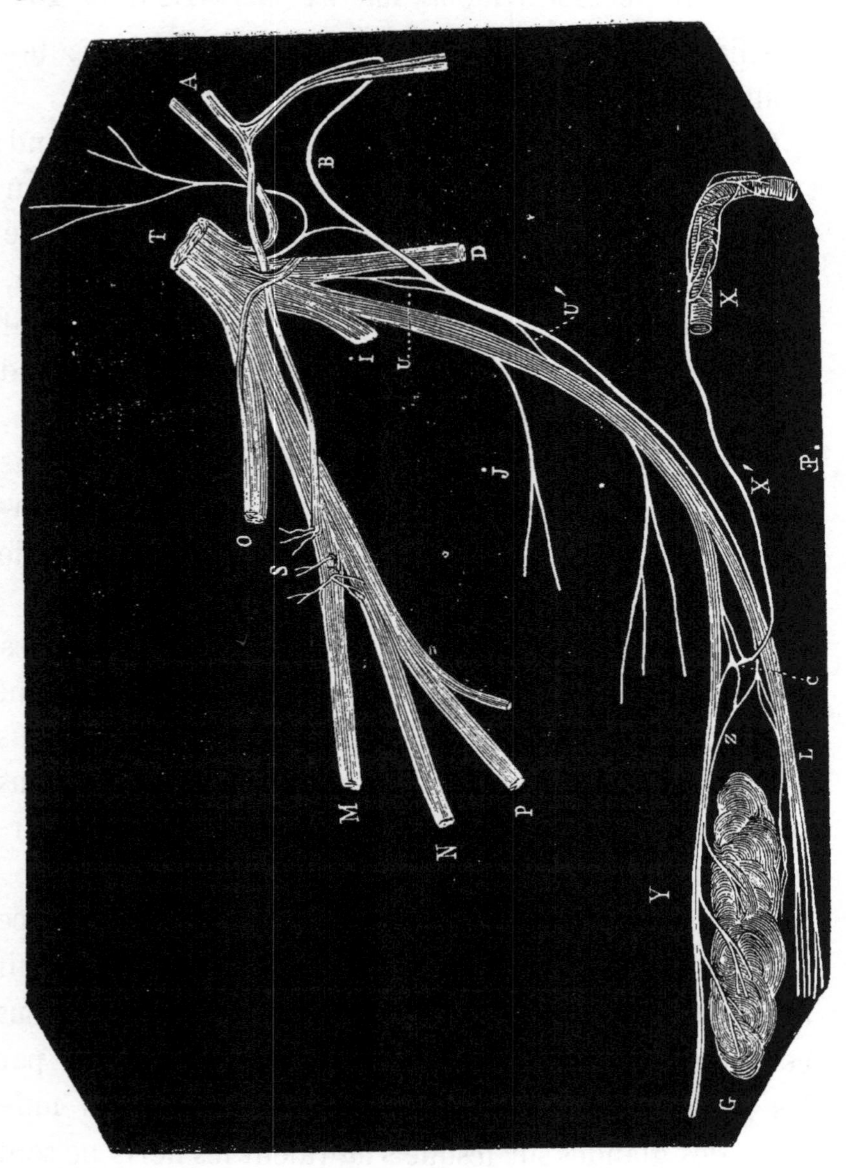

(1) *Nerf facial et sympathique chez un fœtus de cheval.* — A, nerf facial; — B, corde du tympan contractant plusieurs anastomoses avec le nerf maxiliaire inférieur U, U'; — C, plexûs nerveux représentant le ganglion sous-maxillaire; ce plexus réunit, la corde du tympan et un rameau du sympathiqûe Z accompagnant une artère; — D, nerf dentaire; — G, glande salivaire; — I, nerf massetérin; —

Dans les autres glandes qui sont plus grosses, les culs-de-sac glandulaires doivent être entourés par une capsule contractile, sur le tissu de laquelle vient agir l'excitation motrice. Ce sont là des actions qui appartiennent à des organes contractiles extérieurs à la glande proprement dite. La même chose s'observe pour le pancréas. Chez les animaux à parois abdominales musculaires, mobiles, on peut voir le suc pancréatique s'échapper par jets dans les mouvements d'inspiration. Des phénomènes semblables s'observent chez certains insectes, qui ont des glandes anales dont les produits sont expulsés exclusivement par la contraction des parois abdominales. Chez ceux qui n'ont pas ces mouvements, chez les oiseaux, par exemple, les conduits glanduleux excréteurs sont doués de mouvements péristaltiques, etc.

Je tenais à appeler votre attention sur cette uniformité physiologique des manifestations motrices, aboutissant à des manifestations fonctionnelles différentes ; la contraction des tissus moteurs des glandes n'est pas le seul effet produit par la galvanisation du grand sympathique. Nous aussi faisons, par le même genre de nerfs, contracter les vaisseaux.

Il resterait à savoir si, lorsqu'on galvanise les nerfs qui se rendent à une glande, on n'agit pas sur les vaisseaux plutôt que sur le tissu de la glande et si la sécrétion n'est

J, branche du nerf dentaire ; — L, nerf dentaire ; — O, branche ophthalmique de la cinquième paire ; — MNP, branche maxillaire supérieure ; — S, petits corpuscules ganglionnaires sur le trajet du maxillaire supérieur et au point où vient se rendre le grand nerf pétreux superficiel ; — V, nerf sublingual du maxillaire inférieur.

pas simplement une conséquence de la contraction des vaisseaux, contraction qui aurait pour effet immédiat d'augmenter la pression du liquide qui y circule et de faire transsuder à travers leur parois le produit de la sécrétion. Nous examinerons ultérieurement cette question à propos du grand sympathique. Mais, nous dirons cependant qu'il n'est pas possible de voir dans l'action sécrétoire l'effet d'une différence entre la pression du sang et la résistance des parois des cellules glandulaires.

M. Ludwig a fait des expériences qui prouvent que la sécrétion ne se fait pas par ce mécanisme ; la pression du sang artériel étant observée, on voit la pression du liquide sécrété retenue dans une glande salivaire et s'élever à une pression beaucoup plus grande que celle du sang, et cependant la galvanisation du nerf de la glande donne encore lieu à un écoulement de la salive.

Une autre expérience ajouterait des résultats fort significatifs à ceux que je viens de vous rappeler : on pourrait peut-être lier l'artère qui se rend à la glande, et ensuite, en galvanisant le nerf, provoquer la salivation. Cette excrétion aux dépens d'un organe qui ne recevrait plus de sang nous montrerait bien qu'il y avait là un réservoir de salive qui a été évacué. Sans doute, pour continuer à saliver, il faudrait que la glande se nourrisse : l'expérience prouve seulement que l'intervention du sang ne peut être qu'une cause assez éloignée du phénomène, et qu'il faut en chercher ailleurs le mécanisme prochain.

Ainsi que je vous l'ai déjà indiqué, lorsqu'il a été question ici de la sécrétion glycogénique du foie, toute sécrétion paraît se faire en deux temps : le premier est la période de formation, aux dépens du tissu de l'organe sécréteur, de la substance qui doit être modifiée et excrétée; ce temps correspond au repos de l'organe. Le deuxième temps se réduit aux phénomènes d'expulsion ; il correspond à la période d'activité motrice de la glande ; c'est sur lui que portent plus spécialement les influences motrices exercées par le système nerveux.

Nous avons vu quels rapports physiologiques existent entre le ganglion sous-maxillaire du grand sympathique et la glande sous-maxillaire ; nous sommes arrivés, par voie d'exclusion, à soupçonner les mêmes rapports entre le ganglion otique et la glande parotide. Nous devrions revenir sur le rôle du ganglion sphéno-palatin.

Nous avons, sur un chien, enlevé ce ganglion des deux côtés sans rien produire d'immédiatement appréciable. Les plaies sont à peu près cicatrisées.

Il faudrait faire l'expérience autrement. N'ayant rien manifesté d'évident en supprimant les actes qui sont sous l'influence de ce ganglion, nous essayerons de voir si nous obtenons des résultats appréciables en les exagérant ; ce que nous ferons en galvanisant le nerf. Cette dernière manière de procéder peut être très avantageuse dans l'étude, toujours délicate et difficile, des phénomènes qui ont leur siège dans les parties profondes. En galvanisant sur le chien le filet qui va au ganglion sphéno-palatin, le nerf pétreux superficiel, je ne serais pas éloigné de croire que nous agirons par là sur la sécrétion.

de la membrane muqueuse nasale et sur les mouvements du voile du palais. Mais nous renverrons ces expériences, ainsi qu'un certain nombre d'autres sur lesquelles nous n'avons pas encore pu rassembler un assez grand nombre de faits, au moment où nous traiterons de la portion céphalique du nerf grand sympathique.

HUITIÈME LEÇON

29 MAI 1857.

SOMMAIRE : Les filets du grand sympathique ne tiennent pas leurs propriétés motrices des ganglions qui se trouvent sur leur trajet. — Galvanisation du filet cervical avant et après le ganglion sous-maxillaire. — Sécrétion dans les deux cas. — Action sur la langue d'un filet émanant de la corde du tympan. — Influence de la section du facial dans le crâne sur la gustation. — Expériences. — Les narines sont le siège de mouvements réflexes indépendants des sensations perçues par la cinquième paire. — Ces mouvements ont-ils leur point de départ dans le pneumogastrique ? — Ces mouvements sont sensiblements diminués par la section de l'anastomose que le pneumogastrique envoie au facial. — Expériences.

MESSIEURS,

Vous avez suivi depuis quatorze jours la marche des accidents consécutifs à la section de la cinquième paire chez ce lapin. Vous pourrez voir que depuis la dernière leçon le mal a fait des progrès. La cornée est perforée et déjà une partie des liquides de l'œil s'est écoulée. Autour de la solution de continuité, les membranes sont desséchées.

Sur cet autre lapin, auquel on a coupé le facial plusieurs jours avant et que nous vous avons toujours présenté comparativement, vous pourrez voir que bien qu'il reste constamment exposé à l'air, l'œil est toujours parfaitement sain.

Nous avons insisté, dans la dernière leçon, sur la double voie par laquelle semblait se transmettre l'action du système nerveux sur les glandes salivaires. Les sécrétions salivaires peuvent, comme vous savez, reconnaître aussi pour point de départ une impression perçue par le pneumogastrique et réfléchie par un filet du grand sympathique.

A ce sujet se rattache une question sur laquelle nous aurons à revenir, question qui doit cependant être indiquée ici et sur laquelle on a autrefois beaucoup discuté.

Le nerf grand sympathique est en communication avec la moelle épinière par des rameaux qui unissent le centre rachidien à la double chaîne que forment le long du rachis ses ganglions. Outre ces chaînes latérales existent des ganglions indépendants, en quelque sorte, au point de vue topographique. Ces ganglions se rencontrent vers les points où le grand sympathique se distribue dans les organes. C'est ainsi que la corde du tympan, après avoir communiqué vers son origine avec le ganglion géniculé, s'accole au lingual et aboutit au ganglion sous-maxillaire d'où émanent les filets qui vont à la glande sous-maxillaire. J'ai de plus décrit autrefois des filets qui partent de ce même ganglion, se rendent dans les glandules buccales et jusqu'à celles du pharynx; il y en a particulièrement un très long qui remonte jusqu'à la base du crâne, à la voute du pharynx. Il serait par conséquent possible, d'après cela, que la corde du tympan agît sur les glandules pharyngiennes.

On s'est préoccupé du rôle spécial que pouvaient jouer les ganglions périphériques situés dans le voisinage de certains organes; et on a prétendu que les nerfs ne jouissaient de leur propriété d'agir sur ces organes qu'après avoir traversé ces ganglions. On avait admis que l'excitation portée sur le filet nerveux avant son entrée dans le ganglion restait sans effet; que pour obtenir l'action excitatrice des fonctions de l'organe, il fallait exciter le nerf entre lui et le ganglion voisin.

Nous allons, en vous montrant que la glande sous-maxillaire sécrète sous la double influence de la corde du tympan et du grand sympathique cervical, voir ce qu'on doit penser des idées que je viens de vous exposer.

La glande sous-maxillaire reçoit du ganglion sous-maxillaire des filets qui lui viennent de la corde du tympan. Elle est reliée en outre au ganglion cervical supérieur par les plexus qui, enlaçant l'artère carotide, s'étendent sur ses divisions. Or nous avons excité le nerf tantôt avant, tantôt après le ganglion; et, dans les deux cas, nous avons provoqué une action sur la sécrétion salivaire d'une façon très manifeste. Ce matin encore nous avons galvanisé le filet cervical du grand sympathique au-dessus et au-dessous du ganglion cervical supérieur, avec les mêmes résultats. Pareille chose nous est arrivée en galvanisant alternativement la corde du tympan avant et après le ganglion sous-maxillaire.

Dans cette dernière expérience, pour atteindre la corde du tympan, nous avons dû saisir le nerf lingual aussi haut que possible, le couper en masse avec la corde du tympan; après quoi nous avons galvanisé le bout périphérique résultant de cette section.

La conclusion à laquelle nous conduisent ces expériences, faites sur les deux voies par lesquelles le sympathique excite la sécrétion sous-maxillaire, est que le ganglion n'a pas d'influence propre sur le mode de l'excitation transmise à l'organe.

Voici un chien sur lequel nous avons préparé l'expéricnce. Une incision assez large nous a amenés sur le digastrique : en le soulevant, on trouve au fond de la plaie, après avoir incisé le muscle mylo-hyoïdien, le nerf lingual et la corde du tympan; plus en arrière, la carotide interne qui sert de point de repère pour trouver les nerfs. Le filet de la glande sous-maxillaire accompagne l'artère linguale, puis le petit rameau glandulaire qui émane au-dessus. Nous avons isolé ces nerfs sur des anses de fil qui vont nous permettre de les retrouver au fond de la plaie. Un petit tube d'argent, engagé dans le conduit sous-maxillaire, nous permet de recueillir facilement la salive expulsée par ce conduit. Voici le nerf lingual coupé et rabattu; il offre la réunion et du lingual proprement dit et de la corde du tympan. Nous en galvanisons le bout périphérique : la sécrétion coule abondamment Je galvanise maintenant le filet sympathique venant du cou : vous voyez la sécrétion plus visqueuse s'arrêter bientôt.

Nous prenons maintenant la corde du tympan avant son arrivée au ganglion sous-maxillaire; nous la galvanisons : la salive coule.

Nous ajouterons que la galvanisation de ce filet, qui émane du nerf lingual, agit aussi sur la glande sublinguale, car nous voyons cette salive couler abondamment lors de l'excitation du nerf.

L'action du sympathique est la même, si nous galvanisons dans la région du cou, au-dessous du ganglion cervical supérieur, le tronc provenant de la réunion du pneumogastrique et du grand sympathique.

Ces deux ordres d'influences paraissent toutes agir sur la sécrétion sous-maxillaire; lorsque ces deux nerfs ont été coupés la glande serait donc paralysée. Notons toutefois que l'influence la plus remarquable, celle qui à l'état physiologique préside le plus spécialement à la sécrétion, est celle qui vient par la corde du tympan.

Ce n'est que dans des circonstances exceptionnelles, dans les efforts de vomissement, par exemple, que l'action du pneumogastrique venant de l'estomac manifeste son influence.

Ce que je viens de vous dire de la glande sous-maxillaire s'applique probablement aussi à la parotide qui, elle aussi, recevrait ses nerfs de deux sources, du nerf de Wrisberg et du grand sympathique.

Plus tard nous reprendrons nos expériences sur le ganglion de Meckel, et compléterons ainsi ce que nous avions à vous dire des nerfs de la cinquième et de la septième paire.

Je terminerai en vous parlant d'un autre point de l'histoire du nerf intermédiaire de Wrisberg sur lequel il me sera facile de vous donner des faits d'observation pathologique et expérimentale : je veux parler de la portion de la corde du tympan qui se rend à la langue. Vous savez qu'au niveau du ganglion sous-maxillaire, la corde du tympan se divise en deux filets, l'un qui se rend à la glande sous-maxillaire, l'autre qui se confond avec le nerf lingual et se rend avec lui à la langue (fig. 7), après toutefois avoir traversé un petit ganglion du sympathique décrit chez l'homme par Blandin, et situé sur le trajet du nerf lingual au moment où il va pénétrer dans la langue.

Les auteurs qui regardaient le nerf intermédiaire de Wrisberg comme une racine postérieure avaient vu, dans la corde du tympan, un rameau sensitif qui venait s'adjoindre au nerf lingual. Cette pensée expliquait l'altération du goût après la paralysie faciale, puisque la corde du tympan est le seul filet émanant du facial qui vienne se perdre dans la langue. Des raisons que nous avons données ailleurs ne nous permettent cependant pas d'admettre qu'elle soit un nerf de sentiment.

Depuis longtemps j'ai proposé une explication de l'altération du goût, qui est simplement une interprétation, et est par conséquent, sujette à être remplacée par une autre le jour où elle sera en désaccord avec de nouveaux résultats observés : seulement les faits seront définitivement établis parce qu'ils ont été convenablement observés.

J'avais donc admis autrefois que la corde du tympan venait du nerf facial; qu'elle était motrice. La muqueuse de la langue, à laquelle elle se distribue surtout, renferme des éléments moteurs dont la corde du tympan met en jeu l'activité. C'est ainsi que la paralysie ralentirait la perception de la sensation.

Aujourd'hui, des dissections répétées et de nouvelles expériences me portent à penser que la corde du tympan s'unit avec le grand sympathique, en divers points de son trajet; cela pourrait peut-être porter à penser que la corde du tympan agit aussi sur les vaisseaux de la langue. Je reviendrai plus longuement sur cette vue, que je ne fais qu'indiquer ici, lorsque étudiant le grand sympathique j'aurai à examiner son action sur les phénomènes de vascularisation. Des phénomènes fort curieux ont été notés à ce sujet, phénomènes qu'on ne saurait encore résumer dans aucune loi générale, amenant dans la circulation des modifications peu connues et offrant des effets tout à fait opposés dans des circonstances qu'au premier examen on serait tenté de regarder comme analogues.

Ces considérations ne sont pas les seules que nous devions vous présenter relativement à la corde du tympan.

Le ganglion sous-maxillaire, situé sur le trajet du nerf lingual, reçoit la corde du tympan par sa partie postérieure. Elle réunit donc le ganglion géniculé au ganglion sous-maxillaire, caractère qui la rapproche encore des nerfs du grand sympathique.

Du ganglion sous-maxillaire partent, en arrière, des filets qui se rendent à la glande sous-maxillaire, filets dont la galvanisation donne un écoulement considérable de salive. Nous nous en sommes assurés en introduisant des tubes dans le conduit excréteur de la glande et galvanisant les filets glandulaires de la corde du tympan qui, après s'être accolés au ganglion sous-maxillaire, se sont réfléchis pour se jeter dans la glande.

Il serait intéressant de voir si le même effet s'obtiendrait en galvanisant la corde du tympan dans l'oreille. C'est une expérience qui serait difficile, mais que nous pourrons tenter si le temps nous le permet. Nous dirons seulement que, lorsqu'on vient à couper la corde du tympan dans l'oreille moyenne, la sécrétion salivaire de la glande sous-maxillaire est excitée. On remarque en même temps que cette section du nerf produit une vive douleur. Est-elle due à la corde du tympan, ou bien à des filets de la cinquième paire qui se distribuent dans l'oreille moyenne; cette dernière supposition me semble plus probable.

Lorsqu'on a coupé d'un côté la corde du tympan, ou lorsque le facial est paralysé suffisamment haut, il arrive qu'il y a de ce côté altération de la gustation. Cette altération a été constatée surtout chez l'homme, seul en état de rendre compte de ses sensations; nous en avons cité des exemples, en parlant de la paralysie intra-crânienne du facial. Maintenant, comment l'expliquerons-nous? — Le filet paralysé vient de la même source que les filets qui nous ont occupés jusqu'ici; il émane de la corde du tympan : son action serait donc une action motrice.

La perturbation de cette influence motrice pourrait agir sur le goût de deux manières : soit en amenant dans les vaisseaux de la langue une perversion de la circulation qui troublerait le goût; soit en exerçant sur l'élément contractile des papilles de la langue une modification qui changerait les phénomènes de leur mise en rapport avec les substance sapides. Il pourrait se faire, par exemple, que, dans ce dernier cas, l'absorption fût ralentie.

Mais ces vues ne sont que des interprétations sur lesquelles nous ne saurions insister. Ce qui reste acquis à la science, c'est que c'est par des actions motrices que la corde du tympan exercerait son influence sur des phénomènes de nature variée : sur les sécrétions glandulaires, sur la circulation locale, sur les sensations gustatives.

Nous vous avons déjà signalé, relativement à l'altération du goût qui accompagne les lésions profondes du nerf facial, les troubles gustatifs observés chez l'homme ; nous allons maintenant vous signaler ce que nous avons observé chez les animaux après la destruction des nerfs faciaux ou la lésion isolée de la corde du tympan.

Exp. — Sur un lapin, on fit l'extirpation des deux faciaux. Alors le goût sembla altéré et diminué. En plaçant de l'acide citrique sur la langue, l'animal ne la retirait pas, tandis que sur un lapin normal, la même substance provoquait un retrait immédiat de la langue. La sensibilité tactile ne paraissait du reste pas modifiée, et l'animal sentait très bien quand on pinçait la langue.

Exp. — Sur un chien on coupa, du côté droit, le facial et l'acoustique à leur origine et à leur entrée dans le conduit auditif interne, en entrant dans le crâne par le trou de la veine occipitale. Sur cet animal, il y avait tous les symptômes extérieurs de la paralysie du facial et diminution de la faculté gustative du côté correspondant à la section du nerf facial. Quand on mettait de l'acide citrique sur la langue de ce chien, qui était bien apprivoisé, il percevait la sensation et retirait aussitôt la langue lorsque l'acide citrique était placé du côté gauche. Quand on mettait l'acide citrique sur le côté droit de la langue, il s'écoulait toujours un moment avant que la sensation fût perçue. La section de la corde du tympan amena aussi une déviation de la langue du même côté.

Exp. — Sur un autre chien, on fit la section de la corde du tympan dans la caisse du côté gauche en entrant par le conduit auditif. On constata ensuite que de la coloquinte, de l'acide citrique cristallisé, appliqués sur la pointe de la langue, donnaient une sensation plus vive et plus rapide du côté droit que du côté gauche. De la quinine, du tabac, du tannin, de la potasse, donnèrent des différences dans le même sens, mais moins prononcées que les substances précédentes.

La sensibilité tactile ne paraissait pas modifiée dans ce cas, et l'animal sentait très bien quand on lui pinçait la langue.

A ce propos, chez l'homme, dans un cas où il y avait eu augmentation de température du bras droit avec les signes apparents d'une lésion du grand sympathique, il y avait diminution de la sensibilité tactile avec conservation de la sensibilité générale. Serait-il possible de rapprocher de ces modifications de température, liées à ces lésions du grand sympathique, ces phénomènes auxquels on a donné le nom d'analgésie et d'hyperesthésie?

Indépendamment des phénomènes que nous avons signalés, on observe encore du côté de la langue une déviation de cet organe du côté où le facial a été paralysé. Ce fait a, du reste, été observé aussi chez l'homme, sans qu'on ait pu arriver à en donner une explication bien satisfaisante. Toutefois, il semble difficile de ne pas rattacher cette déviation à la paralysie de la corde du tympan qui est, comme on le sait, le seul filet nerveux qui établisse une communication entre le nerf facial et la langue, à moins qu'on n'invoque l'altération d'un autre filet bien décrit par M. L. Hirschfeld, provenant toujours du même nerf et s'anastomosant avec le glosso-pharyngien, avec lequel il se distribue jusqu'à la pointe de la langue.

Voici deux expériences que j'ai faites avec M. Davaine, et que j'extrais de son Mémoire sur la paralysie de la septième paire. Ces faits se rapportent à la question des mouvements du voile du palais :

Exp. — Sur un chien de forte taille, l'os hyoïde fut incisé dans sa partie moyenne et l'incision prolongée jusqu'au larynx, afin de mettre en évidence toute la face antérieure du voile du palais. Ensuite, le nerf glosso-pharyngien fut mis à découvert au cou, peu après sa sortie du trou déchiré postérieur, et l'animal fut tué par la section de la moelle épinière au-dessous de l'origine des nerfs crâniens.

Cela fait, les pôles d'une pile furent mis en contact avec le nerf glosso-pharyngien, des contractions violentes agitèrent le voile du palais, ses piliers et une partie du pharynx du même côté. Cette manœuvre ayant été répétée à plusieurs reprises avec le même résultat, le nerf glosso-pharyngien fut coupé. Les pôles de la pile appliqués alors sur le bout périphérique, c'est-à-dire sur celui qui aboutissait au pharynx et au voile du palais, aucun mouvement ne se manifesta dans ces organes; au contraire, le galvanisme ayant été porté sur le bout central du nerf glosso-pharyngien, c'est-à-dire sur celui qui tenait à la moelle allongée, les contractions du voile du palais, de ses piliers et du pharynx furent tout aussi vivement excitées que lorsque le nerf était intact.

Exp. — Un chien de forte taille ayant été préparé, comme dans l'expérience précédente, pour laisser à découvert le voile du palais, la partie postérieure du crâne fut enlevée par un trait de scie; le nerf facial du côté droit fut ensuite coupé à son entrée dans le conduit auditif interne. On s'assura que la section avait bien porté sur ce nerf par la perte des mouvements de la face du même côté, et plus tard par l'autopsie. Le nerf facial gauche fut laissé intact. L'animal ayant été tué par la section de la moelle épinière au-dessous de l'origine des nerfs crâniens, les nerfs pneumogastrique, glosso-pharyngien, grand hypoglosse et lingual furent mis rapidement à découvert de chaque côté, peu après leur sortie de la base du crâne. Alors les pôles d'une pile furent portés sur le nerf glosso-pharyngien du côté droit (côté où le nerf facial était détruit); des mouvements se produisirent dans les piliers du voile du palais de ce côté et dans les parties voisines, mais le voile lui-même n'éprouvait que quelques légers mouvements produits évidemment par le tiraillement des parties environnantes. Le galvanisme ayant été ensuite appliqué au glosso-pharyngien du côté gauche (côté où le facial était intact), les mouvements du côté correspondant du voile du palais furent beaucoup plus forts et plus étendus que ceux qui avaient été produits de l'autre côté. Non-seulement les piliers étaient agités, mais le voile lui-même offrait des mouvements évidemment indépendants du tiraillement des parties voisines et qui se manifestaient par un froncement qui remontait très haut sur la moitié du voile du palais correspondante au nerf excité.

Le galvanisme appliqué aux nerfs pneumogastrique, grand hypoglosse et lingual, de chaque côté, ne produisit aucun mouvement dans le voile du palais ou dans ses piliers.

La première expérience prouve que le nerf glosso-pharyngien n'est pas le nerf moteur du voile du palais, mais qu'il provoque des mouvements réflexes par l'excitation qu'il transmet au centre nerveux, excitation qui est ramenée aux parties par un autre nerf.

La seconde expérience prouve que les mouvements réflexes du voile du palais, provoqués par l'excitation du glosso-pharyngien, sont en partie transmis par le nerf facial, les mouvements des piliers de ce voile n'étant pas produits par des filets appartenant à ce nerf.

Le nerf intermédiaire de Wrisberg nous donne encore le nerf petit pétreux qui se rend au ganglion otique, et que nous avons supposé fournir à la glande parotide; enfin, le nerf pétreux supérieur qui va au ganglion sphéno-palatin, que nous avons supposé se distribuer aux glandules de la membrane muqueuse du nez. Il nous a semblé, en effet, que sur un chien, chez lequel nous avions enlevé les deux ganglions sphéno-palatins, il y avait eu ensuite par le nez un écoulement séreux analogue à celui du coryza, mais, ainsi que nous l'avons déjà dit, nous ne sommes pas, pour le moment, en état de donner des conclusions positives relativement à l'action de ces nerfs, et nous renvoyons leur étude à celle de la portion céphalique du grand sympathique auquel ils appartiennent.

En attendant, nous resterons dans la même incertitude relativement aux nerfs qui meuvent les muscles des osselets de l'ouïe; proviennent-ils du nerf intermédiaire de Wrisberg, et les muscles du marteau et de l'étrier sont-ils animés par ce nerf?

Ici, messieurs, se termine ce que nous avions à dire sur la paire nerveuse de la face, constituée, d'abord, par un élément sensitif, qui est la grosse portion de la cinquième paire; puis par un élément moteur, constitué principalement par la portion extra-crânienne du nerf facial et la petite portion de la cinquième paire; enfin, par un élément sympathique que représenterait la portion intra-crânienne du facial ou le nerf intermédiaire de Wrisberg.

Nous avons vu que la section de l'élément sensitif amenait ici des lésions de nutrition très caractéristiques. A la face nous retrouvons, entre les phénomèmes moteurs et sensitifs, la même indépendance que dans les racines rachidiennes. Toutefois, nous avons signalé, à propos des racines rachidiennes, une influence très remarquable des nerfs de sentiment sur les nerfs de mouvement; à tel point que les mouvements volontaires ne semblaient plus s'exécuter dans un membre privé complétement de sensibilité. Nous avons dû nous poser la même question relativement à l'influence qu'exerce la perte de sensibilité de la face sur les mouvements volontaires de cette partie. On voit, en effet, qu'après la section de la cinquième paire et la perte de la sensibilité, qui en est la conséquence, la paupière reste immobile et n'est le siége d'aucun mouvement volontaire. La joue paraît être de même ; elle est comme flasque et sans mouvement.

Il y a néanmoins un mouvement de la face qui continue toujours après la section de la cinquième paire et qui a continuellement suffi à faire penser que les mouvements du facial étaient inaltérés d'une manière complète à la suite de cette section. Ces mouvements sont ceux des narines qui persistent, en effet, d'une manière très évidente après la section de la cinquième paire. Toutefois, il faut remarquer que lorsque cette cinquième paire est coupée, le facial reçoit encore des anastomoses sensitives d'autres nerfs, tels que du plexus cervical superficiel, un peu du glosso-pharyngien et particulièrement du nerf vague qui, ainsi que nous nous en sommes assuré expérimentalement, fournit dans l'aqueduc de Fallope la sensibilité au tronc du facial.

Nous avons voulu voir si la persistance des mouvements de la narine, du côté où la cinquième paire avait été coupée, n'était pas due à la persistance de cette anastomose ; nous avons, par conséquent, tenté sa section par un procédé qui consiste à inciser verticalement la portion du temporal intermédiaire à l'aqueduc de Fallope et au trou déchiré postérieur, incision dont la direction coupe transversalement celle du filet anastomotique.

Quoique après cette section il n'y eût pas abolition complète de ces mouvements respiratoires, néanmoins on ne peut s'empêcher de reconnaître qu'il y a une influence évidente exercée par la section de cette anastomose sur les mouvements respiratoires des narines.

Nous avons vu également, qu'en galvanisant le pneumogastrique dans le crâne chez le chien et chez le cheval, on obtenait dans les narines et dans les oreilles des mouvements tout à fait caractéristiques, qui semblaient se transmettre par l'intermédiaire de cette anastomose qui paraîtrait ainsi être mixte, c'est-à-dire sensitive et motrice.

On pourrait même penser qu'il entre dans la constitution de cette anastomose des filets sympathiques, car, dans le point même d'où émane ce filet, le pneumogastrique forme un coude pour s'infléchir en bas et c'est sur la convexité de ce coude que se trouve un ganglion qu'on pourrait appeler ganglion géniculé du vague, qui donne naissance au filet que nous examinons en ce moment.

Nous allons vous faire connaître les expériences que nous avons faites sur cette singulière influence du pneumogastrique sur les mouvements de la narine ; plus tard, nous aurons encore occasion de revenir sur cette anastomose au sujet du pneumogastrique :

Exp. — Sur un lapin de forte taille, on coupa la cinquième paire du côté gauche. Les phénomènes ordinaires survinrent : la sensibilité disparut dans tout le côté correspondant de la face.

On fit alors la section de l'anastomose du vague dans le rocher. Après cette double opération, on examina la narine gauche de l'animal : elle paraissait immobile et élargie ; du côté opposé, la mobilité de la narine était parfaite.

Lorsqu'on comprimait la trachée de l'animal, les mouvements apparaissaient très forts dans les deux narines; mais la narine gauche paraissait se dilater un peu différemment, et surtout aux dépens de la demi-circonférence inférieure.

Le lendemain, l'animal était bien portant, la cornée n'était pas encore opaque, mais l'œil était chassieux, la conjonctive injectée et la pupille fortement contractée. L'animal était dans le même état que la veille, quant aux mouvements des narines.

On enleva alors le ganglion cervical supérieur du côté gauche : cette opération nouvelle n'apporta rien de particulier dans les mouvements de la narine qui, à peine visibles quand l'animal était tranquille, apparaissaient très évidents quand on gênait la respiration en comprimant la trachée.

Il y avait quelques frémissements musculaires dans la lèvre du côté gauche, frémissements qui semblaient augmenter lorsqu'on pinçait du même côté une partie sensible, l'oreille, par exemple.

Le surlendemain, 9 juin, on observa les mêmes phénomènes; seulement la cornée était plus altérée et commençait à se ramollir. Il y avait toujours des frémissements musculaires dans la lèvre supérieure gauche; ce jour même l'animal mourut.

A l'autopsie, on trouva que le facial était intact dans tout son trajet dans le canal spiroïde. L'anastomose entre le facial et le pneumogastrique paraissait avoir été bien coupée. Les poumons étaient gorgés de sang. Il y avait un peu de liquide transparent dans le péricarde. La cinquième paire avait été bien coupée.

Exp. — Sur un jeune lapin, on fit à gauche la section de l'anastomose du pneumogastrique avec le facial; les mouvements de la narine du côté correspondant disparaissaient quand l'animal était tranquille, pour reparaître quand on gênait la respiration en comprimant la trachée.

On enleva le ganglion cervical supérieur. Ce ganglion, pincé et lacéré, ne donnait lieu à aucune manifestation de douleur; il y eut seulement indice de sensibilité lorsqu'on l'extirpa. Cette opération n'apporta pas de manifestation sensible dans les mouvements respiratoires.

On nota du côté de l'œil les phénomènes ordinaires.

On opéra ensuite la section des branches superficielles du plexus cervical du même côté; cette section ne modifia pas les mouvements des narines.

Enfin, on opéra la section de la cinquième paire du même côté et on produisit un épanchement qui amena la mort de l'animal.

Exp. — Sur un lapin de forte taille, on fit à droite la section de l'anastomose du pneumogastrique et du facial. A la suite de l'opération, les mouvements de la narine furent diminués quand l'animal était calme et reprenaient de leur énergie quand la respiration de l'animal était gênée. On fit ensuite la section de la cinquième paire du côté droit, mais le facial paraissait avoir été blessé en même temps, et non-seulement les mouvements de la narine cessèrent tout à fait, mais aussi presque complétement ceux de la face et de l'œil.

Le 22 juin, trois jours après, l'animal ne mangeait plus et sa respiration paraissait être devenue difficile. La cornée était très altérée et formait une espèce de champignon considérable, blanchâtre. Il y avait, sans qu'on sût pourquoi, un œdème considérable de l'oreille gauche; cette oreille avait perdu sa sensibilité, tandis que l'oreille droite, qui n'était pas œdématiée, avait conservé la sienne.

On fit alors la section de la cinquième paire à gauche ; les mouvements de la narine n'étaient pas sensiblement modifiés. On essaya ensuite de faire la section du pneumogastrique dans le crâne et l'animal mourut.

A l'autopsie, on trouva que la cinquième paire avait été bien coupée des deux côtés; le facial était broyé et contus à droite, tandis qu'il était parfaitement intact à gauche.

Exp. — Sur un gros lapin, on fit l'ablation du ganglion cervical supérieur du côté gauche. L'extirpation de ce ganglion ne détermina aucune manifestation de douleur.

Aussitôt après l'opération, on constata du côté de l'œil les phénomènes ordinaires.

On fit ensuite l'ablation du ganglion cervical inférieur. L'extirpation et le tiraillement de ce ganglion donnèrent des signes de douleur très évidents.

Après cette double opération, l'œil gauche, dont la pupille était contractée, paraissait larmoyant et plus humide que celui du côté opposé. On examina avec soin si le mouvement de la narine avait subi quelque modification ; il était très difficile de s'en rendre compte.

Le lendemain, 3 juillet, l'animal paraissait triste. On constata que l'ouverture pupillaire et l'ouverture palpébrale gauche étaient plus petites que celles du côté opposé; la narine paraissait peut-être un peu moins dilatable à gauche.

On coupa alors la cinquième paire du côté gauche; l'animal mourut pendant l'opération; et on observa ce fait singulier que les mouvements de la face et de la narine existaient encore du côté gauche lorsqu'ils avaient cessé complétement du côté droit, l'animal étant mourant.

A l'autopsie, on trouva un peu de sérosité dans le péricarde. Le lobe supérieur du poumon gauche était altéré, comme infiltré de sang et son tissu allait au fond de l'eau. Le poumon droit n'était pas altéré sensiblement.

Exp. — Sur un jeune lapin, on fit à droite l'ablation du ganglion cervical supérieur. Il n'y eut pas de douleur manifestée quand on pinça le ganglion; il y eut une légère douleur lorsqu'on l'arracha. Il se produisit une hémorragie artérielle abondante au moment de l'avulsion du ganglion; l'hémorrhagie s'arrêta bientôt et l'animal revint à lui, quoique affaibli par l'hémorrhagie.

Examiné aussitôt après l'opération, ce lapin présentait une diminution notable de l'ouverture palpébrale droite; la paupière inférieure semblait évidemment relevée; la pupille était rétrécie et déformée: elle présentait son plus grand diamètre dans le sens vertical, comme celle des chats. Il y avait une diminution semblable dans l'intensité des mouvements respiratoires de la narine droite; ces mouvements revenaient quand la respiration était gênée, mais la narine droite paraissait tout à fait moins dilatable du côté opposé. Une heure après l'opération, les mêmes phénomènes existaient; l'œil droit paraissait être un peu plus humide que le gauche; les mouvements de la narine étaient faibles: elle était le siége d'un frémissement.

Cinq heures après l'ablation du ganglion cervical supérieur, on coupa la cinquième paire du même côté à droite. Au moment de l'opération, l'animal étant agité, il y avait des mouvements respiratoires violents dans les deux narines; mais, peu à peu, l'animal redevenant calme, ces mouvements respiratoires cessaient d'être apparents dans la narine droite. Au moment de la section de la cinquième paire, la pupille droite était excessivement contractée, et l'œil devint saillant comme à l'ordinaire. Il y eut insensibilité complète de toute la face à droite.

Une heure après la section de la cinquième paire, la pupille droite avait repris la forme elliptique verticale qu'elle avait avant la section de la cinquième paire et après l'ablation du ganglion cervical supérieur. Le globe oculaire droit paraissait mou et flasque; les mouvements respiratoires étaient à peu près nuls à droite, dans les inspirations ordinaires, et ne se manifestaient évidemment que dans les inspirations forcées.

Le lendemain, 8 juillet, l'animal était à peu près dans le même état. Les deux pupilles semblaient presque également dilatées. Les mouvements de la narine droite étaient faibles dans les inspirations ordinaires, plus prononcés dans les fortes inspirations; les traits étaient tirés à gauche. L'œil droit était chassieux et plus humide que dans les sections ordinaires de la cinquième paire; la cornée était peu altérée, seulement il y avait vers le centre un faible commencement d'opacité.

On fit chez ce lapin l'ablation bien complète du ganglion cervical inférieur. Quand on y toucha, l'animal donna des signes évidents de douleur.

Après cette opération, les mouvements respiratoires qui se manifestaient dans les deux narines étaient un peu accélérés.

Alors on fit la ligature de la trachée, à laquelle on pratiqua une ouverture au-dessous de cette ligature. A ce moment, les respirations furent accélérées et à peu près aussi fortes à droite qu'à gauche; mais peu à peu le calme se rétablit et les mouvements de la narine droite redevinrent beaucoup plus faibles que ceux de la narine gauche.

On observa alors ce fait singulier : si, l'animal étant calme, on venait à comprimer le cou au-dessus du point où la trachée était ouverte, les mouvements des narines et ceux du thorax se suspendaient comme si l'animal étouffait, puis ils reprenaient avec une grande rapidité, comme chez un animal qui n'aurait pas eu d'ouverture à la trachée. L'œil droit, parfaitement insensible, n'était ni opaque ni sec; en l'exposant au soleil, il se fermait presque complétement.

On fit alors la section du pneumogastrique à gauche, ce qui n'amena aucun changement dans les mouvements de la narine. On tua ensuite l'animal par hémorrhagie en ouvrant la carotide gauche. Au moment de la mort, l'animal fit avec les narines des mouvements inspirateurs très forts, bien que la trachée fut liée et ouverte au-dessous de la ligature, de telle sorte que l'air ne pouvait pas passer à travers les narines. De là il résulte évidemment que les mouvements respiratoires semblent être sous la dépendance de nerfs dont l'excitation motrice n'a pas son origine dans la narine même. On a, en outre, observé chez ce lapin que l'altération de la cinquième paire paraissait plus lente après l'ablation du ganglion cervical supérieur et que la cornée, humide, restait plus transparente. Lorsqu'on exposait l'œil au soleil, il clignait plus fortement; son œil paraissait plus sensible à l'influence de la lumière après l'ablation du ganglion.

Exp. — Sur un jeune lapin, on fit d'abord l'ablation des deux ganglions cervicaux inférieurs. On observa un rétrécissement notable des pupilles, qui devint encore plus prononcé à gauche, après l'ablation du ganglion cervical supérieur gauche, et qui donna à l'ouverture la forme allongée verticalement.

Aussitôt après l'opération, les mouvements inspiratoires furent difficiles et lents; les deux yeux paraissaient plus petits, la paupière inférieure était relevée et le globe oculaire comme enfoncé; les deux pupilles étaient contractées, mais elles pouvaient encore se resserrer sous l'influence de la lumière solaire; les mouvements respiratoires étaient lents dans les narines et dans le thorax.

Le 14 juillet, l'animal n'était pas encore mort, mais il était triste. Les mouvements respiratoires des narines, très lents, étaient gênés; ils étaient plus forts à droite qu'à gauche. Les deux yeux étaient à demi fermés et peu saillants.

On fit alors la section de la cinquième paire.

Au moment même de l'opération, il y eut une agitation extrême dans la face; il y eut même des mouvements de clignotement répétés dans la paupière gauche. De ce côté, la pupille était beaucoup plus rétrécie que du côté opposé, et elle était arrondie comme dans les cas de section de la cinquième paire. Les globes oculaires parurent plus petits, comme s'il y avait eu évaporation des milieux de l'œil.

L'animal mourut des suites immédiates de l'opération.

Exp. — On fit la section de l'anastomose du facial et du pneumogastrique des deux côtés, sur un lapin.

Après cette double opération, il y eut, comme à l'ordinaire, diminution dans les mouvements respiratoires de la narine quand l'animal était calme; mais ces mouvements différaient peu de ce qu'ils étaient à l'état normal, lorsqu'il était excité et que sa respiration était accélérée. L'animal portait bas les deux oreilles.

Le 20 juillet, il était dans le même état. Il y avait une petite diminution, une modification légère des mouvements respiratoires des narines mais non abolition.

Alors, sur ce lapin, on fit la section de la cinquième paire à gauche. Au moment de l'opération, l'excitation causée par la douleur détermina des mouvements dans les narines, qui parurent moins forts du côté gauche. Bientôt l'animal tomba dans un coma dû à une hémorrhagie accidentelle produite par l'opération, et, dans cet état, il vécut encore cinquante-deux minutes, sans donner aucun mouvement des narines. Seulement, lorsqu'on lui serrait la trachée, que la respiration se trouvait gênée, il apparaissait des mouvements de dilatation dans les narines, peut-être un peu plus faibles à gauche. Quand on coupa la peau, l'animal poussa des cris et les mouvements respiratoires augmentèrent. On découvrit l'artère carotide droite qui contenait du sang rutilant, malgré la lenteur de la respiration. On détruisit alors le nerf pneumogastrique droit, qui était très sensible à la partie supérieure du cou, et on observa ce fait singulier, que la narine droite, qui était fermée et sans mouvement pendant le repos, resta, après la section du nerf, ouverte, dilatée, et n'était le siège d'aucun mouvement, excepté dans les respirations forcées. On coupa le pneumogastrique à gauche, et l'on observa le même phénomène de dilatation de la narine, mais moins fort que du côté droit. Vingt minutes après la section des pneumogastriques, le sang était toujours rouge dans les deux artères carotides.

On opéra alors la section de la deuxième paire cervicale et l'extirpation du ganglion cervical supérieur à gauche; mais l'artère carotide ayant été déchirée en arrachant le ganglion, il en résulta une hémorrhagie qui fit périr l'animal. Pendant qu'il mourut, le lapin faisait des mouvements respiratoires très violents avec la narine droite, tandis que du côté gauche la narine était complétement immobile, ainsi que le reste de la face. Cette absence de mouvements pouvait tenir à la destruction de l'artère de ce côté. A l'autopsie, on trouva que la cinquième paire gauche avait été bien coupée, et que le facial de ce côté était intact; l'anastomose du facial et du pneumogastrique avait été contusionnée sans être entièrement coupée ; à droite, cette anastomose paraissait à peu près entièrement ménagée.

Exp. — Sur un lapin, j'ai coupé du côté gauche la cinquième paire dans le crâne, et, du côté droit, le facial à sa sortie du trou mastoïdien. Il y eut insensibilité, qui survint aussitôt avec les phénomènes ordinaires de la section de la cinquième paire du côté gauche, tandis qu'à la droite, il y eut immobilité des traits : quand on touchait l'œil gauche, il ne clignait pas, parce qu'il était insensible, et le globe oculaire ne se mouvait pas.

Quand on touchait la cornée droite, l'animal le sentait très bien, faisait des mouvements avec le globe oculaire et sa troisième paupière, mais ne pouvait pas cligner avec ses paupières qui étaient immobiles et ouvertes. Il est à remarquer que l'attouchement de l'œil droit sensible ne déterminait pas de clignement du côté gauche insensible.

Le lendemain, vingt-quatre heures après l'opération, l'œil gauche présentait sa cornée blanchâtre, dépolie, terne; la pupille était retrécie et l'iris comme flétri et bombé en avant. Du côté droit, au contraire, l'œil qui était également resté exposé à l'air présentait une cornée transparente, luisante, sans aucune altération.

Lorsqu'on fit mouvoir la tête de l'animal, les globes oculaires paraissaient se mouvoir également à droite et à gauche.

Lorsqu'il mangeait, la mâchoire inférieure était entraînée du côté droit, de sorte qu'il en résulta un défaut de parallélisme entre les dents incisives. Lorsque l'animal mangea de l'avoine, il la broyait encore assez bien; mais les fragments restaient entre les dents et les joues.

Du côté gauche, où il y avait insensibilité, à cause de la section de la cinquième paire, les aliments s'accumulaient en plus grande quantité et faisaient une petite tumeur sous la joue, tandis que du côté droit, où la sensibilité existait, l'animal essayait constamment, avec sa langue, de retirer les aliments qui s'accumulaient en plus petite quantité entre les dents et la joue.

En opérant la section du nerf facial, on avait blessé la glande parotide et il en était résulté une fistule salivaire qui laissait écouler de la salive lors de la mastication

4 mars. — Il était survenu depuis la veille un phéno mène singulier du côté des narines.

Au moment de l'opération, la narine droite était complétement immobile, et la narine gauche se dilatait très bien. Aujourd'hui, la narine gauche offre à peine quelques légers mouvements dans le lobe du nez au moment de l'expiration; on n'y remarque pas de mouvement de dilatation au moment de l'inspiration.

Le 5 mars, l'animal est toujours vivant; il mange bien, et les aliments restent accumulés entre les arcades dentaires et les joues, surtout du côté gauche. Les narines sont toujours immobiles. La cornée du côté gauche est blanche en totalité et commence à se ramollir. La cornée du côté droit est parfaitement limpide et transparente; l'animal mange très bien, seulement en usant d'un artifice particulier : lorsqu'il prend un grain d'avoine avec les dents, il le laisse d'abord échapper, parce que la moitié sensible de ses lèvres étant immobile ne peut retenir l'aliment dans la bouche, tandis qu'à gauche les lèvres mobiles étant insensibles ne le sentent pas et ne le retiennent pas non plus. C'est alors que l'animal, après avoir saisi le grain entre les dents, levait la tête pour le faire tomber en arrière sous les dents molaires.

Le 6 mars, le lapin paraît malade, la cornée est très altérée et sèche; il y a un écoulement séreux par la narine du côté de la section de la cinquième paire; les narines sont toujours immobiles; l'animal meurt pendant la journée. L'autopsie montre que la cinquième paire a bien été coupée à gauche sans que le facial ait été lésé de ce côté; seulement, l'instrument a pénétré profondément et les nerfs pétreux ont dû être intéressés.

L'estomac contenait peu d'aliments parce que, bien que l'animal mangeât toujours, il ne mâchait que fort incomplètement.

Exp.— (5 mars.) Sur un lapin, on coupa d'abord du côté droit le nerf facial dans la caisse, au niveau de la trosième portion. L'animal n'éprouva pas de douleur; seulement, lorsqu'on appuyait sur le facial, il y avait des mouvements convulsifs dans la face. Aussitôt après la section du nerf facial, il y eut immobilité des traits qui étaient aplatis et tirés en arrière; ce phénomène, qui est l'inverse de ce qui a lieu chez l'homme, m'a semblé ne pas se présenter lorsqu'on coupe les rameaux du facial sur la joue. Il n'y avait aucun changement du côté de la pupille droite.

On coupa aussitôt la cinquième paire du côté gauche; il y eut en même temps saillie de l'œil, constriction énergique de la pupille avec apparence terne et flétrie de l'iris, insensibilité de tout ce côté de la face, etc. Après cette double opération, on constata que les traits étaient déviés à droite ; la lèvre gauche était abaissée et portée en avant, tandis que la lèvre droite était relevée, aplatie et portée en arrière. On constata avec soin que la narine droite était immobile, tandis que la narine gauche se mouvait et se dilatait parfaitement bien.

Le lendemain, 6 mars, le lapin se portait bien ; la conjonctive oculaire était injectée en haut et en bas ; la cornée transparente était devenue blanche, opaque, du centre à la circonférence. L'iris était bombé en dehors, plissé, d'une couleur rougeâtre foncée, ce qui n'avait pas lieu du côté opposé.

Quand on faisait mouvoir la tête de l'animal, on reconnaissait que le globe oculaire se mouvait des deux côtés ; la pupille gauche paraissait encore jouir d'une certaine mobilité. La narine gauche se dilatait parfaitement bien et n'était pas le siège d'un écoulement.

Le 7 mars, les mêmes phénomènes persistaient : la cornée gauche devenait de plus en plus opaque, l'œil était larmoyant et humide ; du côté droit il était sain. Les mouvements de la narine gauche étaient toujours parfaitement intacts.

8 mars. — Mêmes phénomènes, seulement plus prononcés ; la cornée était opaque, sans ulcération ; la conjonctive, fortement injectée, surtout en haut et en bas, offrait des ramifications vasculaires qui circonscrivaient la cornée à son union avec la sclérotique. L'œil gauche était moins humide que la veille ; l'animal était devenu languissant ; la narine se mouvait toujours. L'animal

avait toujours présenté, depuis le commencement de l'expérience, l'oreille haute du côté où la cinquième paire avait été coupée, et basse du côté opposé où l'on avait fait la section du facial.

Le globe oculaire était resté mobile à gauche, quand on provoquait des mouvements de la tète.

Sur ce lapin, on coupa alors la cinquième paire du côté droit où le facial avait été divisé précédemment. De sorte que le lapin offrait : section de la cinquième paire des deux côtés, et section du facial à droite.

Aussitôt après cette opération, le lapin présentait les phénomènes suivants :

La bouche était ouverte, et la mâchoire inférieure pendante. Quand on plaçait le doigt entre les dents, le lapin ne le serrait pas. Quand l'animal était dans le laboratoire, il se sauvait en évitant les obstacles et sans paraître aveugle, quoique la cornée fût opaque à gauche et la pupille fortement contractée à droite, par suite de la section de la cinquième paire. La narine droite se mouvait toujours dans les mouvements respiratoires.

Trois heures après l'opération, on revit l'animal qui présentait les mêmes phénomènes. Le lapin fut sacrifié, et l'autopsie montra que les deux cinquièmes paires étaient bien coupées ainsi que le facial.

On n'a pas vérifié, pour les nerfs pétreux, afin de savoir si la persistance du mouvement de la narine gauche ne tenait pas à ce que ces nerfs avaient été ménagés, ou plutôt à l'intégrité du filet provenant du rameau de Jacobson qui, émanant du glosso-pharyngien, vient s'anastomoser avec le nerf pétreux.

Exp. — Sur un jeune lapin, on coupa à gauche le facial dans la caisse du tympan et on observa les phénomènes ordinaires de cette section : absence de dilatation de la narine, impossibilité d'occlusion du globe oculaire, etc. Alors je fis à droite la section de l'anastomose du pneumogastrique avec le facial, par un procédé qui consiste à diviser verticalement la paroi postérieure de la caisse du tympan entre le facial et le pneumogastrique.

Aussitôt après la section, les mouvements de l'aile du nez de ce côté cessèrent. La narine se dilatait encore ; mais cette dilatation avait lieu seulement par l'abaissement de la demi-circonférence inférieure de la narine qui était constituée par la lèvre. Il n'y avait plus de mouvement appartenant au lobe du nez ; et cela se voyait d'autant mieux que, le facial ayant été coupé de l'autre côté, le nez n'était pas entraîné. De sorte qu'on pouvait mieux juger de l'influence de cette anastomose sur le mouvement de la narine.

On coupa ensuite, sur le même lapin, successivement la cinquième paire du côté droit et le plexus cervical superficiel, de manière à rendre la face complétement insensible ; on enleva enfin le ganglion cervical supérieur du côté droit, et on divisa l'anastomose du pneumogastrique et de l'hypoglosse. Après toutes ces opérations, il n'y avait rien eu d'appréciable dans les mouvements de la narine qui étaient peut-être un peu plus affaiblis, mais n'avaient pas changé de caractère.

Il aurait fallu, pour que l'expérience fût complète, couper la cinquième paire du côté opposé, parce que, ainsi que nous le verrons dans d'autres circonstances, l'influence de la sensibilité de la cinquième paire non divisée pouvait parfaitement avoir une action sur les mouvements réflexes du côté opposé. C'est ainsi que cela a lieu, pour l'influence de la cinquième paire, sur les glandes salivaires; pour le nerf optique. sur les mouvements de la pupille, etc., etc.

L'animal mourut pendant la nuit et on trouva un œdème considérable du tissu cellulaire du cou et de la face, particulièrement du côté droit. Il n'y avait pas d'épanchement dans la plèvre. Le péricarde était distendu par de la sérosité limpide.

En examinant les nerfs, on trouva que l'anastomose du pneumogastrique et du facial était complétement coupée; que le tronc du facial n'avait pas été atteint, ainsi que le prouvaient d'ailleurs les phénomènes observés chez l'animal vivant, puisque la paupière continuait toujours à pouvoir se fermer complétement.

Quant à la cinquième paire. ses deux branches supérieures (ophthalmique et maxillaire supérieure) avaient été complétement coupées et la branche maxillaire inférieure ne l'était que très incomplétement; la portion d'où naît la branche auriculo-temporale. qui s'anastomose avec le facial, était complétement intacte.

En résumé, cette expérience semble prouver que l'anastomose du pneumogastrique possède une influence réelle sur les mouvements des narines. Ce serait là une influence par action réflexe, en admettant que cette branche donnât aux narines une sensibilité spéciale en rapport avec les besoins de la respiration.

NEUVIÈME LEÇON.

3 JUIN 1857.

SOMMAIRE : Des nerfs accessoires aux organes des sens. — Organe de la vue. — Nerf pathétique. — Nerf moteur oculaire externe. — Nerf moteur oculaire commun. — Sa distribution ; ses fonctions. — Des mouvements de la pupille. — Arrachement de la troisième paire — Expériences. — De l'influence de ce nerf sur la pupille. — Sur les mouvements de la troisième paupière. — De l'olfaction. — Expériences et opinion de Magendie. — Observations d'absence de nerfs olfactifs. — Cette lésion n'avait pas été diagnostiquée pendant la vie. — Gustation. — N'est pas sous l'influence exclusive de la cinquième paire. — Des nerfs glosso-pharyngien et grand hypoglosse. — Le nerf grand hypoglosse tient sa sensibilité récurrente de la cinquième paire. — De l'ouïe et du nerf acoustique.

MESSIEURS,

Le lapin sur lequel nous avions coupé la cinquième paire est mort hier. Aucune précaution n'avait été prise pour suppléer au vice de la mastication devenue insuffisante : sans cela, il eût peut-être vécu plus longtemps. Voici sa tête : la calotte du crâne a été enlevée, puis les hémisphères cérébraux, et l'on peut voir que la cinquième paire a été coupée, que la section a été bien complète. En avant de la section, nous trouvons un peu de tuméfaction; nous examinerons cette petite tumeur avec soin pour voir s'il est possible de l'expliquer par quelque mécanisme connu.

Vous voyez aussi l'altération de l'œil. La cornée ne forme plus qu'une large croûte d'un blanc jaunâtre.

Nous allons l'ouvrir et voir en quel état sont les milieux de l'œil qui sont les derniers à s'altérer. Ici l'humeur vitrée et le cristallin n'ont pas perdu leur transparence ; l'altération, qui de l'iris s'étend d'ordinaire au cristallin, n'a pas encore envahi celui-ci. Si donc cet œil était perdu pour la vision, cela tenait uniquement à l'altération de la cornée qui formait un écran opaque au-devant des milieux restés suffisamment sains pour permettre aux impressions lumineuses d'être perçues par la rétine. Vous pouvez en outre constater sur cette pièce l'obliquité des dents qui ne sont plus en rapport, ainsi que le développement exagéré des deux incisives qui ont cessé d'être usées contre les dents correspondantes. Cette dernière modification anatomique est surtout frappante lorsqu'on la compare à la disposition normale que présente cette autre tête de lapin, venant du lapin auquel nous avions coupé la septième paire et que nous avons sacrifié hier.

Après vous avoir exposé le rôle et la distribution physiologique des deux grands nerfs qui donnent à la face, l'un le mouvement, l'autre la sensibilité, nous passerons aujourd'hui à l'examen d'un certain nombre d'autre nerfs qui se trouvent groupés, en quelque sorte, autour des nerfs spéciaux des organes des sens.

Dans la cavité orbitaire, nous avons déjà vu que la sensibilité générale était sous la dépendance de la cinquième paire ; que cette paire présidait aussi à des phénomènes de nutrition. Nous savons encore que le facial exerce une influence sur les mouvements extérieurs de l'œil ; qu'il donne le mouvement au muscle orbiculaire des paupières et détermine ainsi l'occlusion de l'organe visuel. Mais là ne se bornent pas les mouvements de l'appareil de la vision, et trois autres nerfs moteurs s'y distribuent encore ; ce sont : le nerf moteur oculaire commun, le nerf pathétique et le nerf moteur oculaire externe. L'histoire physiologique de ces nerfs est extrêmement simple ; elle se résume tout entière dans leur distribution anatomique.

Le nerf *moteur oculaire externe* se rend au muscle droit externe du globe de l'œil. Lorsque le nerf est détruit, ce muscle est paralysé et il y a strabisme interne.

Le nerf *pathétique* va au muscle grand oblique, qui préside à des mouvements de rotation de l'œil sur son axe. Les phénomènes consécutifs à sa paralysie n'ont rien de bien apparent, en raison même de la nature de ces mouvements.

Nous vous montrerons des animaux chez lesquels ces deux nerfs auront été coupés séparément, et vous pourrez ainsi juger de la nature des modifications qui surviennent lorsqu'ils sont paralysés. Le nerf pathétique est remarquable par l'anastomose qu'il offre avec la cinquième paire (fig. 9).

Le rôle du nerf *moteur oculaire commun* est beaucoup plus important ; il préside à tous les autres mouvements de l'œil.

J'ai souvent détruit ce nerf dans le crâne, en l'arrachant par un procédé analogue à celui que vous nous avez vu mettre en usage pour détruire la septième ou la huitième paire. L'expérience n'a pas été faite aujourd'hui faute d'un instrument convenable. En attendant que cette expérience soit exécutée ici, je vous rappellerai deux expériences qui vous montreront les modifications consécutives à l'extirpation de la troisième paire (nerf

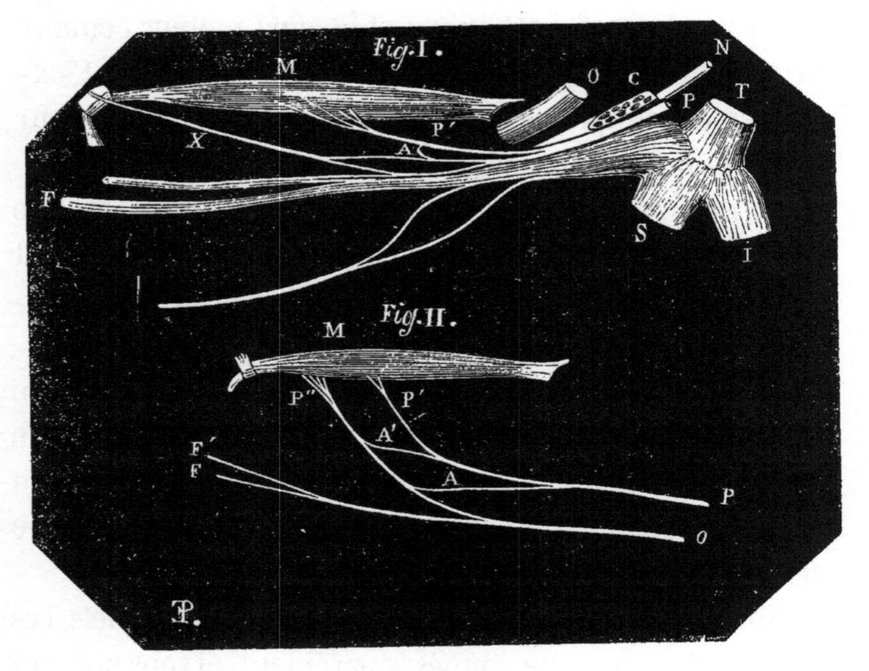

Fig. 9 (1).

moteur oculaire commun). Il y a simplement paralysie du mouvement des muscles auxquels ce nerf se distribue, sans aucune altération de nutrition.

Vous pouvez, d'après cette simple indication, prévoir quels symptômes nous présentera l'animal auquel nous

(1) *Fig. 1. Nerf pathétique chez l'homme.* — M, muscle grand oblique dans lequel se distribue le nerf pathétique P, P′; — N, nerf moteur occulaire externe ; — O, nerf optique ; — C, nerf moteur occulaire commun présentant là, dans le sinus caverneux, un aspect grisâtre comme ganglionnaire ; — T, tronc de la cinquième paire ; — I, nerf maxillaire inférieur ; — S, nerf maxillaire supérieur ; — X, nerf fronta

aurons enlevé la troisième paire. Tous les muscles étant paralysés, excepté le grand oblique et le droit externe, ce dernier agira pour produire le strabisme externe. En même temps, le relâchement des autres muscles droits et du petit oblique de l'œil amènera une saillie du globe oculaire ; la paralysie du releveur de la paupière supérieure produira la chute de celle-ci et une occlusion partielle du globe oculaire.

Tout ne se borne pas à ces symptômes bien apparents : on a aussi à noter des modifications relatives à la pupille. En effet, un des caractères admis de la paralysie de la troisième paire est une dilatation permanente de la pupille. Voici deux expériences que nous avons faites autrefois, vous y trouverez les symptômes que nous vous avons indiqués :

Exp. — Sur un gros lapin, ayant été choisi avec une coloration bleu clair de l'iris, afin que l'observation des phénomènes du côté de la pupille fût plus facile, j'arrachai la troisième paire, nerf moteur oculaire commun, à gauche, à l'aide d'un petit crochet introduit par la paroi externe de l'orbite. On pénétra dans la fosse temporale moyenne ; puis on saisit avec le crochet le nerf qui est libre sur l'extrémité antérieure du repli de la dure-mère qui vient s'insérer sur la selle turcique.

interne ; — PP, nerf pathétique ; — A, anastomose en arcade de ce pathétique avec le frontal interne ; — F, nerfs frontaux de la branche ophthalmique.

Fig. 2. *Nerf pathétique chez le lapin.* — M, muscle dans lequel se distribue le nerf P, P' ; — A, A', anastomose du pathéthique avec la branche frontale O ; — O, branche frontale de la cinquième paire ; — F, F' extrémité antérieure du nerf facial.

Au moment où l'on pratiqua l'opération, on toucha la branche ophthalmique de la cinquième paire, car l'animal cria et sa pupille se contracta violemment, en même temps que l'œil devint saillant. Aucune modification n'était survenue dans l'œil opposé. Bientôt ce trouble cessa; et voici ce qu'on observa sur l'œil gauche chez lequel la troisième paire avait été arrachée :

1° Strabisme externe de l'œil;

2° Immobilité complèle du globe oculaire, excepté en dehors;

3° Chute de la paupière inférieure qui pouvait se fermer davantage mais non se relever;

4° Enfin, la sensibilité était parfaitement conservée dans la face et dans toutes les parties de l'œil;

5° Enfin, il y avait une saillie du globe de l'œil plus considérable que du côté opposé.

On observa qu'au moment de l'opération, il y avait eu une injection subite et passagère des vaisseaux iriens et des vaisseaux de la conjonctive.

Pour démontrer que les mouvements de l'œil n'existaient plus que pour porter l'œil en dehors, voici comment on s'y prit :

En exposant l'œil de l'animal à la lumière, et en tournant la tête en dedans, on voyait que le globe oculaire tendait à se porter en dehors par de petits mouvements; mais quand on tournait la tête en dehors, le globe oculaire restait complétement immobile.

Du côté sain, au contraire, le globe oculaire se portait en dedans quand on tournait la tête en dehors, et en dehors quand on tournait la tête en dedans.

Après l'ablation de la troisième paire, la pupille n'avait pas été déformée; seulement elle s'était montrée un peu plus contractée que celle du côté opposé : probablement parce qu'on avait touché la cinquième paire.

Le lendemain, le lapin était toujours bien portant. Les deux yeux étaient sensibles également et n'étaient le siége d'aucune altération de nutrition. L'injection qui avait paru dans l'iris et dans la conjonctive, au moment de l'opération, avait complétement disparu. Les phénomènes qui avaient persisté étaient : le strabisme externe, la saillie du globe de l'œil, la chute de la paupière supérieure, l'immobilité du globe oculaire, excepté dans les mouvements en dehors.

La pupille qui, au moment de l'ablation de la troisième paire, s'était montrée plus contractée que du côté opposé, était aujourd'hui dans un état inverse; c'est-à-dire qu'elle était plus dilatée que celle du côté opposé; mais la pupille n'offrait aucune déformation, et elle paraissait peu mobile sous l'influence de la lumière artificielle qui déterminait un clignement dans les deux yeux.

On appliqua de la belladone dans les deux yeux; les deux pupilles se dilatèrent, et pendant toute la journée restèrent également dilatées dans les deux yeux.

Le soir, vingt-six heures après l'ablation de la troisième paire, on coupa du même côté, à gauche, la cinquième paire. Aussitôt l'animal cria : la pupille resta d'abord immobile, mais bientôt elle se resserra fortement, comme elle le fait habituellement dans la section de la cinquième paire. La pupille opposée resta dilatée comme elle l'était sous l'influence de la belladone. L'œil gauche déjà saillant, par suite de l'ablation de la troisième paire, ne le devint pas beaucoup plus lors de la section du trijumeau.

La section de la cinquième paire amena un épanchement de sang, par suite de la blessure du sinus caverneux ; l'animal succomba à cet accident.

De cette expérience on peut conclure : 1° que l'ablation de la troisième paire, dont les symptômes s'expliquent très bien par sa distribution, n'a pas amené la paralysie de l'iris, puisque, sous l'influence de la belladone et de la section de la cinquième paire, il s'y est produit des mouvements de dilatation et de resserrement.

Exp. — Sur un lapin adulte on arracha le nerf moteur oculaire commun, par le procédé ordinaire. Aussitôt après l'opération on constata : saillie du globe de l'œil, chute de la paupière supérieure, strabisme externe, immobilité du globe de l'œil, excepté pour les mouvements en dehors ; la conjonctive avait conservé toute sa sensibilité ; la pupille était contractée parce que, lors de l'opération, on avait touché à la branche ophthalmique de la cinquième paire.

Trois heures après l'opération, la pupille s'était dilatée, mais elle était encore un peu plus rétrécie que celle du côté opposé. Elle ne paraissait pas se mouvoir bien nettement sous l'influence de la lumière artificielle.

Le lendemain, vingt-quatre heures après l'opération, l'œil gauche avait les paupières collées ; mais, en les entr'ouvrant, on trouva que l'œil n'était le signe d'aucune altération, et l'on voyait que la pupille était beaucoup plus dilatée que celle du côté droit, qui était le côté resté normal.

Mais, l'œil gauche étant demeuré à la lumière, on trouva qu'une heure après sa pupille gauche s'était considérablement resserrée, ce qui prouvait que, quoique les mouvements de l'iris fussent lents, ils ne s'en effectuaient pas moins quand l'œil passait de l'obscurité à la lumière. L'animal présentait, du reste, les mêmes phénomènes que la veille relativement aux mouvements de l'œil, qui n'étaient apparents qu'en dehors; il y avait toujours chute de la paupière supérieure.

J'introduis alors de la belladone dans les deux yeux, et les deux pupilles se dilatèrent également.

Ensuite, je coupai la cinquième paire à gauche : aussitôt la conjonctive devint insensible, les traits furent poussés en avant, et la pupille se resserra considérablement.

Le lendemain, quarante-huit heures après l'ablation de la troisième paire, et vingt-quatre heures après la section de la cinquième, la pupille gauche s'était dilatée; elle avait pris une forme oblongue, et l'iris offrait quelques plis rayonnés.

D'après ces expériences, on voit que l'extirpation de la troisième paire n'empêche pas la pupille de se contracter sous l'influence des excitations portées sur la cinquième paire; ce qui prouverait que ce n'est pas par le nerf moteur oculaire commun qu'est rapportée l'action réflexe, mais que c'est par le grand sympathique que cette action se trouve transmise.

Elle n'est pas non plus transmise par les autres

nerfs moteurs de l'œil, comme le prouve l'expérience suivante :

Exp.—Sur un jeune lapin, j'ouvris le crâne, j'enlevai les lobes antérieurs du cerveau, et je divisai les deux nerfs optiques. L'animal était alors complétement aveugle, et les pupilles étaient largement dilatées et immobiles. Cependant le globe oculaire avait conservé ses mouvements, que l'on rendait manifestes en faisant tourner la tête de l'animal. Le lapin était toujours bien vivant, et la cornée et la conjonctive avaient conservé parfaitement leur sensibilité. Alors, du côté gauche, on cassa dans le crâne le nerf de la troisième paire. L'œil devint saillant; il survint le strabisme en dehors, la chute de la paupière supérieure, et tous les symptômes de la destruction de la troisième paire.

Au moment de la destruction du moteur oculaire commun, la pupille n'avait pas éprouvé de changement; elle ne s'était ni resserrée ni dilatée. Alors, avec un petit crochet, je cassai le nerf pathétique dans le crâne. Il n'y eut rien de changé du côte de la pupille ; seulement, les mouvements du globe de l'œil avaient toujours lieu en dedans, quand on faisait tourner la tête de l'animal. Enfin, on détruisit la sixième paire : il n'y eut rien de changé dans la pupille; quant au globe de l'œil, il était complétement immobile, quels que fussent les mouvements que l'on fit exécuter à la tête de l'animal. Après toutes ces opérations, la conjonctive et la cornée étaient toujours restées sensibles. Dans cet état, on pinça la branche ophthalmique ; aussitôt l'animal cria et la pupille se contracta considérablement.

Du côté droit, où les nerfs moteurs de l'œil n'avaient pas été coupés, on pinça de même la cinquième paire, ce qui donna lieu aussitôt à une contraction énergique de la pupille droite. La présence ou l'absence des nerfs moteurs n'avait donc rien changé au phénomène.

Du côté gauche, avant le pincement de la cinquième paire, en irritant le bout périphérique du nerf moteur oculaire commun, on n'obtenait aucun phénomène de mouvement dans la pupille.

En resumé, nous trouvons comme effets de la paralysie de la troisième paire : strabisme externe, saillie du globe oculaire, chute de la paupière supérieure, élargissement de la pupille.

Les phénomènes de la paralysie, simples en ce qui est relatif aux muscles moteurs du globe oculaire, sont moins faciles à comprendre en ce qui concerne l'iris. Lorsque la troisième paire est détruite, il y a relâchement des muscles avec diminution de l'ouverture pupillaire, mais non paralysie de l'iris. Quoique la pupille soit, d'une manière permanente, plus large que celle du côté opposé, elle n'a pas perdu la faculté de se dilater ou de se rétrécir sous certaines influences.

La section du grand sympathique détruit toujours cette dilatation, et la galvanisation du nerf l'élargit davantage ; l'action de la belladone peut encore la dilater. Il n'y a donc pas à proprement parler paralysie complète, c'est-à-dire perte de mouvement.

On a cru pouvoir expliquer ce qui se passe dans ce cas en admettant une paralysie incomplète. Pour mieux vous faire saisir la nature de cette explication, il faut comparer ce qui se passe alors dans l'œil aux phénomènes réflexes en général. Nous avons vu que les impressions perçues par la cinquième paire peuvent réagir sur les organes internes; qu'une influence mécanique, qu'un gravier dans l'œil déterminait sur la cinquième paire une impression qui se traduit par une contraction de la pupille, de même que la sensation lumineuse qui affecte normalement la rétine. La contraction pupillaire se présente donc comme réaction réflexe déterminée par une influence mécànique ou lumineuse, agissant sur la cinquième paire ou sur le nerf optique. Par quelle voie se transmet l'influence réflexe ?

L'impression portée au centre par la cinquième paire, reviendrait, d'après l'explication indiquée plus haut, par le nerf moteur oculaire commun, nerf moteur de retour. Or, ce nerf offre une particularité bien digne d'être notée : sur son trajet se trouve un ganglion, placé tout près de l'organe sur lequel agit la troisième paire; c'est le ganglion ophthalmique.

Lorsque d'autres branches de la cinquième paire sont affectées, nous avons vu que les àctions motrices de retour sont transmises aux organes par un nerf moteur spécial, le nerf de Wrisberg. Ici, nous ignorons si une portion du grand sympathique vient dans le ganglion ophthalmique, ou si ce ganglion est exclusivement une dépendance du nerf moteur oculaire commun.

Pour savoir si ce ganglion doit être considéré comme appartenant au nerf moteur oculaire commun, on a galvanisé ce nerf avant le ganglion, pensant que s'il en était ainsi, la galvanisation du nerf produirait une contraction de la pupille. Or, cette contraction n'a pas été obtenue. Si, au contraire, on excite les filets ciliaires, qui du ganglion ophthalmique se rendent à l'iris, on fait contracter la pupille.

Dans la dernière leçon, je vous parlais d'une loi qu'on avait autrefois formulée, et d'après laquelle les nerfs qui traversent les ganglions périphériques du grand sympathique prendraient dans ces ganglions la faculté d'agir sur les organes auxquels ils se rendent. On avait formulé cette loi d'après la seule expérience que je viens de vous citer. On disait, pour le cas qui nous occupe, que la troisième paire fait contracter la pupille ; mais il faut pour cela qu'elle ait traversé le ganglion ophthalmique.

Nous aurions donc ici une double exception apparente dont il faudrait chercher la raison : 1° la galvanisation du nerf moteur oculaire commun avant le ganglion ophthalmique ne fait pas contracter la pupille ; 2° la section de la troisième paire donne cependant lieu à l'élargissement de la pupille.

Quoi qu'il en soit de ces faits, auxquels la série de nos recherches sur le sympathique nous ramènera très probablement, nous savons que l'iris reçoit non-seulement des filets moteurs de la troisième paire (si tant est que ce soit le ganglion qui reçoive ces filets et non lui qui les donne), mais qu'il en reçoit encore du grand sympathique du cou. Nous devons noter, en outre, que pour que la contraction de la pupille ait lieu, il faut que les muscles moteurs du globe oculaire le maintiennent dans une position telle que la pupille soit dirigée en dedans. Il est donc nécessaire de tenir compte de cette condition, surtout quand on sait que, après la paralysie de la troisième paire, l'axe de l'œil se trouve dirigé en dehors dans une position qui favorise elle-même la dilatation de la pupille.

Si, quand on a coupé le nerf moteur oculaire commun, la pupille n'agit plus par les excitations qui portent sur le nerf optique on peut en solliciter cependant les mouvements par des excitations qui portent sur le grand symphatique, telles sont l'atropine, la galvanisation du grand sympathique du cou. Nous retrouverions là une influence rapprochée, qui est le nerf sensoriel, et une influence éloignée qui serait dans le sympathique viscéral, comme pour la sécrétion salivaire; la pupille pourrait donc reconnaître la cause de ses mouvements dans des sensations locales, ou dans des sensations éloignées, profondes, comme on le voit dans certaines affections intestinales.

Admettant pour le moment que les mouvements de la pupille sont sous la double influence du nerf moteur oculaire commun et du grand sympathique, la question serait maintenant de savoir si, comme on l'a cru, les actions de ces deux nerfs sur la pupille sont différentes, ou s'ils agissent dans le même sens.

Ruete et MM. Budge et Waller, etc., ont admis que ces deux influences nerveuses étaient antagonistes; que la troisième paire et le grand sympathique ne se distribuaient pas aux mêmes organes contractiles dans l'iris.

On a, vous le savez, décrit dans l'iris des fibres contractiles circulaires, produisant la contraction de la pupille, et des fibres radiées en produisant au contraire la dilatation. Ruete et MM. Budge et Waller, voyant la section du nerf moteur oculaire commun produire un élargissement de l'ouverture pupillaire, pensaient que, dans ce cas, les fibres circulaires étaient paralysées; que le contraire avait lieu pour le grand sympathique. Ils expliquaient ainsi, par la paralysie des fibres radiées, le rétrécissement de la pupille consécutif à la section du sympathique du cou, rétrécissement déjà observé en 1722 par Pourfour Du Petit.

Cette théorie me semble difficile à soutenir, car, lorsque, après la section d'un de ces nerfs, il y a élargissement ou rétrécissement persistant de l'ouverture pupillaire, il peut encore y avoir des mouvements de l'iris. Ceux-ci sont seulement plus limités.

Si l'analogie devait être invoquée ici, elle nous porterait à penser que les choses peuvent se passer comme dans les glandes, où nous avons vu deux nerfs agir à la fois sur un même organe, et agir tous deux dans le sens différent, sans qu'on puisse dire toujours que ce soit dans un sens opposé. Il est probable qu'il en est de même pour la pupille, et qu'il faut se contenter de dire que ses mouvements reconnaissent simplement deux ou plusieurs sources.

Il nous resterait à examiner pourquoi, en agissant sur le nerf moteur oculaire commun, on ne détermine pas de contraction de la pupille, et à quoi peut tenir cette exception apparente à une loi qui semblerait s'appliquer aux phénomènes observés dans d'autres organes. Ce n'est que par de nouvelles expériences sur le nerf moteur oculaire commun qu'on pourrait résoudre cette question. Il faudrait aussi répéter la même expérience sur l'origine du nerf facial pour la corde du tympan. Nous renvoyons encore ces études à celle du grand sympathique auquel elles appartiennent. Nous allons maintenant vous rapporter quelques faits qui montrent que cet élargissement de la pupille n'est pas toujours un symptôme constant dans la paralysie de la troisième paire.

OBSERVATION I. — *Paralysie de la paupière supérieure droite et rotation forcée de l'œil en dehors, vue intacte à droite, pas de dilatation de la pupille de ce côté.*

Le 21 janvier 1841, entre à l'hôpital de la Charité, salle Saint-Louis, n°19, un homme de cinquante-six ans. Cet homme, qui avait naturellement la vue faible, fit, il y a trois ans, une chute à la suite de laquelle la vision s'affaiblit encore davantage.

Il y a un an, l'œil *gauche* cessa de voir. Le *droit* avait conservé la faculté visuelle, mais il était faible le soir. Le 20 janvier, la paupière supérieure droite tombe tout à coup et reste paralysée; de suite l'œil *gauche* recouvre en partie sa faculté visuelle.

Le 28, la paupière *droite* est forcément abaissée. Quand on la retourne, on voit que l'œil est fixé immobile en dehors. La pupille *droite* n'est pas plus dilatée que l'autre. La perception des objets est nette.

Plusieurs vésicatoires sont appliqués au front. Au bout de deux mois, la paralysie de la paupière est guérie; mais la rotation forcée de l'œil en dehors persiste comme à l'entrée. Le malade sort.

OBSERVATION II. — *Paralysie de la paupière supérieure droite, et rotation forcée de l'œil en dehors; pas de dilatation de la pupille droite.*

Femme, quarante-six ans, hôpital de la Charité, salle Sainte-Anne, n° 9. Ayant habité un an un logement humide : tout à coup, au commencement d'avril 1846, chute de la paupière supérieure *droite*. A l'entrée, on constate cette paralysie et la rotation forcée de l'œil en dehors. La pupille droite est un peu moins contractile que la gauche; mais elle a le même diamètre, diamètre qui est normal.

La vue est conservée à droite comme à gauche.

Vésicatoires au front, saignée du pied, sans résultat appréciable.

On pratique plusieurs inoculations avec une solution aqueuse de chlorhydrate de strychnine; on obtient ainsi un écartement des paupières de 0m,009, l'écartement normal étant 0m,011.

Le chef du service ayant suspendu le traitement, la paupière retomba ensuite au contact de l'inférieure.

Il est curieux de voir que chez les oiseaux les mouvements de la pupille ne présentent que peu de phénomènes différents relativement aux influences nerveuses.

Exp.— Sur un pigeon, je coupai la cinquième paire dans le crâne à l'aide d'un très petit crochet tranchant, enfoncé au-devant de l'infundibulum auditif. On dirigea l'instrument légèrement en haut et en arrière; on le poussa doucement, en suivant le plancher de la fosse temporale; et, lorsqu'on fut arrivé sur la cinquième paire, on la détruisit par un mouvement de la pointe du crochet.

Après cette opération, faite du côté droit, le pigeon montra une insensibilité complète de la cornée, de la conjonctive et de la moitié correspondante du pourtour du bec.

Au moment de la section, on observa une constriction momentanée et très fugitive de la pupille. Il y eut, aussitôt après l'opération, une occlusion de l'œil par élévation de la paupière inférieure.

L'œil, du côté opéré, ne paraissait pas larmoyant; et lorsqu'on écartait les paupières et qu'on exposait l'œil à la lumière, il y avait des mouvements rapides de la membrane nictitante. Les mouvements du globe oculaire semblaient parfaitement conservés et aussi forts que du côté sain. Une demi-heure après l'opération, le pigeon était toujours dans le même état : il y avait occlusion complète de la paupière droite, insensibilité de la conjonctive, de la cornée ; la pupille était du même diamètre des deux côtés, également mobile ; les mouvements de la membrane nictitante et ceux du globe oculaire étaient parfaitement conservés.

Le lendemain, vingt-quatre heures après l'opération, le pigeon était toujours vif et dans un très bon état. Il offrait les mêmes symptômes que la veille, relativement à l'occlusion de la paupière, à l'insensibilité des parties, aux mouvements du globe oculaire, de la pupille et de la membrane nictitante.

La cornée ne paraissait pas plus sèche du côté opéré ; mais il faut noter que l'occlusion des paupières la tenait constamment recouverte. Il n'y avait pas sur elle d'opacité apparente ; mais il y avait vers son centre une espèce d'ulcération qui provenait peut-être d'une blessure par les instruments.

Il était difficile de bien constater la mobilité de la pupille ; pour pouvoir agir plus facilement, j'enlevai avec des ciseaux les deux paupières et la membrane nictitante ; ce qui se fit sans douleur, puisque la cinquième paire était coupée.

Alors, étant dans l'obscurité, et dirigeant de la lumière artificielle sur l'œil, on vit manifestement des mouvements alternatifs de resserrement et de dilatation de la pupille. On put voir manifestement aussi que chaque contraction de l'iris coïncidait avec un mouvement de totalité du globe de l'œil, ce qui n'avait pas lieu pour la dilatation. On vit encore que les mouvements de totalité du globe oculaire étaient conservés du côté opéré. Le pigeon était très bien portant et continuait à manger.

Le lendemain de la précédente opération, l'œil droit était opaque et enflammé; il y avait du pus et on ne pouvait plus rien observer.

Du côté gauche, en essayant de couper la troisième paire, je comprimai la cinquième; aussitôt, il y eut insensibilité de l'œil gauche dont les paupières se fermèrent; le bec de l'animal restait entr'ouvert. Mais bientôt la sensibilité du globe de l'œil revint, les paupières s'ouvrirent, les symptômes produits cessèrent.

Je coupai alors les trois paupières, après quoi je divisai complétement la cinquième paire de ce côté. L'insensibilité se manifesta de nouveau, ainsi que l'écartement du bec avec lequel l'animal ne pouvait plus serrer. On constata que la pupille, qui avait semblé dans ce cas éprouver un élargissement au moment de la section, avait conservé sa mobilité ainsi que le globe de l'œil.

Pour faire contracter la pupille chez les pigeons à l'aide d'une lumière artificielle, lorsqu'on est dans l'obscurité, il faut agir d'une certaine manière. Quand on promène la lumière au-devant de l'œil, transversalement, on observe que lorsque la lumière est arrivée de façon à tomber sur l'angle interne de l'œil, il y a un resserrement de la pupille. Quand, au contraire elle est en dehors et tombe sur l'angle externe, il y a dilatation de la pupille. Ce phénomène est très manifeste et très bien caractérisé.

Parlons maintenant des particularités qui sont relatives aux mouvements du globe de l'œil.

A propos des mouvements du globe de l'œil, il y a, au point de vue pathologique, des considérations relatives au strabisme, pouvant dépendre soit de la lésion du nerf, soit de lésion du muscle. Il arrive aussi parfois que, dans certains états morbides, il se manifeste des troubles dans les mouvements du globe de l'œil, et qu'il survient un strabisme divergent ou convergent.

On a signalé dans certaines méningites un strabisme interne, et l'on a considéré ce strabisme comme symptomatique d'une méningite de la base du cerveau, amenant une paralysie que l'on expliquerait par l'inflammation du nerf de la sixième paire (moteur oculaire externe).

On trouve encore, dans certains cas, des lésions du cerveau qui produisent des déviations dans le globe de l'œil, qu'on ne peut rattacher à la paralysie bien déterminée d'aucun muscle de cet organe. C'est ainsi que la blessure du pédoncule cérébelleux détermine une déviation des yeux, qui est exactement en rapport avec le sens de la rotation, qui est la conséquence de cette lésion. Si l'animal tourne à gauche, par exemple, son œil gauche regarde en bas, tandis que son œil droit regarde en haut et *vice versâ*. Cette déviation des yeux est caractéristique, et persiste lorsqu'on maintient le corps et la tête de l'animal, et qu'on empêche les mouvements de se produire dans ces parties.

Certaines substances toxiques peuvent produire des effets qui se manifestent par des mouvements dans les yeux : l'essence de térébenthine est dans ce cas. En faisant respirer de l'essence de térébenthine à un lapin, en lui plaçant le nez au-dessus d'un verre rempli de cette substance, j'ai vu se manifester au bout d'un certain temps des mouvements convulsifs très singuliers dans les yeux. Puis ces mouvements disparurent quelque temps après, lorsque l'animal se rétablit.

Il nous resterait, pour compléter l'histoire des mouvements du globe de l'œil, à parler des mouvements de la troisième paupière, ou paupière nictitante, qui existe très développée chez certains oiseaux de proie, et qu'on rencontre aussi chez certains animaux mammifères tels que le chien, le chat, même un peu chez le lapin.

Le mécanisme des mouvements de cette paupière est tout à fait différent chez les oiseaux et chez les mammifères. Chez les oiseaux rapaces, le hibou par exemple, il existe un muscle destiné spécialement aux mouvements de cette paupière, et dont le tendon, long et grêle, est tellement disposé qu'il agit exactement, pour fermer la paupière, comme une corde qui tire un rideau. C'est un filet nerveux moteur qui anime le muscle de cette troisième paupière, qui se meut dès lors par un mouvement actif.

Chez les mammifères, le chien et le chat, la troisième paupière n'est, pour ainsi dire, que l'exagération de la caroncule lacrymale, qui se trouve supportée par une sorte de tubercule placé à l'angle interne de l'orbite, entre la paroi de l'orbite et le globe oculaire lui-même.

Lorsque les muscles du globe oculaire, animés par le moteur oculaire commun, viennent à se contracter, le globe oculaire, se retirant dans le fond de l'orbite, presse le pédicule cartilagineux de la troisième paupière et la chasse en avant comme un noyau de cerise qu'on presserait entre les doigts. Cette propulsion de la base de la troisième paupière la porte au-devant de l'œil dont elle recouvre une partie plus ou moins grande suivant les animaux. Ici donc, quoique le mouvement soit déterminé par la troisième paire, il l'est d'une manière mécanique et passive. Ce qui le prouve, c'est qu'on peut le produire mécaniquement, même chez l'animal mort, lorsque avec le doigt on presse sur la cornée pour enfoncer l'œil dans l'orbite. Toutes les fois que l'œil tend à s'enfoncer dans l'orbite le même phénomène a lieu : c'est ce que l'on voit, par exemple, après la section du grand sympathique au cou, parce que cette opération entraîne la rétraction du globe oculaire dans le fond de l'orbite.

La galvanisation du nerf sympathique, en amenant le prolapsus de l'œil en dehors, fait rentrer la troisième paupière. L'action de la nicotine, en amenant la rétraction violente du globe oculaire, produit la saillie de cette troisième paupière d'une manière si forte qu'elle couvre complétement la cornée transparente, et que l'animal en est comme aveuglé. Quelquefois l'animal semble mouvoir cette troisième paupière volontairement dans des mouvements destinés à remplacer le clignement; mais c'est toujours par le même mécanisme. C'est ce que nous avons vu très nettement sur un chat, chez lequel les deux nerfs faciaux avaient été arrachés. Lorsque cet animal se chauffait devant le feu, ne pouvant plus fermer les paupières, comme les animaux le font habituellement, il faisait avancer au-devant de l'œil sa troisième paupière, seul organe de clignement dont il put faire usage.

Le nerf pathétique, ou de la quatrième paire, prend naissance de la valvule de Vienssens, près des tubercules quadrijumeaux ; de là il vient contourner la petite circonférence de la tente du cervelet, se loge dans le repli de la dure-mère, puis dans la face externe du sinus caverneux, et pénètre dans l'orbite par la partie la plus interne de la fente sphénoïdale, en croisant les nerfs optique, moteur oculaire commun, et moteur oculaire externe, qui sont placés au-dessous de lui. En ce point, le nerf pathétique se trouve superficiellement placé à côté de la branche ophthalmique, et particulièrement du nerf frontal interne avec lequel il s'anastomose en formant une anse, comme l'indique la figure 8. Après quoi il va se rendre vers le milieu du ventre du muscle grand oblique dans lequel il se termine.

Ce nerf, par ses fonctions, est évidemment moteur ; mais il doit probablement, comme tous les nerfs de cet ordre, posséder une sensibilité récurrente. Il serait vraisemblablement possible, en agissant sur la portion intracrânienne de ce nerf, de vérifier s'il possède la sensibilité récurrente : les anastomoses qui l'unissent à la cinquième paire font penser que c'est de la branche ophthalmique qu'il tiendrait la sensibilité récurrente.

Nous devons ajouter que le nerf pathétique présente

encore une particularité remarquable : il offre au niveau du sinus caverneux un aspect grisâtre, gangliforme. Le microscope serait nécessaire pour décider si cette apparence est liée à l'existence de cellules ganglionnaires dans cette portion du nerf.

Le nerf moteur oculaire externe ou nerf de la sixième paire naît par deux racines, l'une provenant du pont de Varole, l'autre de la pyramide antérieure. Bientôt il pénètre dans un orifice de la dure-mère, et vient se placer dans la paroi externe du sinus caverneux. De là il entre dans l'orbite, à côté du nerf moteur oculaire commun, et va se distribuer dans le muscle droit externe de l'œil.

Ce nerf, dont les fonctions sont motrices, doit contracter des anastomoses avec la cinquième paire dans le muscle droit externe, qui reçoit des filets sensitifs de la cinquième paire. Ce serait là la source de la sensibilité récurrente que l'exiguïté du nerf rendra difficile à constater.

En résumé, le nerf moteur oculaire commun, le plus important des nerfs moteurs de l'œil, fournit, ainsi que nous l'avons vu, à tous les muscles droits, moins le droit externe, au petit oblique et au muscle releveur de la paupière supérieure chez l'homme. Chez les animaux, le bœuf et le cheval, c'est le moteur oculaire externe qui fournit au muscle conoïde. Il y a chez le caméléon, à la partie externe de l'œil, un autre groupe de muscles qui reçoit du nerf moteur oculaire externe.

Le nerf moteur oculaire commun prend naissance à la partie interne des pédoncules du cerveau, d'une masse grise que l'examen microscopique a montré formée de cellules ganglionnaires motrices. Le nerf pénètre dans un repli de la dure-mère, puis vient se placer sur le côté du nerf optique, se divise en deux branches dont l'une passe au-dessus, l'autre au-dessous du nerf optique. La branche supérieure se distribue au muscle releveur de la paupière supérieure, au droit supérieur et au droit interne; la branche inférieure se distribue aux muscles droit inférieur et petit oblique.

Un des points les plus intéressants de l'histoire du nerf moteur oculaire commun, est la présence d'un ganglion sur le trajet de sa branche inférieure. On décrit généralement ce ganglion, appelé ganglion ophthalmique, qui se trouve situé sur le côté externe du nerf optique, comme étant un ganglion du grand sympathique qui reçoit sa racine motrice du nerf moteur oculaire commun par une anastomose qu'on appelle chez l'homme la racine courte et grosse, anastomose qui se détache du nerf au moment où il va fournir le filet qui se distribue dans le muscle droit inférieur. De plus, il communique avec le nerf nasal de la cinquième paire par un rameau qu'on regarde comme sa racine sensitive, et qu'on appelle racine longue et grise.

Nous nous sommes expliqué ailleurs relativement à la sensibilité spéciale que les nerfs ciliaires communiquent à l'iris et à la cornée transparente, ainsi que sur l'influence qu'exercent ces nerfs sur la sécrétion des humeurs de l'œil. Il paraît bien évident que la sensibilité des nerfs ciliaires a pour point de départ la cinquième paire. Il s'agit ici d'examiner si la faculté motrice des nerfs ciliaires provient exclusivement du nerf moteur oculaire commun. La plupart des anatomistes l'admettent, depuis Herbert Màyo, en se fondant sur le prétendu relâchement de la pupille après la paralysie de la troisième paire. Nous verrons toutefois que cette explication n'est pas satisfaisante, parce que les mouvements de la pupille ne cessent pas après la destruction du nerf moteur oculaire commun, de la quatrième, de la sixième paires, et même après la destruction des nerfs optiques. Il suffit alors de pincer la branche ophthalmique pour déterminer une contraction très violente de la pupille. Du reste, le volume du ganglion ophthalmique ne paraît point en rapport avec l'intensité des mouvements de la pupille. Quant à l'anastomose que le nerf moteur oculaire commun contracte avec le ganglion ophthalmique, on pourrait anatomiquement plutôt soutenir que c'est le ganglion qui fournit des filets au nerf moteur oculaire commun que de prétendre que c'est ce nerf qui lui en envoie. D'ailleurs la section du filet cervical du grand sympathique, de même que sa galvanisation, produisent, comme nous le verrons, des mouvements de la pupille, de manière à faire penser que la faculté motrice de nerfs de l'iris viendrait aussi de la région cilio-spinale de la moelle épinière.

La nature des mouvements de la pupille est encore entourée aujourd'hui de la plus grande obscurité, quelques auteurs regardant le tissu de l'iris comme musculaire, les autres pensant qu'il est constitué non par des muscles, mais par un tissu vasculaire érectile. L'action du grand sympathique sur la pupille, c'est-à-dire d'un nerf qui agit spécialement sur les vaisseaux, serait d'accord avec cette dernière opinion. Nous aurons du reste à discuter ces questions à propos du grand sympathique.

Quand on pince la branche ophthalmique de la cinquième paire, on a une constriction de la pupille, parce que dans le sinus caverneux cette branche, qui a une apparence gangliforme, reçoit des anastomoses nombreuses du grand sympathique, et c'est leur irritation qui produit sans doute le mouvement de la pupille. Ce qui le prouve, c'est qu'en pinçant le tronc de la cinquième paire avant le ganglion on ne produit rien sur la pupille.

Nous terminerons en disant que le nerf moteur oculaire commun présente aussi un aspect gangliforme dans la portion située dans la paroi externe du sinus caverneux. Il contracte en effet à ce niveau, avec les rameaux carotidiens du grand sympathique, des anastomoses très nombreuses. Le nerf pathétique est dans le même cas ; et on sait que les anciens considéraient ce nerf comme étant l'origine du trisplanchnique dans la tête.

Le nerf moteur oculaire commun, essentiellement moteur ainsi que sa dénomination même l'indique, possède la sensibilité récurrente. Toutefois cette sensibilité est très difficilement appréciable sur les branches du nerf dans l'orbite ; c'est sur le tronc même du nerf, dans sa portion intracrânienne que cette propriété doit être constatée. Toutefois, il faut employer pour cela des animaux jeunes et capables de résister, parce que l'épuisement causé par l'opération peut empêcher la constatation de ce phénomène, ainsi que nous le savons déjà pour les racines rachidiennes. Le nerf qui fournit la sensibilité récurrente au moteur oculaire commun, est encore la branche ophthalmique de la cinquième paire; de sorte que c'est la branche ophthalmique de la cinquième paire qui fournit la sensibilité récurrente à tous les nerfs moteurs de l'œil et joue par conséquent, par rapport à eux, le rôle de racine sensitive.

Nous avons déjà dit, relativement à l'olfaction, que les expériences faites sur les animaux avaient conduit Magendie à cette conclusion, que la cinquième paire présidait à la fois aux deux sensibilités, à la sensibilité générale et à la sensibilité spéciale, olfactive. C'est d'ailleurs bien évidemment ce qui a lieu pour la langue à propos de la sensibilité gustative.

Magendie a détruit les nerfs olfactifs, et il a dit qu'après cette opération, les animaux n'avaient pas perdu l'odorat. Il avait eu recours pour agir sur la muqueuse nasale à l'ammoniaque et à des substances odorantes.

Quand on se sert d'ammoniaque, il est évident que la sensibilité générale doit être affectée; ces expériences ne prouvent donc rien quant à la sensation olfactive; mais il en est d'autres, celles faites avec des corps purement odorants, qui ne permettent guère d'admettre qu'un animal chez lequel on a détruit les nerfs olfactifs ait perdu complétement l'odorat.

Une couronne de trépan étant appliquée sur le frontal, permettait à Magendie d'arriver sur les trous de la lame criblée. Là les nerfs olfactifs étaient détruits avec le manche d'un scalpel; la plaie fermée, l'animal guérissait, et quelques jours après on essayait de reconnaître s'il avait perdu la perception des odeurs. Pour cela, on enveloppait dans du papier, d'une part du fromage de gruyère, de l'autre, un morceau de bois ou de liège. Les deux paquets étaient ensuite jetés au chien, qui prenait le plus souvent celui qui renfermait le fromage, défaisait l'enveloppe et mangeait le contenu. Il semble difficile d'admettre qu'il pût, en cette circonstance. être conduit à choisir par autre chose que par l'odorat. Cette expérience a été faite plusieurs fois, toujours avec des résultats analogues.

Lorsque repoussant les conclusions de Magendie, on a voulu montrer que ses expériences étaient entachées d'erreur, on a invoqué ses expériences avec l'ammoniaque; quant aux autres, je ne sache pas qu'on ait cherché à les répéter.

Peut-être eût-on pu obtenir d'utiles indications d'expériences faites sur des chiens de chasse qu'on aurait rendus ensuite à leurs habitudes; ces expériences nous paraissent mériter d'être faites.

Les expériences de Magendie sembleraient donc montrer que, si le nerf olfactif préside à la sensibilité olfactive, ce n'est pas d'une façon exclusive. Nous aurons à nous prononcer là-dessus plus tard.

Les cas pathologiques observés chez l'homme ont offert des particularités qui sont très importantes dans l'appréciation du rôle des nerfs olfactifs.

On a fréquemment observé l'absence congénitale de ces nerfs chez l'homme. Or, il est remarquable que dans aucun cas cette lésion n'a été diagnostiquée pendant la vie.

Les *Bulletins de la Société anatomique* renferment un certain nombre de cas d'absence de nerfs olfactifs rencontrés en faisant de l'anatomie dans les amphithéâtres. Il parait probable que si l'on avait pendant la vie reconnu l'absence de l'odorat, on aurait dû faire l'autopsie des sujets à ce point de vue.

Lorsque, constatant à l'autopsie l'absence des nerfs olfactifs, on a été conduit à soupçonner une lésion de l'odorat en rapport avec les fonctions qu'on prêtait à ces nerfs, on a reconstruit après la mort l'histoire des malades sur des renseignements recueillis avec une idée préconçue évidente. Le cas d'absence des nerfs olfactifs chez l'homme que l'on invoque toujours, et qui aurait coïncidé avec une absence complète de l'olfaction, est précisément de cette nature. M. Pressat a soigné un malade sans soupçonner l'absence de l'olfaction; c'est après la mort que les parents, pressés de questions, ont fourni des renseignements qui l'ont porté à admettre cette lésion pendant la vie.

Lorsque j'étais interne et préparateur du cours de Magendie au Collège de France, j'apportai ici, pour la disséquer, la tête d'une femme phthisique morte à l'Hôtel-Dieu. En ouvrant le crâne, je fus surpris de l'absence complète des nerfs olfactifs. L'absence des nerfs olfactifs reconnue, je pris l'adresse de la femme et me mis en quête de renseignements, évitant toutefois de poser les questions de manière à influencer les réponses. Ces renseignements, comme on va le voir, ne furent nullement en rapport avec la théorie qui voudrait que les nerfs de la première paire présidassent exclusivement à l'olfaction.

Voici du reste cette observation :

Lemens, née en Belgique, commune de Lippeloo, arrondissement de Malines, province d'Anvers ; agée de vingt-neuf ans, habitant Paris depuis six ans (rue de la Friperie, n° 22), est entrée à l'Hôtel-Dieu le 17 juillet 1841, à 5 heures du matin.

Apportée dans l'hôpital à la dernière extrémité, la malade mourut une demi-heure après son entrée sans qu'on ait pu l'observer autrement que pour constater sa maigreur extrême, et les signes de la dernière période de la phthisie pulmonaire à laquelle elle succombait.

Le 19 juillet, sa tête, apportée au Collège de France pour servir au cours, fut injectée avec du suif coloré, et à l'examen qui en fut fait avec le plus grand soin, on constata les particularités suivantes :

A l'ouverture du crâne, rien de particulier, soit dans l'épaisseur des os, soit dans l'aspect des autres enveloppes cérébrales. Le cerveau offrait une conformation et une consistance normales dans toute sa partie supérieure. Mais lorsqu'on vint à soulever la face inférieure des lobes antérieurs du cerveau, afin de détacher d'avant en arrière, suivant le procédé ordinaire, les origines de tous les nerfs de la base du crâne, on fut surpris de ne trouver aucune trace des nerfs olfactifs.

L'attention éveillée par cette particularité singulière, on apporta les plus grandes précautions pour enlever le cerveau, le cervelet et la moelle allongée. La préparation terminée, il fut très facile d'examiner la base du crâne, la face inférieure de l'encéphale, la disposition des membranes, des vaisseaux et des origines de toutes les paires nerveuses et on trouva :

1° Conformation normale de la face inférieure du cerveau ;

2° Absence complète des nerfs olfactifs ;

3° Disposition normale des vaisseaux et des membranes ;

4° Origine des autres nerfs offrant une distribution parfaitement régulière ;

En résumé, c'était un cerveau conformé comme tous les autres, avec la seule différence qu'il ne présentait que huit paires de nerfs au lieu d'en avoir neuf.

En présence d'un fait si remarquable, si positif, et, par conséquent, de nature à éclairer vivement un point de physiologie encore controversé aujourd'hui, on dut regretter de ne pas avoir pu suivre la malade pendant sa vie, afin d'observer les nuances ou les particularités de sa sensation olfactive. Cependant, comme on n'avait pas affaire ici à ces nuances de symptomatologie qui ne peuvent être saisies que par le médecin lui-même, mais qu'il s'agissait au contraire de l'existence ou de l'absence d'un sens : ce sont de ces choses qui frappent tout le monde, qui influent sur les habitudes de l'individu dans les rapports ordinaires de la vie. Cette absence d'un sens vient à chaque instant se révéler aux amis des malades, à leurs parents, dont les renseignements sont d'autant plus précieux qu'ils sont le fruit d'une longue observation, et sont l'expression pure et simple des faits sans aucune idée scientifique préconçue de leur part.

Je me transportai donc rue de la Petite-Friperie, chez M. M..., où Marie Lemens avait habité les six derniers mois de sa vie. Parmi les renseignements que je pus obtenir sur la manière de vivre et de sentir de Marie Lemens, je ne rapporterai que ceux qui sont relatifs à l'état de l'odoration et sur lesquels je dus revenir à plusieurs reprises et par des questions directement posées afin d'éviter l'erreur.

Il résulta de ces renseignements que Marie Lemens ne pouvait supporter l'odeur de la pipe, et que, particulièrement le matin, en entrant dans un appartement où l'on avait fumé la veille, elle se hâtait d'ouvrir la fenêtre pour dissiper la mauvaise odeur de *pipe renfermée.*

Marie Lemens se plaignait fréquemment de la fétidité d'un plomb qui avoisinait sa chambre. Enfin, elle fit pendant six semaines environ la cuisine chez M. M..., et, comme toutes les cuisinières, elle goûtait les sauces et les aliments : elle était même, à ce qu'il me fut dit, une fort bonne cuisinière.

Je fus ensuite adressé à quelqu'un qui avait été l'amant de Marie Lemens et avait vécu maritalement avec elle pendant près de quatre ans. Cette personne, qui comprit parfaitement le motif de ma démarche et que je trouvai très disposée à me donner toute espèce de renseignements, m'affirma que Marie Lemens n'avait jamais paru faire rien qui dénotât qu'elle fût dépourvue d'odorat ; elle goûtait et odorait comme tout le monde. Elle aimait les fleurs, elle les portait à son nez pour les odorer. La seule particularité que présentait le caractère de Marie Lemens, était une tendance naturelle à la mélancolle.

La troisième personne que je vis était une amie de Marie Lemens qui l'avait soignée pendant deux mois environ qu'elle était restée alitée, rue de la Petite-Friperie, avant d'entrer à l'hôpital. Elle m'affirma encore que Marie Lemens sentait parfaitement les odeurs et toute espèce de saveur. Pendant sa maladie, Marie Lemens avait des sueurs nocturnes très abondantes, et elle se plaignait de l'odeur forte et désagréable qu'exhalait sa transpiration. Elle était d'un goût très difficile et ne prenait pas la tisane pour peu qu'elle eût un mauvais goût.

Maintenant que faire de cette observation et des détails qui la suivent? Si j'en conclus que l'odorat et la dégustation existent malgré l'absence des nerfs olfactifs, on me dira que mon observation n'est pas bonne et qu'il aurait fallu avoir observé moi-même les phénomènes dont je parle et ne pas les tenir de personnes étrangéres à la science. Je comprends, en effet, que cela eût mieux valu, et j'aurais voulu en effet connaître Marie Lemens pendant sa vie. Cependant je ne vois pas comment j'aurais pu m'apercevoir que les nerfs olfactifs manquaient en observant ce que m'ont rapporté les trois personnes qui ont vécu longtemps avec Marie Lemens. Si on m'opposait des cas d'absence des nerf olfactifs qui eussent été diagnostiqués et étudiés par des médecins pendant la vie puis vérifiés par l'autopsie, je tiendrais volontiers cette observation pour insuffisante. Mais il est assez singulier qu'aucune des observations connues dans la science ne soit dans ce cas, ainsi que nous l'avons dit, en parlant des autopsies consignées dans les *Bulletins de la Société anatomique*, et dans la thèse de M. Pressat.

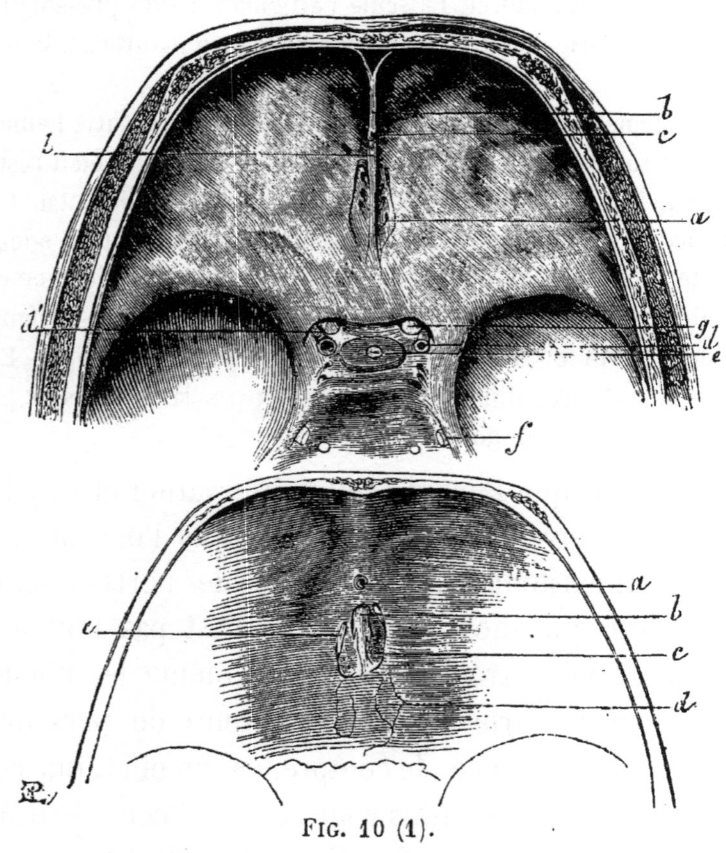

Fig. 10 (1).

La base du crâne de Marie Lemens a été longtemps conservée ici. En voici un dessin sur lequel on peut voir

(1) *Fig. I. Partie antérieure de la base du crâne revêtue de la dure-mère.* — *a*, partie correspondante à la lame criblée de l'ethmoïde ; on y voit de chaque côté des séries de petits pertuis par où pénètrent des filaments celluleux et vasculaires très déliés ; — *b*, faux du cerveau ; — *c*, sinus longitudinal inférieur ; — *dd'*, artère carotide interne ; — *e*, hypophyse ; — *f*, nerf de la cinquième paire.

Fig. II. — Même base du crâne que précédemment ; toutes les parties molles et la dure-mère ont été enlevées ; — *a*, trou borgne ; — *b*, apoque la lame criblée n'existe pas ou plutôt qu'elle ne présente pas de trous (fig. 10).

Voici maintenant la figure de la face inférieure du

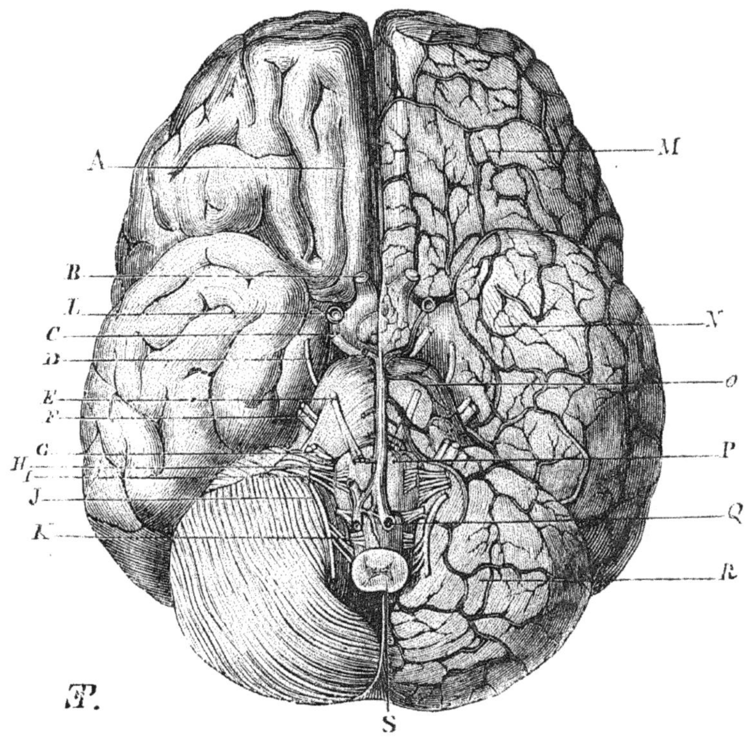

FIG. 11 (1).

cerveau (fig. 11). D'un côté on a conservé les méninges et de l'autre côté elles ont été enlevées. Toutes les ori-

physe crista-galli très peu développée ; — *c*, fossette correspondant à la lame criblée de l'ethmoïde ; on ne voit pas de pertuis pour les nerfs olfactifs ; — *d*, petits os wormiens ; — *e*, rameau ethmoïdal du filet nasal de la branche ophthalmique de la cinquième paire.

(1) A, sillon du nerf olfactif ; le sillon existe beaucoup moins prononcé, mais on ne trouve aucune vestige de nerf olfactif, pas même vers son origine ; — B, nerf ophthalmique ; — C, nerf moteur oculaire commun ; — D, nerf pathétique ; — E, moteur oculaire externe ; — F, nerf tri-

gines des nerfs encéphaliques sont à l'état normal. Il n'y a rien autre chose d'anormal que l'absence de la première paire (nerfs olfactifs).

Nous vous citerons une autre observation invoquée à l'appui de la spécialité du nerf olfactif; l'examen de cette observation vous montrera qu'elle ne saurait rien prouver.

OBSERVATION. — *Cécité et diminution de l'olfaction produite par une tumeur fibreuse à la base du crâne*, par M. Vidal, interne à la Salpêtrière. — L'odorat est excessivement obtus, tellement que cette malade, qui avait contracté l'habitude du tabac, en a discontinué l'usage comme ne lui produisant plus de sensation.

A la partie antérieure de la base du cerveau, tumeur de la grosseur d'un œuf de poule, située au-dessus de la selle turcique. Elle semble formée par l'épanouissement de l'extrémité de la tige pituitaire à laquelle elle adhère. Le corps pituitaire ne présente rien de particulier et les os de la base du crâne ne présentent aucune empreinte. Cette tumeur est logée dans l'épaisseur du cerveau, a refoulé en haut le plancher du troisième ventricule et, placée dans l'espace qu'occupe ordinairement celui-ci, elle a écarté l'extrémité antérieure de la scissure longitudinale, de telle sorte qu'elle a fortement déjeté en dehors les nerfs olfactifs, qui sont comprimés et aplatis. De plus elle a poussé directement au-dessous d'elle les nerfs optiques dont la commissure a disparu ou plutôt fait partie intégrante de ses parois.

Dans toute l'observation, M. Vidal ne fait pas mention de la cinquième paire. Cependant la tumeur, du volume d'un œuf, devait comprimer le sinus caverneux et la branche ophthalmique. On ne fait

jumeau ; — G, nerf de la septième paire ; — H, nerf vague ; — I, nerf glosso-pharyngien ; — J, nerf spinal ; — K, nerf grand hypoglosse ; — L, artère carotide interne ; — M, lobe antérieur du cerveau ; — N, lobe cérébral moyen ; — O, pont de Varole ; — P, artère basilaire ; — Q, pyramide antérieure ; — R, cervelet.

pas mention non plus de la sensibilité générale du nez et des yeux.

Sous ce point de vue, l'observation est incomplète et on ne peut en tirer aucune conclusion rigoureuse pour ou contre la spécialité du nerf olfactif.

Si donc on admet aujourd'hui que le nerf olfactif est le nerf spécial de l'odorat, et que la cinquième paire donne seulement à la membrane muqueuse nasale la sensibilité générale, on émet une opinion basée seulement sur l'analogie avec la vision. Après les faits que je viens de vous exposer, il est difficile d'admettre que le rôle du nerf olfactif dans l'olfaction puisse être aujourd'hui regardé comme bien connu. Qu'il ait un rôle dans l'exercice de cette fonction, je suis loin de le nier. Mais quel est exactement ce rôle? — Je l'ignore, personne n'ayant pu diagnostiquer pendant la vie l'absence des nerfs olfactifs, et observer quelles en étaient les conséquences.

On n'a, d'ailleurs, aucune raison même analogique de refuser à la cinquième paire un rôle dans l'olfaction.

C'est un nerf de sensibilité générale, sans doute; mais déjà, dans la bouche, ne le voit-on pas réunir les aptitudes des nerfs de sensibilité générale et de sensibilité spéciale?

L'olfaction est une fonction qui n'a pas besoin, comme la vue et l'ouïe, d'un organe particulier et spécial. Des surfaces muqueuses constituent les appareils olfactif et gustatif : la cinquième paire perçoit les sensations gustatives; pourquoi ne percevrait-elle pas certaines sensations des odeurs?

On a parlé de sujets qui sentent la saveur d'un aliment,

mais n'en perçoivent pas le fumet, qui n'ont pas conscience du bouquet d'un vin, etc. Il semble qu'il y ait dans ces exemples combinaison de sensations gustatives avec des sensations olfactives; la perception des aromes serait, en quelque sorte, l'œuvre d'un sens mixte. Se basant sur la perte de ce sens particulier pendant un coryza intense, on s'est demandé si chez les sujets qui sont d'une façon permanente dans l'impossibilité de percevoir les aromes, le nerf olfactif ne manquait pas. C'est encore une supposition.

Il faut absolument, pour juger la question de la part que peuvent prendre à l'olfaction les nerfs de la première et de la cinquième paire, faire des expériences précises.

L'ablation des nerfs olfactifs pourrait être exécutée sans détruire les lobes olfactifs, et sans amener une lésion aussi grave. D'un autre côté, il suffirait de couper les deux nerfs maxillaires supérieurs pour enlever aux narines la sensibilité générale ou spéciale qu'elles peuvent tenir de la cinquième paire, et observer l'odorat comparativement avant et après la section de cette branche de la cinquième paire. De cette façon, les délabrements ayant été peu considérables, il n'y aurait pas besoin d'attendre aussi longtemps pour constater l'état de l'olfaction; alors on ne pourrait plus objecter qu'il est survenu des lésions de nutrition dans la muqueuse nasale. Nous avons déjà dit ailleurs que les branches de la cinquième paire, qui vont se distribuer dans les fosses nasales, paraissent jouir d'une sensibilité moindre, et se rapprocher par là des nerfs de sensation spéciale.

Avant de vous parler d'expériences nouvelles, nous devons vous citer une expérience ancienne qui nous a donné des résultats fort singuliers et tout a fait étrangers d'ailleurs aux phénomènes relatifs à l'odorat qui ne furent pas suivis chez cet animal.

Exp. (1er mai 1841). — Sur un chien, on appliqua une couronne de trépan sur la partie antérieure du frontal ; on perfora les deux tables des sinus frontaux, et, à l'aide d'un instrument en forme de canif, on détruisit les deux nerfs olfactifs sur la lame ethmoïdale.

Le premier jour, l'animal tomba dans un coma profond. Peu à peu il se rétablit ; et, le troisième jour, l'animal complétement revenu commençait à manger.

On conserva ce chien en vue d'expériences ultérieures sur l'odorat, et on le laissa dans les caves du laboratoire ; il mangeait du reste très bien, lorsque, le 25 juin, l'animal devint subitement morne et silencieux, se tenant tapi dans son coin et évitant la lumière. Ces symptômes augmentèrent d'intensité ; il grondait, essayait de mordre lorsqu'on l'approchait ; ses yeux étaient brillants. ses membres se contractaient ; il écumait et offrait parfois des crises convulsives, comme épileptiformes ; il refusait toute espèce de nourriture. Après avoir offert pendant trois jours ces symptômes, l'animal mourut le 28 juin. L'autopsie n'a pas été faite.

Comment pourrions-nous expliquer ces phénomènes singuliers ? Ce serait un objet de recherches à poursuivre. Je dirai seulement qu'il me semble me rappeller que chez ce chien il s'établit, après l'ablation du nerf olfactif, une fistule frontale par laquelle s'écoulait du liquide céphalo-rachidien, et que plus tard cette fistule se boucha, et que c'est quelques jours après que l'animal présenta les symptômes que nous venons de rappeller. Peut-être dans ce cas s'était-il formé quelque lésion du côté du cerveau. Galien prétendait, comme on sait, que les humeurs s'échappaient du cerveau par les trous de la lame criblée; nous ne pensons cependant pas que son assertion puisse servir d'explication à ce cas.

De tout ce que nous avons dit sur le sens de l'olfaction, je ne voudrais tirer aucune conclusion définitive. J'ai désiré seulement vous prouver que le rôle exclusif des nerfs olfactifs n'est pas aussi bien établi qu'on le croit dans l'appréciation des odeurs, et qu'il faut encore des expériences pour prouver que la cinquième paire n'y prend aucune part. Car, je le répète, les faits qu'on a invoqués jusqu'ici ne sont pas suffisamment probants. Nous avons commencé quelques expériences sur la destruction des nerfs qui se rendent dans la membrane muqueuse des fosses nasales. Nous avons détruit, d'une part, les branches de la cinquième paire sur des chiens, et sur d'autres nous avons détruit les nerf olfactifs par un nouveau procédé, qui consiste à couper la partie antérieure des lobes cérébraux. Mais nos animaux ne sont pas encore suffisamment rétablis de l'opération pour que nous puissions faire l'observation dans des conditions convenables. Nous les observerons et nous vous donnerons ultérieurement les résultats de ces observations. En attendant, comme le temps nous presse, nous allons passer aux nerfs des autres organes des sens.

Le sens de la gustation n'est pas exclusivement sous

l'influence de la cinquième paire. En effet, la branche lingnale qui vient de cette paire nerveuse ne se distribue que dans les deux tiers antérieurs de la langue. Dans la partie postérieure, la gustation est sous l'influence du nerf glosso-pharyngien. Toutefois, cette

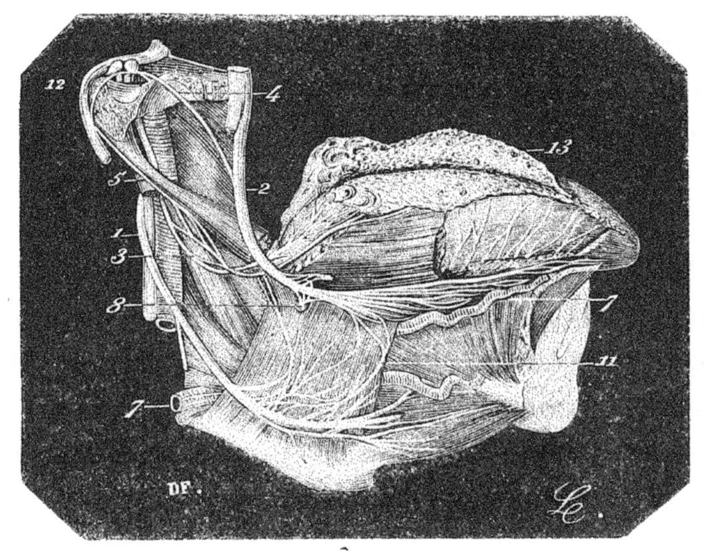

FIG. 12 (1).

localisation n'est applicable qu'à l'ensemble des filets et n'est pas d'une rigueur absolue, car il y a des filets de la cinquième paire qui se distribuent dans la région postérieure de la langue, et sur les piliers du voile du

(1) *Organe du goût.* (Figure empruntée à la *Nevrologie* de MM. Ludovic Hirchfeld et Leveillé). — 1, grand hypoglosse; — 2, branche linguale du trijumeau ; — 3, branche linguale du glosso-pharyngien; — 4, corde du tympan ;—5, rameau lingual du facial qui, après s'être anastamosé avec le glosso-pharyngien, parvient à la langue ;— 7, plan nerveux accompagnant l'artère linguale et sa division ; — 8, ganglion sous-maxillaire donnant des ramifications à la glande sous-maxillaire ; — 11, anastomose du nerf lingual avec le grand hypoglosse ;— 12, nerf facial; — 13, épiderme détaché du derme et déjeté en haut.

palais, de même aussi qu'il existe un grand filet nerveux décrit par M. Ludovic Hirschfeld (fig. 12), qui provient à la fois du facial et du glosso-pharyngien, et qui s'avance jusqu'à la pointe de la langue.

Nous n'avons rien à ajouter sur la physiologie des nerfs gustatifs, à ce qui est connu depuis longtemps déjà. Nous remarquerons seulement que le sens de la gustation offre ceci de particulier, qu'il est évidemment sous l'influence de deux nerfs, le glosso-pharyngien et la cinquième paire. La cinquième paire est donc, d'après cela, un nerf mixte possédant toutes les propriétés nerveuses connues. Il préside à la sensibilité générale par ses trois branches, et, de plus, par sa branche inférieure, il préside au mouvement et à la sensibilité spéciale. On s'est demandé si dans la partie antérieure de la langue la sensibilité tactile et la sensibilité spéciale étaient déterminées par les mêmes filets nerveux, ou bien s'il fallait considérer le nerf lingual comme possédant les deux ordres de fibres. C'est là une question qu'il est à peu près impossible de résoudre expérimentalement. Nous avons vu qu'outre la cinquième paire, il y avait encore la corde du tympan qui agissait sur la gustation dans la partie antérieure de la langue. Nous nous sommes expliqué sur son action, et nous avons montré ce qui peut survenir comme phénomène isolé consécutif à la section de ce filet nerveux. Toutefois il nous a semblé que le phénomène ne devenait surtout évident que lorsqu'on coupait la corde du tympan, après sa sortie de l'oreille moyenne.

On sait, en effet, que dans ce point la corde du tympan contracte des anastomoses avec des filets du grand sympathique, qui accompagnent l'artère méningée moyenne.

Nous n'avons pas essayé si, en enlevant le ganglion sous-maxillaire, on obtiendrait les mêmes résultats. Chez le chien, ce ganglion est à peine visible.

L'organe de la gustation, comme tous les organes des sens, possède des nerfs moteurs. Ces nerfs moteurs sont le glosso-pharyngien, considéré comme un nerf mixte, et plus spécialement le nerf grand hypoglosse, qui est le nerf moteur essentiel de l'organe. Nous n'avons rien à ajouter à ce qu'on sait sur les fonctions de ce nerf, si ce n'est que nous avons constaté sa sensibilité récurrente, et vu qu'elle lui était fournie par la cinquième paire. De sorte qu'ici nous voyons que la cinquième paire tient sous sa dépendance, non-seulement le nerf facial, les nerfs moteurs de l'œil, mais encore l'hypoglosse.

L'organe de l'ouïe possède, comme tous les organes des sens, trois espèces de nerfs : 1° le nerf de sensation spéciale, *nerf acoustique*, qui est bien évidemment le nerf de l'audition, mais que M. Flourens a divisé en deux, considérant la partie limacienne comme la portion acoustique par excellence, et la portion vestibulaire comme présidant à des mouvements d'équilibration de la tête. En effet, quand on blesse les canaux demi-circulaires, on voit survenir dans la tête des mouvements de torsion qui persistent pendant un temps plus ou moins long. Nous produisons quelquefois cet effet, lorsque voulant couper le facial dans le crâne nous venons à blesser les canaux demi-circulaires.

L'appareil auditif reçoit sa sensibilité générale du plexus cervical pour la peau de l'oreille externe; de la cinquième paire et du pneumogastrique pour le conduit auditif; pour l'oreille moyenne et la trompe d'Eustache, de la cinquième paire et du glosso-pharyngien par le filet qui émane du ganglion d'Andersch.

La sensibilité de l'oreille moyenne et du conduit auditif n'est pas douteuse. Quand on pratique la section de la corde du tympan chez le chien, on trouve que l'intérieur du conduit auditif est doué d'une sensibilité vive due à la cinquième paire. Le pneumogastrique fournit aussi au filet auriculaire que nous avons vu expérimentalement être très sensible, lorsque nous l'avons examiné avant et après la jonction au facial dans le canal spiroïde.

Lorsqu'on agit sur le nerf auditif, le nerf de Wrisberg ou le nerf facial, il est très difficile de ne pas léser tous ces nerfs à la fois. Il serait impossible par exemple, même en opérant sur de gros animaux, sur des chevaux comme nous l'avons fait, de couper isolément à leur entrée dans le conduit auditif interne, le facial, l'acoustique, ou le nerf de Wrisberg; de façon qu'il est difficile d'examiner l'influence que pourrait avoir sur le sens de l'ouïe la soustraction des nerfs moteurs qui animent les muscles des osselets de l'oreille. Nous avons pu opérer cette séparation des nerfs par l'arrachement qui permet d'enlever quelquefois le nerf facial seul, quelquefois aussi avec lui le nerf intermédiaire de Wrisberg; mais en respectant toujours le nerf acoustique. Or, nous avons remarqué, ainsi que le prouvent les expériences déjà citées, qu'après l'arrachement du nerf facial le sens de l'ouïe n'est pas perdu. Toutefois, il serait impossible de dire s'il n'a pas été modifié, parce que les animaux ne peuvent pas rendre compte de ce qu'ils éprouvent. Nous pouvons remarquer cependant, en parcourant les observations prises chez l'homme, que la paralysie du nerf facial, lorsqu'elle n'est pas due à une lésion de l'oreille, n'entraîne généralement pas d'altération sensible dans le sens auditif.

DIXIÈME LEÇON.

10 JUIN 1857.

SOMMAIRE : Nerf spinal. — Son histoire physiologique ; Galien, Willis, Scarpa, Ch. Bell, Bischoff. — Anatomie du nerf spinal chez l'homme et chez les animaux. — Propriétés du spinal.

MESSIEURS,

Nous avons souvent répété que la distribution anatomique d'un nerf étant connue, la méthode physiologique expérimentale qu'on emploie pour déterminer ses usages consiste à le couper. Le nerf ainsi séparé du cerveau ou de la moelle n'exerce plus son influence dans les parties du corps où ses branches se ramifient. Les phénomènes auxquels il donnait lieu ne se produisent plus; en constatant leur absence, on établit par voie négative le rôle qui appartient au cordon nerveux.

Si les fonctions du spinal sont restées longtemps indéterminées, cela tient uniquement à ce que ce nerf était plus difficilement accessible que beaucoup d'autres au mode d'expérimentation que je viens de rappeler. L'idée de détruire ses origines nombreuses et d'aller les atteindre au milieu du trajet bizarre qu'elles parcourent dans le canal rachidien, paraît, au premier abord, d'une réalisation presque impossible. Cependant cette expérience a été tentée et exécutée dans ces derniers temps. Mais, les mutilations considérables qui accompagnaient l'opération entraînant toujours rapidement la mort des animaux, les expérimentateurs n'ont pu établir leurs opinions que sur des phénomènes de courte durée, et conséquemment incomplets.

Les résultats obtenus au milieu de ces circonstances défavorables ne m'ont pas paru, ainsi qu'à beaucoup de physiologistes, suffisamment concluants, et on ne pouvait en attribuer la faute qu'au procédé expérimental, qui était défectueux, car le sujet avait été étudié avec autant de conscience que de savoir.

J'ai entrepris autrefois des recherches à ce sujet, dans la pensée que si on trouvait le moyen de conserver la vie aux animaux, et cependant de détruire chez eux complétement toutes les origines du spinal, le problème serait résolu.

Après des épreuves longues et multipliées, j'ai enfin réussi à faire ce que n'avaient pas fait mes devanciers, à observer et à étudier pendant un temps considérable les troubles apportés aux fonctions des animaux auxquels j'avais enlevé complétement les nerfs spinaux ou accessoires de Willis. J'ai pu en conséquence présenter des faits nouveaux, qu'on trouvera, je l'espère, déduits d'une expérimentation aussi rigoureuse que possible.

Dans l'exposé des travaux qui ont été entrepris pour arriver à établir le rôle physiologique du nerf spinal, je passerai succinctement en revue les principales opinions émises jusqu'à ce jour sur les fonctions de ce nerf. Je m'arrêterai principalement au travail de Bischoff, et je discuterai avec soin cette doctrine actuellement régnante, d'après laquelle on voudrait confondre le pneumogastrique et le spinal comme les deux racines d'une paire nerveuse rachidienne. L'importance de cette théorie et la célébrité qu'elle a acquise justifieront sans doute l'étendue des développements que je donnerai à son examen.

Je vous rappellerai ensuite les recherches anatomiques et physiologiques à l'aide desquelles j'ai déterminé les fonctions du spinal. Sous le rapport anatomique, je crois avoir été conduit à des vues nouvelles, qui éclaireront et simplifieront les descriptions très diverses et souvent confuses qu'on a données sur les origines et la distribution du nerf spinal. Sous le rapport physiologique, si j'insiste sur les procédés d'expériences qui me sont propres, c'est qu'ici plus que jamais les résultats dépendaient des moyens d'analyse et d'expérimentation.

1° WILLIS (1664). Galien n'avait sur le spinal que des connaissances fort incomplètes, et il considérait ce nerf comme un rameau du pneumogastrique (6ᵉ paire de Galien). Willis le premier décrivit comme un nerf particulier le spinal, auquel il reconnut une origine et une distribution distinctes de celles du pneumogastrique. Il assigna également un rôle physiologique différent à ces deux nerfs.

Willis signala parfaitement les origines du spinal à la moelle épinière cervicale ; il décrivit son trajet ascendant dans le canal vertébral et sa sortie du crâne avec le pneumogastrique par le trou déchiré postérieur. Il insista sur les connexions que le nerf spinal offre dans le trou déchiré postérieur avec le pneumogastrique, et il regardait déjà cette anastomose comme un lien physiologique entre les deux nerfs. « C'est dans ce point, dit-il, que le vague (ou pneumogastrique) peut, à la faveur d'une étroite union, communiquer ses fibres, et, par suite, ses propriétés à l'accessoire (ou spinal). »

Or, voici comment Willis interprétait physiologiquement cette union nerveuse. Suivant lui, le spinal était un nerf *moteur volontaire*, qui remontait dans le crâne et s'adjoignait au vague, non pour lui fournir, mais au contraire pour lui emprunter des fibres et par suite une influence *motrice involontaire*. D'où il résultait, d'après Willis, qu'indépendamment de sa vertu motrice volontaire qu'il tirait de la moelle épinière cervicale, le spinal possédait de plus, par cet emprunt de filets au vague, une faculté motrice involontaire acquise, qui lui permettait d'agir sympathiquement avec le pneumogastrique dans certains mouvements des passions se passant dans le cou et dans le membre supérieur. Puis l'auteur supposait que c'était afin de contracter cette anastomose importante dans le trou déchiré postérieur que le spinal né de la moelle épinière cervicale avec les nerfs volontaires était obligé de remonter dans le crâne et de parcourir un trajet si bizarre. Enfin, Willis ajoutait qu'au moyen de cette anastomose nerveuse le spinal devenait l'auxiliaire ou, suivant son expression, l'*accessoire* du pneumogastrique.

Cet exposé de la théorie de Willis sur les fonctions du spinal prouve clairement que cet auteur admettait que le pneumogastrique *fournit une anastomose au nerf spinal*, tandis que Scarpa et tous les modernes admettent au contraire que c'est le pneumogastrique qui *reçoit une anastomose du spinal*. Dans la deuxième partie de ce travail, je prouverai que la description de Willis n'en est pas moins très exacte, et que si elle diffère de celle de Scarpa, cela tient uniquement à ce que ces deux auteurs ont délimité différemment les origines du nerf spinal.

2° SCARPA (1788). Scarpa, comme Willis, chercha à expliquer les fonctions du spinal par l'union anatomique que ce nerf offre avec le pneumogastrique. Seulement il donna une description de cette anastomose tout opposée à celle de Willis. Scarpa, en effet, a décrit, sous le nom de *branche interne du spinal*, un rameau considérable que ce nerf envoie dans le tronc du vague au niveau du trou déchiré postérieur, et il considérait déjà cette anastomose comme une sorte de *racine motrice* fournie par la moelle cervicale au nerf pneumogastrique. Cette interprétation, qui fut admise par Sœmmerring, Arnold, etc., se retrouvera plus tard soutenue par Bischoff avec des développements nouveaux.

Comme doctrine physiologique, Scarpa pensait que le nerf spinal (ou accessoire de Willis) ne s'insère si longuement dans le canal vertébral qu'afin de porter au pneumogastrique l'influence nerveuse de toute cette étendue de la moelle. « Le nerf accessoire, dit-il, qui a la même origine que les nerfs du bras, remonte dans le crâne pour envoyer un rameau dans le vague ou pneumogastrique, et lier ainsi sympathiquement les mouvements qu'il régit à ceux du membre supérieur et du cou. » Bien que cette opinion semble se rapprocher de celle de Willis, en ce que le nerf spinal servirait à établir une relation sympathique entre les mouvements de la respiration et ceux du bras et du cou, elle en diffère cependant essentiellement quant au fond. Pour Willis, c'était le pneumogastrique qui communiquait son influence au spinal, tandis que, pour Scarpa, c'était au contraire le spinal qui apportait au vague l'influence de la moelle épinière. Ces deux théories, au lieu de se confondre, sont donc en pleine opposition. Il ne pouvait en être autrement, puisque les deux auteurs ont basé leurs explications sur le même fait anatomique (l'anastomose du spinal et du vague) interprété d'une manière tout opposée.

3° Ch. Bell (1821). Tel était l'état de la question sur les fonctions du spinal lorsque la découverte de Ch. Bell et Magendie sur les usages des nerfs rachidiens vint donner un nouvel élan à la physiologie du système nerveux. Ch. Bell et Magendie, comme on sait, furent les premiers qui démontrèrent expérimentalement la localisation des *nerfs de sentiment* dans les racines postérieures et celle des *nerfs de mouvement* dans les racines antérieures de la moelle épinière. Mais le physiologiste anglais subdivisa de plus les nerfs moteurs en deux ordres : les uns, moteurs volontaires, nés exclusivement du faisceau antérieur de la moelle, et les autres présidant aux mouvements involontaires ou *respiratoires* et prenant leur origine sur le faisceau médullaire latéral. Dans cette dernière classe, il range le *facial*, le *glosso-pharyngien*, le *pneumogastrique*, le *spinal* ou l'*accessoire* et l'*hypoglosse*. Toutes les recherches de Ch. Bell sur le spinal furent faites dans le but de confirmer sa théorie des nerfs respiratoires.

Pour cet auteur, le spinal doit être un nerf respiratoire, parce qu'il naît du faisceau latéral de la moelle épinière, et c'est à ce titre, dit Ch. Bell, qu'il va porter aux muscles sterno-mastoïdien et trapèze une influence motrice involontaire en rapport avec les mouvements normaux du thorax; et comme les muscles auxquels se distribue le spinal reçoivent encore des filets des racines antérieures par le plexus cervical, il s'ensuit qu'ils possèdent à la fois une double faculté motrice, l'une volontaire, l'autre involontaire. Cette double source motrice expliquerait, d'après Ch. Bell, comment dans certains cas d'hémiplégie, lorsque les mouvements volontaires sont abolis, les muscles sterno-mastoïdien et trapèze peuvent encore servir à la respiration en soulevant le thorax dans les grandes inspirations.

Les opinions de Willis et de Scarpa sur les fonctions du spinal furent, ainsi que nous l'avons vu, de simples inductions anatomiques, tandis que Ch. Bell, et ensuite Shaw, qui adopta sa manière de voir sur le spinal, furent les deux premiers auteurs qui essayèrent de vérifier leur théorie par la voie expérimentale.

L'expérience suivante, qui est la principale, appartient à Ch. Bell. Sur un âne, chez lequel les muscles de la respiration étaient en action, ce physiologiste coupa tous les filets du spinal qui se rendent dans le sterno-mastoïdien. « Aussitôt, dit-il, tous les mouvements involontaires ou respiratoires cessèrent dans ce muscle, tandis que l'animal pouvait encore s'en servir comme muscle volontaire. »

J'ai répété cette expérience sur des chiens, des chats et des lapins sans obtenir des résultats de la même nature que ceux qu'indique Ch. Bell. Quelques autres physiologistes n'ont pas non plus réussi. Bischoff rapporte également deux expériences dans lesquelles il coupa sur des chiens les spinaux sur les côtés de la moelle allongée; six semaines après, la plaie du cou étant guérie, il constata que les mouvements des sterno-mastoïdiens étaient très visibles quand on provoquait de grandes inspirations en comprimant les narines de l'animal.

En définitive, il demeure incontestable qu'en reséquant les nerfs spinaux on paralyse certains mouvements dans les muscles sterno-mastoïdien et trapèze. Mais, contre l'opinion de Ch. Bell, il semblerait plutôt qu'on abolit les mouvements *non respiratoires*, puisque nous avons vu ces mouvements persister sous la seule influence du plexus cervical. Du reste, Ch. Bell n'établit pas assez nettement dans son expérience sa distinction entre les mouvements volontaires et respiratoires. Plus tard, nous aurons encore à revenir sur ces expériences de Ch. Bell, qui se rapportent uniquement, comme on le voit, à la *branche externe* du spinal, et nullement au rôle fonctionnel de sa *branche interne* ou portion anastomotique avec le pneumogastrique, qui avait au contraire spécialement fixé l'attention de Willis et de Scarpa.

4° Bischoff (1832). Depuis la découverte de Ch. Bell et Magendie, les études physiologiques poursuivies de tout côté avec persévérance avaient suscité des recherches anatomiques plus minutieuses, qui avaient assis la doctrine de la séparation des nerfs moteurs et sensitifs sur des preuves nouvelles. Comme tout système en faveur, celui-ci tendait de jour en jour à se généraliser. Déjà des travaux importants de Sœmmerring, de Ch. Bell, d'Eschricht, etc., sur la cinquième paire et sur le facial faisaient penser que l'on pourrait aussi, de même que pour les paires rachidiennes, distinguer dans les nerfs crâniens l'élément moteur de l'élement sensitif et par là les ramener à la même systématisation.

La jonction anatomique du pneumogastrique et du spinal semblait se prêter à cette manière de voir. Déjà Gœres, en 1805, c'est-à-dire avant la découverte des propriétés des nerfs rachidiens, avait dit qu'on pouvait comparer les origines du vague et de l'accessoire aux deux racines d'une paire rachidienne. Cette vue, déjà indiquée par Scarpa et plus tard partagée par Arnold et quelques anatomistes, fut reprise par Bischoff, qui eut le mérite de l'introduire dans la science. Cet auteur, dans un travail remarquable, s'appuyant d'une part sur l'anatomie humaine et comparée, et d'autre part sur l'expérimentation physiologique directe, vérifia pleinement le théorème de Gœres et avança cette proposition absolue, que le pneumogastrique (nerf sensitif) et le spinal (nerf moteur) ont des origines distinctes et se trouvent entre eux dans le même rapport anatomique et physiologique que les deux racines d'une paire rachidienne : *Nervus accessorius Willisii est nervus motorius atque eandem habet rationem ad nervum vagum qui sensibilitati solummodo præest, quam antica radix nervi spinalis ad posticam.*

Une semblable démonstration, dans laquelle les prévisions de la théorie se trouvaient si pleinement confirmées par l'expérience, produisit une vive sensation. Le nom de l'auteur et des illustres témoins devant qui il fit son expérience contribuèrent à porter rapidement la conviction dans les esprits et firent accepter cette doctrine avec toute la confiance qu'elle paraissait mériter.

Cependant la difficulté de reproduire l'expérience telle que l'indique Bischoff, quelques objections anatomiques faites à cette manière de voir, qui ne semblaient pas suffisamment résolues dans le travail du physiologiste allemand, laissèrent encore des doutes dans l'esprit d'un certain nombre de physiologistes, qui ne furent pas entièrement convaincus. Muller, Magendie, etc., étaient de ce nombre, et attendaient, avant de se prononcer sur cette question, qu'on eût rassemblé de nouveaux faits. Magendie, ayant répété plusieurs fois l'expérience de Bischoff, n'obtint pas des résultats semblables, et il signala le premier certains désordres qui surviennent dans la démarche de l'animal, et particulièrement dans les mouvements des membres antérieurs, à la suite de la section des nerf spinaux dans le crâne.

Du reste, en lisant le travail de Bischoff, il est facile de voir que cet auteur est sous l'influence de la tendance scientifique régnante, et qu'il se préoccupe, avant tout, de confirmer une analogie théorique entre une paire rachidienne et les nerfs pneumogastrique et spinal. Aussi, le problème, tel que Bischoff se l'est posé, n'a pas été d'étudier d'une manière générale les fonctions du spinal ; mais, dominé par le point de vue systématique, il arrive de suite à se demander :

1° Le spinal est-il *anatomiquement* une racine antérieure associée au nerf pneumogastrique ?

2° Le spinal est-il *physiologiquement* une racine antérieure motrice, tandis que le vague serait la racine postérieure sensitive correspondante ?

Toute la thèse de Bischoff a pour but la démonstration affirmative de ces deux propositions. Nous devons les reprendre et les examiner chacune à part dans l'appréciation critique que nous allons faire de la doctrine qu'elles représentent.

Première proposition. — *Le nerf spinal peut-il être comparé sous le rapport anatomique à la racine antérieure d'une paire rachidienne dont le pneumogastrique représenterait la racine postérieure ?*

Les principaux arguments apportés par Bischoff et par les autres auteurs qui ont soutenu cette comparaison anatomique se résument en disant :

1° Que le nerf spinal, comme une racine rachidienne antérieure, naît du faisceau antéro-latéral de la moelle ;

2° Que ce nerf, comme une racine rachidienne antérieure, est toujours dépourvu de ganglion sur son trajet ;

3° Que le spinal, en s'anastomosant dans le trou déchiré postérieur, par sa branche interne avec le pneumogastrique au-dessous de son ganglion jugulaire, se comporte à l'égard de ce nerf de la même manière que le fait une racine rachidienne antérieure, quand elle s'unit à sa racine postérieure correspondante dans le trou de conjugaison, après son ganglion intervertébral ;

4° Enfin, on ajoute que la distribution de la branche externe du spinal dans les muscles sterno-mastoïdien et trapèze établit pleinement sa nature motrice.

Tout le monde admet, en effet, et cela est incontestable, que le spinal possède les caractères anatomiques d'un nerf moteur. Ce qui n'empêche pas, ainsi qu'il sera facile de le démontrer, que les rapprochements précédents, qui tendraient à faire considérer ce nerf comme la racine antérieure de pneumogastrique, ne soient complétements inexacts et forcés.

D'abord, le mode d'origine du spinal n'est pas le même que celui d'une racine antérieure. Ce nerf prend naissance dans une étendue très considérable de la moelle épinière, tandis que chaque racine rachidienne naît d'un point très limité. Ensuite, au lieu de s'insérer comme les racines antérieures, dans le sillon de séparation du faisceau antérieur et du faisceau latéral, les filets originaires du spinal émergent d'une partie de la moelle beaucoup plus reculée et très près du faisceau postérieur comme nous le verrons bientôt.

Sous le rapport de ses variations de volume chez les animaux, le spinal ne se montre pas, comme une racine rachidienne antérieure, d'autant plus volumineux que les organes musculaires auxquels ils se distribue prennent un plus grand développement.

Ainsi le spinal n'augmente pas chez les animaux dont les organes pharyngo-gastriques acquièrent un volume considérable. Chez le bœuf, où il y a quatre estomacs très musculeux et des mouvements spéciaux de rumination, le spinal n'est pas plus gros que chez le cheval, où il y a un estomac simple, très petit, dans lequel les aliments séjournent pendant très peu de temps.

Mais le rapprochement le plus erroné qu'on a voulu établir entre le spinal et une racine antérieure, c'est d'avoir comparé son anastomose avec le pneumogastrique dans le trou déchiré postérieur à l'union qui s'établit entre les racines rachidiennes antérieure et postérieure dans le trou de conjugaison.

En effet, les deux racines rachidiennes, un peu au delà du ganglion intervertébral qui appartient à la racine postérieure, se joignent et se réunissent de telle manière qu'il y a une décussation intime entre leurs filets. Cette intrication est entière et se montre comme une fusion complète des deux racines en un nerf mixte ; de telle sorte qu'il devient impossible de distinguer si un rameau né au delà de cette union provient de la racine antérieure plutôt que de la racine postérieure.

Pour le spinal, au contraire, c'est une simple jonction partielle de sa branche interne avec le tronc du pneumogastrique. Bischoff, partageant l'opinion de Scarpa, de Gœres, etc., pensait que cette branche anastomotique interne résultait indistinctement de filets émanés de toute l'étendue des origines du nerf spinal. Mais les dissections de Bendz, de Spence, ainsi que les miennes, prouvent clairement que le rameau anastomotique, qui se jette dans le tronc du pneumogastrique, provient uniquement des trois ou quatre filaments originaires les plus élevés du spinal, qui naissent de la moelle allongée, tandis que toutes les origines situées au-dessous et s'insérant sur la moelle cervicale composent la branche externe du spinal, qui reste complétement étrangère à l'anastomose du spinal et du pneumogastrique.

Il n'y a donc, d'après cela, que les filets originaires du spinal provenant de la moelle allongée qui s'anastomosent avec le vague, et ce seraient les seuls qu'on pourrait réellement chercher à considérer comme représentant la racine antérieure du pneumogastrique.

Mais la comparaison, même ainsi restreinte, est encore fautive. En effet, si nous supposons que la branche interne du spinal seule joue le rôle d'une racine antérieure à l'égard du pneumogastrique, elle devrait se confondre avec lui comme le fait une racine antérieure avec sa racine postérieure correspondante. Or, au lieu d'une fusion complète il existe un simple accolement, et on constate clairement par la dissection la plus facile que, parmi les filets de cette anastomose interne du spinal, il en est qui se continuent directement avec la branche pharyngienne du vague, tandis que, à l'égard des rameaux qui naissent après l'union des racines rachidiennes, ainsi que je l'ai déjà dit, le scalpel le plus habile ne pourrait débrouiller, tant la fusion des deux nerfs a été intime. Spence, qui a soutenu cette opinion que la branche interne du spinal représentait seule la racine antérieure du vague, n'a pas admis la fusion des deux nerfs, car il compare très ingénieusement cette anastomose à la petite racine motrice de la cinquième paire.

Une objection grave doit encore être faite à la manière dont on a considéré l'anastomose du spinal dans ses rapports avec le ganglion du pneumogastrique. On sait en effet que chaque racine rachidienne antérieure s'unit à la racine postérieure un peu au delà du ganglion intervertébral de cette dernière. La plupart des auteurs, regardant le ganglion jugulaire du pneumogastrique, qu'on voit exister sur son trajet au moment où il pénètre dans le trou déchiré postérieur, comme l'analogue du ganglion intervertébral d'une racine postérieure, ont cru trouver là un argument en faveur de leur doctrine en disant que le spinal s'unit au pneumogastrique au-dessous de ce ganglion. Mais il fallait prouver d'abord que ce ganglion du pneumogastrique était l'analogue du ganglion intervertébral d'une racine rachidienne postérieure. Or, il est facile de démontrer que le seul ganglion qui pourrait être rapproché de celui des racines postérieures est celui qui existe sur le trajet du pneumogastrique, au-dessous du l'anastomose du spinal. Ce ganglion est très visible et nettement délimité chez certains animaux, tels que le chat et le lapin (fig. 14, *n*, *n*), tandis que chez l'homme il est représenté par une sorte d'intumescence ganglionnaire diffuse du tronc du pneumogastrique à laquelle on donne le nom de *plexus gangliforme*, et qui avait été décrit déjà parfaitement par Scarpa. De sorte que l'anastomose du spinal diffère encore de celle d'une racine antérieure, en ce qu'elle se jette dans le pneumogastrique réellement au-dessus du ganglion, qui est l'analogue de celui d'une racine postérieure.

En résumé, à cause de toutes les différences précédemment signalées, je conclus « qu'au point de vue » anatomique, les nerfs pneumogastrique et spinal ne

» sont pas dans les mêmes rapports que les deux racines
» d'une paire rachidienne, et que le rapprochement
» qu'on a voulu établir entre eux à cet égard me paraît
» fautif. »

DEUXIÈME PROPOSITION. — *Le nerf spinal peut-il être comparé physiologiquement à la racine antérieure d'une paire rachidienne dont le pneumogastrique représenterait la racine postérieure?*

1° *Sous le rapport de sa sensibilité récurrente.*

Aujourd'hui il est parfaitement établi (voy. Ier vol.) que les racines antérieures rachidiennes, qui sont spécialement motrices, manifestent cependant aux irritations physiques ou mécaniques une sensibilité qui est tout à fait particulière, en ce qu'elle semble venir de la périphérie, ce qui l'a fait nommer *sensibilité en retour* ou *sensibilité récurrente.*

Il s'agit actuellement de juger avec ce nouveau caractère la question d'association du pneumogastrique et du spinal. Il s'agit, en un mot, de savoir si le spinal est la racine antérieure du pneumogastrique. Pour cela, on le comprend, il faut rechercher si la sensibilité récurrente du spinal provient du pneumogastrique, de même que la sensibilité récurrente d'une paire rachidienne antérieure provient de sa racine postérieure correspondante. Si le pneumogastrique fournit la sensibilité au spinal, on pourra dire qu'il remplit relativement à lui le rôle d'une racine postérieure. Dans le cas contraire, la question devra être jugée en sens inverse, puisque la propriété essentielle qui caractérise l'association des deux racines d'une paire rachidienne ne se rencontrera pas entre le spinal et le pneumogastrique.

Or, j'ai constaté que la sensibilité récurrente du spinal, que j'ai trouvée excessivement nette et évidente chez le chien, le lapin, le chevreau, ne subit aucune diminution par la section du pneumogastrique ; ce qui prouve péremptoirement que ce n'est point ce nerf qui fournit la sensibilité récurrente au nerf spinal. Je montrerai ultérieurement que cette sensibilité récurrente du spinal provient des racines postérieures des quatre premières cervicales, de sorte que, à ce point de vue, il faudrait considérer le spinal comme une racine rachidienne antérieure surajoutée aux racines antérieures des quatre premières paires cervicales, puisqu'il tire sa sensibilité récurrente de la même source qu'elles.

Pour le moment, je veux seulement déduire de tout ce qui précède que le spinal ne reçoit pas sa sensibilité récurrente du pneumogastrique, comme cela arrive pour les racines rachidiennes antérieures, qui reçoivent cette propriéte de leur racine postérieure correspondante. D'où je conclus « que, sous le rapport de sa sensibilité » récurrente, le spinal ne peut pas du tout être considéré » comme l'analogue de la racine antérieure d'une paire » rachienne, dont le pneumogastrique représenterait la » racine postérieure. »

Une remarque que je n'ai vu faire par aucun physiologiste et qui suffirait, ce me semble, à elle seule pour montrer clairement que le pneumogastrique ne peut pas être comparé physiologiquement à une racine postérieure rachidienne, c'est que ce nerf présente aux irritations mécaniques des phénomènes de sensibilité essentiellement différents de ceux qui caractérisent une racine postérieure rachidienne. En effet, tandis que les racines postérieures rachidiennes ou le nerf mixte qu'elles forment sont invariablement doués d'une sensibilité très vive, le pneumogastrique, au contraire, examiné au milieu du cou, présente, au moins dans la moitié des cas, chez le chien, une sensibilité nulle ou très obtuse ; et chez le lapin, je ne l'ai jamais pu trouver doué d'une sensibilité très évidente.

2° *Sous le rapport de ses propriétés motrices à l'excitation galvanique, le spinal est-il comparable à une racine rachidienne antérieure?*

Muller le premier s'est servi convenablement de l'excitation galvanique pour distinguer les racines rachidiennes entre elles. L'expérience peut être faite sur un animal vivant ou immédiatement après la mort, et voici comment on s'y prend : après avoir coupé les racines du nerf et les avoir séparées du centre nerveux, on applique le galvanisme à leur bout périphérique et on constate, en agissant avec les précautions nécessaires, *que l'irritation galvanique portée sur le bout périphérique d'une racine antérieure coupée donne lieu sur-le-champ aux convulsions les plus violentes, tandis que lorsqu'on agit sur le bout périphérique d'une racine postérieure on n'en provoque jamais*. Muller avait conseillé, pour juger la question de savoir si le pneumogastrique et le spinal étaient dans les mêmes rapports physiologiques qu'une racine antérieure et postérieure, d'employer l'excitation galvanique. Voici comment il indiqua l'expérience : « Il faudrait, pour résoudre cette question, employer la méthode dont j'ai fait usage pour les nerfs rachidiens, et qui consiste à faire agir des irritants tant mécaniques que galvaniques sur ces racines, afin de voir si ces irritations appliquées au nerf accessoire dans l'intérieur même du crâne, chez un animal récemment mis à mort, occasionnent des convulsions du pharynx, et si le nerf vague, traité de la même manière, n'en déterminerait pas. » Ces expériences galvaniques, indiquées par Muller, ont été faites par MM. Van Kempen, Hein, Bischoff et Longet.

Les recherches de tous les auteurs précités sont d'accord pour démontrer que le spinal se comporte aux irritations galvaniques comme un nerf moteur; mais elles diffèrent quand il s'agit de déterminer si les mouvements qu'on provoque dans ce nerf se transmettent au pneumogastrique.

Hein assure que l'excitation du pneumogastrique détermine des convulsions dans le pharynx et dans le voile du palais. Van Kempen avance, de son côté, que ces mouvements du vague ne viennent pas du spinal, car l'excitation de ce nerf ne détermine pas, suivant lui, de convulsions dans le larynx.

M. Longet est en opposition avec Hein et Van Kempen, et il soutient que le pneumogastrique n'a aucune faculté motrice par lui-même, parce que son excitation galvanique dans le crâne ne détermine aucune convulsion dans le pharynx ni dans le larynx, tandis que l'excitation galvanique du spinal provoque au contraire des contractions violentes dans le larynx.

Cette différence dans les résultats provient de la manière différente dont chaque auteur a délimité son expérience, ainsi que je le montrerai plus loin. Pour le moment je dirai seulement que je partage pleinement l'opinion généralement admise aujourd'hui par la plupart des physiologistes, que l'excitation galvanique appliquée au pneumogastrique peut déterminer des mouvements dans le pharynx et le larynx.

J'admets donc que le galvanisme convenablement appliqué met en évidence dans le pneumogastrique une source motrice propre, indépendante de celle que la branche interne du spinal porte au larynx. D'où je conclus que « le pneumogastrique ne se comporte pas à » l'excitation galvanique comme une racine rachidienne » postérieure, et que le spinal ne lui fournit pas exclu- » sivement sa faculté motrice, comme cela a lieu pour » une racine antérieure à l'égard de sa racine postérieure » correspondante. »

3° *Sous le rapport de sa fonction motrice, les vivisections démontrent-elles que le spinal est la racine antérieure du pneumogastrique ?*

Il s'agit encore d'examiner, à l'aide d'autres expériences, si le spinal est la racine motrice du pneumogastrique, autrement dit, si tous les mouvements du pharynx, de l'œsophage, de l'estomac, du cœur et des poumons auxquels préside le nerf pneumogastrique, tirent exclusivement leur source de l'anastomose que le spinal (nerf moteur) envoie dans le nerf pneumogastrique. C'est là l'opinion que Bischoff a développée dans le travail que nous avons déjà cité. Voyons les arguments qu'il avance et les faits sur lesquels il s'appuie.

Partons de ce fait que lorsqu'on coupe à leur origine toutes les racines postérieures de la moelle épinière qui se rendent dans un membre, *la sensibilité seule s'y trouve complétement abolie ;* tandis que si l'on agit uniquement sur les racines antérieures correspondantes, *la motilité est seule détruite* dans le membre, qui a néanmoins conservé toute sa sensibilité. Eh bien, il est facile de comprendre que c'était de la même manière qu'on devait pouvoir démontrer les propriétés de la prétendue paire pneumospinale. Cela se résume donc, comme le dit Bischoff, à couper le spinal avant son union avec le pneumogastrique, et la question sera résolue si, après cette section, la faculté motrice du pneumogastrique est entièrement abolie, ainsi que cela arrive après la destruction des racines antérieures qui se rendent dans un membre. C'est dans la vue de chercher cette démonstration que Bischoff a institué ses expériences, que je rappelle ci-après.

Expériences de Bischoff. — Des sept expériences que cet auteur rapporte, une seule lui paraît probante : c'est la dernière. Nous les mentionnerons toutes, cependant, à cause de certaines particularités qu'elles ont offertes et pour ne rien négliger des arguments sur lesquels Bischoff appuie sa théorie.

Première expérience (chien). — Essai infructueux pour arriver sur les origines du pneumogastrique et du spinal, au moyen d'une couronne de trépan. « La mort survint rapidement, dit Bischoff, par l'hémorrhagie qui résulte de l'ouverture des sinus veineux. »

Pour ses autres expériences, l'auteur choisit un procédé qui consistait à fendre la membrane occipito-atloïdienne après avoir disséqué les muscles postérieurs du cou au moyen d'une incision en T.

Deuxième expérience (chien). — L'animal, épuisé par la perte considérable de sang, meurt avant la fin de l'expérience.

Troisième expérience (chien jeune et vigoureux). — Le ligament occipito-atloïdien étant mis à découvert et la dure-mère ayant été divisée, il s'écoula une grande quantité de liquide céphalo-rachidien. Bischoff, voyant alors distinctement les deux nerfs spinaux placés sur les côtés de la moelle allongée, parvint à les diviser facilement au-dessus de la première paire rachidienne. Lors de la section du nerf spinal droit, le chien hurla et pencha la tête à droite. Au moment de la section du spinal gauche, l'animal poussa le même cri et pencha la tête de ce côté. Mais le sinus veineux latéral droit ayant été blessé, l'animal mourut aussitôt.

« Cette expérience, de même que les précédentes, ne prouve rien, » dit Bischoff. « L'expérimentation est très difficile, ajoute-t-il, à cause de la grande quantité de sang qui gêne le manuel opératoire et dont la perte affaiblit les animaux au point de compliquer singulièrement les résultats. » Cependant il poursuit ses tentatives.

Quatrième et cinquième expérience (sur deux chiens). — Bischoff parvint à diviser la membrane occipito-atloïdienne et à couper les deux spinaux dans le canal vertébral au-dessus de la première paire rachidienne. Après cette opération, les deux chiens eurent la voix rauque et altérée. Tous deux purent être conservés jusqu'à guérison, et ce qu'il y eut de remarquable, c'est qu'après quelques semaines, la voix révint avec son timbre ordinaire. L'autopsie faite alors avec beaucoup de soin prouva que les spinaux étaient bien coupés, mais elle laissa aussi constater, dit Bischoff, qu'au-dessus du point de leur section il restait quelques filets originaires du spinal, qui permettaient à ces nerfs d'exécuter encore leurs fonctions. L'ablation des spinaux n'avait donc été que partielle.

Sixième expérience (chevreau). — Bischoff commençait à désespérer d'arriver à une expérience complète, quand par hasard il observa que sur les chèvres l'espace entre l'occipital et l'atlas, étant beaucoup plus grand, permettrait d'atteindre les racines supérieures du spinal. Il se décida à tenter de nouvelles expériences sur ces animaux qui, plus criards et plus sensibles que les chiens, lui semblaient encore sous ce rapport devoir être plus favorables à ce genre de recherches. Sur un premier chevreau, Bischoff, après avoir ouvert la membrane occipito-atloïdienne, fut encore obligé de diviser les os pour atteindre les racines supérieures du spinal. Malgré le sang qui coula en abondance, il coupa autant qu'il put les racines des nerfs accessoires. Cependant l'animal ne perdit pas entièrement la voix. L'autopsie étant venue apprendre qu'il restait encore quatre ou cinq filets originaires intacts de chaque côté, on s'expliqua comment la voix n'avait pas été entièrement abolie.

Septième expérience (chevreau). — Sur un second chevreau plus vigoureux, Bischoff répéta la même expérience avec un plein succès. Après la section complète de toutes les racines du spinal droit, la voix devint rauque. A mesure qu'on les coupait du côté opposé, la voix s'éteignit graduellement, et à la fin l'animal ne rendit plus qu'une espèce de son qui ne pouvait être qualifié du nom de voix, « *qui neutiquam vox appelari potuit.* »

Tiedemann et Seubert étaient présents à cette expérience : l'autopsie du chevreau faite en leur présence démontra que toutes les racines des spinaux avaient été coupées et que le vague était resté intact des deux côtés.

Bischoff ne refit plus cette expérience, et il se félicite beaucoup d'avoir pu réussir une fois devant des témoins aussi illustres que ceux qui l'assistaient.

C'est d'après cet unique fait que Bischoff a conclu que le spinal représentait la seule racine motrice du vague.

La théorie de Bischoff s'introduisit rapidement dans la science, et fut soutenue par des physiologistes de tous les pays ; mais nulle part, sans doute à cause de sa difficulté, l'expérience de Bischoff ne fut reproduite, si ce n'est en France, où M. Longet parvint à la répéter très incomplétement sur un chien, qui eut la voix rauque après la section des origines du spinal d'un côté.

Cependant l'expérience de Bischoff, qui seule était complète, restait toujours comme l'unique argument sur lequel reposait toute sa théorie. Elle était évidemment insuffisante ; ensuite elle prouvait simplement qu'*à la suite de l'ablation des spinaux, la voix avait été abolie dans un cas.* On ne pouvait pas rigoureusement inférer de ce simple résultat, comme l'ont fait Bischoff et ceux qui ont soutenu sa théorie, que le spinal préside à tous les mouvements de la moitié supérieure du tube digestif, à ceux des appareils vocal, respiratoire et circulatoire. L'analogie pouvait sans doute conduire à cette conclusion générale, mais, en physiologie expérimentale, l'analogie ne suffit pas, il faut avoir la preuve directe.

Comment pouvait-on faire pour démontrer cette influence du spinal sur les mouvements du cœur, de l'estomac, de l'œsophage, etc. ? Il fallait évidemment conserver les animaux après la section des deux spinaux et s'assurer sur eux que, outre l'abolition de la voix (par suite de la paralysie du larynx), le pharynx, l'œsophage, l'estomac, etc., étaient également paralysés et ne fonctionnaient plus sous le rapport de leurs mouvements.

Or jamais, dans l'état où se trouvaient les animaux que Bischoff avait opérés, il ne fut possible de constater ces faits, car ils ne survivaient à l'opération que quelques heures au plus.

Le procédé expérimental que j'ai employé permet la survie des animaux, et laisse tout le temps nécessaire pour observer l'ensemble des phénomènes qui sont la conséquence de la destruction des nerfs spinaux.

Pour le moment, il me suffira de dire que j'ai constaté, après l'ablation bien complète des deux spinaux par mon procédé, que la voix était abolie, comme l'avait vu Bischoff dans son expérience. Mais, de plus, j'ai pu constater que la voix seule était éteinte, tandis que les mouvements de la digestion, de la circulation et de la respiration, etc., continuaient sans présenter aucune lésion évidente. Je me suis assuré de ces résultats en conservant les animaux pendant des mois entiers.

L'*abolition de la voix* est donc un fait confirmatif de l'expérience de Bischoff, mais l'intégrité des mouvements fonctionnels de l'estomac, de l'œsophage, du cœur, du poumon, etc., sont des résultats en opposition avec sa théorie. En effet, il est évident que si, comme il l'avance, le nerf spinal était la racine motrice unique du pneumogastrique, non-seulement le larynx, mais encore tous les mouvements auxquels préside ce nerf dans l'œsophage, l'estomac, etc., auraient dû être détruits. Or cela n'a pas lieu, d'où il suit qu'on doit admettre qu'après l'extirpation des spinaux il y a des filets moteurs propres au vague, et indépendants du spinal, qui continuent à faire fonctionner, comme à l'ordinaire, l'œsophage, l'estomac, le poumon et le cœur. Rien d'analogue ne s'observe quand on coupe toutes les racines antérieures qui se distribuent dans un membre. La paralysie des mouvements est complète partout où se distribuaient les racines motrices reséquées.

De tout cela, je conclurai, en rapport avec les faits de Bischoff mais contrairement à sa théorie, que, « sous le rapport anatomique, aussi bien que sous le » rapport physiologique, les nerfs pneumogastrique et » spinal ne se trouvent pas dans les mêmes rapports » fonctionnels que les deux racines d'une paire rachi- » dienne, et que, conséquemment, l'histoire anatomique » et physiologique de ces deux nerfs doit être séparée. »

Messieurs, tous les physiologistes qui, à l'exemple de Bischoff, ont considéré le pneumogastrique et le spinal comme représentant les deux éléments d'une paire nerveuse, ont dû, par suite de cette idée, confondre et étudier simultanément les fonctions de ces deux nerfs. Nous pensons avoir établi, contrairement à cette doctrine, que le vague et le spinal n'offrent point l'exemple d'une association analogue à celle qui unit les racines d'une paire rachidienne, et que ces deux nerfs sont parfaitement indépendants l'un de l'autre dans l'accomplissement de leurs fonctions. En conséquence, nous séparons l'étude physiologique du pneumogastrique de celle du spinal, auquel se rapporteront spécialement toutes les recherches qui vont suivre.

Le nerf spinal naît par des origines très étendues sur la moelle épinière cervicale, et remonte, par un trajet récurrent bizarre, dans le crâne, pour sortir ensuite, conjointement avec le vague, par le trou déchiré postérieur. Ces dispositions anatomiques exceptionnelles ont attiré, de tout temps, l'attention des anatomistes.

Willis, qui le premier a décrit le spinal comme un nerf particulier, a parfaitement indiqué la manière dont il prend naissance sur les côtés de la moelle épinière cervicale.

« Le nerf spinal (accessoire) naît, dit cet auteur, sur les côtés de la moelle, et commence, vers la sixième ou eptième vertèbre cervicale, par une extrémité très déliée ; puis il remonte vers le crâne, en augmentant considérablement de volume par l'adjonction successive de nouvelles fibres originaires, jusqu'à ce que tous *ces filets, nés de la moelle épinière, constituent dans le canal vertébral, par leur réunion, un tronc nerveux blanc et arrondi, qui se dirige ensuite vers le trou déchiré postérieur*, etc.

Il est nécessaire de nous arrêter un instant sur la description du spinal donnée par Willis, parce que, bien qu'elle soit très exacte, elle n'a pas été comprise, et a été mal appréciée par les auteurs modernes. Il résulte, en effet, très clairement de sa description anatomique et des figures qui l'accompagnent, que Willis comprend, comme origine du spinal seulement, les filets nés de la moelle épinière, et se réunissant au niveau ou très peu au-dessus de la première paire cervicale, dans le canal vertébral, en un tronc nerveux commun (B, fig. 13), tandis que tous les filets originaires (B', fig. 13), nés de la moelle allongée, au-dessus de la première paire cervicale et qui ne s'accolent au spinal que dans le trou déchiré postérieur en K (fig. 13), sont regardés par Willis comme appartenant au nerf pneumogastrique.

Scarpa, dont la description a été suivie par les modernes, a donné au nerf spinal une définition originaire toute différente de celle de Willis, en ce qu'il a compris, dans les origines du spinal, les filets nerveux (B', fig. 13), provenant de la moelle allongée que Willis rapportait au pneumogastrique.

Il faut donc être bien fixé sur ce point, que les origines du spinal, d'après Willis, ne sont constituées que par les filets *nés de la moelle épinière cervicale*, tandis que Scarpa y joint en plus les filaments *nés de la moelle allongée*, et placés au-dessous des origines du pneumogastrique, dont ils ne sont séparés que par un petit intervalle dans lequel passe habituellement une petite artère cérébelleuse postérieure. Cette remarque, qui n'avait été faite par aucun anatomiste avant moi, découle directement de la lecture attentive des auteurs et d'un grand nombre de dissections minutieuses que j'ai faites. Elle servira de point de départ à la critique que nous allons faire des opinions de Willis, de Scarpa et des modernes, sur le nerf spinal.

Si, en effet, on examine la distribution du spinal indiquée par Willis, en donnant à ce nerf la même délimitation originelle que lui, on trouve sa description parfaitement claire et très exacte. En suivant le faisceau B (fig. 13), qui résulte de la réunion de tous les filets originaires du spinal provenant de la moelle épinière cervicale, et qui constitue le nerf accessoire tel que le délimite Willis, on voit qu'arrivé dans le trou déchiré postérieur, ce tronc nerveux peut très facilement, sur des pièces convenablement préparées, être décollé et séparé des nerfs voisins. On constate ensuite qu'il se continue directement avec la branche externe du spinal, qui se distribue dans les muscles sterno-mastoïdien et trapèze. De sorte que l'accessoire décrit par Willis ne concourt en rien à la formation de la branche anastomotique interne *k*; il ne fournit donc rien au pneumogastrique; au contraire, il en reçoit une anastomose S (fig. 13), qui est profondément et postérieurement située.

Ainsi Willis est conséquent à sa description quand il dit que l'accessoire qui remonte dans le crâne n'apporte rien au vague, mais qu'il vient au contraire lui emprunter un ou plusieurs filets, pour aller ensuite se distribuer dans les muscles du cou. De plus cette description est parfaitement exacte en ce qu'elle établit déjà clairement ce que Bendz a trouvé dans ces derniers temps, savoir que les filets du spinal nés de la moelle épinière vont plus spécialement constituer la branche externe de ce nerf.

Scarpa, ayant donné au nerf spinal non-seulement les mêmes origines que Willis, mais y ayant adjoint de plus le petit faisceau de filets B′ (fig. 13), né de la moelle allongée, a dû nécessairement donner une description toute différente de l'anastomose entre le spinal et le pneumogastrique. En effet, quand on poursuit jusque dans le trou déchiré postérieur ces origines émanées de la moelle allongée, on constate évidemment qu'elles s'unissent au tronc du spinal, et semblent se confondre avec lui en s'enveloppant dans une gaîne celluleuse commune. Mais sur des pièces macérées et convenablement préparées, on démontre, en divisant cette gaîne, qu'il n'y a là qu'un simple accolement, et que ces mêmes filaments bulbaires, réunis en *k* (fig. 13), se détachent un peu plus bas en un ou plusieurs filets *l*, *m*, pour constituer la branche anastomotique du spinal. Ceci prouve que les anastomoses que Scarpa a décrites sous le nom de *branche anastomotique interne du spinal* proviennent uniquement des filets originaires superieurs du spinal B′ (fig. 13) et naissent de la moelle allongée. Et comme, d'autre part, nous avons démontré que Willis ne rangeait pas parmi les origines du spinal les filets nés de la moelle allongée, au-dessus de la première paire cervicale, il est facile de comprendre que

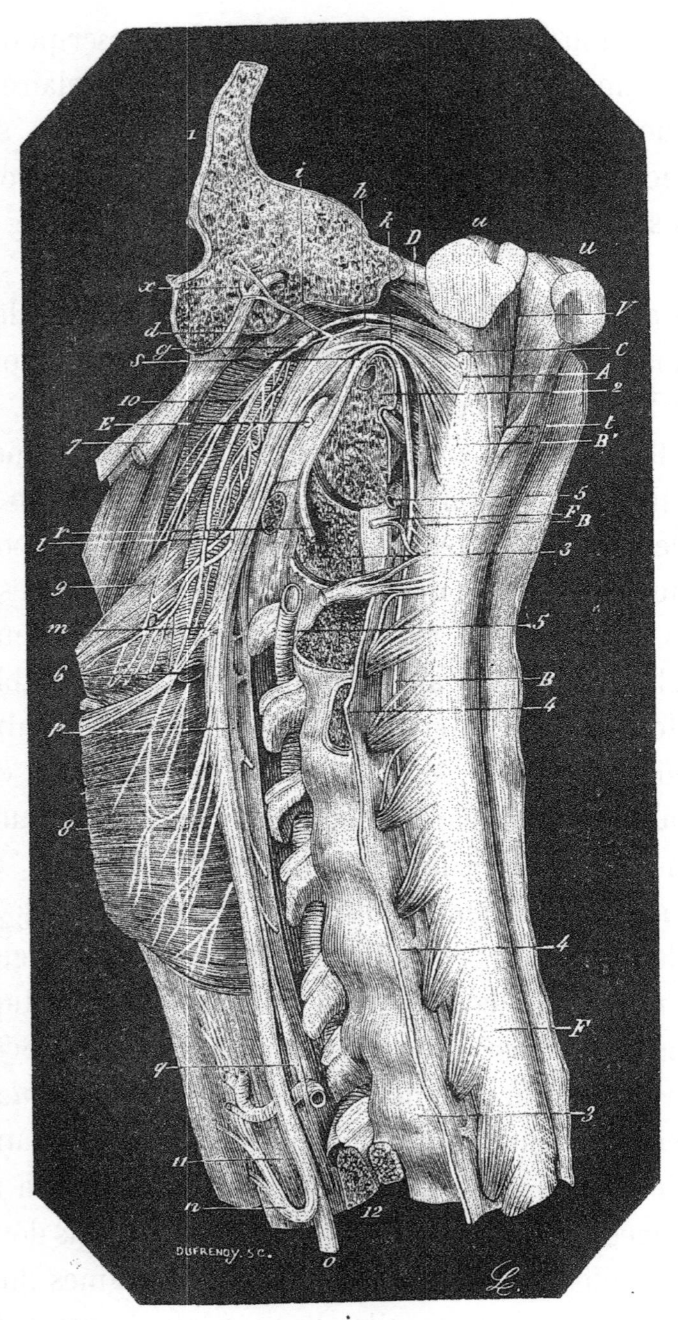

FIG. 13 (1).

(1) *Nerfs pneumogastrique et spinal chez l'homme.* — La pièce, vue en arrière, a été disséquée et disposée de manière à mettre en évidenc

cet auteur n'ait pas dû décrire *la branche anastomotique interne*. C'est pour n'avoir pas fait toutes ces remarques et ces comparaisons, que Bischoff reproche à Willis de ne pas avoir vu que l'accessoire envoie un rameau anastomotique dans le vague : « Qualis autem erat anatomiæ scientia, non mirum est Willisium non perspexisse quod sit accessorium inter et vagum vera ratio, etc. »

En résumé, lorsqu'on admet, ainsi que le font les anatomistes modernes, la délimitation originelle du nerf spinal telle que l'a donnée Scarpa, cette délimitation

les origines et les anastomoses de ces nerfs. — A, faisceau des origines du pneumogastrique ; — B, filets originaires de la grande portion médullaire du spinal qui vient ensuite former la branche externe de ce nerf *r*; ces filets originaires s'étendent depuis la première jusqu'à la cinquième paire cervicale environ ; — B', filets originaires de la portion bulbaire du spinal qui vont ensuite constituer la branche interne de ce nerf *k* ; — C, origine du glosso-pharyngien ; — D, troncs du facial et de l'acoustique réunis après leur origine (septième paire) ; — E, nerf grand hypoglosse coupé ; — F, F, racines postérieures des paires nerveuses cervicales rachidiennes ; — *g*, ganglion du nerf glosso-pharyngien ; — *h*, ganglion jugulaire du pneumogastrique ; — *i*, rameau auriculaire du pneumogastrique ; — *k*, branche interne du spinal ; — *l*, rameau pharyngien du pneumogastrique provenant de la branche interne du spinal ; — *m*, nerf laryngé supérieur ; — *n*, nerf laryngé inférieur ou récurrent ; — *o*, tronc du nerf pneumogastrique coupé ; — *p*, ganglion cervical supérieur ; — *q*, ganglion cervical inférieur ; — *r*, branche externe du nerf spinal coupé ; — *s*, anastomose de Willis entre le pneumogastrique et la branche externe du spinal ; — *t*, *calamus scriptorius* ; — *u*, *u*, coupe des pédoncules du cervelet ; — *v*, plancher du quatrième ventricule ; — *x*, corde du tympan ; — 1, coupe du rocher ; — 2, coupe de la partie basilaire de l'occipital ; — 3, 3, vertèbres cervicales ; — 4, 4, dure-mère ; — 5, 5, artère vertébrale ; — 6, 6, artère carotide ; — 7, faisceau des muscles styliens coupés ; — 8, 9 et 10, muscles constricteurs du pharynx ; — 11, œsophage ; — 12, première vertèbre dorsale.

est préférable à celle de Willis : nous en donnerons plus loin la raison physiologique. Il faut savoir que les origines du spinal doivent être distinguées en celles qui naissent de la *moelle épinière* pour aller constituer la branche externe du spinal, et en celles qui prennent origine de la *moelle allongée* pour aller former la branche anastomotique interne.

Toutefois, Scarpa a complétement ignoré cette disposition ; il a décrit le spinal comme un tronc nerveux dont les fibres, sans distinction d'origine, se séparent en deux portions, et il admet que la partie anastomotique provient indifféremment de toutes les origines médullaires, puisqu'il suppose, comme nous l'avons dit plus bas, que cette anastomose est destinée à apporter au pneumogastrique l'influence de toute la moelle cervicale. Bischoff n'a pas fait non plus cette distinction, bien que ses expériences eussent dû l'y conduire. M. Longet. qui a reproduit la doctrine de Bischoff, a développé l'erreur qui s'y rattache et a décrit l'anastomose interne comme provenant de toute la portion de la moelle épinière où s'insère le spinal. Seulement, cet auteur raisonnant sur cette disposition anatomique inexacte, veut lui trouver une cause finale, et il ajoute que c'est une prévision admirable de la nature d'avoir ainsi assuré les fonctions si importantes de la branche interne du spinal, en la faisant naître dans une étendue très considérable de la moelle épinière. (Longet, *Traité d'anatomie et de physiologie du système nerveux*, t. II, p. 266, 1842.) Il est vrai de dire que, depuis cette époque, M. Longet a complètement changé d'opinion. (Voyez son *Traité de physiologie*, t. II, p. 312, 1850.)

Relativement aux anastomoses que le spinal contracte, soit dans le canal rachidien, soit à son passage dans le trou déchiré postérieur, soit à sa sortie du crâne, on trouve une grande divergence d'opinions parmi les anatomistes.

Avant son entrée dans le trou déchiré postérieur, le spinal forme un nerf successivement croissant de bas en haut, depuis la cinquième paire cervicale environ qui limite ses origines inférieures.

La plupart des anatomistes décrivent, en effet, les origines du spinal comme se terminant inférieurement chez l'homme au niveau de la cinquième paire cervicale; cependant il arrive souvent qu'en plaçant la préparation sous l'eau on poursuit encore un ou plusieurs filaments originaires excessivement ténus jusqu'à la septième paire cervicale, et même jusqu'à la première paire dorsale.

Le tronc du spinal, alors placé sur les côtés de la moelle épinière, semble être collé sur son faisceau latéral. Mais en soulevant ce nerf avec des pinces, on voit que ses radicules se portent obliquement en arrière et viennent s'implanter, en se bifurquant et quelquefois en se trifurquant, immédiatement au-devant des filets radiculaires des racines postérieures. Vers la partie supérieure du cou, les filets d'origine du spinal sont plus longs, et le tronc du nerf, placé tout à fait latéralement à la moelle épinière, appuie sur la face postérieure du ligament dentelé. A mesure que l'on descend, les origines du spinal deviennent de plus en plus courtes et font conséquemment que le tronc du nerf se rapproche davantage des faisceaux postérieurs de la moelle, si bien que dans la partie inférieure du cou il est placé très en arrière et très près des racines postérieures rachidiennes. Quoi qu'il en soit, les filets originaires du spinal naissent tous par des origines bifurquées ou trifurquées (ce caractère appartient aux racines antérieures), sur la partie la plus reculée des faisceaux latéraux, par conséquent immédiatement à côté des racines postérieures et bien en arrière des racines antérieures.

Le tronc du spinal contracte dans son trajet intra-rachidien quelques anastomoses avec les racines postérieures. Dans toutes les pièces que j'ai disséquées, ces connexions m'ont paru constantes et plus marquées avec les racines postérieures de la première paire cervicale, ainsi que l'avait déjà observé Bischoff. Il ne m'a pas semblé que ce fussent là de véritables anastomoses, c'est-à-dire un échange de filets nerveux entre le spinal et les racines postérieures. Souvent il arrive, en effet, que quelques filaments de la racine postérieure de la première paire cervicale s'unissent au tronc du spinal, mais il est toujours facile de les isoler et de constater qu'il n'y a là qu'un simple accolement. Quelques anatomistes, et Mayer en particulier, ont décrit au niveau de ces accolements des petits corps ganglionnaires sur le tronc du spinal. J'ai cherché souvent ces corps ganglionnaires sans succès. J'ai seulement vu quelquefois le petit ganglion de la racine postérieure de la première paire cervicale adhérer au tronc du spinal, dont on pouvait très bien le séparer sur des pièces un peu macérées. A part cela, je n'ai pas vu de ganglion appartenant à l'accessoire de Willis.

Après avoir franchi la première paire cervicale, toutes les origines que le nerf spinal a tirées de la moelle épinière forment un tronc isolé B (fig. 13), et c'est ce tronc nerveux seul qui constituait pour Willis le spinal tout entier, ainsi que nous l'avons dit ailleurs. Cette portion du spinal monte vers le trou déchiré postérieur, en s'infléchissant un peu en dehors, et elle reçoit, chemin faisant, un certain nombre de filets B′ (fig. 13) nés de la moelle allongée, qui s'y accolent pour aller constituer plus tard la branche anastomotique interne. Willis considérait ces filets comme appartenant au pneumogastrique ; c'est Scarpa qui les a rangés dans les origines du spinal. Il paraît, au premier abord, assez difficile de séparer nettement les filets du spinal émanés de la moelle allongée de ceux du vague lui-même, qui naissent absolument sur la même ligne. Cependant ces filets, qui sont au nombre de trois ou quatre, ont des origines bifurquées ou trifurquées, ce qui n'a pas lieu pour les origines du vague, dont ils sont, du reste, souvent séparés par le passage d'un rameau de l'artère cérébelleuse postérieure.

Les trois ou quatre filets originaires B′, nés de la moelle allongée, s'unissent quelquefois au spinal dans le canal vertébral, mais c'est le plus ordinairement à l'entrée du trou déchiré postérieur ; et ils se placent en avant et au-dessus de la portion formée par les origines provenant de la moelle cervicale, à laquelle ils ne font que s'accoler pour aller former ensuite la branche anastomotique interne du spinal.

Le spinal, étant ainsi constitué par deux portions originairement distinctes, pénètre dans le trou déchiré en arrière et un peu au-dessous du pneumogastrique. Chacune des deux portions originaires du spinal peut être suivie isolément dans son trajet dans le trou déchiré postérieur. Le tronc B (fig. 13), qui est le résultat de toutes les origines médullaires du spinal, et que j'appellerai *grande racine médullaire*, se place tout à fait en arrière dans le trou déchiré postérieur, et sur des pièces macérées convenablement on peut toujours le décoller avec la plus grande facilité, et suivre sa continuité entière avec la branche externe du spinal. J'ai toujours constaté, ainsi que l'admettait Willis, que cette grande racine du spinal reçoit un filet anastomotique S du pneumogastrique lorsqu'elle est près de sortir du trou déchiré postérieur. Le faisceau *k*, qui provient de l'assemblage des filets radiculaires B' du spinal insérés sur la moelle allongée, et que j'appellerai *courte racine bulbaire*, est d'abord accolé par du tissu cellulaire à la partie antérieure de la grande racine, avec laquelle il chemine pendant quelque temps comme étant dans un névrilème commun. Mais bientôt, en suivant avec soin cette courte racine, on constate qu'elle se sépare du tronc du spinal par un, deux ou quelquefois plusieurs filets, qui se jettent dans le pneumogastrique.

Scarpa et les modernes qui ont suivi sa description n'avaient pas su, ainsi que je viens de l'établir, que la grande racine médullaire née de la moelle épinière va constituer la branche musculaire externe du spinal, tandis que la courte racine bulbaire, née du bulbe rachidien, va se jeter dans le vague, et constituer la branche anastomotique interne. Scarpa considérait en effet que le tronc du spinal arrivé dans le trou déchiré postérieur était un nerf indivis, parfaitement homogène, dont toutes les origines s'intriquaient et se confondaient intimement, après quoi il se séparait en deux portions, la branche externe *r* (fig. 13) et la branche interne *l*, *m*, destinées à porter aux muscles du cou et au pneumogastrique l'influence provenant de toutes les origines médullaires du spinal. Cette opinion de Scarpa a été partagée par Bischoff et par plusieurs autres anatomistes. Mais elle a surtout été développée par des physiologistes qui ont admis qu'il fallait que chacune des origines si multipliées du spinal vînt concourir dans une certaine mesure à la formation de sa branche interne, car ce serait, suivant ces auteurs, une prévision de la nature pour assurer les fonctions de la branche interne du spinal.

Il est donc évident, contre l'opinion de Scarpa et celle des auteurs qui l'ont adoptée, que le spinal est un nerf composé de deux portions, qui sont distinctes à leur origine et à leur terminaison ; que la grande racine médullaire correspond à la branche externe du spinal, que la courte racine bulbaire correspond à la branche interne du spinal anastomotique avec le vague. Bendz était déjà arrivé à une distinction analogue en se basant sur des dissections minutieuses. De mon côté, sans connaître son travail, j'y ai été conduit par les expériences phy siologiques; ce qui m'a permis non-seulement d'indiquer cette distinction, qui est un fait capital dans l'histoire du spinal, mais d'en donner la démonstration, ainsi qu'on le verra plus loin.

La branche interne du spinal, après s'être séparée de ce qu'on a appelé le tronc du spinal, se jette dans le pneumogastrique par un, deux ou plusieurs filets, *l*, *m* (fig. 13). Ces filets viennent se placer en arrière et un peu en dedans du tronc du vague, auquel ils ne font que s'accoler, sans se confondre dans l'intumescence gangliforme que ce nerf présente en ce point. Spence, se fondant sur cette particularité, compare ingénieusement le mode d'adjonction de cette branche interne du spinal au vague à la manière dont se comporte la petite racine motrice de la cinquième paire avec sa grosse racine sensitive.

Il est difficile de poursuivre longtemps les filets émanés de la branche interne du spinal, et, anatomiquement, il est impossible de les distinguer aussi loin que nous le ferons plus tard à l'aide de l'expérimentation physiologique. On voit en effet la branche interne du spinal se diviser et s'éparpiller en filaments blancs sur le tronc du vague, qui présente une intumescence gangliforme, grisâtre, marquée, en ce point. On peut constater cependant directement la continuation des filets de la branche interne du spinal jusque dans le rameau pharyngien, ainsi que l'avait très bien figuré Scarpa. Sur des pièces convenablement macérées, les filets de la branche interne tranchent par leur blancheur sur le fond gris du tronc du nerf pneumogastrique; on les voit se composer et se décomposer, sans qu'il soit possible anatomiquement de les suivre isolément. Il ne m'a pas été possible de séparer, ainsi que Bendz l'a fait, les filets de la branche interne jusque dans le nerf récurrent ou laryngé inférieur. On ne peut pas non plus constater d'anastomose bien nette de la branche interne du spinal avec le glosso-pharyngien et l'hypoglosse dans le trou déchiré postérieur.

La branche externe du spinal, à sa sortie du trou déchiré postérieur, se dirige en dehors et en bas au-dessous des muscles digastrique et stylo-hyoïdien, puis au-dessous du muscle sterno-mastoïdien, traverse souvent cc muscle ou s'accole à sa face profonde pour gagner le muscle trapèze dans lequel le spinal se termine. Chemin faisant, la branche externe du spinal donne des branches au sterno-cléido-mastoïdien, et forme, au niveau de ce muscle, une sorte de plexus auquel concourent des rameaux venant des paires cervicales et, en particulier, de la troisième. Les anastomoses ont une disposition en anse très marquée. Après avoir franchi le sterno-mastoïdien, le spinal affaibli reçoit encore des communications des deuxième et troisième paires cervicales. A la face profonde du trapèze, il reçoit deux branches des troisième, quatrième et cinquième paires cervicales. C'est à tort qu'on a dit que chez l'homme le spinal se rendait dans d'autres muscles que le sterno-mastoïdien et le trapèze.

En résumé :

1° Le nerf spinal ou accessoire de Willis, étudié chez l'homme, est composé par une série de filaments nerveux à origines superficielles et bifurquées qui s'implantent sur la ligne de séparation des cordons postérieurs et latéraux de la moelle.

2° Ces filets d'origine du spinal commencent en haut sur les côtés de la moelle allongée, au-dessous du nerf vague, et descendent inférieurement jusqu'au niveau de la racine postérieure de la cinquième paire cervicale environ.

3° Le nerf spinal doit être divisé en deux portions : 1° la *petite racine bulbaire* qui naît de la moelle allongée au-dessus de la première paire cervicale, et qui est destinée à former la branche interne du spinal dite *anastomotique* du vague ; 2° la *grande racine médullaire* qui prend naissance sur la moelle épinière cervicale, et est destinée à former la branche externe du spinal.

4° L'anastomose entre le spinal et le pneumogastrique dans le trou déchiré postérieur n'est pas constituée uniquement par les anastomoses de la branche interne qui se jettent dans le tronc du vague, mais il y a aussi un ou plusieurs filets plus antérieurement situés S (fig. 13) qui proviennent du pneumogastrique et vont se jeter dans la branche externe du spinal. De sorte qu'en réalité il y a un échange de filets entre le spinal et le pneumogastrique.

5° Le nerf spinal doit être considéré comme un nerf essentiellement moteur. Sa branche interne se jette dans le vague et s'associe de plus au glosso-pharyngien et au grand sympathique par l'intermédiaire du plexus pharyngien, tandis que la branche externe va s'associer avec le plexus cervical.

Chez les animaux, nous devons maintenir la division que nous avons établie entre les deux portions originaires du nerf spinal. Chez tous les mammifères que j'ai pu examiner (singe, chien, chat, lapin, chevreau, cheval, bœuf), on peut distinguer nettement et même plus parfaitement que chez l'homme, que la grande racine médullaire va constituer la branche externe du spinal, tandis que la courte origine bulbaire va former la branche anastomotique interne du spinal. J'ai surtout étudié cette disposition dans le chat et dans le lapin.

Les origines médullaires du spinal descendent chez certains mammifères beaucoup plus bas que chez l'homme; ainsi chez le bœuf, le cheval, le chat, les derniers filets radiculaires descendent jusqu'au niveau de la troisième ou de la quatrième vertèbre dorsale. Comme les origines médullaires sont destinées, ainsi que nous l'avons établi, à constituer finalement la branche externe du spinal, il en résulte que chez les mammifères, plus les origines du spinal s'étendent inférieurement, plus la branche externe devient volumineuse, et *vice versa.*

Je n'ai jamais constaté chez les mammifères des anastomoses intra-rachidiennes entre les racines postérieures de la deuxième paire cervicale, ainsi qu'on en a signalé chez l'homme. Chez le lapin, le chien, le cheval, etc., la branche externe se distribue aux muscles de l'épaule, ce qui apporte quelques différences avec ce qui a lieu chez l'homme. Les origines bulbaires du spinal vont, chez ces animaux comme chez l'homme, constituer finalement la branche interne du spinal qui se jette dans le vague, toujours au-dessus du ganglion cervical *nn*, ainsi qu'on le voit aussi sur le chat et sur le lapin.

Chez le chien, le chat, le lapin, le bœuf, j'ai toujours vu, comme chez l'homme, la branche interne du spinal s'anastomoser et se confondre avec le vague. Il paraîtrait cependant que cela n'est pas un fait général, car Vrolik dit que chez le chimpanzé la branche interne du nerf spinal ne se réunit pas au vague, et va directement au larynx, tandis que la branche externe de ce nerf chez le même animal se distribue au sterno-mastoïdien et au trapèze, mais presque exclusivement à ce dernier muscle.

Chez les oiseaux et les reptiles, la grande origine médullaire du spinal a tout à fait disparu et il ne reste plus que la courte origine bulbaire, ainsi qu'on peut le voir sur le coq. Aussi chez ces animaux il n'y a pas de branche externe du spinal, et cela est facile à concevoir, puisque sa partie originaire à la moelle épinière manque. Il faut encore noter comme conséquence, chez les oiseaux et les reptiles, l'absence des muscles analogues aux sterno-mastoïdiens et trapèzes. Bischoff avait déjà remarqué que chez les oiseaux toutes les origines du spinal se jettent dans le vague; mais, comme il ignorait la division de ce nerf en deux portions, l'une bulbaire, l'autre médullaire, il n'avait pas donné à ce fait sa véritable interprétation en établissant, ainsi que je viens de le faire, cette persistance des origines bulbaires du spinal quand les racines médullaires ont disparu. Nous ferons ressortir ultérieurement l'importance physiologique de ce fait d'anatomie comparée.

Chez les poissons, le nerf spinal n'existe pas, par cela seul qu'il n'a plus aucun rôle à remplir, ainsi que nous le montrerons.

Les propriétés du nerf spinal se rapportent, d'une part, à sa *sensibilité récurrente*, et, d'autre part, à son *irritabilité à l'excitation galvanique.*

La sensibilité récurrente existe dans le nerf spinal comme dans les racines rachidiennes antérieures et dans quelques autres nerfs de mouvement. Je l'ai constatée chez le chien, le chat, le lapin, le chevreau. Il faut avoir soin de ne pas diviser la première et la deuxième paire cervicale en faisant la plaie, sans quoi on ne trouve plus la sensibilité récurrente, et c'est pour cela qu'il m'était arrivé de ne pas la rencontrer dans quelques expériences.

J'ai d'abord expérimenté sur la sensibilité récurrente du spinal avant son entrée dans le trou déchiré postérieur, et je l'ai ensuite examinée après sa sortie du crâne.

Première expérience. Sur la partie intra-rachidienne du spinal. — Après avoir mis à découvert la membrane occipito-atloïdienne sur un gros chien, je l'ai fendue et j'ai pu voir les deux troncs formés par les racines médullaires du spinal, qui étaient placés sur les côtés de la moelle allongée. Ayant laissé reposer l'animal quelque temps, j'ai soulevé le spinal gauche au moyen d'un petit crochet et avec beaucoup de précautions; puis, afin d'avoir plus de liberté pour le pincer, je l'ai divisé immédiatement au-dessus de la première paire cervicale. Agissant alors sur les deux bouts du tronc nerveux divisé, j'ai constaté clairement que le bout supérieur ou périphérique était sensible, tandis que le bout inférieur ou central ne paraissait posséder aucune sensibilité. J'ai obtenu les mêmes résultats sur le spinal du côté opposé. Pour m'assurer d'où venait cette sensibilité du bout périphérique, j'ai coupé le vague, qui, théoriquement, avait été regardé comme la racine postérieure du spinal, et aurait dû, à ce titre, lui fournir la sensibilité récurrente. La section du pneumogastrique du même côté, ou même du côté opposé, ne produit pas la disparition ni aucune diminution de la sensibilité récurrente du spinal. Alors, j'ai divisé dans le canal rachidien la racine postérieure de la première paire cervicale qui s'offrait à ma vue, et aussitôt après la sensibilité du bout supérieur ou périphérique fut considérablement diminuée, mais non entièrement abolie. Pour l'éteindre, il me fallut encore couper la deuxième et la troisième paire cervicale : pour cela, j'allai chercher ces racines avec soin à leur sortie du trou de conjugaison, en renversant les muscles postérieurs de dehors en dedans, afin de ne pas diviser les anastomoses du plexus cervical et du spinal. Cette expérience prouve donc :

1° Que le spinal possède la sensibilité récurrente, dès son origine;

2° Qu'elle ne lui est point fournie par le pneumogastrique, mais par les trois premières paires cervicales.

Deuxième expérience. Sur la partie extra-crânienne du spinal. — Sur un gros chien, bien nourri et bien

portant, j'ai découvert aussi haut que possible la branche externe du spinal, ce qui a exigé une opération assez laborieuse. J'ai ensuite recousu la plaie, qui était refroidie, et j'ai laissé reposer quelque temps l'animal de son opération. Alors la plaie s'étant réchauffée, j'ai pincé la branche externe du spinal à sa sortie du trou déchiré postérieur : elle était nettement sensible. Alors je la divisai pour obtenir deux bouts, l'un central et l'autre périphérique, et je constatai, en les pinçant successivement, qu'ils étaient sensibles tous deux. Le bout périphérique était sensible évidemment par la sensibilité récurrente qui provenait des paires cervicales, et je la fis disparaître en coupant les racines ou même les anastomoses en anses qui existent entre le spinal et les branches du plexus cervical. Ces anastomoses sont surtout très faciles à voir entre la première paire et la branche externe du spinal. Mais d'où provenait la sensibilité du bout central? Il est probable que c'était là un phénomène de sensibilité directe, et non de sensibilité récurrente ; car cette dernière ne s'observe que dans les nerfs qui ne tiennent plus directement aux centres nerveux. Cette sensibilité du bout central provenait très vraisemblablement du vague par l'anastomose indiquée par Willis. Mais il aurait fallu, pour s'en assurer, couper le pneumogastrique dans le crâne et produire des désordres qui auraient modifié les conditions du phénomène.

J'ai répété ces expériences, avec les mêmes résultats, sur le chevreau, le chat et le lapin.

Troisième expérience. Sur l'irritabilité du nerf spinal à l'excitation galvanique. — En excitant au dedans du crâne le tronc des racines médullaires (longue racine médullaire), on détermine des mouvements seulement dans les muscles sterno-mastoïdien et trapèze, et absolument rien dans le larynx. En agissant sur les filets qui composent la courte racine bulbaire B′ (fig. 13), on produit des convulsions dans le larynx, le pharynx, et sensiblement rien dans les muscles du cou. En agissant sur les origines du pneumogastrique on produit des mouvements dans le pharynx et dans le larynx, mais qui paraissent d'une autre nature que les précédents en ce qu'ils se font un peu attendre. Pour obtenir ces résultats, il faut agir rapidement sur des animaux bien nourris ; mais si on laisse quelques instants s'écouler, on voit les origines du pneumogastrique cesser d'abord d'être irritables au galvanisme, puis la racine bulbaire, puis la racine médullaire du spinal, qui persiste pendant plus longtemps excitable : de sorte qu'il semblerait qu'on peut, par le galvanisme, distinguer les filets moteurs du pneumogastrique de ceux du spinal, par la durée moins grande de leur excitabilité au galvanisme.

Quoi qu'il en soit, de ceci je conclus que le vague possède à son origine, et indépendamment du spinal, une propriété motrice évidente sur le larynx et le pharynx; ce qui est, du reste, comme nous le verrons, parfaitement en harmonie avec les expériences sur les animaux vivants.

ONZIÈME LEÇON.

12 JUIN 1857.

SOMMAIRE : Des fonctions du nerf spinal. — Procédés de destruction du spinal chez les animaux vivants. — Ablation complète des deux spinaux. — Discussion des expériences et conclusion ; mécanisme de l'abolition de la voix. — De la gêne de la déglutition consécutive à la destruction des spinaux. — Usages de la branche externe du spinal.

MESSIEURS,

Nous avons déjà dit, dans la dernière leçon, que la méthode de *section*, qu'on emploie généralement pour déterminer les usages des nerfs, ne pouvait être appliquée aux spinaux. Les dangers de cette opération ont dû nous la faire repousser, pour lui substituer une autre méthode de destruction des nerfs spinaux par *arrachement*, qui est plus simple et qui permet la survie des animaux. Chacun de ces modes opératoires mérite de nous arrêter un instant, tant pour apprécier la valeur des résultats qu'il fournit que pour mettre à même les personnes qui le voudraient de répéter les expériences.

Procédé de Bischoff. — L'opération à laquelle cet auteur s'est définitivement arrêté consiste, comme nous l'avons vu, à mettre à découvert et à diviser la membrane fibreuse qui unit postérieurement l'occipital à l'atlas. On arrive par ce moyen dans la cavité rachidienne, et l'on aperçoit distinctement les deux nerfs spinaux, qui sont placés sur les côtés de la moelle allongée. Mais, ainsi que le remarque fort bien Bischoff, cette ouverture, suffisante pour détruire les origines inférieures du spinal, ne permet pas, sur les chiens ni sur les chevreaux, d'en diviser les racines supérieures; et l'on est dans la nécessité, pour les atteindre, d'enlever encore une certaine portion de l'occipital. Il y aurait ainsi deux temps dans l'opération : 1° ouverture de la membrane occipito-atloïdienne; 2° section d'une partie de l'occipital.

Le premier temps s'accomplit en général avec assez de facilité, et c'est du reste le même procédé qu'on emploie pour obtenir le liquide céphalo-rachidien.

Mais au deuxième temps, quand on coupe le tissu osseux de l'occipital, les sinus veineux, qui sont presque inévitablement divisés, fournissent souvent une très grande quantité de sang; et l'on voit alors, dans le plus grand nombre des cas, les animaux faiblir rapidement et mourir avant la fin de l'expérience.

Bischoff et tous les expérimentateurs qui, après lui, ont employé le même mode opératoire, ont attribué la mort rapide des animaux à l'abondance de l'hémorrhagie.

Quant à moi, après avoir répété un très grand nombre de fois l'opération de Bischoff sur des chiens, des chats et des lapins, je puis affirmer que, dans tous les cas, j'ai vu la mort survenir par l'introduction de l'air dans le cœur.

En effet, aussitôt qu'un sinus ou même les petites veines osseuses qui s'y rendent ont été ouverts, on voit des bulles d'air mélangées au sang qui flue et reflue en suivant les mouvements respiratoires; et si l'animal fait des inspirations profondes, la cessation de la vie est presque instantanée.

J'ai toujours eu soin de disséquer les animaux après la mort, et je me suis assuré que les veines jugulaires étaient pleines d'air, ainsi que les cavités droites du cœur.

N'ayant donc plus aucun doute sur le mécanisme de la mort et sur la nature de la cause qui empêchait la réussite de l'expérience, j'ai travaillé avec une persévérance infatigable à trouver un moyen pour éviter l'introduction de l'air dans les veines. Par une série de tentatives très multipliées, dont j'abrégerai le récit, j'ai essayé, tantôt de lier les quatre veines jugulaires, tantôt d'obstruer la veine cave supérieure, pour empêcher la déplétion brusque des sinus dans l'inspiration, et pour forcer le sang à s'écouler par le système veineux rachidien. Mais l'engorgement des sinus occipitaux et l'hémorrhagie veineuse considérable qui en résultait apportaient un autre obstable à l'accomplissement de l'expérience, et la mort, quoique plus lente, arrivait encore de la même manière ; car à l'autopsie je trouvais la veine azygos et le cœur droit remplis d'air.

Enfin, je songeai à cautériser et à boucher directement les sinus de l'occipital. Pour cela j'employai deux moyens.

Le premier consistait à faire la section de l'occipital avec un gros couteau rougi au feu, et transformé ainsi en cautère actuel.

Le second moyen, que je préfère au précédent, consiste à pratiquer avec un perforateur, immédiatement au-dessus de la saillie occipitale externe, un petit trou qui pénètre dans le torcular. Par cette ouverture, qu'il faut avoir soin de fermer aussitôt avec le doigt pour empêcher l'entrée de l'air, on introduit avec pression le siphon d'une petite seringue, et l'on pousse avec beaucoup de lenteur, dans les sinus, une solution concentrée de persulfate de fer ou de nitrate d'argent. De cette façon on obtient assez sûrement l'obstruction des sinus par la coagulation du sang qu'ils contiennent, surtout si l'on fait préalablement la ligature temporaire des veines jugulaires.

A l'aide de ces modifications, qui rendent l'expérience excessivement longue, et qui ne sont pas toujours des moyens infaillibles, je suis parvenu, cependant, dans quatre cas, à faire vivre les animaux (trois chiens et un chat) pendant quelques heures, et j'ai pu répéter plus convenablement l'expérience de Bischoff, sur la section directe des racines du spinal.

Voici ce que j'ai observé :

Quand on divise les filets inférieurs des deux spinaux jusqu'un peu au-dessus du niveau de la première paire cervicale, la voix n'est pas abolie ; elle m'a paru quelquefois d'un timbre plus clair et plus perçant ; mais à mesure qu'on arrive à couper les filets originaires supérieurs, les cris deviennent rauques d'abord, puis s'éteignent complétement lorsque la destruction des deux spinaux est achevée.

Dans un cas, sur un chien, au lieu de commencer la section des origines spinales de bas en haut, j'ai divisé seulement les trois ou quatre filets supérieurs. Alors la voix fut entièrement abolie, quoique toutes les origines inférieures n'eussent pas été lésées.

Mes expériences, dont les résultats s'accordent avec ceux de Bischoff, prouvent de plus que le spinal préside à la phonation par ses trois ou quatre origines supérieures, puisque, après la destruction de ces filets seuls, les animaux ne rendent plus qu'une sorte de souffle expiratoire sans aucune vibration sonore. Cette conclusion est, du reste, pleinement d'accord avec l'anatomie, savoir que la branche anastomotique du spinal qui s'associe au pneumogastrique est constituée exclusivement par les filets originaires bulbaires de ce nerf.

Mais après les opérations que je viens de rapporter, il ne m'a jamais été possible de prolonger la vie des animaux au delà de quelques heures, et, du reste, les mutilations étaient si grandes, qu'il est difficile de comprendre comment la guérison aurait pu arriver sans amener, du côté de la moelle allongée et des nerfs pneumogastriques, des altérations graves, qui auraient empêché de savoir si les phénomènes observés ultérieurement dépendaient de l'ablation du spinal ou d'une altération consécutive du pneumogastrique.

En un mot, pour conserver les animaux et savoir si le spinal agissait sur d'autres organes que sur le larynx, il fallait absolument renoncer à cette manière d'expérimenter, et parvenir à enlever les spinaux sans ouvrir la cavité crânienne. C'est l'expérience que j'ai réalisée à l'aide d'un procédé qui consiste à saisir le spinal à sa sortie du trou déchiré postérieur, et à opérer par arrachement la destruction de toutes ses origines intra-rachidiennes.

Voici comment on opère : au moyen d'une incision étendue de l'apophyse mastoïde jusqu'un peu au-dessous de l'apophyse transverse de l'atlas, on découvre la branche externe du spinal dans le point où elle se dégage en arrière du muscle sterno-mastoïdien. Avec une petite érigne, on fait soulever par un aide la partie supérieure du muscle sterno-mastoïdien; et disséquant avec soin la branche externe du spinal, on s'en sert comme d'un guide pour parvenir jusqu'au trou déchiré postérieur. Chemin faisant, il suffit de quelques précautions pour éviter la lésion des vaisseaux et des nerfs voisins.

Lorsqu'on est arrivé au delà du muscle sterno-mastoïdien, entre les faisceaux duquel il faut suivre le spinal, on arrive vers la partie antérieure de la colonne vertébrale, et en remontant pour se diriger vers le trou déchiré postérieur, on aperçoit bientôt le nerf hypoglosse, qui vient traverser la direction du nerf pneumogastrique. C'est précisément en ce point que la branche anastomotique interne *l* (fig. 13) se détache du spinal pour se porter dans le tronc du pneumogastrique. A l'aide de pinces modifiées pour cet usage, on saisit cette branche en même temps que la branche externe du spinal *r* (fig. 13), puis on exécute sur la totalité du nerf spinal qu'on a ainsi saisi, une traction ferme et continue, c'est-à-dire sans secousses, qui agit sur toutes les origines du nerf. Bientôt on sent une sorte de craquement; le nerf cède, et on ramène au bout des pinces un long filament nerveux conique, qui se termine par une extrémité excessivement ténue, et dont se détachent des radicules quand on le place sous l'eau. Ce n'est rien autre chose que toute la portion intra-rachidienne du nerf spinal.

Comme on le voit, le procédé opératoire tel qu'il vient d'être décrit a pour but d'arracher le nerf spinal en entier, c'est-à-dire de détruire à la fois les origines qui constituent sa branche externe et sa branche interne.

Mais on pourra, si l'on veut, extirper isolément, soit les origines médullaires, soit les origines bulbaires du spinal. En effet, si l'on saisit avec les pinces, et si l'on exerce les tractions sur la branche interne seule, on arrache seulement les filets bulbaires. Cette opération est fort difficile sur de petits animaux, chat ou lapin; elle réussit mieux sur le chevreau ou sur le cheval. Si, au contraire, on saisit la branche externe du spinal *r* (fig. 14), ce qui est l'opération la plus facile, on arrachera seulement les origines médullaires du spinal, et on aura les résultats de l'ablation isolée de la branche externe.

Pour découvrir chez le chien la branche externe du spinal et le rameau auriculaire postérieur du plexus cervical, il faudrait prendre pour guide la saillie de l'apophyse transverse de l'axis, et faire un peu au-dessous une incision longitudinale. Alors, sur le bord postérieur du sterno-mastoïdien, après avoir écarté le tissu cellulaire, on découvre le rameau auriculaire à son point d'émergence. Le spinal se trouve immédiatement derrière et descend obliquement, en bas et en arrière, sous le trapèze. En remontant, on peut suivre le spinal qui traverse le muscle sterno-mastoïdien.

On remarquera que cette sorte de dédoublement du procédé expérimental vient encore prouver, comme je l'ai déjà établi, que les origines médullaires du spinal, qui constituent la branche externe de ce nerf, ne sont que simplement accolées par un tissu cellulaire lâche aux origines bulbaires *k* (fig. 13 et 14), dans le trou déchiré postérieur; car si elles étaient unies intimement et surtout intriquées et mélangées, il serait impossible de les arracher isolément. J'ai reconnu cependant que quelquefois, chez les vieux animaux, chat et lapin, il arrive que la densité du tissu cellulaire est plus grande entre deux nerfs, de sorte qu'il peut arriver alors qu'en tirant seulement sur la branche externe du spinal on enlève totalement ou partiellement la branche interne.

D'après la description qui précède, on voit que cette manière d'enlever le spinal n'est certainement pas plus difficile que celle de Bischoff, mais qu'elle est plus complète et est exempte de grandes mutilations, ce qui doit la faire préférer. Avec un peu d'habitude elle présente également un degré de certitude irréprochable. Avant d'appliquer ce procédé aux animaux vivants, je l'ai étudié scrupuleusement sur des animaux morts, auxquels j'avais préalablement découvert les origines intra-rachidiennes du spinal. J'ai pu ainsi m'assurer directement que tous les filaments originaires du spinal sont toujours arrachés et entraînés dans l'opération, tandis que ceux du vague sont respectés.

Du reste, on peut soumettre toujours les animaux à

un criterium sûr, l'autopsie de la tête, qui nous montrera clairement les racines nerveuses qui auront été détruites. Les pinces dont je fais usage ressemblent à des pinces à torsion pour les artères : seulement les mors, au lieu d'être tranchants, doivent être arrondis afin que le nerf puisse être serré solidement sans que, pour cela, son névrilème soit coupé.

J'ai expérimenté sur des chiens, des chats, des chevreaux et des lapins. Chez le chat, le lapin, le chevreau, l'extirpation du spinal est très facile, excepté sur le chien, où elle échoue presque toujours : cela tient à la densité du tissu cellulaire, qui, chez cet animal, unit le névrilème avec le périoste des os qui livrent passage aux nerf de la huitième paire. Cette circonstance particulière fait que les branches du nerf spinal se cassent ordinairement sous les mors de la pince plutôt que de se laisser arracher. Cette extirpation des nerfs n'est pas un procédé nouveau qui soit spécial au spinal ; c'est une méthode nouvelle d'expérimentation que j'ai appliquée au facial, à l'hypoglosse et aux nerf crâniens en général. Je répète que, chez le chien, l'application de cette méthode offre beaucoup de difficultés.

J'ajouterai qu'on doit en général préférer les animaux encore jeunes, et que les chats sont surtout favorables à ce genre d'expérimentation, à cause de leur nature criarde. On ne voit pas ordinairement survenir de complications graves à la suite de cette opération. Au bout de quatre à cinq jours les plaies du cou entrent en cicatrisation, et les animaux sont rendus à leur état normal, moins les spinaux qu'ils n'ont plus.

Ainsi, par mon procédé, j'ai pu atteindre le but : les nerfs spinaux ont été bien détruits, et les nerfs pneumogastriques ménagés : dès lors il m'a été permis de constater des phénomènes nouveaux, et d'observer toutes les phases des troubles fonctionnels qui suivent l'abation des nerfs dont je voulais étudier les usages.

Première expérience. — Le 25 octobre 1842, j'ai enlevé les deux spinaux à un chat mâle adulte et bien portant.

La voix, devenue rauque après l'ablation d'un seul spinal, fut subitement abolie quand la destruction des deux spinaux fut opérée.

Le chat étant débarrassé de ses liens, et remis en liberté, voici ce qu'on observa :

Cet animal qui, avant l'expérience, était très remuant et très criard, se retira dans un coin où il resta calme pendant environ une heure, exécutant de temps en temps une sorte de mouvement de déglutition, mais sans proférer aucun miaulement.

Quand on pinçait la queue de l'animal pour lui arracher des cris, il ouvrait les mâchoires, mais ne rendait qu'une espèce de souffle bref et entrecoupé par des inspirations. Si on prolongeait la douleur, le chat faisait des efforts pour s'échapper, rendait parfois une sorte de râlement brusque et rapide. A l'état de repos, sa respiration ne paraissait nullement gênée; seulement, quand on forçait l'animal à se déplacer et à courir, il paraissait plus vite essoufflé, et avait de la tendance à s'arrêter.

Le lendemain, le chat était complétement remis des

souffrances et de la frayeur de son opération ; il était redevenu gai et caressant comme avant, mais il cherchait peu à miauler. Cependant quand on lui présentait la nourriture avant de la lui donner, il essayait de l'atteindre en voulant pousser des miaulements de désir, comme font les chats en pareil cas; mais ces miaulements spontanés se réduisaient, comme ceux qu'on lui arrachait par la douleur, à un souffle expiratoire le plus ordinairement peu prolongé. Si alors on jetait à l'animal son morceau de mou, il se précipitait d'abord sur lui avec voracité, mais bientôt son ardeur s'apaisait, et, mangeant plus lentement, l'animal s'arrêtait et relevait la tête à chaque mouvement de déglutition. Quand on troublait brusquement le chat à cet instant, on déterminait quelquefois une espèce de toux ou d'éternument comme si des parcelles alimentaires tendaient à passer dans la trachée. La préhension des aliments liquides (lait) se faisait lentement, et la déglutition, quoique sensiblement gênée, paraissait plus facile dans ce cas que pour les aliments solides.

Les jours suivants, le chat ne présenta rien de particulier; les troubles légers de la déglutition, bien que toujours appréciables, surtout quand on dérangeait brusquement l'animal pendant son repas, devinrent par la suite un peu moins apparents.

Les phénomènes respiratoires, digestifs et circulatoires n'éprouvèrent pas la moindre atteinte. L'animal, d'une assez grande maigreur au moment de son opération, engraissa rapidement sous l'influence d'une bonne nourriture.

En un mot, ce chat était resté physiologiquement à peu près le même; il n'y avait d'anormal en lui que l'absence complète de la voix.

Ce chat, qui était très apprivoisé, sortait dehors et rentrait ordinairement ; mais le 28 décembre 1842, c'est-à-dire deux mois après l'opération, il fut perdu et ne revint plus, de sorte que cette expérience ne put être complétée par l'autopsie.

Deuxième expérience. — Le 12 janvier 1843, je fis l'extirpation des deux spinaux sur un autre chat mâle adulte : j'obtins l'abolition complète de la voix, avec des phénomènes semblables à ceux mentionnés dans l'expérience précédente.

Le 27 janvier, quinzième jour de l'expérience, je sacrifiai l'animal en lui faisant subir une expérience que je rapporterai ailleurs ; et je constatai, d'une part, que les deux spinaux étaient bien exactement enlevés, et que, d'autre part, le poumon et l'estomac n'offraient pas la moindre apparence d'altération.

Depuis la publication de ces expériences, qui se trouvent consignées dans mon premier mémoire, j'ai opéré de même un grand nombre de chats, et toujours avec les mêmes phénomènes. Plusieurs de ces animaux ont été conservés plusieurs mois. J'en ai même suivi un pendant deux ans ; il appartenait à une personne qui me l'avait confié pour lui enlever la voix : ses fonctions organiques étaient toujours restées intègres.

Troisième expérience. — Le 11 mars 1843, sur un gros surmulot mâle, j'ai extirpé les deux spinaux. Ces animaux, de même que les chats, sont assez difficiles à expérimenter, à cause de leur indocilité et de la conformation, conique de leur museau, qui ne permet pas de les museler sûrement. J'emploie pour cela un procédé très certain : il consiste à passer au travers de la gueule de l'animal et derrière les dents canines un petit morceau de bois, comme un crayon, par exemple; aussitôt on place en arrière de cette espèce de mors une ligature circulaire, qu'on serre modérément. L'animal ainsi pris ne peut plus se démuseler, parce que le crayon empêche la ligature de glisser, et que les dents retiennent le crayon. On a en même temps l'avantage de maintenir la gueule ouverte et de ne pas empêcher la formation des cris, ni la respiration de s'exercer librement.

Quand on irritait le surmulot avant l'opération, il poussait des cris excessivement aigus, qui sont particuliers aux animaux de son espèce.

Aussitôt après l'ablation des deux spinaux il y eut aphonie, et les cris aigus furent remplacés par un grognement très bref.

Remis en liberté, l'animal fit pendant quelque temps des mouvements de déglutition ; il se tapit dans un coin de sa cage et répugnait au mouvement. Le lendemain on lui donnait du pain à manger. La déglutition paraissait sensiblement gênée, et quand le surmulot mangeait trop vite, il passait évidemment des aliments dans la trachée, à en juger par ses éternuments et par une sorte de toux rauque qui troublait momentanément la respiration. Après la cessation de ces accidents, l'animal recommençait à manger plus lentement qu'avant ;

il mâchait longtemps et suspendait la mastication au moment où la déglutition s'effectuait.

Les jours suivants, les mêmes phénomènes persistèrent toujours. A l'état de repos, l'animal était calme, respirait normalement et avalait assez bien; mais on provoquait facilement les désordres déjà indiqués dans la déglutition, si on le forçait à courir et à respirer fortement au moment où il mangeait.

Le 16 mars (cinquième jour de l'opération), l'animal fut sacrifié. Les spinaux étaient complétement enlevés.

Les poumons étaient sains, excepté une partie du lobe supérieur du poumon droit, qui offrait une particularité remarquable. Extérieurement on apercevait de petites masses blanchâtres, de volume égal, disséminées dans cette portion du tissu pulmonaire. En ouvrant alors les canaux aériens du poumon avec précaution, je trouvai des miettes de pain mâché qui obstruaient les grosses bronches, et il me fut facile de constater que les petites taches blanches étaient formées par la même matière. L'estomac n'offrait pas d'altération, et contenait des aliments en partie digérés.

Quatrième expérience. — J'ai enlevé les spinaux à un très grand nombre de lapins jeunes ou adultes. Comme toutes ces expériences se ressemblent, quant aux résultats, je me bornerai à en rapporter une seule. Le 18 janvier 1843, sur un lapin adulte, l'ablation d'un seul spinal détermina la raucité de la voix, qui fut abolie après l'extirpation des deux spinaux; si alors on pinçait fortement la queue de l'animal, il faisait entendre un sifflement expiratoire, clair et bref, successivement interrompu et entrecoupé par des inspirations bruyantes et rauques. Parfois l'expiration était aphone et on entendait seulement le runcus inspiratoire. Pendant le repos, l'animal respirait normalement et avait conservé toute sa vivacité ; mais, si on le faisait courir, il paraissait assez vite essoufflé; la respiration s'accélérait, et on entendait quelquefois alors des inspirations bruyantes. Lorsque l'animal mangeait, la déglutition était sensiblement gênée. Si dans ce moment on forçait le lapin à se mouvoir, il produisait une sorte de toux rauque, comme si des corps étrangers passaient dans les voies respiratoires.

Les jours suivants, les mêmes phénomènes persistèrent; l'animal au repos ne paraissait pas souffrant et respirait librement; quand on le laissait manger tranquillement, la déglutition, quoique un peu gênée, s'opérait assez facilement; mais quand le lapin était subitement dérangé, on voyait constamment apparaître les troubles respiratoires momentanés déjà indiqués plus haut.

Le 29 janvier (onzième jour de l'expérience) l'animal fut sacrifié.

Autopsie : Les deux spinaux étaient détruits en totalité. Les poumons exempts d'ecchymoses et d'altérations dans la plus grande partie de leur étendue, présentaient un peu de rougeur et d'hépatisation dans leurs lobes supérieurs. Le tissu pulmonaire incisé dans ce point offrait une coupe comme marbrée par des portions vertes qui n'étaient autre chose que de l'herbe mâchée renfermée dans les tubes bronchiques. La coloration très verte de l'herbe contenue dans les grosses bronches indiquait que l'introduction en était assez récente, tandis que celle située dans les petites bronches était déjà en partie décolorée, et y séjournait évidemment depuis plusieurs jours. L'estomac, qui était sain, contenait une grande quantité d'aliments.

Le nombre de lapins à qui j'ai extirpé les deux spinaux est très considérable. Ils vécurent bien après cette opération, excepté dans les cas où il se formait des pneumonies par suite de l'introduction de l'herbe dans les bronches.

Cette première série d'expériences prouve que les modifications fonctionnelles qui surviennent après l'ablation complète des deux spinaux portent spécialement sur les organes vocaux et respiratoires. Nous constatons, en outre, que ces phénomènes se manifestent spécialement dans les fonctions de relation. En effet :

1° *Chez l'animal agissant*, il y a aphonie, une certaine gène de la déglutition, la brièveté de l'expiration quand l'animal veut crier, l'essoufflement dans les grands mouvements ou les efforts, et parfois irrégularite dans la démarche, etc.

2° *Chez l'animal en repos*, toutes les fonctions organiques, respiratoires, digestives, circulatoires, s'accomplissent, au contraire, avec la plus grande régularité, et il serait impossible de s'apercevoir, sous ce rapport, que les animaux sont privés d'une influence nerveuse quelconque.

Il faut remarquer aussi que l'ensemble de ces phénomènes, qui caractérise la paralysie des nerfs spinaux, se distingue par une foule de points de la paralysie qui suit la section des deux nerfs vagues. On pourra encore mieux saisir cette différence dans le tableau comparatif suivant :

Phénomènes propres à la paralysie des deux spinaux.	*Phénomènes propres à la paralysie des deux nerfs vagues.*
1° La Voix est abolie;	1° La Voix est abolie;
2° La respiration n'est pas troublée, le nombre des respirations n'est pas changé;	2° La respiration est modifiée, et le nombre des inspirations est constamment diminué;
3° Le nombre des battements de cœur et celui des pulsations artérielles restent les mêmes;	3° Les battements de cœur sont considérablement accélérés, et le nombre des pulsations artérielles est considérablement augmenté;
4° La digestion stomacale n'est pas dérangée, et les sécrétions gastriques s'accomplissent bien;	4° La digestion stomacale est généralement troublée, ainsi que les sécrétions gastriques;
5° La surVie des animaux est constante et indéfinie.	5° La mort des animaux est constante et arrive en général au plus tard après trois ou quatre jours.

Il résulte de la comparaison précédente qu'il n'y a qu'un seul caractère qui soit commun à la paralysie des spinaux et à celle des pneumogastriques, c'est l'aphonie ou l'abolition de la voix. En analysant actuellement le mécanisme de cette aphonie, nous voyons qu'il est essentiellement différent dans la paralysie des spinaux ou dans celle des nerfs vagues.

Ce phénomène est indubitablement la conséquence d'une paralysie survenue dans les mouvements du larynx. Mais un fait fort singulier, qui devra d'abord fixer notre attention, c'est que la paralysie du larynx qui suit l'ablation des spinaux est totalement différente de celle qu'on produit ordinairement par la section des pneumogastriques ou des nerfs laryngés.

En effet, sur un chat aphone, auquel j'avais extirpé les spinaux depuis quinze jours, j'ai mis la glotte à nu en incisant verticalement la membrane thyro-hyoïdienne, de manière à ménager les nerfs laryngés. Puis ayant saisi l'épiglotte par cette ouverture à l'aide de pinces-érignes, j'attirai l'ouverture supérieure du larynx en avant, et voici ce que j'observai :

La glotte, *dilatée dans toute son étendue*, permettait un passage libre à l'entrée et à la sortie de l'air. La muqueuse laryngienne avait conservé toute sa sensibilité, et quand on venait à toucher avec un stylet l'intérieur du larynx ou bien les cordes vocales elles-mêmes, les lèvres de la glotte se rapprochaient légèrement ; mais ce mouvement de resserrement était excessivement borné, et ne déterminait plus *la tension et le rapprochement complet des cordes vocales*. Alors, si l'animal, tourmenté par la douleur, voulait former des cris, il chassait brusquement l'air de son poumon; mais les cordes vocales, n'étant pas tendues et ne se joignant pas, ne pouvaient être mises en vibration. La colonne d'air produisait seulement, en passant, le souffle assez rude qui avait remplacé la voix chez cet animal, depuis que les spinaux avaient été détruits. L'expiration vocale (aphone) était en général peu prolongée et entrecoupée par des mouvements inspiratoires brusques, qui produisaient parfois une sorte de ronflement.

Sur les lapins, j'ai observé des phénomènes semblables dans le larynx, c'est-à-dire que j'ai constaté, après l'ablation des spinaux, que chez ces animaux comme chez les chats, la glotte, qui avait conservé toute sa sensibilité, restait dilatée, et avait perdu la faculté de s'occlure complétement.

Seulement les lapins présentent souvent après l'ablation des spinaux une paralysie très complète des muscles crico-thyroïdiens, ce qui permet aux cartilages de s'écarter et à la membrane crico-thyroïdienne de faire saillie à l'intérieur du larynx ; cela donne alors à l'inspiration un caractère très bruyant.

Quand on coupe les nerfs pneumogastriques ou leurs rameaux laryngés, la chose se passe tout différemment dans le larynx. La voix se trouve abolie, il est vrai, mais tout le monde sait qu'il y a en même temps une *occlusion* de la glotte qui occasionne une gène plus ou moins grande de la respiration, suivant l'âge des animaux. De sorte que nous devons établir dès à présent comme résultat expérimental :

1° Qu'après l'ablation des spinaux, l'aphonie coexiste avec une dilatation persistante de la glotte et avec une impossibilité de rapprochement des cordes vocales;

2° Qu'au contraire, après la section des pneumogastriques ou des nerfs laryngés, l'aphonie coexiste avec une occlusion et une impossibilité d'écartement des cordes vocales.

L'expérience suivante, faite sur un animal adulte, nous rendra encore ces faits plus palpables.

Si l'on attire l'ouverture supérieure du larynx en dehors sur un chat vivant, en évitant la lésion des nerfs laryngés, on verra d'abord les mouvements de resserrement et de dilatation de la glotte se succéder rapidement dans les efforts que fait l'animal pour crier et se débattre; mais, si l'on attend quelques instants, l'animal se calme peu à peu, et finit par respirer tranquillement. Alors la glotte respiratoire reste dans une dilatation pour ainsi dire permanente, et les mouvements de resserrement et d'écartement excessivement bornés, qui s'accomplissent dans l'inspiration et l'expiration, sont à peine appréciables : comme ceux qui se remarquent dans les narines des animaux lorsque la respiration est calme.

Vient-on, dans ce moment, à pincer fortement l'animal ou à piquer la muqueuse laryngienne, aussitôt le larynx change de rôle, et devient le siége de phénomènes nouveaux. Les deux cordes vocales tendues subitement se rapprochent au contact; une expiration puissante et prolongée vient les faire vibrer, et des cris perçants se font entendre.

Si, après avoir constaté ces faits, on arrache le spinal d'un côté, on verra la moitié de la glotte correspondante rester écartée, et à peu près immobile; tandis que celle du côté opposé continue à se mouvoir et à se rapprocher de la ligne médiane. Lorsque l'animal veut crier, la colonne d'air, expulsée des poumons, franchissant l'ouverture de la glotte à moitié fermée, et circonscrite d'un côté par une corde vocale tendue, et de l'autre par une corde vocale relâchée, ne produit plus qu'un son âpre ou rauque au lieu d'un timbre clair particulier à la voix du chat.

Si l'on extirpe l'autre spinal, l'ouverture glottique exécute bien encore de légers mouvements de resserrement comme ceux que nous avons notés dans la respiration calme, mais elle a perdu la faculté de s'occlure complétement. Malgré ses tentatives pour former ces cris que lui commande la douleur, l'animal ne peut plus tendre ou rapprocher au contact ses cordes vocales flasques et séparées, et il ne produit qu'un souffle expiratoire très bref. Il y a alors aphonie complète, et les mouvements vocaux sont éteints; la respiration continue pourtant à s'exercer par la glotte dans toute sa plénitude.

Veut-on se convaincre que c'est bien le pneumogastrique qui maintient les lèvres de la glotte dans l'écartement où on les voit, et lui communique les mouvements légers dont nous avons parlé, il suffira de diviser les nerfs récurrents, et aussitôt l'ouverture du larynx, devenue complétement immobile, se trouvera rétrécie. Les cordes vocales, comme des soupapes flottantes, s'accoleront mécaniquement dans l'inspiration sous la pression de l'air extérieur, qui tend à pénétrer dans le larynx, et seront soulevées par la colonne d'air expiré. Il en résulte alors une gène de la respiration, analogue pour son mécanisme à celle qu'on observe dans l'œdème de la glotte.

Ainsi, cette expérience démontre clairement que l'ablation des nerfs spinaux paralyse partiellement le larynx en tant qu'organe vocal, mais le laisse intact en tant qu'organe de respiration. En effet, la glotte béante et dilatée ne peut plus se resserrer pour produire la voix, mais elle laisse très librement les mouvements respiratoires s'accomplir.

Les expériences suivantes donneront la même démonstration d'une autre manière, qui sera encore plus saisissante.

Destruction comparative des nerfs laryngés et des nerfs spinaux sur de très jeunes animaux. — Il était important de faire une expérience sur de très jeunes animaux, et voici pourquoi :

Nous savons que la section des nerfs laryngés inférieurs paralyse tous les muscles du larynx, moins les cricothyroïdiens, et détermine l'abolition de la voix et l'occlusion de la glotte. Cette dernière circonstance devrait produire constamment la mort par suffocation.

Toutefois, chez les vieux animaux, il n'en est pas ainsi, parce que, chez eux, il reste en arrière, dans l'espace inter-aryténoïdien, une ouverture béante qui permet encore l'entrée et la sortie de l'air des voies respiratoires, malgré la paralysie complète du larynx.

Mais chez les jeunes animaux, une semblable disposition n'existant pas, la paralysie complète qui suit la section des nerfs récurrents amène immédiatement la mort par suffocation. Nous le verrons en étudiant le pneumogastrique.

Dès lors on conçoit que, grâce à cette particularité, nos expériences ne laisseront aucun doute, parce que si l'ablation des spinaux détermine, chez ces jeunes animaux, l'aphonie sans produire la suffocation mortelle, il sera naturel de conclure que la destruction de ces nerfs a paralysé le larynx comme organe vocal, mais lui a permis de continuer ses fonctions comme organe de respiration.

Première expérience. — J'ai opéré la section des laryngés inférieurs sur un petit chat de trois semaines ; après la section du récurrent droit, la voix est devenue rauque et la respiration gênée. Après la section des deux récurrents, le chat est mort subitement par suffocation.

Deuxième expérience. — J'ai enlevé les deux spinaux sur un autre petit chat de la même portée que le précédent par comparaison avec l'expérience précédente.

Aussitôt après, l'animal est devenu aphone, mais la respiration et la circulation sont demeurées aussi libres qu'avant. (La dilatation de la glotte persistait donc encore, et la respiration se faisait aprés l'ablation des spinaux seuls.)

Le 19 mai, douzième jour, ce petit chat a été sacrifié, et l'autopsie a prouvé que les spinaux étaient bien complétement détruits.

Troisième expérience.—Le 3 juin 1843, sur un autre jeune chat âgé de cinq semaines environ, j'ai extirpé les deux spinaux; aussitôt la voix a été abolie, mais les autres fonctions, sous l'influence du pneumogastrique, ont continué à s'exercer librement.

Le 5 juin, deux jours après, sur le même animal, qui était aphone, mais, du reste, bien portant, j'ai excisé les deux nerfs laryngés inférieurs. Bientôt le *chat est mort suffoqué*, preuve que le larynx, paralysé seulement comme organe vocal par l'extirpation des spinaux, fut, de plus, paralysé comme organe de respiration deux jours aprés lorsque je fis la section des nerfs laryngés.

Toutes les expériences rapportées précédemment me

semblent conduire directement à cette conclusion, qu'il y a dans le larynx deux ordres de mouvements, les uns qui président à la phonation, et qu'on paralyse en détruisant les nerfs spinaux ; les autres qui sont relatifs à la respiration, et qu'on paralyse en coupant les nerfs pneumogastriques ou leurs branches laryngées. De sorte que nous admettrons que le pneumogastrique possède une puissance motrice propre et indépendante du nerf spinal. C'est cette puissance motrice propre au penumogastrique qui influence les organes circulatoires, digestifs et respiratoires, et permet à ces appareils d'accomplir leurs fonctions organiques, et aux animaux de survivre quand la voix a été abolie par l'ablation complète des deux spinaux. C'est encore cette puissance motrice, provenant du pneumo-gastrique, qui fait fonctionner le larynx comme organe respiratoire involontaire sur les très jeunes animaux, et les empêche de suffoquer lors de l'ablation des spinaux, comme cela a lieu après la section des nerfs laryngés.

Toutefois, si nous prouvons physiologiquement que les mouvements vocaux du larynx sont animés par les filets des nerfs spinaux, tandis que les mouvements respiratoires sont influencés par des filets moteurs, distincts des premiers, et venant des pneumogastriques, nous devons néanmoins reconnaître qu'anatomiquement il n'est pas possible de poursuivre et d'isoler ces deux ordres de filets nerveux. Chez l'homme et chez la plupart des mammifères, avant leur arrivée dans le larynx, ils se mélangent dans le tronc du vague, et ils sont unis et confondus dans les nerfs laryngés ; le nerf laryngé inférieur se trouve donc composé, comme la physiologie le démontre, par des filets du vague et du spinal, qui apportent au larynx la double influence motrice dont il a besoin pour l'accomplissement de ses fonctions respiratoires, qui sont involontaires et permanentes, et de ses fonctions vocales, qui sont temporaires et volontaires.

Il faut ajouter que, cependant, chez certains animaux, la double distribution nerveuse, dont nous venons de parler pour le larynx, se trouve anatomiquement distincte. Ainsi, chez le chimpanzé, Vrolik a montré que la branche interne du spinal ne s'unit pas au tronc du vague, mais va directement se distribuer dans le larynx. De sorte que chez cet animal il y a des filets laryngés isolés arrivant directement du spinal.

En résumé, nous formulerons notre conclusion générale de la manière suivante :

« Quoique dans le larynx, la respiration et la phona-
» tion semblent anatomiquement confondues, parce
» qu'elles s'accomplissent dans un même appareil, ces
» deux fonctions n'en demeurent pas moins physiologi-
» quement indépendantes, parce qu'elles s'exercent sous
» des influences nerveuses essentiellement distinctes. »

Mais quel est donc le mécanisme de l'abolition de la voix après la destruction des spinaux ? En se rappelant quelles sont les conditions physiologiques de la phonation, on comprend que la voix ne puisse plus s'effectuer aprés les modifications que la destruction des spinaux apporte dans le larynx. En effet, il est nécessaire, pour produire le son vocal, qu'il y ait une occlusion active de la glotte, c'est-à-dire tension et rapprochement des cordes vocales. Or, nous avons vu, par nos expériences, que, chez les animaux qui n'ont plus de spinaux, les cordes vocales sont détendues et écartées sans pouvoir désormais se rapprocher activement. Il est naturel, dès lors, que la colonne d'air expulsée par la trachée ne produise plus de vibrations sonores, et que sa sortie se fasse par la glotte béante en donnant lieu à un simple souffle expiratoire ; mais la question qui se présente ici est de savoir si, de même que nous avons été conduit à reconnaître pour le larynx une influence nerveuse, motrice, vocale, volontaire, provenant du spinal, et une influence motrice involontaire, émanant du pneumogastrique, nous pouvons et nous devons admettre dans le larynx un ordre de muscles vocaux et un ordre de muscles respiratoires.

Évidemment non, ce serait une distinction inutile d'abord, et ensuite insoutenable.

En effet, si nous réfléchissons un instant, nous verrons que la dilatation permanente de la glotte, qui suit l'ablation des spinaux, nous donne bien plutôt la raison de la persistance des phénomènes respiratoires qu'elle ne nous explique le mécanisme de l'aphonie. Il serait impossible d'inférer de nos expériences que le spinal abolit la voix en paralysant les muscles constricteurs du larynx, car nous serions obligé de supposer que les muscles constricteurs du larynx sont exclusivement vocaux, tandis que les dilatateurs seraient uniquement respirateurs. Une semblable distinction serait inadmissible, car nous verrons plus loin que la glotte peut s'occlure sans produire pour cela la phonation. Du reste, cette dilatation glottique, qui suit l'ablation des spinaux, sans laquelle on ne peut comprendre la persistance de la respiration, n'est pas un phénomène qui soit nécessairement lié à l'abolition de la voix; nous voyons que, chez les animaux auxquels on excise les nerfs laryngés, l'aphonie existe avec des conditions diamétralement opposées, c'est-à-dire avec son occlusion.

Nous ne pouvons donc pas trouver dans l'appareil moteur laryngien deux ordres de muscles correspondant aux deux ordres de nerfs moteurs que nous avons démontrés dans cet organe. Nous sommes forcé d'admettre que tous les muscles du larynx sont indivisibles dans leur action, et nous devons les considérer comme formant dans leur ensemble un système moteur unique, qui peut, cependant, réaliser deux fonctions distinctes, parce que les deux influences nerveuses qui l'animent sont séparées dans leur origine, et conséquemment indépendantes dans la transmission de leur influence.

De sorte qu'après l'ablation des spinaux ce n'est pas la paralysie de tels ou tels muscles laryngiens spéciaux à la phonation qu'il faut chercher, c'est la perte d'une des influences nerveuses de l'appareil moteur laryngien qu'il faut constater.

Nous ferons encore remarquer que cette diversité fonctionnelle d'un même muscle ou d'un ensemble de muscles en rapport avec la pluralité des influences nerveuses motrices qui s'y rendent, n'est pas un fait isolé qui soit particulier seulement à l'appareil musculaire du larynx; c'est un moyen dont la nature se sert souvent pour harmoniser les fonctions entre elles, et pour économiser, en quelque sorte, les organes moteurs; et, sans sortir de notre sujet, nous voyons que ce fait domine l'histoire physiologique tout entière du nerf spinal. En effet, chacun sait qu'en se ramifiant dans les muscles sterno-mastoïdiens et trapèzes, ce nerf anime des muscles déjà influencés par des filets moteurs provenant du plexus cervical. Chacun sait aussi, et nous le démontrerons plus loin, que ces deux ordres de nerfs sont en rapport avec deux ordres de mouvements spéciaux. Eh bien, pour le larynx il ne se passe pas autre chose : le spinal apporte aux muscles du larynx une faculté motrice distincte de celle que le pneumogastrique leur donne; et, par ce moyen, les muscles laryngiens peuvent se prêter à deux fonctions distinctes. Sous ce rapport, le larynx est donc bien, ainsi que nous l'avons déjà dit, un organe physiologiquement double, et l'anatomie comparée appuie cette manière de voir. Chez les oiseaux, on voit le larynx *vocal* séparé anatomiquement du larynx *respiratoire*.

En résumé, chez les mammifères (et animaux à larynx unique), l'appareil musculaire laryngien est un appareil vocal quand le nerf spinal l'excite, et il est seulement un appareil respiratoire quand le pneumogastrique seul l'influence. Après l'ablation des spinaux la voix est abolie, mais le larynx n'en continue pas moins son rôle d'organe respirateur parce que ses muscles obéissent toujours à l'excitation incessante du pneumogastrique. La glotte, maintenue béante, reste identiquement dans les mêmes conditions d'activité où elle se trouve chez un animal sain qui ne fait que respirer ; mais, pour ainsi dire, dédoublé et réduit à cette seule fonction, le larynx est condamné au repos absolu en tant qu'organe vocal, parce qu'il a perdu les filets nerveux qui appropriaient la glotte à la phonation. Après la section des nerfs laryngés, les deux influences nerveuses sont détruites à la fois ; le larynx est alors paralysé complétement, c'est-à-dire frappé de mort dans l'accomplissement de ces deux fonctions ; la glotte, encore entr'ouverte comme chez un animal mort, ne peut plus servir ni à la phonation ni à la respiration. La mort par suffocation ou par gène de la respiration est la conséquence normale de cette double paralysie fonctionnelle du larynx. Et si, chez les vieux animaux, la grande rigidité des cartilages arythénoïdes, s'opposant à leur affaissement sous la pression de l'air inspiré, permet parfois à la respiration de s'exécuter encore, c'est un phénomène passif qui explique seulement ces cas exceptionnels ; car cet écartement dû à la solidification des cartilages par les progrès de l'âge ne dépend en aucune façon de l'activité musculaire du larynx, et ne mérite conséquemment pas plus le nom de glotte que ne le mériterait l'orifice d'une canule adaptée à la trachée d'un animal qui suffoque.

En se plaçant à un point de vue différent de celui que nous venons d'exposer, et tout en admettant les faits qui ne sauraient être récusés, puisque ce sont des résultats d'expériences, on pourrait repousser l'interprétation que j'ai donnée et soutenir que, dans le larynx, l'influence motrice vocale n'est pas distincte, comme je l'avance, de l'influence motrice respiratoire, et que les résultats que j'ai obtenus ne proviennent pas de la suppression d'une influence nerveuse spéciale, mais qu'ils sont simplement une conséquence d'une diminution d'intensité dans la puissance motrice du larynx. En effet, dira-t-on, le larynx reçoit dans l'état normal une certaine proportion de filets moteurs, et, conséquemment, une certaine dose de puissance motrice sans destination spéciale, mais qui, par sa seule quantité, sera capable de produire à la fois et les mouvements respiratoires qui exigent moins d'énergie nerveuse, et les mouvements vocaux qui exigent au contraire une plus grande énergie musculaire et nerveuse. Or, quand on enlève les nerfs spinaux, continuera-t-on, on détruit une grande proportion des filets nerveux moteurs du larynx, et par suite on lui enlève une grande partie de sa puissance motrice, qui alors, devenue trop faible, est incapable de produire les mouvements énergiques que réclame l'acte de la phonation, bien qu'elle puisse encore permettre quelques mouvements respiratoires qui exigent une dépense motrice moins considérable.

Cette théorie qui a été émise est d'abord basée sur une hypothèse toute gratuite, la supposition qu'il faut plus de puissance motrice pour la voix que pour la respiration ; elle est ensuite inadmissible. En effet, je demanderai à ceux qui la soutiennent d'expliquer ce fait que j'ai observé et qui a été depuis constaté par d'autres physiologistes, à savoir que lorsqu'on détruit les spinaux, le larynx est paralysé avec dilatation sans pouvoir s'occlure, tandis que par la section des vagues ou des laryngés, le larynx est paralyse avec occlusion sans plus pouvoir se dilater. Il est évident que ces deux états opposés ne peuvent être les degrés d'une même paralysie; si cela était, en effet, l'ablation des spinaux devrait amener un commencement d'occlusion de la glotte, qui serait ensuite complétée par la section des pneumogastriques ou des nerfs laryngés.

En admettant là deux influences nerveuses, et par conséquent deux causes différentes de paralysie, je crois être mieux d'accord avec les faits. Dans le larynx, le spinal est nerf moteur vocal, et le pneumogastrique nerf moteur respiratoire. La proximité d'origine de ces nerfs ne prouverait rien contre cette différence fonctionnelle dévolue à chacun d'eux. Les expériences physiologiques n'ont-elles pas démontré que les filets originaires du pneumogastrique seuls viennent prendre naissance dans un espace très limité et très important de la moelle allongée, auquel on a dû donner le nom de *point* premier moteur des mouvements respiratoires? Je persiste donc dans mon opinion, en concluant avec Ch. Bell :

« Que lorsqu'un organe reçoit des nerfs de plusieurs » sources, ce n'est pas pour y accumuler la force ner- » veuse, mais pour lui apporter des influences nerveuses » différentes. »

Chez un animal sain, nous savons qu'au moment où le pharynx reçoit le bol alimentaire, il y a réaction des muscles constricteurs pharyngiens qui le poussent vers l'œsophage ; mais nous savons aussi qu'il y a simultanément abaissement de l'épiglotte et occlusion plus ou moins complète de l'ouverture glottique. De sorte que, dans la déglutition normale, il se passe deux actions musculaires distinctes, l'une qui dirige les aliments dans les voies digestives, l'autre qui ferme le larynx et prévient leur entrée dans les organes respiratoires.

Les fonctions toutes mécaniques de l'épiglotte ne suffisent pas pour opérer cette occlusion indispensable de l'ouverture laryngienne. Beaucoup d'expériences ainsi qu'une foule de cas pathologiques s'accordent à prouver que l'épiglotte peut être détruite sans gêner sensiblement la déglutition des aliments solides; d'où il résulte que c'est principalement le déplacement du larynx et son resserrement, plutôt que la soupape épiglottique, qui s'opposent à l'entrée des particules alimentaires dans les voies respiratoires.

Nous devons rappeler que c'est par l'*action des muscles pharyngiens* que l'ouverture supérieure du larynx se trouve fermée et la respiration suspendue pendant que la déglutition s'opère. Les expériences sont positives à cet égard ; elles démontrent, en effet, que cette constriction de la glotte qui accompagne la déglutition est indépendante des muscles du larynx, puisque, sur les animaux (chiens) auxquels on a excisé tous les nerfs laryngés et l'épiglotte, cette occlusion peut encore s'opérer et prévenir le passage des aliments par la glotte.

Conséquemment aux faits que nous venons de citer, nous admettrons qu'il faut, pour l'accomplissement régulier de la déglutition, que les muscles pharyngiens aient une double action, l'une qui a pour effet de pousser les aliments dans l'œsophage, et de mettre en activité les voies de déglutition ; l'autre qui a pour but de fermer le larynx et d'arrêter le jeu des voies respiratoires, afin d'empêcher le conflit perturbateur de ces deux fonctions.

En enlevant les spinaux, le pharynx ne perd qu'un seul ordre de mouvements, celui qui est relatif à l'occlusion du larynx. En effet, nous avons vu que chez nos animaux, la déglutition proprement dite n'était point abolie. Le bol alimentaire, poussé par les muscles constricteurs vers l'œsophage, descendait encore dans l'estomac; mais le larynx ne pouvant plus se resserrer, nous avons la raison du passage des aliments dans la trachée, et nous comprenons dès lors, avec facilité, comment ce phénomène survient principalement lorsqu'on irrite les animaux, et quand on provoque chez eux des mouvements d'inspiration au moment où la déglutition s'effectue. Nous avons trouvé cette gène de la déglutition plus marquée chez les lapins que chez les chats. Ceci s'explique quand on réfléchit que les lapins triturent l'herbe et la réduisent en un bol alimentaire, dont les particules ténues ont peu de cohésion entre elles, tandis que les chats, incisant simplement avec les dents la viande dont ils se nourrissent, avalent un bol alimentaire dont les particules restent unies, et sont moins susceptibles de se dissocier pour entrer dans l'ouverture béante du larynx. Chez les lapins, la quantité d'herbe mâchée qui passe dans les bronches est quelquefois considérable, et cette circonstance peut amener au bout de peu de jours une gène de la respiration et une pneumonie qui fait périr les animaux. On peut facilement faire cesser cette complication si, comme nous l'avons fait, on déplace artificiellement l'entrée des voies respiratoires en adaptant une canule à la trachée, et en mettant une ligature au-dessus.

Or l'anatomie nous apprend que le pharynx reçoit des nerfs de plusieurs sources, et que le spinal lui envoie un rameau très évident (rameau pharyngien). La physiologie nous indique que pendant la déglutition le pharynx accomplit deux actes : l'un qui ouvre en quelque sorte l'œsophage, l'autre qui ferme le larynx.

Nos expériences nous démontrent qu'après l'ablation des spinaux, les muscles pharyngiens ont perdu la faculté d'occlure le larynx, et ont conservé celle de pousser le bol alimentaire dans l'œsophage.

Comme conclusion rigoureuse, il s'ensuit que les deux actions du pharynx s'exercent sous des influences nerveuses motrices distinctes, et que les mouvements d'occlusion glottique s'opèrent exclusivement par l'influence du rameau pharyngien du spinal.

Maintenant, pour formuler d'une manière générale le rôle physiologique de toute la branche interne du spinal sur le pharynx et sur le larynx, il suffit de rappeler qu'après l'ablation de ces nerfs, les voies respiratoires laryngiennes restent toujours ouvertes, et ne peuvent plus se resserrer ni s'occlure lors de la phonation ou de la déglutition, et nous dirons :

Qu'en agissant sur les muscles laryngiens, la branche interne du spinal a pour effet de resserrer la glotte, de tendre les cordes vocales, de rendre l'expiration sonore, et de changer momentanément les fonctions respiratoires du larynx pour en faire un organe exclusivement vocal ;

Qu'en agissant sur les muscles laryngiens, la branche interne du spinal a pour but de fermer l'ouverture supérieure du larynx, et d'intercepter temporairement le passage de l'air par le pharynx, pour approprier cet organe exclusivement à la déglutition.

Mais si nous réfléchissons que, dans toutes ces circonstances, la branche interne du spinal agit uniquement comme constricteur momentané du larynx, nous resterons convaincus que le but final de l'influence nerveuse des spinaux est toujours le même, celui de former un antagonisme temporaire à la fonction respiratoire, afin de permettre aux organes qui sont placés sur les voies de la respiration d'accomplir des fonctions étrangères à ce phénomène.

En effet, pour que le pharynx exécute sa fonction de déglutition, il faut que sa fonction relative à la respiration (conducteur béant de l'air qui arrive aux poumons) soit abolie. Pour que le larynx exécute sa fonction vocale, il faut que sa fonction d'organe respiratoire (conducteur qui laisse arriver l'air aux poumons) soit momentanément arrêtée. Dans tous ces actes différents, ce sont les mêmes organes qui fonctionnent. Mais les mêmes appareils musculaires qui, sous une excitation nerveuse donnée, s'approprient à la respiration, peuvent, par le moyen d'une autre influence nerveuse, agir en sens contraire, et diriger leur activité sur une autre fonction qui éteint ou remplace temporairement la première.

Or, pour le pharynx et le larynx, c'est la branche interne du spinal qui apporte cette dernière influence nerveuse antagoniste à la première (respiration).

Ainsi doit être compris le rôle fonctionnel double du pharynx et du larynx; ainsi se trouvent expliquées l'abolition de la voix et la gêne de la déglutition, qui ne sont que la conséquence de la persistance des phénomènes respiratoires dans le larynx et dans le pharynx.

Il nous reste encore à examiner la *brièveté de l'expiration*, l'*essoufflement* et l'*irrégularité dans la démarche de certains animaux*. Avant d'étudier les causes de ce dernier ordre de phénomènes, nous allons voir, par les expériences, qu'il faut les rapporter à la branche externe du spinal, et nous constaterons que ces différents troubles dépendent d'un défaut de réaction du spinal sur les agents inspirateurs du thorax, réaction sur l'appareil thoracique qui est toujours congénère de celle exercée sur l'appareil laryngien par la branche interne du même nerf.

Les résultats qui vont suivre ayant déjà été observés à la suite de l'ablation totale des nerfs spinaux, nous ne ferons que les indiquer succinctement dans nos expériences nouvelles. Nous ferons seulement remarquer que les phénomènes dont il s'agit sont plus prononcés après la destruction totale des nerfs spinaux qu'après la section isolée de la branche externe.

Première expérience. — Sur un chien encore jeune et bien portant, j'ai disséqué avec soin la branche externe du spinal, et je l'ai divisée des deux côtés le plus près possible de son émergence par le trou déchiré postérieur, en ayant soin de ne pas intéresser les filets du plexus cervical qui vont au sterno-mastoïdien. L'animal remis en liberté, voici ce que l'on remarqua :

Rien n'était changé dans l'allure de l'animal quand il restait au repos. La *déglutition* n'avait pas subi la moindre atteinte. La *voix* avait conservé son timbre clair et normal, mais les cris étaient en général plus brefs, et ils étaient souvent entrecoupés par des inspirations, surtout quand on irritait le chien. L'animal semblait être, en un mot, dans les conditions de quelqu'un qui a *la respiration courte*. Aussi devenait-il assez promptement essoufflé quand on le faisait courir; et c'est alors seulement, quand la respiration était devenue accélérée, qu'on remarquait quelques *troubles dans les mouvements des membres antérieurs*. L'animal fut sacrifié le même jour à d'autres expériences.

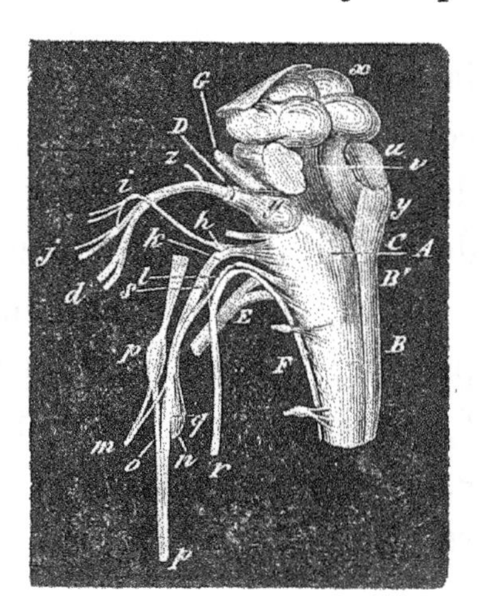

Fig. 14 (1).

Deuxième expérience. — Les branches externes des spinaux *r* (fig. 14) ayant été seules arrachées sur un chat adulte, la *déglutition* resta parfaitement libre. Les miaulements spontanés avec leur

(1) *Moelle allongée avec les origines des nerfs de la huitième paire chez le chat* (la pièce est vue par sa face latérale et postérieure). — A, origine du pneumogastrique ; — B, portion médullaire du spinal ; — B', portion bulbaire du spinal ; — C, glosso-pharyngien ; — D, *d*, nerf facial ; — E, nerf hypoglosse ; — F, première paire nerveuse cervicale ; — G, coupe des pédoncules du cerveau ; — *h*, ganglion jugulaire du

timbre ordinaire étaient devenus *plus brefs;* ceux qu'on lui arrachait par la douleur étaient assez prolongés, mais ils devenaient en quelque sorte saccadés, et suivaient dans leur succession les nécessités du mouvement expiratoire. Il fut difficile de constater de l'irrégularité dans les mouvements des membres; seulement l'animal, naturellement très sauvage, s'agitait moins dans sa cage. Ce chat fut encore conservé pendant deux jours, et n'offrit plus rien de particulier.

Troisième expérience. — Sur un cheval, la branche externe du nerf spinal droit (nerf trachélo-dorsal) fut excisée avant sa division en rameaux musculaires. En faisant marcher l'animal après, on constata un désaccord évident des mouvements du membre thoracique droit avec ceux du côté gauche, d'où résultait une sorte de claudication particulière.

Ainsi, comme l'anatomie aurait pu déjà nous le faire prévoir, la branche externe du spinal n'agit pas sur la formation du son vocal, ni sur la déglutition; mais elle exerce son influence sur le système des mouvements respiratoires du thorax. Or ces mouvements sont dans

pneumogastrique; — *i*, *j*, branche auriculaire du pneumogastrique; — *k*, branche intermédiaire du spinal; anastomose de la branche interne du spinal avec le pneumogastrique; — *m*, rameau pharyngien du pneumogastrique; — *p*, ganglion cervical supérieur; — *q*, filets nerveux du pneumogastrique ne passant pas par le ganglion; — *r*, branche externe du spinal; — *s*, anastomose du pneumogastrique avec la branche externe du spinal (anostomose de Willis); — *u*, section du pédoncule du cervelet; — *v*, plancher du quatrième ventricule; — *x*, tubercules quadrijumeaux; — *y*, origine des nerfs acoustiques; — *z*, nerfs pétreux.

une liaison fonctionnelle nécessaire avec la *phonation*, l'*effort*, la *course*, etc.

Réfléchissons d'abord à ce qui se passe dans le chant ou dans la phonation en général. Il s'opère premièrement une constriction spéciale de la glotte qui fait vibrer l'air expiré et produit le son vocal. (Nous savons que c'est une portion de la branche interne qui préside à cette fonction ; nous n'y reviendrons pas.) Mais la voix n'est pas constituée seulement par une expiration sonore ; le son vocal ou chant a une durée, une intensité, des modulations, une forme, enfin, qui est subordonnée à des conditions nouvelles survenues dans le mécanisme de l'expiration thoracique. Les forces expiratoires du thorax ne s'appliquent plus alors uniquement à débarrasser avec promptitude le poumon de l'air qu'il contient ; elles agissent même en sens contraire : elles retiennent l'air pendant un certain temps ; car les organes pulmonaires, en tant qu'organes respirateurs, s'arrêtent pour remplir momentanément le rôle de porte-vent dans l'appareil vocal.

L'expiration simple *respiratoire*. et l'expiration complexe *vocale*, en raison de leur but différent, ne se ressemblent donc pas du tout. Il suffit, pour s'en rendre compte, de s'observer soi-même un instant. Si, étant debout et ne prenant aucun point d'appui sur les objets environnants, on respire tranquillement, voici ce qu'on remarque : l'inspiration et l'expiration se succèdent régulièrement et ont à peu près la même durée, ou, si l'une était plus courte, ce serait l'expiration. Les muscles sterno-mastoïdiens et trapèzes ne se contractent pas visiblement alors, bien qu'il y ait un léger mouvement d'élévation et d'abaissement de l'épaule qui corresponde à l'élévation et à l'abaissement des côtes. Maintenant, si l'on veut changer les rapports de durée qui existent entre l'inspiration et l'expiration, on verra que ce n'est qu'avec la plus grande gêne qu'on parvient à étendre les limites de l'expiration respiratoire ordinaire.

Mais si l'on vient à parler, ou surtout à chanter, la condition précédente s'obtient avec la plus grande facilité, parce que l'expiration a subitement changé son mécanisme pour devenir vocale. Voici ce qui arrive alors: le thorax étant rempli d'air, et au moment où la fonction vocale du larynx va commencer, les muscles sterno-mastoïdiens et trapèzes se contractent, saisissent en quelque sorte l'épaule et le sternum, les maintiennent élevés, et suspendent leur abaissement ainsi que celui des côtes, pendant tout le temps que dure l'émission sonore; la preuve, c'est que, aussitôt que le chant cesse, l'expiration s'accomplit et les épaules tombent sur le thorax. Durant le chant, l'expulsion de l'air se fait cependant ; mais, au lieu de se produire par l'abaissement brusque de l'épaule et des côtes comme dans l'expiration respiratoire, elle s'opère tantôt par un abaissement lent et graduel du thorax (dans les sons graves), tantôt par les muscles abdominaux (dans les sons aigus).

Cette contraction des muscles sterno-mastoïdiens et trapèzes, qui a pour but de suspendre l'inspiration pour permettre ainsi au thorax d'adapter la colonne d'air expirée aux modulations de la voix, cette contraction, dis-je, est d'autant plus marquée, que l'action des muscles laryngiens devient plus énergique. C'est le cas des chanteurs, qui font effort pour produire les sons les plus variés; tout le monde sait combien le larynx et les muscles sterno-mastoïdiens et trapèzes acquièrent de développement à cet exercice.

Maintenant, pour en revenir à nos animaux, il nous sera facile d'interpréter toutes les particularités qu'ils nous ont offertes du côté de la voix. Quand ils n'ont plus de spinaux, le thorax tout aussi bien que le larynx restent organes respiratoires, et ne peuvent plus se modifier pour la phonation. Lorsque les animaux veulent crier, ils se trompent, et n'exécutent que des mouvements respiratoires plus actifs. Quand la branche externe du spinal a été détruite seule, le larynx a conservé la faculté de produire le son, mais le souffle thoracique ne peut plus l'étendre ou le moduler : de là brièveté de la voix, qui est entrecoupée et ne dépasse jamais en étendue la durée de l'expiration respiratoire ordinaire.

Ainsi, dans l'appareil vocal, il y a deux choses : 1° l'organe formateur de son (larynx); 2° le porte-vent (thorax). Mais ce que nos expériences démontrent, le voici : c'est que, au moment où le larynx est approprié à la phonation par la branche interne du spinal, en même temps le thorax, par l'influence de la branche externe, cesse momentanément d'appartenir à la respiration proprement dite, pour s'unir à l'appareil phonateur. Ces deux modifications du larynx et du thorax concourent donc au même but final, et elles doivent être liées, puisqu'elles proviennent de la même source nerveuse.

Les muscles sterno-mastoïdiens et trapèzes ne sont pas antagonistes des mouvements respiratoires thoraciques uniquement dans la phonation. Comme tels, ils agissent encore dans les autres cas où la respiration s'arrête pour permettre au thorax, devenu immobile, de servir de point fixe aux différents muscles de l'épaule ou de l'abdomen, etc.

Tous ces actes musculaires, qui demandent pour s'accomplir une suspension des phénomènes respiratoires, méritent le nom d'*effort*. Il peut se rencontrer deux cas distincts dans la production de ce phénomène. Quand l'effort est violent et durable (effort complet), il y a action simultanée ou synergie des branches interne et externe du spinal pour arrêter la respiration ; le larynx se ferme sous l'influence des muscles pharyngiens, et les muscles sterno-mastoïdiens et trapèzes se contractent vigoureusement pour s'opposer à l'expiration et maintenir le thorax plein et dilaté : ainsi, dans les violents efforts abdominaux ou des membres, etc.

Si l'acte musculaire de l'effort est de courte durée, au contraire, et peu intense, le thorax n'a plus besoin d'une aussi grande fixité. Alors ce synchronisme d'action des deux branches du spinal n'est plus aussi nécessaire : ainsi, dans beaucoup d'efforts passagers qu'on exécute avec les membres supérieurs, l'action de la branche externe sur les muscles sterno-mastoïdiens et trapèzes maintient suffisamment le sternum fixe et l'épaule élevée, pour suspendre temporairement l'expiration thoracique, sans qu'il soit nécessaire que le larynx se ferme hermétiquement. Ainsi, dans la déglutition, la branche interne du spinal suspend l'expiration glottique sans avoir besoin du concours des muscles qui agissent dans le même sens sur le thorax.

Nous plaçons la déglutition dans la catégorie des efforts passagers, parce que, ne pouvant s'effectuer sans arrêter la respiration, c'est toujours le mécanisme de l'effort, à la durée et à l'intensité près. En effet, l'effort devient très évident et complet quand la déglutition se prolonge, comme chez les individus, par exemple, qui boivent à la régalade.

Ainsi, la première condition de l'effort, c'est l'arrêt de la respiration. Or, nos animaux, qui n'avaient plus de spinaux, ayant perdu la faculté d'arrêter leur respiration, ne pouvaient plus faire d'efforts : ils sont alors toujours trompés dans leur attente, parce que à mesure qu'ils veulent suspendre leur respiration, ils ne font que l'accélérer.

Chez les animaux non claviculés, il se passe pendant la course une série d'actes musculaires qui nous semblent pouvoir rentrer dans la classe des efforts passagers. D'abord, si l'on examine chez ces animaux les insertions inférieures des muscles sterno-mastoïdiens et trapèzes, on voit que le trapèze s'insère à l'omoplate comme dans l'homme ; mais le sterno-mastoïdien se sépare en deux faisceaux musculaires bien isolés, dont l'un se fixe à la partie supérieure du sternum et l'autre (portion claviculaire chez l'homme) va s'attacher à l'humérus. Chez le cheval, la portion sternale du sterno-mastoïdien forme un muscle bien séparé (sterno-maxillaire), s'insérant d'une part au sternum et de l'autre à l'angle de la mâchoire inférieure. Quand ce muscle prend son point fixe en haut, il peut agir sur le sternum; mais quand il prend son point immobile inférieurement nous admettons, avec M. Rigot, qu'il peut agir pour ouvrir la mâchoire, ou, si celle-ci est fixée, pour abaisser la tête et produire le mouvement de rengorgement du cheval. Tous ces muscles sont animés par la branche externe du spinal, et quand, la téte (ou la colonne cervicale à laquelle ils s'attachent aussi en haut) servant de point fixe, ces muscles viennent à se contracter ensemble, ils ont nécessairement pour effet de porter le sternum et l'épaule en haut et en avant, en même temps que le membre antérieur est soulevé du sol et attiré en avant. De cette manière, les parois thoraciques se trouvent dégagées pour l'inspiration lorsque le membre se porte en avant, et comme le sternum est fixé, l'expiration est suspendue jusqu'au moment où, la contraction de tous ces muscles cessant, l'épaule et le membre reviennent en arrière. Par ce mécanisme, il s'établit un rapport harmonique entre les mouvements du thorax et ceux du membre antérieur, ce qui permet à ces derniers de se succéder avec une grande rapidité dans la course, sans entre-choquer ou gêner les mouvements respiratoires.

On comprend maintenant comment, chez les animaux auxquels nous avons enlevé les spinaux, cette harmonie n'existant plus, il se produisait par suite un essoufflement dès qu'on les forçait à courir. On remarque alors une irrégularité caractéristique dans la démarche de l'animal. Cette particularité est surtout très évidente chez le cheval.

La forme *costo-inférieure* de la respiration, qui est normale chez les animaux non claviculés, ainsi que l'ont avancé MM. Beau et Maissiat, suffit pour assurer la régularité de la fonction respiratrice dans la progression ordinaire. C'est surtout lorsque, par l'effet de la course, les mouvements respiratoires tendent à prendre le type *costo-supérieur*, que l'harmonisation dont nous parlons devient plus nécessaire. Du reste, tous ces petits efforts successifs, qui tendraient à établir l'accord des mouvements respiratoires du thorax avec ceux du membre antérieur, chez les animaux sans clavicule, pouvant rentrer, comme nous l'avons dit, dans les efforts de très courte durée, ne réclament pas l'occlusion du larynx. En effet, les chevaux cornards auxquels on a pratiqué la trachéotomie, sont encore aptes à la course, et ce n'est que dans les grands efforts musculaires qu'ils se trouvent un peu gênés.

En résumé, après la destruction de la branche externe du spinal, les muscles sterno-mastoïdiens et trapèzes ne peuvent plus arrêter les mouvements respiratoires thoraciques, et, partant, ils sont devenus inaptes à faire servir le thorax comme point fixe dans l'effort, et comme porte-vent dans la phonation.

Cependant ces muscles ne sont pas paralysés complétement; car si alors on les met à découvert, on voit qu'ils se contractent dans certains mouvements de la tête; et, ce qui est le plus remarquable, c'est qu'ils agissent encore comme inspirateurs quand on vient à gêner mécaniquement la respiration. Une expérience va nous fixer sur ce fait. Si l'on prend un chien ou un chat, et qu'on mette à découvert les muscles sterno-mastoïdiens, voici ce qu'on observe : quand on comprime modérément la trachée de l'animal, les deux sterno-mastoïdiens se contractent pour soulever le sternum et produire l'inspiration; mais cette contraction est de très courte durée, comme l'inspiration elle-même. Quand, cessant de comprimer la trachée, on fait crier l'animal, les deux sterno-mastoïdiens se contractent encore vigoureusement et maintiennent le thorax soulevé pendant toute la durée du cri. Mais si l'on vient à couper le spinal du côté droit, par exemple, et à reproduire après cela les circonstances précédentes, on verra que, pendant le cri, le sterno-mastoïdien gauche paraît se contracter plus fortement; que, pendant la respiration forcée, au contraire, les deux sterno-mastoïdiens se contractent également et continuent d'agir comme inspirateurs. Il est préférable de couper les origines de la branche externe dans le crâne, pour ne pas tirailler les sterno-mastoïdiens et être certain qu'on n'a pas lésé les filets du plexus cervical qui se rendent à ces muscles.

Cette expérience prouve bien nettement que la *contraction vocale*, si l'on peut dire, du sterno-mastoïdien, et sa *contraction respiratoire*, sont sous des influences nerveuses différentes. En effet, elles ont des buts bien distincts : dans un cas, c'est pour arrêter la respiration; dans l'autre, c'est pour l'aider ou la produire.

Là, nous retrouvons encore ce fait remarquable que

nous avons déjà observé relativement aux muscles du larynx, savoir : qu'un même muscle peut servir à deux actes physiologiques opposés, suivant l'influence nerveuse qui l'anime. L'exemple du sterno-mastoïdien est même plus frappant que celui des muscles laryngiens, parce que c'est un gros muscle, à insertions bien déterminées, dont il semble qu'on peut d'avance bien préciser l'action. Et, pour expliquer sa duplicité fonctionnelle, ce n'est pas dans un changement de point fixe qu'il faut la chercher : il reste toujours le même (c'est la tête); ce n'est pas non plus dans un mode spécial du raccourcissement de la fibre musculaire qui existerait dans un cas et non dans l'autre; ce serait une supposition absurde, puisque toutes les fibres musculaires ont la même direction. Mais d'où vient donc cette duplicité fonctionnelle? Elle vient simplement du *temps d'action* du muscle. Ainsi, quand le sterno-mastoïdien agit comme *inspirateur* (sous l'influence du plexus cervical), il se contracte et soulève le thorax jusqu'à ce que le poumon soit rempli d'air : alors la fonction est finie, il se relâche et laisse agir les muscles expirateurs. Quand, au contraire, le sterno-mastoïdien agit dans la phonation (sous l'influence du spinal), il attend que le thorax soit plein d'air; alors il l'arrête dans cet état : la voix commence et le muscle sterno-mastoïdien, s'opposant toujours aux autres muscles expirateurs, accompagne la voix tant qu'elle dure et maintient de l'air dans le thorax pendant tout le temps que la voix en a besoin pour se produire : c'est une influence nerveuse qui succède à l'autre. Voilà l'explication de ce fait singulier, et ce que nous venons de dire peut s'appliquer aux muscles du larynx.

De tout cela, nous conclurons qu'à l'égal des appareils musculaires pharyngien et laryngien, les muscles sterno-mastoïdiens et trapèzes peuvent s'approprier à deux fonctions différentes, parce qu'ils obéissent à deux influences nerveuses distinctes :

1° Qu'ils agissent essentiellement comme inspirateurs, quand ils reçoivent leur influence du plexus cervical; toutefois leur action n'est nécessaire que lorsque la respiration est difficile.

2° Qu'ils arrêtent la respiration et forment un antagonisme aux mouvements respiratoires du thorax, quand la branche externe du spinal les excite, et qu'ils sont alors congénères d'une action semblable exercée dans le larynx par la branche interne du même nerf.

Il y a donc, pour les actes fonctionnels où la respiration doit être arrêtée temporairement, deux antagonismes musculaires destinés à cet effet : l'un, qu'on pourrait appeler *intérieur*, qui agit toujours sur l'ouverture du larynx et qui est régi par la branche interne du spinal ; l'autre, qu'on pourrait appeler *extérieur*, qui agit sur le thorax et qui se trouve régi par la branche externe du même nerf. On conçoit qu'il ne pouvait pas en être autrement, parce que le larynx et le thorax sont animés de mouvements respiratoires incessants ; et si, par exemple, au moment où le thorax aurait été fixé pour servir de point d'appui dans l'effort, le larynx avait continué à fonctionner comme organe respiratoire, et *vice versa*, on sait le désordre et la désharmonie qui en seraient résultés : nos expériences nous l'ont démontré.

Ainsi, la constriction du larynx ne suffisait pas pour arrêter la respiration ; à elle seule, elle ne pouvait s'opposer victorieusement aux mouvements expiratoires du thorax. Elle avait besoin d'un antagonisme extérieur, autrement dit, de l'action auxiliaire et indispensable de la branche externe du spinal. Cette dernière eût seulement pu devenir inutile, si le thorax, par un mécanisme quelconque, avait pu rester immobile. Ceci n'est pas une simple conjecture : l'anatomie comparée nous le prouve. Chez les oiseaux, la respiration se fait, comme on sait, tout autrement que chez les mammifères : ils n'ont pas réellement de diaphragme, les poumons sont fixes, etc., mais ce qui est important à notre point de vue, c'est que leur thorax, à cause de sa structure osseuse, reste à peu près immobile. Il est ainsi toujours disposé à servir de point fixe aux organes musculaires qui s'y attachent, et il ne réagit pas non plus sur les poumons pour en expulser l'air. Aussi les oiseaux, comme nous l'avons déjà vu, n'ont-ils pas de branche externe du spinal.

Nous savons maintenant que tous les troubles remarquables qui accompagnent la destruction des nerfs spinaux se concentrent uniquement sur la partie motrice ou dynamique de l'appareil respiratoire (mouvements laryngiens, mouvements thoraciques). Mais, avant de rapprocher dans notre esprit toutes ces expériences, afin d'en déduire quelques faits généraux, il importe de nous rappeler que les agents respirateurs (larynx, thorax) peuvent, à raison des deux ordres de nerfs moteurs qui les animent, se trouver, chez un animal sain, dans deux états fonctionnels bien distincts.

Tantôt, comme cela se voit chez un animal qui reste en repos ou qui est plongé dans le sommeil, une seule fonction organique s'accomplit : c'est la respiration ; le larynx béant livre à l'air un passage facile dans les poumons ; le thorax se dilate et se resserre alternativement ; enfin l'inspiration et l'expiration, à peu près égales, s'exercent involontairement d'après un rhythme régulier que rien ne vient troubler. Tels sont les phénomènes de la *respiration simple.*

Dans un autre état, qui accompagne seulement la veille, et qui est appelé *état respiratoire complexe*, par opposition au précédent, il se manifeste d'autres phénomènes, qui, bien que se produisant toujours au moyen des agents respirateurs, sont cependant en dehors du but de la respiration. Tels sont la phonation, la déglutition, l'effort, etc.

Les agents respirateurs (larynx, thorax) ont donc un double but fonctionnel, et il serait vrai de dire que, dans le premier état de *respiration simple*, ces organes appartiennent exclusivement à la vie intérieure ou organique, tandis que dans le second état, dit de *respiration complexe*, ils intervertissent provisoirement leur fonction respiratoire pour s'approprier à d'autres actes de la vie extérieure. Or, il ne faut pas oublier que c'est uniquement à ces organes que le nerf spinal va distribuer ses rameaux et porter son influence.

Maintenant, qu'est-ce que nos expériences nous apprennent? C'est que, dans l'état de repos, quand la respiration simple s'effectue, les nerfs spinaux n'ont aucun rôle à remplir ; car, lorsque nos animaux sont calmes ou qu'ils dorment, on ne voit pas le moindre trouble dans leurs fonctions, et il serait tout à fait impossible de dire alors s'ils ont des spinaux, ou s'ils n'en ont pas.

Mais quand l'état opposé au repos arrive, et lorsque l'animal (sans spinaux) veut accomplir les différentes fonctions qui établissent des rapports entre lui et le monde extérieur, il se trouve arrêté dans tous les actes qui, pour s'opérer, réclament des modifications particulières dans les agents respirateurs. La volonté de l'animal se manifeste pourtant toujours, mais elle n'a plus de prise sur sa respiration pour l'arrêter, la modifier à son gré, et produire la *phonation*, l'*effort*, etc.

Le larynx et le thorax ne sont plus avertis en quelque sorte des actes de la *vie extérieure* qui se passent autour d'eux ou dans eux : ces organes, demeurés agents de la *respiration simple*, continuent perpétuellement, malgré l'animal, à exécuter cette fonction, et ils ne peuvent plus en remplir d'autres. Quand l'animal croit former un cri, il respire ; quand il veut avaler, il respire en même temps ; quand il cherche à faire un effort, il respire encore plus vite.

Ainsi, les agents actifs de la respiration (muscles qui agissent sur le larynx, muscles qui agissent sur le thorax) reçoivent donc deux ordres d'influence nerveuse motrice. Dans l'état de *respiration simple*, l'influence du spinal sur elle est nulle; ce nerf n'excite des mouvements qu'en vue des actes de la vie extérieure, et c'est lui qui préside à tous les changements qui surviennent dans la motilité du thorax et du larynx lors de la *respiration complexe*, tels que l'effort, la voix. Aussi, sous ce rapport, le nerf spinal doit-il être considéré comme le nerf *vocal* ou nerf des chanteurs par excellence ; car sans lui toute modulation de son est devenue impossible.

De tout ce qui précède nous devons conclure que :

1° Pour le moment, il serait difficile de ramener les nerfs crâniens au type simple des nerfs rachidiens. Et pour le cas qui nous occupe, il est démontré par les faits que le pneumogastrique et le spinal ne sont pas dans les mêmes rapports anatomiques et physiologiques que les deux racines d'une paire de nerfs rachidiens.

2° Le nerf pneumogastrique est un nerf mixte qui régit les phénomènes organiques moteurs et sensitifs de trois grandes fonctions, savoir : la respiration, la circulation et la digestion.

3° Mais parmi ces fonctions il en est une, la respiration, qui participe à la vie volontaire ou de relation. Aussi elle a un nerf de plus, c'est le spinal.

4° Le spinal est donc un nerf moteur qui régit les mouvements du larynx et du thorax toutes les fois que ces organes doivent produire la phonation et être appropriés à des actes qui sont en dehors du but de la *respiration simple*.

Autrement dit, c'est un nerf de la vie de relation annexé à l'appareil respirateur, de même que les actions auxquels il préside, la voix, etc., sont des phénomènes de la vie de relation annexés à la fonction respiratoire.

Conséquemment le spinal ne saurait être considéré comme un nerf respirateur ou *accessoire de la respiration ;* il agit toujours en sens contraire, et il a constamment pour objet de suspendre l'accomplissement de cette fonction organique, en même temps qu'il adapte le larynx et le thorax aux phénomènes de la phonation, de l'effort, etc. Si l'on voulait donner à ce nerf un nom qui rappelât le mécanisme de son influence, il faudrait plutôt l'appeler nerf *antagoniste de la respiration.*

Avec de semblables usages, le spinal forme dans l'économie un nerf tout à fait exceptionnel, et cela n'a lieu de surprendre, puisqu'il appartient à une fonction (la respiration) elle-même exceptionnelle, en ce que les organes moteurs qui l'accomplissent (larynx, thorax) peuvent tour à tour se prêter à la vie de relation ou rester dans la vie organique.

Nous avons vu qu'après la destruction des nerfs spinaux l'appareil respirateur redescend pour ainsi dire dans la vie organique, et que l'animal aphone ne paraît désormais avoir pas plus de prise sur les mouvements de son larynx ou de son thorax qu'il n'en a sur ceux de son cœur ou de son estomac.

Dans la prochaine leçon nous passerons à l'étude du pneumogastrique, qui se trouvera simplifiée par ce que nous avons déjà dit du nerf spinal.

DOUZIÈME LEÇON.

17 JUIN 1857.

SOMMAIRE : Nerf pneumogastrique. — Ses propriétés : sensibilité non constante. — Rameaux laryngés supérieur et inférieur. — Résultats variés de leur section. — Explication. — Expériences. — Effets de la section des pneumogastriques sur les poumons. — Expériences. — Lorsqu'on a coupé les pneumogastriques à un animal, la mort qui survient n'est pas nécessairement la conséquence de l'asphyxie. — Après la section des pneumogastriques, les respirations sont plus rares et plus larges.

MESSIEURS,

Nous allons passer aujourd'hui à l'étude du pneumogastrique.

Le nerf pneumogastrique est connu depuis fort longtemps; c'est un de ceux sur lesquels on a expérimenté le plus anciennement, sans doute à cause de la facilité avec laquelle on peut le mettre à découvert dans la région du cou. Galien a expérimenté sur le pneumogastrique, il paraît même qu'avant lui on l'avait disséqué ou comprimé sur l'animal vivant. Depuis, ces épreuves se sont considérablement multipliées : il n'est peut-être pas un physiologiste qui n'ait appelé l'expérimentation à prononcer sur ses fonctions. Malgré cela le nerf pneumogastrique est un de ceux dont l'histoire est encore le moins connue.

Bichat le présente comme un nerf d'une nature difficile à définir anatomiquement, paraissant participer à la fois des nerfs de la vie de relation et du système du grand sympathique avec lequel nous verrons qu'il se confond dans les espèces inférieures.

Nous avons examiné à propos du spinal la question de savoir si le nerf pneumogastrique devait ou ne devait pas être considéré comme une racine postérieure dont le spinal serait la racine antérieure. Pour résoudre cette question nous avons eu recours au critérium de la sensibilité récurrente, qui nous a montré que ces deux nerfs ne sont point réunis par cette propriété et que l'accessoire de Willis reçoit sa sensibilité des paires cervicales.

Un autre fait, extrêmement curieux et propre à montrer que le pneumogastrique diffère par ses propriétés des racines postérieures rachidiennes, est son mode de sensibilité directe. Nous savons que les racines rachidiennes postérieures sont toujours douées d'une vive sensibilité ; il n'en est pas de même du nerf pneumogastrique qui, dans diverses circonstances, chez l'animal sain, se montre complétement insensible.

Voici un lapin sur lequel nous pinçons le pneumogastrique dans la région du cou sans produire aucune douleur; nous le coupons ensuite sans que l'animal paraisse le sentir. Cependant on peut se convaincre, en lui pinçant l'oreille ou une patte, que l'animal a sa sensibilité générale parfaitement intacte.

Sur un chien, nous pinçons également le pneumogastrique sans faire crier l'animal.

Tout à l'heure nous faisions l'expérience sur un chat et nous obtenions les mêmes résultats. Lorsque le pneumogastrique est sensible, sa sensibilité est le plus souvent obtuse. Mais le point le plus intéressant à élucider, c'est la détermination des circonstances dans lesquelles ce nerf est sensible ou insensible.

J'ai beaucoup expérimenté sur des chiens pour chercher à établir ces conditions de la sensibilité ou de l'insensibilité du pneumogastrique. Quelques faits parmi ceux que j'ai pu observer échappent jusqu'ici à toute interprétation; cependant, j'avais cru voir, d'après le plus grand nombre des cas, que le pneumogastrique est insensible chez les chiens à jeun, tandis qu'il serait sensible chez ces animaux en digestion; toutefois je suis loin de donner cette proposition comme suffisamment établie. Il y a donc là une modification relative à la sensibilité qui tient sans doute à la nature spéciale du nerf et démontre clairement que, sous ce rapport, le rapprochement qu'on a voulu faire entre lui et une racine postérieure n'est pas exact. Les faits dont je vous parle seront signalés dans des expériences que nous signalerons plus loin et qui se rapportent en même temps à d'autres questions relatives à la physiologie du nerf pneumogastrique.

Ceci m'amène encore à vous parler d'une question sur laquelle nous aurons plus tard à revenir, celle de savoir si les nerfs sont sensibles seulement quand ils se rendent à des parties sensibles. N'y aurait-il pas lieu de généraliser cette proposition dans certaines limites et de retrouver, outre les nerfs des sens proprements dits, des divisions de nerfs sensitifs qui auraient les propriétés des nerfs de sensibilité générale, ou celles des nerfs de sensibilité spéciale. Il est constant que quand un nerf va à la peau, dont les perceptions sont douloureuses, le nerf est lui-même extrêmement sensible aux irritations mécaniques. Nous voyons, en effet, les nerfs qui se rendent à certains organes jouir de propriétés spéciales en rapport avec les fonctions dont l'accomplissement est confié à ces parties. C'est ainsi que le nerf optique ne transmet pas d'impressions douloureuses, mais bien des sensations lumineuses; que la contusion de ce nerf, en laissant de côté la douleur perçue par les nerfs des enveloppes de l'œil, se traduit par une sensation lumineuse subjective, qui fait dire vulgairement que le patient voit trente-six chandelles.

Or, il semble qu'il en soit de même pour les nerfs qui se rendent à des membranes muqueuses où se perçoivent des sensations spéciales. Aucune impression douloureuse n'est peut-être plus vive que celle qu'on fait naître en pinçant à la face le nerf sous-orbitaire. Cependant vous savez qu'un autre rameau de même nerf, pincé en arrière des fosses nasales, nous a semblé complétement insensible.

Ces vues expliqueraient jusqu'à un certain point l'insensibilité du pneumogastrique dans la région du cou. Ce nerf, en effet, se rend à l'estomac, aux voies respiratoires, organes qui sont doués d'une sensibilité particulière, et dont la sensibilité générale paraît à peu près nulle dans les circonstances ordinaires. Dans les voies respiratoires, cependant, nous trouvons un organe d'une sensibilité extrême, la glotte. Or, il faut noter que le nerf qui s'y rend, le laryngé supérieur, est très sensible et que c'est plus haut, au-dessus du point sur lequel a porté notre exploration, qu'il se détache du pneumogastrique.

Il résulterait donc de là qu'un même nerf sensitif pourrait avoir des filets sensibles et des filets insensibles aux excitations douloureuses. Ce nerf serait toujours sensitif, mais certaines de ses parties ne percevraient normalement que des sensations spéciales.

Ainsi, lorsqu'on introduit un liquide dans le larynx par en haut, le faisant tomber par une sonde sur les bords de la glotte, on provoque une toux violente et extrêmement pénible. Cette sensibilité paraît n'exister que sur la muqueuse de la face supérieure de la glotte, car on ne la retrouve pas lorsque après avoir fait une ouverture à la trachée et renversant la tête de l'animal on fait la même instillation de liquide de la trachée vers le larynx. De sorte que le liquide touchant les bords de la glotte produit une sensation très pénible lorsqu'il tombe de haut en bas, et non lorsqu'il passe de bas en haut; et cependant c'est le même tronc nerveux qui fournit des filets aux deux parties de la muqueuse qui sont si diversement impressionnées.

Arrivons maintenant à l'étude des fonctions du pneumogastrique, en recourant aux moyens d'exploration qu'on emploie d'ordinaire; voyons quels sont les effets de la section du pneumogastrique sur les différents organes auxquels il se rend. Pour conserver quelque clarté à cet exposé, nous examinerons successivement les effets produits par cette section sur chacun des organes auxquels le nerf envoie ses filets.

Après avoir indiqué les particularités relatives à la

sensibilité du larynx, il nous resterait à parler de ses mouvements; nous ne nous y arrêterons pas ici : nous les avons déjà examinés à propos du spinal qui est le nerf moteur par excellence de cet organe.

Nous avons vu que sous ce rapport le larynx était le siége de deux ordres de mouvements, les mouvements vocaux et les mouvements respiratoires.

Quand on détruit les nerfs laryngés, on abolit les mouvements vocaux et les mouvements respiratoires. Les effets produits, lorsqu'on coupe l'un seulement de ces nerfs, diffèrent suivant que la section porte sur le nerf laryngé supérieur, où sur le nerf laryngé inférieur.

Après la section du laryngé supérieur, la sensibilité de la glotte est abolie, ainsi que celle du reste du larynx; la voix n'est pas éteinte, mais elle devient rauque; l'animal peut toutefois continuer à vivre. Ces effets sont connus, je ne m'y arrêterai pas.

Lorsque l'on a coupé le laryngé inférieur, la voix est complétement perdue; mais les symptômes qui s'observent du côté de la respiration sont assez remarquables.

Tantôt, en effet, l'animal auquel on a coupé le laryngé inférieur peut respirer et continuer à vivre, tantôt il ne peut plus respirer et périt asphyxié. Cette différence si prononcée dans les phénomènes consécutifs à la section d'un même nerf tient à l'âge des animaux sur lesquels on a pratiqué l'opération.

Comment peuvent s'expliquer les phénomènes qui s'observent après la section des deux nerfs laryngés.

Quand on a coupé le laryngé supérieur, la raucité de

la voix tient à la paralysie du muscle crico-thyroïdien et à un défaut de tension des cordes vocales.

Quand on a coupé le laryngé inférieur, tous les autres muscles du larynx sont paralysés, d'où résulte une perte complète de la voix.

Voyons maintenant pourquoi après la section du laryngé inférieur, les animaux sont quelquefois asphyxiés et quelquefois peuvent, au contraire, continuer à respirer. Legallois qui a observé ce fait par hasard, en opérant sur de petits chiens, en a fort bien saisi la condition. Pour abolir la voix, il avait coupé le laryngé inférieur; l'animal jeune cessa de crier, mais il suffoqua et succomba rapidement. Legallois fut très étonné de ce résultat, car il avait souvent coupé le nerf laryngé inférieur sans observer cette asphyxie. Il attribua à l'âge les différences qui se présentaient dans les résultats de ses expériences, et vit qu'en effet, la section du laryngé inférieur, rapidement mortelle chez les très jeunes animaux, cesse de l'être à un âge plus avancé. Toutefois, Legallois avait constaté le fait sans donner la véritable explication.

On a reconnu ensuite que cette explication ressort de la solidité variable des différentes pièces du larynx, suivant les âges. Chez les jeunes animaux, après la paralysie du larynx, les lèvres de la glotte sont flasques dans toute leur étendue; elles se rapprochent dans les mouvements d'inspiration, et ne permettent plus à l'air de pénétrer dans le larynx. Chez les animaux plus âgés, les cartilages aryténoïdes, plus résistants, laissent en arrière des lèvres de la glotte une ouverture qui ne peut pas s'obturer. C'est par cette ouverture que continue à passer l'air.

Les troubles fonctionnels qui s'observent chez les jeunes animaux après la section du laryngé inférieur, tiennent évidemment à une obstruction survenue dans le larynx. En effet, on peut, lorsqu'ils sont sur le point d'asphyxier, les faire vivre en pratiquant la trachéotomie.

Voici un petit chat âgé de sept ou huit jours; peut-être est-il déjà un peu tard pour observer chez lui l'asphyxie consécutive à la section du laryngé inférieur. Nous allons néanmoins faire l'expérience.

Nous coupons le laryngé inférieur d'un côté : déjà les cris deviennent plus sourds; la voix a perdu beaucoup de son intensité. Maintenant nous coupons le laryngé inférieur de l'autre côté : la voix est complétement abolie. En même temps vous voyez que l'animal ne peut plus respirer, le sang qui s'écoule par la plaie est noir; la langue prend une coloration foncée comme si on étranglait l'animal; il asphyxie.

Tout à l'heure nous le ferons revenir en lui ouvrant la trachée. Mais le voici déjà sans mouvement, je crains que la trachéotomie n'arrive un peu tard. La trachée est ouverte; voici bientôt une large inspiration; nous aidons le rétablissement de la respiration par des pressions alternatives exercés sur les parois thoraciques; bientôt l'animal ouvre les yeux et est revenu à la vie. Nous lui plaçons une petite canule dans la trachée; si ce chat peut teter, il est probable qu'il survivra à l'opération et que nous pourrons vous le présenter encore vivant dans la prochaine leçon.

Voilà pour le laryngé inférieur.

Examinons maintenant l'action du pneumogastrique sur les organes thoraciques, sur le poumon d'abord, et ensuite sur le cœur.

On sait depuis fort longtemps que le pneumogastrique a une influence très marquée sur l'appareil respiratoire. Cette influence a été très diversement interprétée par les physiologistes; et nous verrons, passant en revue les résultats des expériences, qu'il était difficile qu'il en fût autrement. La section du pneumogastrique sur un mammifère ou sur un oiseau amène la mort au bout d'un temps qui varie de deux à quatre, et rarement au delà de cinq jours. Les reptiles peuvent vivre davantage, mais ils finissent aussi par y succomber. Legallois croyait que, dans ce cas, la mort était produite nécessairement par une lésion pulmonaire.

En effet, à l'autopsie des animaux qui ont succombé à la section du pneumogastrique, il a signalé une lésion des poumons. Aussitôt après l'opération, il notait une perturbation profonde des phénomènes respiratoires ; il pensait que la respiration devenait alors insuffisante, que les phénomènes chimiques qui s'y rattachent étaient incomplets et que l'animal mourait asphyxié au bout d'un temps variable.

Les altérations des poumons pouvaient porter à penser qu'il en est ainsi. Legallois, ayant coupé les pneumogastriques sur de jeunes lapins, trouva qu'ils succombaient en présentant une altération des poumons qui rappelle l'hépatisation; leur tissu, rouge et dense, était fortement congestionné; certaines parties même ne surnageaient plus.

D'autre part, des travaux entrepris sur le même sujet nous montrent que cette altération peut être fort légère, qu'elle peut même manquer complétement. Dans leurs expériences sur le pneumogastrique, de Blainville et Provençal n'ont trouvé aucune altération anatomique dans les poumons d'animaux qu'ils avaient fait périr en leur coupant les pneumogastriques. Ils en avaient conclu que ces animaux mouraient, non par l'appareil respiratoire, mais par l'appareil digestif; qu'ils mouraient de faim.

Les expériences de de Blainville et Provençal montrent seulement que l'altération du poumon n'est pas constante, qu'elle peut manquer complétement, sans que les animaux survivent pour cela à l'opération ; que par conséquent l'opinion qui veut trouver dans cette altération pulmonaire la cause de la mort par section des nerfs pneumogastriques est une opinion erronée.

Enfin cette lésion du poumon n'existe pas chez les oiseaux, bien que chez eux, comme chez les mammifères, la section des pneumogastriques soit mortelle.

Répétant à mon tour l'expérience, qui consiste à couper les nerfs pneumogastriques dans la région du cou, et à suivre les perturbations fonctionnelles ou anatomiques qui en sont la conséquence, je suis arrivé à des résultats variables. Toujours ou presque toujours (j'aurai à revenir sur cette restriction), les animaux ont succombé dans un temps, qui a varié de quelques heures à trois ou quatre jours. Mais tantôt j'ai rencontré les lésions pulmonaires signalées par Legallois, tantôt les poumons étaient complétement exempts de cette infiltration sanguine signalée. Je me suis dès lors attaché à chercher dans les conditions de l'expérience, la raison de cette divergence des résultats, et je crois l'avoir trouvée.

Cette carnification du poumon se montre plus spécialement chez les jeunes animaux, chez ceux qui sont en même temps plus petits, comme les lapins, ou les cochons d'Inde. Un lapin jeune, auquel on a coupé les pneumogastriques, meurt généralement avant vingt-quatre heures; or, si on le sacrifie une heure après l'opération, on trouve déjà de la congestion; un peu plus tard, un épanchement sanguin se fait; les poumons sont alors marbrés par le sang; l'animal périt plus tard réellement asphyxié.

Mais cette asphyxie n'est qu'accidentelle, il y a en effet des animaux qui ne l'éprouvent pas et qui n'en meurent pas moins. J'ai vu des chiens survivre trois ou quatre jours à l'opération sans présenter de signes d'asphyxie et conservant les poumons sains et le sang artériel parfaitement rouge.

Lorsqu'on a coupé les pneumogastriques à un animal, la mort qui survient n'est donc pas nécessairement la conséquence de l'asphyxie.

M. Traube, de Berlin, a expérimenté sur des lapins pour tâcher de saisir la cause de l'altération que présentent chez eux les poumons. Il a cru remarquer que, chez eux, l'altération des poumons était due à l'introduction, dans les bronches, des liquides secrétés dans la bouche ou remontant de l'estomac dans l'œsophage paralysé. La présence de ces liquides dans les bronches expliquerait, suivant cet auteur, l'asphyxie et les altérations anatomiques qui l'accompagnent. Les observations de M. Traube sont exactes en ce que les phénomènes qu'il signale sont possibles ; mais je ne saurais admettre les conclusions qu'il en tire, parce que l'introduction des liquides dans les bronches n'est pas plus nécessaire pour produire les désordres anatomiques observés dans les poumons, que ces désordres ne le sont eux-mêmes pour produire la mort. C'est là encore un accident qui vient s'ajouter au phénomène, mais qui en est indépendant et ne saurait être regardé comme sa cause productrice.

En effet, on peut, chez les mêmes animaux, empêcher les mucosités, les liquides venant du pharynx d'entrer dans les bronches, la congestion pulmonaire n'en a pas moins lieu. Pour le voir, j'ai pris deux lapins et j'ai, sur tous deux, coupé les nerfs pneumogastriques, comme nous le rapporterons plus tard. Ensuite, j'ai pratiqué sur l'un d'eux la trachéotomie, et introduit dans la trachée une canule qui a été convenablement liée. Il est évident que chez ce dernier, aucun liquide ne pouvait pénétrer dans la trachée, qui ne communiquait plus qu'avec l'extérieur directement. Tous deux cependant ont succombé en même temps, présentant les altérations du poumon à un même degré.

Les expériences qui suivent montrent que chez les animaux de même espèce (chiens), on peut trouver tantôt cette altération et tantôt la voir manquer. Ces expériences contiennent en outre des observations hémométriques qui ont été faites en vue de constater l'influence de la section des vagues sur la pression du sang dans le système artériel. Nous donnons ici ces résultats quoiqu'ils se rapportent en partie à un sujet sur lequel nous aurons à revenir plus loin.

Exp. — Sur une chienne de taille moyenne, on fit la section des nerfs vagues dans la région moyenne du cou.

Avant l'opération, les pulsations étaient au nombre de 72 à 75 par minute avec l'irrégularité et l'intermittence qui s'observent chez les chiens. Les respirations étaient au nombre de 16 à 17 par minute. L'hémodynamomètre placé alors sur l'artère carotide droite oscillait de 150 à 210.

L'instrument restant en place, on fit la section du nerf vague droit ; les pulsations atteignaient le chiffre de 44 par minute, avec de grandes intermittences. On comptait 11 respirations par minute. L'hémodynamomètre oscillait de 180 à 230 au moment même de la section du nerf ; puis, au bout de dix minutes environ, il était revenu de 75 à 105.

L'instrument restant toujours en place, on fit la section du nerf vague gauche. Alors, après la section des deux vagues, les pulsations devinrent si nombreuses qu'on ne pouvait plus les compter, et elles n'offraient plus aucune intermittence. L'hémodynamomètre, au moment même de la section du nerf gauche, l'animal restant calme, monta jusqu'à 240, 250 et 260; la chienne fit à ce moment des efforts tellement violents, que l'instrument échappa de l'artère d'où s'écoula une certaine quantité d'un sang rutilant.

Après une demi-heure, l'animal étant calme, on réappliqua l'hémodynamomètre ; les pulsations n'étaient plus que de 80 à 85, et les respirations de 6 à 7 par minute.

Après la section des deux nerfs vagues, on remarqua que le plus grand abaissement de la colonne mercurielle coïncidait avec l'expiration, comme cela se voit d'habitude.

D'abord l'animal avait eu la respiration libre ; mais, trois quarts d'heure après, il fut pris d'une gêne de la respiration excessivement prononcée, qui semblait tenir à la présence de mucosités qui venaient peut-être de l'estomac.

Le lendemain, 19 octobre, seize heures après la section des vagues, l'animal était plus calme, quoique sa respiration fût toujours gênée. Pulsations de 145 à 150, sans irrégularité. L'hémodynamomètre, appliqué sur la même artère que la veille, oscillait de 140 à 170, puis ensuite il baissa et oscilla de 120 à 130, puis de 110 à 90, lorsque l'animal devenait parfaitement calme. Le sang était noir dans l'artère, tandis que la veille il était rutilant. Quand on mettait l'animal dans la position horizontale, il y avait vomiturition d'un liquide alcalin, bilieux, venant de l'estomac. L'inspiration et l'expiration étaient séparées par un temps considérable, pendant lequel la colonne mercurielle se tenait toujours à son minimum.

On pinça alors le bout supérieur du nerf vague gauche qui était très peu sensible ; ce pincement parut donner lieu à un phénomène singulier de frémissement dans le côté correspondant de la face ; la température prise dans le rectum de l'animal était de 35°5.

Le 20 octobre, quarante heures après l'opération, l'animal fut trouvé mort. A l'autopsie, on vit les poumons gorgés de sang dans leur tissu. L'estomac était rempli d'un liquide jaune-verdâtre, bilieux, alcalin, qui refluait directement par l'œsophage flasque et paralysé, lorsqu'on venait à comprimer l'estomac. Cette sorte de reflux, qui avait lieu quand l'animal était dans la position horizontale, avait semblé se produire pendant la vie.

Exp. — Dans un autre cas nous avons vu survenir de l'hémoptysie après la section des nerfs vagues : sur un chien adulte et en pleine digestion, on reséqua les deux nerfs vagues dans la région moyenne du cou. Ce chien présentait les symptômes ordinaires de la section des vagues ; seulement, vingt-quatre heures après, la respiration devint beaucoup plus gênée, le chien fut pris d'une hémoptysie abondante et mourut quelques heures après. A l'autopsie, on trouva les poumons marbrés, comme carnifiés, avec des mucosités sanguinolentes dans les bronches.

Exp. — Un vieux chien, de taille moyenne, étant couché sur le dos, on compta, l'animal étant calme, de 85 à 90 pulsations, et 23 ou 24 respirations par minute.

Alors on fit une incision dans la région du cou et on isola les deux nerfs vagues au-dessous desquels ou passa une anse de fil.

On compta de nouveau les pulsations qui étaient alors au nombre de 94, et les respirations au nombre de 12 à 15.

On plaça l'hémodynamomètre sur la carotide droite ; il accusait une pression de 150 à 180 millimètres.

On fit alors la section du vague gauche, l'hémodynamomètre restant en place. Aussitôt il y eut une accélération comme convulsive des pulsations ; l'animal s'agita, fit des efforts, et la pression monta dans l'instrument de 180 à 220, peu à peu le calme se rétablit; mais l'hémodynamomètre allait encore de 160 à 200 millimètres.

Un quart d'heure après la section du premier nerf, on coupa le vague du côté droit, l'hémodynamomètre étant toujours appliqué. L'animal s'agita de nouveau et le mercure monta dans l'instrument de 260 et 270 millimètres. Le calme revint peu à peu, et la pression resta stationnaire entre 250 et 260 pendant un quart d'heure environ qu'on observa l'instrument. Les pulsations étaient devenues régulières et excessivement précipitées. Les respirations étaient rares. L'animal perdit un peu de sang artériel qui était parfaitement rutilant, ce qui prouvait que la respiration n'était point gênée; ce chien était, du reste, calme.

Peu à peu, la pression baissa ; et, dans ce moment, on aperçut très bien les effets de la respiration : à chaque inspiration, il y avait soulèvement de la colonne mercurielle, et abaissement au moment de l'expiration. Mais la quantité dont la colonne mercurielle s'abaissait était toujours plus considérable que celle dont elle s'élevait, il en résultait qu'elle ne remontait jamais aussi haut que dans l'ascension précédente, d'où un abaissement successif de la colonne mercurielle. Ce qui fit qu'après avoir observé pendant une demi-heure l'hémodynamomètre en place, il était descendu entre 160 et 150.

Alors on enleva l'hémodynamomètre et on laissa l'animal en repos.

Une heure après, on replaça l'instrument. Le chien avait perdu peu de sang dans toutes les manœuvres. Le sang était toujours rutilant dans les artères. L'hémodynamomètre donna alors une pression qui oscillait entre 130 et 150. Les pulsations étaient excessivement faibles et avaient perdu, après la section des vagues, leur intermittence qui était naturelle chez le chien. Les respirations étaient au nombre de 8 par minute, les pulsations de 132.

On laissa l'animal en repos. Cinq heures après la section des vagues, on revit ce chien ; il était calme ; il y avait 6 inspirations par minute et 174 pulsations. L'hémodynamomètre placé successivement sur les artères carotides droite et gauche oscillait entre 150, 100, et même descendait jusqu'à 80. Il y avait toujours ascension de la colonne pendant l'inspiration et abaissement pendant l'expiration. Le sang était toujours rutilant dans les artères.

Le lendemain 5 octobre, vingt heures après la section des nerfs vagues, le chien était couché, calme, n'avait pas du tout la respiration gênée. Il y avait 5 respirations et 175 pulsations par minute.

On prit l'artère carotide gauche dans laquelle s'était formé un caillot noir. En donnant issue à ce caillot, il sortit un jet de sang très rutilant. On appliqua l'hémodynamomètre.

Au moment de l'application de l'instrument, l'animal fit quelques efforts et la colonne mercurielle monta à

150, 160, alla même à 200. Peu à peu le calme se rétablit; et, après dix à douze minutes, l'animal étant bien tranquille, on observa ce qui suit :

Pendant l'intervalle d'une expiration et d'une inspiration, le mercure oscilla entre 70 et 80; puis, dans l'inspiration, il monta à 90 pour descendre à 70 dans l'expiration.

Après chacune de ces expériences, l'animal paraissait très fatigué, ce qui accélérait un peu le nombre des respirations. Le lendemain 6 octobre à huit heures, le chien fut trouvé mort, sans doute depuis peu de temps, car il était encore chaud.

A l'autopsie, les poumons étaient d'une couleur rose magnifique, ne contenaient point de sang épanché et étaient partout perméables à l'air. Les bronches ne contenaient pas de mucosités. La plèvre, sèche, ne renfermait point de sérosité.

Le cœur était rempli de sang coagulé dans toutes ses cavités. Le péricarde était sain; il ne contenait pas de liquide. L'estomac était vide; il ne renfermait qu'un liquide biliaire fétide.

Exp. — Sur un chien encore jeune, amené depuis deux jours dans le laboratoire, et qui, depuis ce temps, avait refusé toute nourriture, on fit la section des nerfs vagues après avoir pratiqué une ouverture à l'estomac, dans le but d'empêcher le reflux par l'œsophage des liquides gastriques.

1° On découvrit l'artère carotide gauche; les pulsations étaient au nombre de 115 par minute, intermittentes; les respirations, de 13 par minute. On appliqua l'hémodynamomètre qui oscillait de 140 à 160.

2° On fit alors une incision abdominale et on attira sur les bords de la plaie la paroi de l'estomac, qu'on ouvrit et qu'on fixa à la plaie par quelques points de suture. L'estomac était vide ; sa membrane muqueuse était pâle et livide ; il s'écoula seulement une petite quantité d'un liquide clair, très nettement acide. On chercha à exciter la surface de l'estomac, dont la sensibilité était assez obtuse ; les points qui furent touchés devinrent rouges et comme le siège de vergetures.

Alors on chercha les deux nerfs vagues dans la plaie du cou, ils étaient complétement insensibles au pincement. On en fit la section ; et voici ce qui se passa à ce moment du côté de l'estomac :

La couleur pâle de la membrane muqueuse ne changea pas. En promenant le doigt dans l'estomac, sa surface paraissait plus sèche et il n'y eut pas cette formation abondante de mucus qui fut observé dans un autre cas (voir plus loin). En introduisant le doigt par le cardia, dans l'œsophage paralysé, il y pénétrait avec une grande facilité, tandis qu'avant la section des vagues cela n'avait pas lieu à cause de la constriction de l'œsophage.

Il est à remarquer que, bien que cet animal fût jeune, il ne se manifesta aucun phénomène de suffocation. Cela tient-il à ce qu'il était à jeun depuis deux jours, ou à ce qu'il n'y avait point de liquide dans l'estomac?

Le 30 octobre, dix-sept heures après l'opération, l'animal ne présentait aucune gène de la respiration. La membrane muqueuse de l'estomac s'était en partie renversée au dehors par la plaie, et elle offrait une couleur rouge brique ; ce qui provenait, sans doute, de son contact avec l'air. La membrane muqueuse offrait une réaction neutre au papier de tournesol, et aucun mucus ne s'échappa par la plaie. La température de l'estomac était de 32 degrés ; celle du rectum de 33 à 34 degrés.

A trois heures du soir, vingt-quatre heures après la section des nerfs vagues, l'animal était très faible, couché sur le flanc ; les respirations étaient très lentes, mais nullement gênées ; le pouls n'était plus perceptible aux artères ; l'animal s'était considérablement refroidi.

On ouvrit l'artère carotide qui contenait à peine du sang ; il était très rutilant et s'écoulait en bavant sans jet sensible. Cependant le sang était toujours noir dans la veine jugulaire.

L'animal étant mourant, on ouvrit le thorax : les poumons s'affaissèrent et il fit des efforts de respiration seulement avec la bouche mais nullement avec le thorax.

Dès l'ouverture du thorax, le sang de l'artère était devenu noir. On vit alors le cœur, excessivement petit, ne remplissant pas le péricarde, continuer à battre de la manière suivante :

1° Contraction des deux oreillettes; 2° aussitôt après, contraction des ventricules; 3° au moment de la contraction des oreillettes, il y avait reflux du sang dans les veines pulmonaires par la contraction de l'oreillette gauche, et reflux dans les veines caves par contraction de l'oreillette droite.

Le tissu des poumons n'était nullement altéré ; on n'y rencontra aucune ecchymose et leur insufflation se faisait parfaitement. On remarqua, en outre, qu'il y avait un emphysème considérable dans le tissu cellulaire des médiastins antérieur et postérieur. Cet emphysème, qui était dû à l'entrée de l'air par la plaie du cou, soulevait la plèvre jusqu'à sa réflexion sur les côtes.

Exp.— Un chien loulou, vivace, depuis quatre jours dans le laboratoire, ayant toujours mangé avec voracité, fit son dernier repas trois heures et demie avant l'opération.

L'animal étant placé sur la table, et une plaie ayant été faite aux parois abdominales pour y fixer l'estomac; puis une plaie faite au cou pour mettre à découvert l'artère carotide gauche ; l'animal étant resté parfaitement calme durant toutes les opérations :

1° On compta les pulsations de l'artère en la tenant sous le doigt. Ces pulsations irrégulières, au nombre de 90 par minute, sont pleines et vibrantes.

2° Les respirations sont au nombre de 15 par minute.

3° L'hémodynamomètre appliqué sur l'artère carotide gauche, l'animal étant très calme, oscille de 160 à 190.

Alors on enleva l'hémodynamomètre et on ouvrit les parois de l'estomac. Un thermomètre mis alors dans l'estomac marquait 38 degrés ; son indication n'avait pas varié lorsqu'ensuite on avait fait la section des vagues.

La surface interne de l'organe était rouge; l'estomac contenait beaucoup de tripes non encore digérées ; il s'en écoula une grande quantité de suc gastrique. On retira la plus grande partie des aliments contenus dans l'estomac afin d'observer plus facilement la membrane muqueuse. Alors, on coupa le nerf vague gauche qui se montra sensible au pincement. Cette section du nerf n'amena pas de décoloration dans la membrane muqueuse stomacale. Alors on coupa le vague droit, également très sensible au pincement; il y eut une décoloration très sensible de la muqueuse. On observa quelques efforts; bientôt l'animal se calma et la respiration n'était pas sensiblement gênée.

On compta de nouveau les respirations et les pulsations :

Pulsations : 192 par minute, sans intermittence. L'artère était beaucoup moins pleine et moins tendue qu'avant la section des vagues; le sang y était resté rutilant.

Respiration : 9 par minute. L'hémodynamomètre, l'animal étant parfaitement calme, oscillait de 120 à 130. Les pulsations étaient devenues beaucoup plus fréquentes, en même temps qu'elles étaient moins énergiques ; elles ne présentaient pas d'intermittence.

On examina alors la surface intérieure de l'estomac, qui était devenue rouge brique dans certains points; ensuite on délia l'animal et on le remit en liberté.

Le lendemain, 1er novembre, dix-neuf heures après l'opération, on reconnut que l'animal avait eu pendant la nuit des évacuations fréquentes; il était calme et sa respiration n'était pas gênée. Les respirations étaient de 11 à 12 par minute; les pulsations de 194 à 196. L'hémodynamomètre placé sur la carotide gauche qui contenait un sang très rutilant, oscilla de 130 à 140 ; les oscillations étaient à peine perceptibles. Alors j'appliquai l'instrument sur la carotide droite, et il donna de 150 à 160, augmentation de pression qui suit toujours la ligature d'un nouveau vaisseau.

Le thermomètre introduit dans l'estomac accusa une température de 38 degrés.

Le 2 novembre, trente-six heures environ après l'opération, l'animal fut trouvé mort, depuis peu de temps sans doute, car il était encore chaud. A l'autopsie, les poumons étaient sains; ils s'affaissaient parfaitement, ne contenaient pas d'épanchement de sang; toutefois, ils étaient comme flétris et peu crépitants sous le doigt. L'estomac était vide.

On remarqua, en outre, un emphysème dans les médiastins antérieur et postérieur, emphysème qui s'était propagé depuis le tissu cellulaire de la plaie du cou jusque dans la poitrine.

Messieurs, ce n'est qu'après l'examen et le contrôle des faits que je viens de vous signaler que je dus chercher à déterminer la cause de cette lésion du tissu pulmonaire.

Je pense que la cause qui la produit est une cause physique, que la lésion du poumon est primitivement une lésion traumatique occasionnée par les troubles qui surviennent dans les actes mécaniques de la respiration.

Observons, en effet, un animal sur lequel on vient de couper les pneumogastriques : les mouvements respiratoires sont beaucoup moins fréquents; mais ils sont devenus beaucoup plus larges, beaucoup plus profonds.

Dans ce cas, il semble que les mouvements respiratoires gagnent en amplitude ce qu'ils perdent en fréquence, et qu'ils tendent à introduire une même quantité d'air dans le poumon. La dilatation du thorax peut alors devenir telle que, pour le suivre, le poumon se trouve distendu au delà des limites ordinaires et se déchire. Cela expliquerait comment l'altération de cet organe s'observe, surtout chez les jeunes animaux dont le tissu pulmonaire est moins résistant.

L'observation directe est d'ailleurs presque possible ici. En effet, nous avons, sans entamer la plèvre pulmonaire, pratiqué en enlevant les muscles intercostaux, une ouverture, une sorte de fenêtre par laquelle on pouvait suivre les mouvements du poumon. Dès que les pneumogastriques sont coupés, il y a de l'emphysème; on distingue des bulles d'air sous la plèvre. Cet emphysème s'accompagne ensuite de ruptures vasculaires, d'épanchement sanguin, d'obstruction des vaisseaux aériens, etc.

Cherchant à vérifier directement l'existence de la cause à laquelle nous avions d'abord attribué la production possible d'un emphysème, nous avons fait respirer un animal avant et après l'opération, en lui faisant faire sa prise d'air sous une cloche. Nous avons vu ainsi que si, avant l'opération, il prenait, à chaque inspiration, une certaine quantité d'air, il en prend une quantité notablement plus grande après que les pneumogastriques ont été coupés.

Si l'animal n'est plus jeune, l'emphysème arrive plus tard. Chez les vieux chiens il ne se produit pas.

Dans ces expériences, un autre fait assez singulier s'est présenté à notre observation, fait dont je n'ai reconnu la cause que longtemps après.

Pour saisir les nerfs pneumogastriques, on fait une plaie au cou de l'animal.

Dans les inspirations forcées que nous avons vues après la section de ces nerfs, le médiastin entraîné par la face interne de chacun des poumons tend à suivre le mouvement des parois thoraciques, tend à s'agrandir. Il en résulte un emphysème produit par l'air que l'aspiration du médiastin a introduit par le tissu cellulaire de la plaie. Cet emphysème peut quelquefois être prévenu en cousant bien la plaie.

La lésion pulmonaire consécutive à la section des pneumogastriques produit donc un emphysème traumatique, par une distension mécanique du tissu du poumon.

La réalité de ce fait nous paraît assez bien établie pour que nous puissions, faisant l'expérience, annoncer à l'avance si l'on aura ou si l'on n'aura pas cet emphysème. Sur un jeune animal on produira cette lésion; sur un très vieux chien, on est à peu près sûr de ne pas la rencontrer.

Il est des animaux chez lesquels les conditions mécaniques de la respiration sont autres que celles que nous venons d'examiner : chez les oiseaux, par exemple, dont les poumons sont fixes et dans d'autres rapports. C'est pour cela qu'opérant, sur des oiseaux, la section des pneumogastriques, on ne trouve pas chez eux d'altération des poumons. La lésion n'est donc pas, comme on l'avait dit, un effet spécial dû au défaut d'action du pneumogastrique. On ne saurait, comme on a fait, la comparer à l'altération de nutrition que présente l'œil après la section de la cinquième paire ;

en effet, il peut manquer, tandis que la fonte de l'œil, après la section du trijumeau, est généralement inévitable.

Voici le détail des expériences qui prouvent que les inspirations sont plus larges après la section des vagues que dans l'état normal.

Exp. — Sur un jeune lapin, on plaça dans la trachée, préalablement ouverte dans la région du cou, une sonde de gomme élastique de 3 à 4 millimètres de diamètre intérieur, diamètre sensiblement égal à celui de la trachée de l'animal. Après cette opération, on enleva quelques fibres musculaires, vers la partie antérieure des derniers espaces intercostaux, en ménageant le feuillet pariétal de la plèvre qui était transparent et permettait de voir, comme à travers une vitre, le bord inférieur des poumons, exécutant à chaque respiration des mouvements d'élévation et d'abaissement. Alors on introduisit la sonde qui tenait à la trachée dans une éprouvette graduée placée sur l'eau, et l'on constata qu'à chaque inspiration l'eau montait dans l'éprouvette d'une certaine hauteur, par suite de l'entrée dans le poumon d'une certaine quantité d'air. On coupa les vagues dans la région moyenne du cou, en ménageant les deux filets sympathiques. On constata alors que, à chaque inspiration, l'eau montait plus haut, ce qui indiquait évidemment que la quantité d'air introduite dans le poumon, était plus considérable qu'avant la section des vagues. Les respirations de l'animal étaient tombées à 52 après la section des nerfs.

Pour mesurer plus exactement la différence qu'il y

avait entre la capacité respiratoire avant et après la section des pneumogastriques, on refit une nouvelle expérience sur un autre animal.

Exp.— Sur un lapin vif et bien portant, en digestion, on adapta à lat rachée une sonde de 3 à 4 millimètres de diamètre ; ensuite on mesura exactement la différence qu'il y avait dans la capacité respiratoire du poumon avant et après la section des vagues. Voici ce qu'on observa :

Avant la section des pneumogastriques, l'animal inspirait 190 divisions de l'éprouvette, c'est-à-dire près de 20 centimètres cubes d'air. Aussitôt après la section des vagues, il inspirait 310 divisions c'est-à-dire 32 centimètres cubes environ. Dans les deux cas, le lapin était dans la même situation, étendu sur la table.

Deux heures et demie après, on mesura encore de nouveau la capacité inspiratoire et on trouva qu'elle était de 32 centimètres cubes, exactement comme immédiatement après la section des nerfs.

Le lendemain l'animal était mort ; on en fit l'autopsie et on trouva que la sonde était bien adaptée sur la trachée, de sorte que rien n'avait passé dans les bronches et gêné mécaniquement la respiration. Le poumon présentait des ecchymoses, qui toutefois ne semblaient pas aussi profondes que dans certains cas où il n'avait pas été mis de tube à la trachée.

Ce tube avait bien empêché les mucosités de la bouche de tomber dans les voies respiratoires, de même que les parcelles d'aliments que l'animal avait mangées après l'opération et qui s'étaient accumulées dans l'œsophage, puis celles-ci, arrivées au pharynx, n'ayant pas pu descendre dans le larynx, étaient sorties par le bout supérieur de la trachée dans la plaie du cou.

Toutefois, il y avait de l'emphysème du poumon, particulièrement sur les bords de l'organe, et on voyait de plus des echymoses sanguines bien caractérisées.

Nous devons maintenant, Messieurs, vous donner des exemples des faits que nous vous avons indiqués comme conséquence de la section des vagues. Nous vous rendrons aujourd'hui témoins des phénomènes primitifs; dans la prochaine séance, nous observerons les phénomènes consécutifs.

Exp.—Voici un chien boule-dogue; il est d'une taille moyenne mais déjà un peu vieux. Les chiens ont normalement de 16 à 20 respirations par minute. Nous lui en trouvons 16 d'abord, puis 25. Il a été agité lorsqu'on l'a placé sur la table, mais il se calme; nous lui trouvons encore 25 respirations par minute. Le thorax se dilate peu : tout à l'heure vous le verrez se dilater beaucoup plus largement et bien plus rarement.

Nous saisissons les pneumogastriques entre les deux nerfs laryngés : nous paralyserons, par conséquent, le larynx; mais l'animal, qui n'est plus jeune, ne succombera pas immédiatement à cette lésion.

Nous couperons le pneumogastrique des deux côtés. Si on se bornait à en couper un seul, l'animal ne succomberait pas ; on pourrait le garder longtemps et observer chez lui une altération semblable à celle dont je vous parlais, mais dans le poumon correspondant au nerf coupé. Nous faisons d'abord la ligature d'un des pneumogastriques ; l'animal s'agite et fait quelques efforts pour s'échapper ; puis il redevient calme. Nous lions également le pneumogastrique du côté opposé ; la ligature est ici équivalente à la section ; elle nous permettra de plus de saisir à volonté le nerf si nous voulons, plus tard, le galvaniser. La ligature de ce second pneumogastrique produit encore quelques efforts violents, puis une suffocation qui se dissipera tout à l'heure ; suffocation qui m'a paru plus considérable quand les animaux sont en disgestion que lorsqu'ils sont à jeun. La respiration est ralentie et le deviendra de plus en plus, mais elle est beaucoup plus large ; la dilatation des parois thoraciques s'accompagne d'une contraction des muscles abdominaux très facile à constater.

Les mouvements respiratoires sont déjà tombés à 6 par minute ; ils deviendront plus rares encore. Nous suivrons cet animal et je vous le présenterai dans la prochaine séance.

Nous allons reproduire l'expérience sur un lapin.

Je vous montrerai d'abord celui-ci ; c'est un lapin auquel nous avons, il y a deux jours, coupé un pneumogastrique dont la section n'a pas été douloureuse. Ce lapin pourra vivre encore longtemps avec une altération du poumon, du côté qui correspond à la section. Lorsque, comme cela a eu lieu chez cet animal, on coupe les pneumogastriques d'un seul côté, l'animal respire plus largement de ce côté. Toutefois, si l'inspiration est plus active, l'expiration paraît l'être moins. Si l'on place un petit corps léger devant les narines de l'animal, on voit que, du côté où le pneumogastrique a été coupé, l'expiration est d'une faiblesse extrême, tandis qu'elle se fait très bien du côté opposé.

Cette observation est très curieuse en ce qu'elle semblerait établir une solidarité entre l'issue de l'air par les narines et le jeu des poumons. C'est la un phénomène très singulier, sur lequel nous reviendrons.

Cet autre lapin, qui n'a encore subi aucune opération, offre près de 100 respirations par minute. Nous lui praquons une incision sur le milieu du cou : on découvre à droite et à gauche de la trachée les nerfs pneumogastriques.

Nous les lions tous deux séparément. Les mouvements respiratoires sont devenus plus larges ; ils ne sont plus que de 25 par minute. Trois jours nous séparent de notre prochaine réunion ; l'animal mourra d'ici là et nous vous montrerons ses poumons.

TREIZIÈME LEÇON.

19 JUIN 1857.

SOMMAIRE : Animaux chez lesquels les pneumogastriques avaient été coupés. — Autopsies. — Influence de la section des pneumogastriques sur les mouvements du cœur. — Le nombre des pulsations cardiaques est considérablement augmenté. — Expériences. — La galvanisation du pneumogastrique arrête les mouvements du cœur. — Expériences. — Effets de la section du pneumogastrique sur la respiration et sur les contractions du cœur chez les animaux à sang froid. — Influence de la température sur les mouvements du cœur chez les animaux à sang froid. — Les nerfs pneumogastriques sont-ils la voie de transmission des actions nerveuses au cœur et au poumon. — Expériences. — Section des pneumogastriques dans le crâne.

MESSIEURS,

Dans la dernière séance, nous avons, devant vous, coupé les nerfs pneumogastriques sur un chien et sur un lapin : le chien est encore vivant ; le lapin a rapidement succombé aux suites de cette opération.

Vous avez été témoins des accidents qui ont suivi immédiatement ces opérations : le nombre des mouvements respiratoires est tombé à un chiffre très bas, tandis que leur amplitude est devenue plus considérable.

Le lapin est mort très vite, en trois ou quatre heures. Nous avons déjà trouvé chez lui l'altération des poumons que je vous ai signalée ; seulement elle était moins prononcée que chez les animaux qui succombent au bout de vingt-quatre heures.

Un autre lapin a été opéré hier et a survécu cinq ou six heures. Voici ses poumons : ils sont altérés par un épanchement sanguin ; les bords en sont emphysémateux. Comme le précédent, ce lapin n'a pas survécu assez longtemps à la section des pneumogastriques pour qu'on puisse rencontrer chez lui cette lésion pulmonaire au plus haut degré.

La rapidité avec laquelle ces animaux ont succombé tient en grande partie à la température élevée dont nous souffrons depuis quelques jours. Dans ces conditions, l'asphyxie est plus rapide ; la respiration doit être accélérée, et son ralentissement ajoute en pareille circontance aux causes de la mort.

Le contraire s'observe chez les chiens âgés qui ne meurent pas par asphyxie. Celui-ci, que nous avons opéré devant vous il y a deux jours, a très bien survécu ; il a maintenant sept respirations par minute. Il se trouve, en raison de son âge, dans des conditions telles que les lésions pulmonaires seront faibles ou même nulles ; au lieu d'avancer sa fin, la chaleur fera qu'il succombera plus lentement.

Cette influence des conditions dans lesquelles se fait l'opération est curieuse, en ce qu'elle suffit pour intervertir l'ordre des phénomènes. Dans ce cas, nous voyons agir chez les lapins une cause de mort accidentelle en vertu de laquelle ils périssent d'autant plus vite que la température est plus élevée, tandis que le contraire a lieu chez les chiens adultes, qui, ayant subi la même opération, succombent par un mécanisme différent.

Voici un pigeon auquel nous avons avant-hier, après la leçon, coupé les nerfs pneumogastriques; il ne mourra pas asphyxié non plus; vous pouvez voir qu'il est encore très vivace.

Chossat a signalé, chez les animaux qui meurent d'inanition, qu'à l'agonie, à mesure qu'ils sont plus près de succomber, ils vont se refroidissant, et qu'on peut prolonger leur existence en les réchauffant. Chez les chiens auxquels on a coupé les pneumogastriques, la température s'abaisse aussi. Nous verrons que les animaux auxquels on a coupé ces nerfs meurent comme les animaux qu'on fait périr par inanition.

Messieurs, d'après l'impossibilité où l'on se trouvait d'expliquer la mort consécutive à la section des pneumogastriques par une lésion des poumons, on en a recherché la cause dans d'autres organes, et on a pensé que les modifications qui survenaient alors dans les mouvements du cœur pourraient suffire à en rendre compte.

Lorsque ensuite on se demande quelles sont les modifications des mouvements du cœur, on se trouve en présence d'un fait singulier qui semble renverser les notions les mieux acquises. S'il existe deux phénomènes physiologiques qui offrent entre eux une relation constante, ce sont le pouls et la respiration envisagés au point de vue de leur fréquence. La chaleur, la fièvre, toutes les influences qui accélèrent le pouls, rendent aussi les respirations plus fréquentes. Or, après la section du pneumogastrique, nous voyons une perturbation qui porte sur ces deux phénomènes, et qui les affecte précisément en sens inverse. La respiration devient alors plus rare ; le pouls augmente de fréquence ; si le chiffre des mouvements respiratoires diminue de moitié, celui des pulsations cardiaques double. Outre cette influence qu'exerce la section des pneumogastriques sur le nombre des contractions du cœur, elle en exerce une autre fort remarquable sur la pression dans le système circulatoire. Nous vous avons déjà parlé de cette modification dans la première partie de ce cours ; il nous restera cependant à vous présenter quelques considérations relatives aux actions qui règlent alors ces phénomènes.

Mais avant, je dois appeler votre attention sur un autre fait extrêmement singulier :

La régularité du pouls s'observe normalement chez beaucoup d'espèces animales, chez l'homme, chez le cheval, par exemple. Il n'en est pas de même chez d'autres ; le chien offre normalement une grande irrégularité du pouls. Lorsque nous avons d'abord observé ce phénomène, nous supposions que l'émotion que pouvait produire chez ces animaux l'examen dont ils étaient l'objet, était la cause de cette irrégularité. Mais, depuis, nous avons constaté la même chose chez des chiens bien apprivoisés et très tranquilles. Or, après la section du pneumogastrique chez les chiens, leur pouls devient parfaitement régulier. Je vous signale ce fait tel que je l'ai observé, sans savoir à quelle cause rattacher l'irrégularité qu'offre naturellement le pouls chez ces animaux.

Ce changement dans le rhythme du cœur ne peut

certainement pas être une cause de mort; les mouvements de l'organe sont régularisés et accélérés. La pression cardiaque du sang dans l'appareil circulatoire diminue; mais cette diminution ne saurait expliquer la mort. Ce n'est que lorsque celle-ci est imminente que toutes les fonctions subissent une dépression qui présage la cessation des actes vitaux, et l'on voit alors les battements du cœur se ralentir et perdre de leur énergie.

Voici des expériences relatives aux troubles qui surviennent dans les conditions physiques de la circulation après la section des pneumogastriques.

Exp. — Sur un très gros lapin, on fit la section des nerfs vagues dans la région du cou.

Avant l'opération, l'animal étant fixé sur la table, on comptait cent vingt respirations et cent soixante pulsations par minute.

L'hémodynamomètre placé sur la carotide donnait une pression de quatre-vingt-dix millimètres.

Pendant que l'hémodynamomètre etait appliqué, on coupa le nerf vague du côté droit et rien ne fut changé notablement, pendant deux minutes environ qu'on observa l'instrument. Mais l'animal fit des mouvements violents; l'artère se cassa et une certaine quantité de sang rutilant s'écoula. Après cette hémorrhagie l'animal était très faible et tomba en syncope. Cependant il revint et on appliqua de nouveau l'hémodynamomètre à l'artère du côté gauche. L'instrument ne donna alors qu'une pression de 40 millimètres, ce qui prouvait que la pression avait considérablement diminué sous l'influence de cette saignée artérielle.

Alors on découvrit le nerf vague du côté gauche; mais aussitôt qu'on le toucha, la pression du cœur augmenta et l'hémodynamomètre monta jusqu'à 60 et 70.

On coupa le nerf; après sa section, l'instrument donna une pression de 90 millimètres, comme au début de l'expérience, et il resta stationnaire pendant 3 à 4 minutes qu'on l'observa. L'animal se débatit et l'artère se cassa encore. On cessa l'expérience.

Exp. (29 septembre 1845). — Sur un chien d'assez forte taille, récemment amené dans le laboratoire, on fit la section des deux nerfs vagues dans la région du cou, et on observa les phénomènes suivants. Avant de mettre les nerfs à découvert, le nombre des inspirations était de 20 à 22 par minute;

Le nombre des pulsations de 120 à 125 par minute.

On découvrit l'artère carotide gauche, on isola le nerf vague, on compta de nouveau les pulsations, qui furent trouvées au nombre de 130 par minute; l'animal était calme. Il n'y avait rien de particulier dans les mouvements du cœur; ils présentaient l'intermittence qui est normale chez le chien.

On appliqua alors l'hémodynamomètre de M. Poiseuille à l'artère carotide gauche; il oscilla entre 145 et 140 millimètres. L'animal resta toujours calme pendant les observations. On coupa à ce moment le nerf vague gauche qui fut trouvé sensible au pincement. L'animal fit quelques respirations profondes et anxieuses qui se calmèrent bientôt. On compta les respirations qui étaient de 23 par minute ; les pulsations, au nombre de 130 à 140 par minute.

On coupa alors le nerf vague du côté droit qui se montra également sensible au pincement. Aussitôt, l'animal éprouva des phénomènes d'étouffements ; il survint un trouble considérable, des mouvements comme convulsifs, des vomissements de mucosités abondantes ; le sang devint noir dans l'artère.

Alors on ouvrit la trachée et on y plaça une canule. L'animal devenu calme, les inspirations étaient lentes et profondes, au nombre de 10 à 12 par minute ; les pulsations étaient tellement rapides qu'il était impossible de les compter. L'hémodynamomètre appliqué oscillait entre 140 et 150. Malgré la trachéotomie, le sang de l'artère resta toujours noirâtre.

Le lendemain, 30 septembre, dix-huit heures après l'opération, l'animal était assez calme ; il avait quelques mouvements de toux et la respiration paraissaitt gênée. Les respirations étaient au nombre de 5 à 6 par minute. L'artère contenait toujours un sang imparfaitement rutilant. On appliqua l'hémodynamomètre qui ne donna plus qu'une pression de 70 millimètres.

On ouvrit l'artère crurale et on trouva sensiblement la même pression que dans l'artère carotide et le sang imparfaitement rutilant.

L'animal ayant perdu du sang artériel pendant ces opérations mourut quelques heures après.

Nous bornerons ici ces exemples et nous ajouterons seulement quelques expériences de galvanisation du pneumogastrique dans la région du cou, qui montrent le genre d'influence que cette excitation des nerfs exerce sur le cœur et sur le poumon lorsqu'on galvanise soit les bouts périphériques, soit les bouts centraux.

L'influence que la galvanisation du pneumogastrique exerce sur le cœur pour en arrêter les mouvements, est un fait que nous avons souvent signalé ici et qui est connu déjà depuis longtemps sans qu'on en ait une explication satisfaisante. J'ai, pour ma part, observé ce fait en 1846; j'auscultais le chien pendant qu'on galvanisait les pneumogastriques et je constatais alors avec la plus grande facilité qu'à chaque galvanisation, le cœur s'arrêtait, que les bruits cessaient pour reprendre aussitôt qu'on arrêtait le galvanisme. Le fait se trouve consigné dans la thèse de M. le docteur Lefèvre (1) qui suivait alors mes cours. La même année MM. Ernest et Henri Weber, publièrent des observations de l'arrêt du cœur par galvanisation des pneumogastriques ou de la moelle allongée chez des grenouilles. Plus tard, M. Budge signala le même fait, et tous les physiologistes ont pu voir depuis cette expérience singulière, dont plusieurs explications et interprétations ont été proposées.

Exp. (30 novembre 1852.) — Sur un jeune chien loulou, en digestion, on fit la section des deux vagues dans la région du cou, après les avoir préalablement liées tous deux. Puis on galvanisa successivement les bouts centraux et périphériques, à l'aide d'une machine électro-magnétique de Breton.

(1) Thèses de Paris, 1848.

Au moment même de la ligature des deux nerfs, le chien fit des efforts respiratoires considérables, et le sang devint noir dans les artères carotides. Quelques instants après, ces accidents se calmèrent, et ils reparaissaient toutes les fois qu'on appliquait le galvanisme sur le bout central de ces nerfs. Voici les phénomènes que l'on observait au moment de la galvanisation des deux bouts centraux, soulevés et maintenus, liés ensemble par un fil :

1° Les deux pupilles se dilataient considérablement et les globes oculaires faisaient saillie hors de l'orbite. Quand on cessait la galvanisation, l'œil rentrait et la pupille se resserrait.

2° On ne remarqua pas de vomissements chez ce chien quoiqu'on en eût observé dans d'autres cas, chez des chiens semblablement opérés.

3° Du côté de la respiration, on observa ce qui suit : Avant la galvanisation, les respirations étaient de 11 à 13 par minute ; lorsqu'on appliquait le galvanisme, elles diminuaient peu à peu et disparaissaient complétement lorsqu'on faisait agir la machine avec force. Les mouvements respiratoires s'arrêtaient alors au moment de l'inspiration, et le sang des carotides était noir à ce moment. Si alors on cessait la galvanisation, l'animal restait quelques instants, quelquefois de quinze à trente secondes, sans faire aucun mouvement respiratoire, bien que les conjonctives fussent restées sensibles. Ensuite les mouvements respiratoires reparaissaient peu à peu, puis devenaient d'abord très accélérés ; au bout d'un quart d'heure environ, ils étaient à 22 par minute, ce qui est à peu près le nombre normal du chien. Le sang était alors très rutilant dans les artères carotides. On répéta à plusieurs reprises cette expérience de l'arrêt des mouvements respiratoires par une forte galvanisation, et on observa constamment les mêmes phénomènes. Le sang devenait noir dans les artères ; puis lorsqu'on cessait la galvanisation, les mouvements respiratoires s'accéléraient et arrivaient à peu près au type normal, c'est-à-dire à 22 environ par minute. Mais si on attendait un certain temps, une heure environ après, les mouvements respiratoires devenaient plus lents et retombaient à 12 comme avant la galvanisation.

4° Au moment de la galvanisation du bout central du pneumogastrique, le cœur, qui avant la galvanisation donnait 260 pulsations par minute, n'éprouvait aucune espèce d'effet de cette galvanisation, tandis que la même excitation galvanique portée sur le bout périphérique, arrêtait, comme on le sait, immédiatement le cœur.

5° On plaça sur l'œil gauche du chien une goutte d'ammoniaque qui produisit immédiatement une vive rougeur, et une douleur telle que l'animal tenait son œil hermétiquement fermé. On galvanisa alors le bout central du pneumogastrique gauche : aussitôt l'œil s'ouvrit largement ; quand on cessa la galvanisation, il se referma énergiquement; lorsque l'œil etait ainsi ouvert, sous l'influence de la galvanisation du grand sympathique, il ne se fermait pas sous l'influence d'une action réflexe : de sorte qu'on voyait que la galvanisation du grand sympathique uni au vague, permettait d'ouvrir l'œil en détruisant en quelque sorte l'action réflexe qui tendait à le maintenir fermé.

6° Lorsqu'on galvanisa fortement le bout central des deux vagues, on remarqua une injection passive de la membrane muqueuse de la bouche, par suite de l'asphyxie momentanée qui était produite. C'est un effet qui est dû au pneumogastrique, car si on eût galvanisé le sympathique seul, on n'eût observé aucun phénomène d'arrêt de la respiration, et au lieu de voir la membrane muqueuse s'injecter, on l'aurait vue, au contraire, pâlir.

7° Vers la fin de la galvanisation, le chien fit quelques efforts de vomissement et rendit des tripes qu'il avait mangées. Après toutes ces expériences, le chien fut sacrifié par introduction d'air dans les veines. On constata à l'autopsie que le sang de la veine jugulaire contenait beaucoup de sucre; le liquide céphalo-rachidien et la bile contenaient également du sucre; la vessie était complétement vide et revenue sur elle-même, d'où il semblerait résulter que la galvanisation des bouts centraux des pneumogastriques avait complétement arrêté la sécrétion urinaire.

Sur un autre chien, mort à la suite de la galvanisation du bout central des nerfs vagues, on observa également cette vacuité de la vessie.

Le foie donna une décoction jaunâtre, transparente, qui contenait très peu de sucre.

Exp. (2 décembre 1852). — Sur un gros chien, déjà vieux, en digestion, on fit dans la partie moyenne du cou la section du nerf vague droit, après avoir maintenu par des ligatures le bout central et le bout périphérique. Avant l'opération, les respirations étaient au nombre de 15 par minute ; aussitôt après l'opération, elles étaient au nombre de 20. On remarqua, en outre, que du côté droit, l'ouverture palpébrale était déformée et rapetissée, que la pupille était rétrécie, que la troisième paupière couvrait le tiers interne de l'œil, etc., comme cela se voit toujours après la section du grand sympathique. L'oreille correspondante était plus rouge et plus chaude ; la voix de l'animal était devenue moins forte, et les cris voilés. Alors on galvanisa le bout central du nerf vague droit. D'abord l'animal s'agita beaucoup et cria ; mais bientôt, en continuant avec assez de force la rotation de la machine, on vit la respiration s'arrêter en restant dans un mouvement d'inspiration, et l'animal ne plus pouvoir crier. En même temps, la paupière s'était élargie, la pupille aussi, l'œil avait fait saillie, l'oreille était devenue plus pâle.

Après la première galvanisation, qui dura environ une minute, on observa les phénomènes suivants : D'abord, aussitôt que la galvanisation eut cessé, l'animal resta environ un quart de minute en repos, sans respirer ; puis, après, les respirations revinrent peu à peu, s'accélérèrent et devinrent plus rapides qu'avant la galvanisation. On répéta plusieurs fois l'expérience précédente, en laissant environ une demi-heure d'intervalle, et l'on observa toujours les mêmes phénomènes : 1° D'abord agitation et cris voilés de l'animal, puis calme, arrêt de la respiration dans le mouvement inspiratoire et cessation des cris ; 2° en même temps, dilatation des paupières, de la pupille, saillie de l'œil, disparition de la troisième paupière, pâleur survenant dans l'œil et dans l'oreille. Relativement à l'œil, on avait placé une goutte d'ammoniaque sur la conjonctive, ce qui avait produit une vive rougeur; la galvanisation du bout central du nerf vague uni au sympathique fit diminuer et disparaître momentanément cette rougeur, qui revint quand on cessa la galvanisation. La pâleur de l'oreille ne fut également que momentanée pendant la galvanisation; elle reparut après quand on arrêta le galvanisme. On examina la face muqueuse de la lèvre supérieure, et elle ne pâlit pas par la galvanisation, comme cela avait lieu pour l'œil et l'oreille; peut-être cela tenait-il à la corde qui muselait l'animal et qui gênait la circulation dans ce point.

3° Les mouvements respiratoires étant arrêtés par la galvanisation, au moment de l'inspiration, ainsi qu'il a été dit, il arrivait, si l'on continuait longtemps la galvanisation, que ces mouvements revenaient un peu, mais seulement dans le diaphragme, les côtes restant élevées et fixes, et ne reprenant leurs mouvements qu'après la cessation de la galvanisation. D'abord, les mouvements respiratoires reprennent, très accélérés, puis vont ensuite en diminuant. Dans un cas où ils furent comptés, on les trouva d'abord de 60 par minute, puis 48, puis 30, etc., en baissant toujours.

4° Pendant les intervalles de la galvanisation, l'animal restait pris de tremblements et couché; il paraissait comme épuisé après chaque opération. Pendant la galvanisation l'œil droit paraissait moins sensible; toutefois il n'avait pas perdu complétement la sensibilité.

5° Pendant la galvanisation, la salive coulait toujours; elle était devenue plus visqueuse qu'avant l'opération. Ce fait a été constaté sur d'autres chiens chez lesquels on avait placé des tubes dans les conduits salivaires, et chez lesquels on voyait ainsi directement que la salive qui s'écoulait de la glande sous-maxillaire, par suite de l'excitation du nerf sympathique et vague réunis au cou, était moins abondante, mais beaucoup plus visqueuse que celle sécrétée sous l'influence de la cinquième paire ou de la corde du tympan.

6° Pendant la dernière galvanisation, on plaça l'animal sur le dos, tandis que dans les opérations précédentes, il était resté couché sur le côté gauche. Alors on galvanisa, non plus le bout central, mais le bout périphérique du nerf vague droit, pendant que l'on tenait entre les doigts l'artère carotide du même côté. Aussitôt qu'on galvanisait, même très légèrement, le bout périphérique du nerf vague, l'artère cessait instantanément de battre, par suite de l'arrêt du cœur. On répéta plusieurs fois l'expérience, toujours avec le même résultat, c'est-à-dire que le cœur s'arrêtait, tandis que les mouvements respiratoires continuaient.

Alors on galvanisa comparativement le bout central du nerf vague droit, et l'on vit bientôt les mouvements respiratoires s'arrêter complétement, en restant dans l'inspiration; puis, la galvanisation étant continuée avec violence, les mouvements respiratoires reparaissaient; mais c'était surtout le diaphragme qui agissait, et les côtes n'y prenaient qu une part très faible, mais égale des deux côtés. En cessant cette galvanisation, les mouvements respiratoires redevinrent accélérés comme à l'ordinaire.

7° Après deux heures qu'avaient duré toutes ces galvanisations répétées de vingt minutes en vingt minutes, on délia l'animal et on le remit en liberté ; il paraissait très fatigué.

8° Au commencement de toutes ces opérations, l'animal avait la vessie pleine d'urine parfaitement acide et dans laquelle on ne constatait pas de sucre. A la fin de la galvanisation, l'urine ne contenait pas non plus de sucre. Une heure et demie après, l'urine ne donnait pas de sucre d'une manière évidente. Les respirations de l'animal étaient alors de 20 par minute, c'est-à-dire 5 de plus qu'avant la section du vague droit.

Cela prouverait-il que la section d'un seul vague accélère la respiration ?

Les pulsations de l'animal étaient de 125 à 130 par minute, et offraient une irrégularité qui semblait consister surtout dans l'absence de la pulsation au moment de l'inspiration.

Exp. — 5 décembre 1852. — Sur un lapin adulte en digestion, ayant les urines alcalines, on fit la section des deux vagues en ménageant les filets sympathiques. Avant l'opération les respirations étaient au nombre de 60 à 80, et les pulsations de 240 par minute. On lia avec quatre fils les quatre bouts des deux vagues divisés, afin de les galvaniser successivement. On galvanisa d'abord successivement et isolément les bouts supérieurs des vagues droit et gauche : on vit que la respiration thoracique s'arrêtait, mais beaucoup plus évidemment par la galvanisation du vague droit que par celle du gauche. On examina en même temps les artères carotides qui étaient dans le fond de la plaie, et l'on reconnut qu'elles n'étaient nullement influencées dans leurs battements par la galvanisation des bouts supérieurs des vagues, soit qu'on agît isolément sur chacun d'eux ou sur tous les deux ensemble. Seulement, lorsque la galvanisation avait arrêté la respiration, le sang devenait noir dans l'artère sans que pour cela les battements changeassent de type.

Quand on galvanisait le bout inférieur des vagues, à droite et à gauche, on voyait les battements artériels arrêtés de même que quand on galvanisait les deux nerfs ensemble; mais on observa une chose assez singulière qu'on n'a pas retrouvée chez le chien : la respiration s'arrêta ainsi que le cœur; et après la cessation de la galvanisation, les battements de l'artère reparaissaient toujours plus vite que les mouvements respiratoires, qui tardaient à revenir. Quand on galvanisait les bouts supérieurs, et que la respiration s'arrêtait tandis que le cœur continuait, les mouvements respiratoires revenaient immédiatement après la cessation du galvanisme, plus rapides qu'avant, pour ensuite diminuer de fréquence.

Si l'on galvanisait les bouts inférieurs des vagues, on voyait aussitôt, avec l'arrêt de la circulation, des mouvements péristaltiques se faire dans le ventre et les liquides de l'estomac remonter par l'œsophage et sortir par le nez. Toutefois c'étaient là des effets de vomiturition plutôt que de vomissement : les efforts de vomissement réels se produisaient lorsqu'on galvanisait les bouts supérieurs des nerfs vagues, et plus spécialement du nerf droit.

Lorsque la galvanisation était trop faible, elle n'arrêtait pas les respirations, mais au contraire elle les accélérait.

Lorsque la respiration s'arrête complétement, peut-on dire que cela est dû à la douleur? — Il faudrait, pour le savoir, répéter l'expérience sur des animaux éthérisés.

L'apparition des mouvements péristaltiques, notée dans cette expérience, s'accorde avec d'autres observations dans lesquelles ce phénomène a coïncidé avec un arrêt de la circulation.

Après toutes les opérations, le lapin, étant tranquille, présentait un rhonchus très fort avec des inspirations profondes. Les respirations étaient au nombre de 34 par minute. Après une première galvanisation, on laissa l'animal en repos pendant environ deux heures, puis on appliqua de nouveau la galvanisation avec les mêmes résultats, si ce n'est que l'arrêt de la respiration était moins facile à obtenir.

On prit l'urine du lapin, qui était alcaline, mais ne contenait pas de sucre d'une manière évidente. L'animal avait 30 respirations par minute; les pulsations étaient tellement nombreuses, qu'on ne pouvait les compter.

Le 6 décembre, vingt-quatre heures après l'opération, l'animal avait toujours le rhonchus noté la veille; son urine, jaunâtre, alcaline et limpide, ne contenait pas de sucre. On le sacrifia. A l'autopsie, on trouva les poumons emphysémateux, ne s'affaissant pas quand on ouvrit la poitrine et présentant des ecchymoses, surtout du côté gauche sur lequel le lapin était resté couché pendant les dernières heures de sa vie. A droite, les ecchymoses étaient plus petites et moins prononcées. Le cœur renfermait du sang dans toutes les cavités. L'estomac contenait des aliments et des gaz; sa réaction était acide; celle de l'intestin grêle était alcaline. Le foie ne contenait pas de sucre, parce que l'animal était mort lentement. Cette mort lente tenait à la température basse, car pendant l'été les animaux meurent beaucoup plus vite et leur foie peut alors contenir du sucre. On examina la plaie au cou : les deux nerfs sympathiques avaient été parfaitement respectés.

Exp. — Sur un jeune chien on fit, dans la région du cou, la section des nerfs vagues entre deux ligatures, de manière à avoir attachés à des fils les deux bouts inférieurs et les deux bouts supérieurs.

Après la section des vagues, on observa avec soin la forme des respirations, et l'on constata que les côtes restaient presque immobiles et que la respiration se faisait surtout aux dépens des mouvements du diaphragme.

On galvanisa alors à la fois les deux bouts supérieurs des nerfs vagues. Quand la galvanisation était très légère, la respiration n'était pas arrêtée, mais au contraire elle était fréquente et entrecoupée. Les côtes se mouvaient alors rapidement. Lorsque la galvanisation était forte, les mouvements respiratoires s'arrêtaient; puis, quand on cessait la galvanisation, les mouvements respiratoires reprenaient au bout de quelques instants avec une grande fréquence et les mouvements des côtes les accompagnaient. Pendant la galvanisation des bouts supérieurs des vagues, on vit l'œil devenir saillant, les pupilles et les paupières être très dilatées, l'œil et l'oreille pâlir; mais quand la respiration était complétement arrêtée, on voyait la langue devenir brune et les phénomènes de l'asphyxie se prononcer; le thorax était arrêté dans l'inspiration forcée, au point que les cartilages des côtes étaient déformés.

On cessa la galvanisation : l'animal en était mort.

Exp. — Sur un chien de chasse on mit à nu les deux nerfs vagues, on les souleva sur une anse de fil, et on les galvanisa tous les deux à la fois sans les couper.

Pendant la galvanisation il y eut arrêt du cœur, arrêt de la respiration et saillie des yeux, ce qui prouvait qu'il y a à la fois action centripète et centrifuge dans le nerf vague. Ceci résulte encore de l'expérience suivante faite après la section du vague.

Exp. — Sur un autre chien, le vague étant coupé dans la région moyenne du cou, on galvanisa successivement le bout inférieur et le bout supérieur. La galvanisation du bout inférieur arrêta le cœur et laissa continuer la respiration. La galvanisation du bout supérieur arrêta la respiration et laissa continuer la circulation.

Pour le grand sympathique, la galvanisation du bout supérieur, centrifuge, fit saillir l'œil.

La galvanisation du bout inférieur du grand sympathique ne produisit rien d'appréciable; ces effets n'ont du reste pas été suffisamment observés pour s'en faire une opinion complète d'après cette seule épreuve.

Les effets de la galvanisation des vagues sont aussi faciles à constater sur des grenouilles ; c'est sur ces animaux qu'ils ont été le plus souvent observés. Sous l'influence de cette excitation des pneumogastriques, le cœur s'arrête. Pour faire l'expérience, on peut ouvrir le canal vertébral ou couper la tête de l'animal, de manière à mettre à nu l'origine des pneumogastriques sur laquelle on applique ensuite l'excitation.

Nous mettons ici préalablement à nu le cœur d'une grenouille, en ouvrant sur les parois thoraciques une fenêtre assez petite pour ne pas livrer passage aux poumons. Nous coupons la tête de l'animal, ce qui n'empêche pas le cœur de continuer à battre; puis, nous galvaniserons la moelle allongée mise à nu. La galvanisation n'arrêterait pas le cœur si nous avions enlevé la moelle allongée sur cette grenouille, et galvanisé seulement la moelle épinière. Cette expérience prouve encore que ce n'est pas par l'intermédiaire de la moelle qu'agit le pneumogastrique pour arrêter le cœur.

Voici notre grenouille dont le cœur bat; elle a été décapitée et la moelle allongée mise à nu. Nous galvanisons la moelle dans le point d'origine des vagues; immédiatement le cœur s'arrête. On peut voir en même temps qu'il est dilaté : il s'est arrêté dans la diastole. Bientôt les mouvements recommencent.

Voyant l'arrêt du cœur succéder à la galvanisation du pneumogastrique dans la région du cou, on a cru pouvoir admettre que le cœur recevait deux ordres de nerfs : les uns, venant du grand sympathique, destinés à le faire mouvoir ; les autres, venant du pneumogastrique, n'agissant que pour l'arrêter.

On doit renoncer à expliquer tous les mouvements du cœur, en les attribuant directement à une influence nerveuse centrale ; le cœur bat, en effet, indépendamment du système nerveux central, lorsque, arraché de la poitrine d'un animal vivant, il continue à battre sur une table. Nous avons vu encore le cœur continuer à battre pendant un temps assez long, lorsque, empoisonnant des animaux avec du curare, nous avions anéanti les actes du système nerveux moteur.

En galvanisant le pneumogastrique chez divers animaux, nous avons obtenu des résultats différents. Ainsi, nous n'avons pas vu l'arrêt du cœur chez les oiseaux, et, d'une manière générale, ce résultat nous a paru d'autant moins sensible que nous nous sommes adressé à des animaux plus élevés dans l'échelle, ou mieux à des animaux offrant une plus grande activité des phénomènes vitaux. Cela tiendrait-il à ce que chez les animaux il faudrait, suivant leur nature, employer des doses différentes d'électricité pour produire les mêmes effets; or, soit que nous ayons expérimenté sur des animaux inférieurs ou des animaux élevés, nous avons toujours fait usage de la même machine électrique.

Lorsqu'on coupe les pneumogastriques ou qu'on les paralyse, loin d'arrêter les mouvements du cœur, ainsi que vous le savez, leur nombre augmente d'une façon notable; ce nombre est souvent doublé.

Cette influence de la section du pneumogastrique sur l'augmentation des mouvements du cœur se retrouve-t-elle chez tous les animaux? Observe-t-on chez les animaux à sang froid l'augmentation du nombre des pulsations cardiaques et la diminution du nombre des mouvements respiratoires que nous avons vus chez les animaux à sang chaud?

M. le docteur Armand Moreau a fait récemment ici, à ce sujet, quelques expériences sur des grenouilles. Il résulterait de ses observations que la section des pneumogastriques est sans influence sur le nombre des pulsations, qui reste le même après l'opération qu'avant celle-ci. M. Moreau a également trouvé que le nombre des mouvements respiratoires restait le même. Ces phénomènes, s'ils se confirmaient, constitueraient-ils des différences assez tranchées pour caractériser l'action du pneumogastrique chez les deux classes d'animaux à sang chaud et à sang froid? — C'est une question intéressante à poursuivre.

D'autres recherches nous montrent une influence différente de celle du système nerveux central, qui a sur le nombre des battements du cœur une action bien plus marquée chez les animaux à sang froid que chez les animaux à sang chaud. Voici à ce sujet les résultats d'expériences qu'a faites ici M. le docteur Calliburcès. M. Calliburcès, partant de l'influence connue de la température sur les pulsations cardiaques chez les animaux à sang chaud, a recherché quelle était cette influence chez les animaux à sang froid, chez les grenouilles. Chez les animaux à sang chaud, le froid diminue le nombre des battements du cœur; la chaleur les augmente. La même chose a lieu, mais d'une façon bien plus marquée, chez les animaux à sang froid. Chez ces derniers, l'action de la température est bien plus prononcée que celles des nerfs, tandis que le contraire paraît avoir lieu pour les animaux à sang chaud.

M. Calliburcès se proposa, dans le principe, d'étudier l'influence de la chaleur sur la vitesse de la circulation, et, dans ce but, répéta des expériences de M. Poiseuille. Après avoir plongé dans de l'eau chaude l'une des extrémités postérieures d'une grenouille, il examinait au microscope la membrane natatoire de l'autre patte, et il remarqua que l'influence du calorique appliqué sur l'autre patte accélérait toujours la circulation capillaire, mais que la fréquence des battements de cœur augmentait en même temps d'une manière si notable, qu'elle ne paraissait plus être en proportion avec la vitesse de la circulation. Voici les résultats de ces expériences préliminaires qui indiquent en effet que la fréquence des mouvements du cœur est liée à la modification thermique que la chaleur apporte au sang.

BATTEMENTS du cœur par minute avant l'application de la chaleur.	DEGRÉS centigrades de chaleur.	BATTEMENTS du cœur par minute après l'application de la chaleur.	DIFFÉRENCE en plus sous l'influence de la chaleur.
52	35	90	38
38	39	86	48
44	55	82	38
50	55	92	42
32	68	64	32
36	72	84	48
42	75	100	58

Le véhicule qui sert à appliquer la chaleur semble être sans influence; les métaux, l'air, un grand nombre d'acides, le sang défibriné, l'urine, qui ont été employés, ont toujours donné le même résultat que l'eau.

Ces premiers résultats imprimèrent une autre direction aux recherches de M. Calliburcès. Ayant sous les yeux un animal à sang froid en quelque sorte métamorphosé en animal à sang chaud, eu égard au nombre des pulsations, il crut l'occasion favorable pour résoudre par voie d'expérimentation la question des rapports qui existent entre l'influence de la chaleur animale et l'activité du centre circulatoire. Les grenouilles étaient d'autant mieux appropriées à ces recherches, qu'elles se trouvent très sensibles à cette action, et qu'elles se prêtent admirablement à l'analyse physiologique.

Par quelle voie physiologique l'action de la chaleur est-elle transmise depuis la patte au cœur? C'était là le point important du problème. On pourrait admettre *à priori* plusieurs explications de ce phénomène, et il s'agissait de les soumettre successivement à l'examen expérimental.

I. L'accélération de la circulation provient-elle de ce que la chaleur modifie les conditions de mouvement du sang? La chaleur est-elle ainsi la cause première de la fréquence plus grande des mouvements du cœur?

Se fondant sur les résultats d'expériences répétées, M. Calliburcès se crut déjà autorisé à répondre par la négative à cette première question. Après avoir mis à nu le cœur d'une grenouille, il appliqua une ligature à la partie supérieure des extrémités postérieures de l'animal, en ayant soin de ne pas y comprendre les nerfs cruraux, de manière que la communication par les vaisseaux entre le tronc et les extrémités était interrompue, tandis que celle par les nerfs continuait à subsister.

Les extrémités postérieures ayant été plongées jusqu'au voisinage des ligatures dans de l'eau à 39 degrés centigrades, les battements du cœur montèrent à 88 par minute, et le même résultat se produisit chez des grenouilles que l'on plongea dans de l'eau à la même température, mais auxquelles on n'avait pas lié les extrémités postérieures.

L'accroissement de l'activité du cœur est aussi la conséquence de la modification physique du mouvement du cœur par l'application de la chaleur sur l'organe lui-même. Après avoir enlevé à une grenouille la paroi thoracique antérieure, on disposa l'animal de telle sorte que le cœur, qui avait 44 pulsations par minute, vînt plonger dans un petit verre, de manière que l'action de l'eau chaude ne pût être que locale. On versa ensuite dans ce verre de l'eau à 41 degrés, et aussitôt le nombre des pulsations monta à 64 par minute. On ne peut plus supposer ici que, dans un espace de temps relativement si minime, toute la masse du sang ait subi l'influence de la température de l'eau contenue dans le verre, et qu'elle soit ainsi devenue la cause de la fréquence plus grande des pulsations du cœur.

Voici quelques-uns des résultats obtenus :

BATTEMENTS du cœur avant l'application locale de la chaleur.	DEGRÉS centigrades de chaleur.	BATTEMENTS du cœur après l'application locale de la chaleur.	DIFFÉRENCE en plus sous l'influence de la chaleur.
50	25	64	14
50	41	68	18
32	70	52	20
44	55	82	38
42	65	64	22
42	65	82	40

La deuxième expérience a été faite sur la grenouille n° 1, et la sixième expérience sur la grenouille n° 5, lorsque le nombre des battements du cœur fut redevenu le même que dans la première et la cinquième expérience.

II. La chaleur agit-elle sur le cœur par l'intermédiaire du système nerveux ?

D'après une série d'expériences répétées à plusieurs reprises, il semblerait que l'accroissement de l'activité du cœur, consécutif à l'augmentation de la chaleur animale, n'est pas directement lié à l'action du système nerveux.

Première expérience. — Après avoir opéré dans les extrémités postérieures d'une grenouille la section des nerfs cruraux, on les plongea dans de l'eau chaude, et l'on remarqua que les mouvements du cœur augmentaient exactement de la même manière que chez des grenouilles auxquelles il n'avait pas fait la section des nerfs cruraux.

Deuxième expérience. — Au lieu d'employer de l'eau chaude, on appliqua sur des grenouilles saines de l'acide acétique et azotique, depuis la plus faible dilution jusqu'à la concentration la plus forte : l'activité du cœur n'éprouva aucun changement dans quelques cas, dans d'autres elle s'accrut seulement de quelques contractions ; et, lors de l'application de l'acide azotique concentré, elle s'arrêta même complétement.

Troisième expérience. — On ouvrit le canal rachidien d'une grenouille dans la région de la moelle allongée, et l'on y introduisit la canule d'une petite seringue remplie d'eau chaude; les mouvements du cœur s'arrêtèrent au moment même de l'introduction de la canule, sous l'influence mécanique du contact de l'eau chaude et avant que l'injection eût pu être faite. Plus tard ils reparurent, mais leur nombre avait diminué de trois à cinq par minute.

Quatrième expérience. — On détruisit complétement l'encéphale et la moelle épinière d'une grenouille, et l'on observa cependant, lors de l'application de la chaleur, la même augmentation des contractions du cœur. Dans la première expérience de ce genre, elles montèrent de 36 à 84 par minute.

Cinquième expérience. — On paralysa les nerfs moteurs d'une grenouille en l'empoisonnant par du curare. Dans la première de ces expériences, le cœur de l'animal battait 50 fois par minute, tant avant qu'après l'intoxication, et avant l'application de la chaleur. Les extrémités postérieures ayant été plongées dans de l'eau à 55 degrés, le nombre des pulsations monta à 92 par minute; et puis il commença à diminuer, et lorsqu'il n'y en avait plus que 60 par minute, on mit les extrémités postérieures dans de l'eau à 73 degrés, ce qui fit remonter le nombre des pulsations à 92 par minute. Dans une autre expérience, le cœur de la grenouille battait 38 fois par minute après l'intoxication et avant l'application de la chaleur. De l'eau à 39 degrés ayant été appliquée sur le cœur, le nombre des battements monta à 86 par minute, puis il diminua insensiblement; et lorsqu'il n'y eut plus que 74 pulsations par minute, on fit cesser l'application de l'eau chaude sur le cœur : les pulsations de cet organe continuèrent à diminuer peu à peu en nombre ; ce qui prouve que l'action de la chaleur sur le cœur a continué encore à se faire sentir lors même qu'on avait cessé de l'y appliquer directement ; des expériences ultérieures ont pleinement confirmé ce résultat. Une nouvelle application de chaleur provoqué chez la même grenouille, au moyen d'eau à 35 degrés, fit remonter le nombre des contractions du cœur de 40 à 88 par minute ; mais ces pulsations étaient doubles, irrégulières et intermittentes, résultat qui fut également confirmé par des expériences répétées et qui ferait voir que la chaleur a de l'influence, non-seulement sur la quantité, mais encore sur la qualité des contractions du cœur.

III. L'accélération des mouvements respiratoires qui, lors de l'augmentation de la chaleur animale, coïncide avec l'accroissement des contractions du cœur, peut en être indépendante dans certains cas.

Chez les grenouilles empoisonnées par le curare, les mouvements respiratoires cessent complétement, et néanmoins l'application de la chaleur provoque une augmentation de ceux du cœur. Du reste, nous avons déjà vu que l'application locale de la chaleur sur le cœur en accélère l'activité, sans avoir pour cela d'influence sur les phénomènes respiratoires de la grenouille.

IV. L'accélération de l'activité du cœur, paraît dépendre uniquement de l'action locale et spécifique de la chaleur sur le cœur même.

Voici de quelle manière M. Calliburcès fit ses expériences : Il extirpa le cœur d'une grenouille qui avait 36 pulsations par minute; après l'opération, il en avait encore 18. On plaça alors le cœur dans un verre de montre contenant de l'eau à 40 degrés, et aussitôt les pulsations montèrent à 94 par minute. Dans la deuxième expérience, la chaleur de l'eau (40 degrés) fit monter les contractions du cœur de 38, qu'il avait avant l'extirpation à 80 par minute. Un troisième cœur battait encore 30 fois par minute après avoir été excisé; mis dans de l'eau à 25 degrés, il se contracta 62 fois dans le même espace de temps. Dans la dernière expérience, enfin, on mit le cœur d'une grenouille, qui avait 36 pulsations avant d'être extirpé, dans de l'eau à 50 degrés, ce qui fit monter les contractions à 72 par minute; alors on plaça le cœur dans de l'eau qui n'avait que 10 degrés de chaleur, et aussitôt les pulsations cessèrent complétement, mais elles reparurent de nouveau (82 par minute) lorsque le cœur fut remis dans de l'eau à 50 degrés.

M. Calliburcès a observé d'une manière générale que le nombre des contractions du cœur augmente en raison du degré de température employé; mais il ne lui a pas été possible d'y trouver une proportion directe : ainsi, pour citer un exemple, une température de 22 degrés fit monter les mouvements d'un cœur de 32 à 45 par minute; lorsque le cœur fut revenu à 32 battements, on l'exposa à une température de 32 degrés sous l'influence de laquelle il y eut 65 pulsations par minute.

Conclusions — 1° La chaleur paraît avoir une action spécifique sur le cœur; l'augmentation des pulsations qu'elle provoque chez la grenouille semble être indépendante, non-seulement des conditions hydrauliques de la circulation, mais encore du système nerveux et des mouvements respiratoires ; elle peut n'être due qu'à l'action directe de la chaleur sur le centre circulatoire;

2° La chaleur animale peut donc exciter le cœur d'une manière locale et en entretenir l'activité ;

3° Le nombre des contractions du cœur s'accroît sans qu'il y ait proportion directe, en raison du degré de chaleur qu'on emploie, si le cœur se trouve près de son état physiologique, c'est-à-dire s'il n'a pas déjà servi à plusieurs expériences de ce genre;

4° La chaleur influe non-seulement sur la quantité mais encore sur la qualité des contractions du cœur;

5° L'action de la chaleur sur le cœur continue à subsister lors même qu'il n'y est plus exposé d'une manière directe.

Messieurs, je vous signale ces faits sans vouloir en déduire maintenant une loi physiologique générale. Vous pouvez sur ces cœurs enlevés à des grenouilles, voir les résultats que nous vous signalons. La même chose s'observerait sur la grenouille vivante, si, mettant le cœur à découvert, on l'observait pendant qu'on trempe une partie de la grenouille, alternativement dans l'eau froide et dans l'eau chaude.

Cette influence de la chaleur sur les mouvements du cœur est très intéressante à constater, mais si nous avons vu que chez les grenouilles le système nerveux n'a pas d'influence sur ces mouvements du cœur, il n'en est plus de même chez les animaux supérieurs où cette influence est des plus manifestes. Serait-ce dans des différences de ce genre qu'il faudrait chercher les caractères spécifiques des animaux à sang chaud et à sang froid?

Les nerfs pneumogastriques sont, en effet, des voies de transmission par lesquelles les actions nerveuses peuvent être communiquée au cœur et au poumon. C'est ce que démontrent encore les expériences suivantes sur les effets de la nicotine avant et après la section des pneumogastriques.

Exp. (12 novembre 1845). — Sur une chienne à jeun, d'assez forte taille et adulte, on déposa trois gouttes de nicotine dans une plaie sous-cutanée faite à la partie interne de la cuisse. Les pulsations étaient au nombre de 115, les respirations de 28, par minute, avant l'administration de la nicotine.

Une minute après l'administration de cette substance, la respiration était gênée, l'animal était essoufflé, titubant, les oreilles penchées en arrière : les respirations abdominales et diaphragmatiques étaient alors de 42, les pulsations, 232. Après huit minutes, vomissement de mucosités blanchâtres.

Après dix-neuf minutes, le globe de l'œil paraissait renversé; mais en examinant de près, on voyait que cet aspect étaient dû à la tension au-devant de l'œil de la troisième paupière; de telle sorte que les deux tiers internes et inférieurs de l'œil étaient recouverts et que l'animal était comme aveuglé.

Vingt-cinq minutes après l'administration de la nicotine, l'animal allait mieux. Les respirations étaient de 36 et les pulsations de 129 par minute.

Après trente minutes, tous les symptômes produits par la nicotine avaient à peu près cessé, sauf la respiration et la circulation qui étaient encore un peu troublées.

Sept jours après, le 19 novembre, le même animal se portant bien, on fit l'expérience suivante :

L'animal avait mangé à onze heures et demie. Deux heures après, on fit la section des deux nerfs vagues. Avant la section des nerfs, les pulsations étaient de 120, les respirations de 26 et l'hémodynamomètre oscillant de 150 à 170. Les deux nerfs étaient d'une insensibilité complète. Au moment de la section, l'animal n'éprouva aucune souffrance. Il se manifesta chez lui un symptôme qu'on observe généralement chez tous les animaux auxquels on irrite ou on coupe le pneumogastrique. Ce sont des mouvements de la queue tout à fait semblables à ceux que fait l'animal pour exprimer sa joie. Ces mouvements paraissent ici liés à une gêne de la respiration, car on les observe de même quand on suffoque l'animal. On les observe encore souvent quand on vient de faire la section du bulbe rachidien. Il serait intéressant de savoir par quelle voie se transmet cette action réflexe pour produire les mouvements de la queue.

Après la section des nerfs vagues, l'animal n'éprouva aucun phénomène de suffocation ; mais on observa qu'aussitôt la carotide avait perdu de sa tension, de sa plénitude, et même en apparence de son volume. Les pulsations étaient alors au nombre de 206 sans intermittence ; les respirations, au nombre de 9, très profondes. L'hémodynamomètre restait fixe à 200 : les oscillations étaient excessivement courtes.

Alors on administra à l'animal trois gouttes de nicotine dans le tissu cellulaire de la cuisse non opérée, car de l'autre côté la plaie était encore un peu enflammée.

Après deux minutes, l'animal éprouva quelque trouble, se tourmenta et s'agita; cependant la circulation et la respiration ne paraissaient pas avoir subi de trouble dû à la nicotine.

Après dix minutes, les pulsations étaient de 195 sans intermittence; les respirations, au nombre de 7, abdominales, profondes. L'hémodynamomètre oscillait entre 160 et 170. Le sang, qui était rutilant dans la carotide après la section des vagues, paraissait plus foncé depuis l'administration de la nicotine. Après douze minutes, la troisième paupière était tendue devant l'œil et rendait l'animal aveugle; la pupille était fortement contractée.

Le lendemain, 20 novembre, quinze heures après la section des vagues, l'animal était calme; les inspirations étaient lentes, profondes, abdominales, au nombre de 9 par minute. L'animal étant sur ses quatre pattes, on voyait à l'œil le cœur battre avec vitesse contre les parois du thorax du côté gauche. Ce phénomène, qui ne se voit pas pendant la vie chez les chiens, s'observe souvent après la section des pneumogastriques, ou après une mort brusque, lorsque le cœur continue à battre dans le thorax avec quelque énergie. L'animal ne présentait, du reste, pas de signe de suffocation proprement dit. Alors on voulut appliquer l'hémodynamomètre sur l'artère; mais le vaisseau se cassa et le sang s'échappa de l'artère avec un jet faible et une couleur très imparfaitement rutilante. Bientôt l'animal mourut d'hémorrhagie.

en présentant les symptômes suivants : 1° d'abord, il faut observer que la mort par hémorrhagie a été bien plus rapide chez ce chien, dont les vagues étaient coupés qu'elle ne l'aurait été chez un autre.

2° Les battements du cœur, très rapides, cessèrent brusquement au moment de la mort, ce qui n'a pas lieu ordinairement. A peine déterminait-on quelque frémissement musculaire en piquant les parois du cœur.

3° En mourant, l'animal fit quelques efforts inspiratoires, et les derniers étaient accompagnés d'un aplatissement énorme du ventre et de la poitrine. La poitrine était tellement comprimée latéralement par la pression de l'air que les côtes présentent à l'œil une courbure concave, au lieu de leur convexité habituelle.

L'animal étant mort, cet aplatissement du thorax ne disparut qu'en partie. Alors, on ouvrit le ventre et on trouva le diaphragme fortement voûté en haut. En perçant le diaphragme, il s'abaissa; l'air entra dans le thorax et celui-ci reprit sa forme primitive.

A l'autopsie, les poumons, le gauche surtout, étaient engoués de sang noir et comme marbrés. Le tissu du poumon, quoique crépitant, était rempli de mucosités dans les petites bronches. Il y avait de l'emphysème dans le médiastin postérieur; l'air était entré par la plaie. L'estomac contenait des aliments (des tripes), en partie digérés, mais répandant une odeur infecte d'acide butyrique. Ceci prouve que la section des pneumogastriques avait arrêté la digestion.

La partie supérieure de l'intestin grêle offrait des chylifères injectés en blanc.

Exp. (12 novembre 1845). — On constata que les pulsations d'un chien adulte et à jeun étaient au nombre de 80 par minute, avec l'irrégularité normale. Les respirations étaient au nombre de 14 par minute. L'hémodynamomètre oscillait entre 170 et 200. Alors on opéra la section des deux nerfs vagues dans la région moyenne du cou.

Immédiatement après, les pulsations étaient au nombre de 95 par minute. Dix minutes après, elles étaient au nombre de 175.

Les respirations étaient au nombre de 6. L'hémodynamomètre oscillait entre 240 et 250 par secousses de 4 à 5 millimètres seulement.

Alors on administra à l'animal trois gouttes de nicotine dans une plaie sous-cutanée faite à la partie interne de la cuisse.

Au bout de deux à trois minutes, les phénomènes dus à l'action de la nicotine se manifestèrent. L'animal était chancelant, titubant ; il n'avait cependant pas de vomissement ; les mouvements respiratoires n'étaient pas accélérés : il y en avait 5 à la minute ; les pulsations étaient au nombre de 148. Après quelques instants, les yeux offraient les modifications dues à l'influence de la nicotine, c'est-à-dire une occlusion de la troisième paupière qui donnait à l'animal l'apparence d'avoir les yeux renversés. L'hémodynamomètre, appliqué une demi-heure après l'administration de la nicotine, oscillait entre 150 et 160.

L'animal mourut pendant la nuit, probablement six ou sept heures après l'opération.

Les poumons étaient seulement un peu hypérémiés et ne contenaient pas de mucosités.

La conclusion à tirer des deux dernières expériences est que la nicotine ne produit pas les troubles de la circulation et de la respiration qui lui sont propres après que les pneumogastriques ont été coupés.

Dans d'autres expériences rapportées plus haut, nous avons vu que la section des pneumogastriques dans la région du cou n'arrête jamais immédiatement la respiration, tandis que la galvanisation du bout central peut produire cet effet. Mais il semble, au contraire, que la section des pneumogastriques dans le crâne, à leur origine même, pourrait également amener une mort subite. Les expériences suivantes en seraient une preuve.

Exp. (mai 1843). — Sur un lapin, on enleva une partie de l'occipital et on coupa les deux pneumogastriques sur les côtés de la moelle allongée. Aussitôt les mouvements respiratoires cessèrent et l'animal mourut. L'animal était déjà très affaibli au moment où on fit la section des pneumogastriques; cependant la mort a coïncidé exactement avec la section des pneumogastriques.

Exp. — Sur un chien adulte, préalablement stupéfié par l'opium, on enleva l'occipital et on fit la section des deux pneumogastriques à leur origine, en conservant les spinaux. L'animal était très affaibli; mais, lorsqu'on eut coupé les pneumogastriques, les mouvements respiratoires cessèrent aussitôt et l'animal mourut.

Exp. — Le 20 mai 1843, sur un jeune chien, on enleva l'occipital en partie et on accrocha les deux nerfs spinaux sur les côtés de la moelle; on arracha toute leur partie inférieure : la voix ne fut pas modifiée. Ensuite, on détruisit successivement, en montant vers les pneumogastriques, les autres filets d'origine du spinal, et, lorsque les filets les plus élevés furent détruits, la voix fut voilée. Quand l'animal criait, il rendait un souffle plutôt qu'un véritable son. Ce souffle produisait une espèce de sifflement dans l'expiration. Si on faisait faire de grands efforts à l'animal pour crier, l'expiration restait soufflante, mais l'inspiration devenait bruyante et produisait une espèce de braiement. Alors on coupa le pneumogastrique à droite et l'animal continua encore à respirer. On le coupa à gauche : aussitôt l'animal mourut sans donner de signe de suffocation. Il faut noter encore que dans cette expérience l'animal était affaibli par l'opération.

On a pu se convaincre dans cette opération que le spinal n'était pas d'une sensibilité évidente, tandis que le pneumogastrique, quand on le touchait, provoquait les signes d'une sensibilité vive. Le pneumogastrique paraîtrait donc plus sensible à son origine que dans la région du cou.

Exp. (27 avril 1841). — Sur un jeune lapin on fit la section du pneumogastrique gauche dans le crâne.

Aussitôt tous les mouvements de la respiration cessèrent dans le côté correspondant. La narine gauche resta immobile et plus dilatée que la droite qui avait conservé sa motilité normale. L'animal avait conservé toute la sensibilité de la face du côté gauche. Lorsqu'on le pinçait, il retirait les lèvres; il clignait, ce qui prouve que le nerf facial était intact. De sorte que les mouvements de la face semblaient conservés, excepté celui de la respiration dans la narine.

En examinant l'animal en face, la lèvre supérieure paraissait un peu relevée et retirée en arrière.

Exp.—Sur un chien, chez lequel on avait déterminé le coma par une fracture du crâne qui avait du reste produit le diabète (v. t. I, p. 344), on coupa les deux nerfs pneumogastriques dans la région moyenne du cou, et, ce qu'il y eut de remarquable, c'est que l'animal cessa de respirer aussitôt après la section des vagues. Mais on reproduisit des mouvements respiratoires et de déglutition, en excitant le bout central des nerfs vagues. On ne produisait absolument rien en agissant sur les bouts périphériques; ce qui prouve évidemment que les mouvements respiratoire s'opèrent dans ce cas par action réflexe; seulement chez le chien, il serait difficile de dire si c'était par le pneumogastrique ou par le grand sympathique, car ces deux nerfs se trouvent réunis. Il y avait en même temps chez ce chien, dans le coma, une salivation très abondante. Alors j'ai découvert le canal de Sténon : rien ne s'écoulait par ce canal, ce qui semblerait prouver que la salivation était, dans ce cas, produite surtout aux dépens des glandes sous-maxillaires.

Enfin, à l'autopsie, on observa des ecchymoses dans le foie, ecchymoses surtout très visibles dans les parois de la vésicule du fiel. Les ganglions lymphatiques de la face et du cou étaient marbrés par des épanchements sanguins. Ces lésions étaient sans doute la conséquence des chocs sur la tête qui avaient produit la fracture des os du crâne, car on ne saurait attribuer de semblables résultats à l'insufflation. Ces ecchymoses du foie sont surtout intéressantes, en ce qu'on a signalé des lésions du foie, comme coïncidant souvent avec les fractures du crâne.

Exp. — On fit sur un lapin la section de la moitié de la moelle, dans la région cervicale, au niveau de l'articulation occipito-atloïdienne gauche.

Les mouvements du nez et de la lèvre furent abolis à droite, et les traits étaient poussés en avant de ce côté. La sensibilité existait des deux côtés de la face et les oreilles n'étaient point paralysées, non plus que les yeux qui se fermaient des deux côtés; les membres avaient tous conservé leur sensibilité.

Quand on excitait l'animal, il se produisait des mouvements dans la lèvre droite, mouvements qui n'avaient pas la forme respiratoire.

En résumé, on peut dire que les mouvements respiratoires seuls étaient abolis dans la face; tous les autres, ceux de l'œil et de l'oreille étaient conservés.

Alors on essaya de faire la section de la cinquième paire et l'animal mourut.

On constata à l'autopsie que la moelle était blessée à droite, au niveau du *calamus scriptorius;* la moitié gauche n'avait été nullement intéressée. La plaie siégeait un peu au-dessous de l'origine des pneumogastriques. La section de la moelle en ce point avait donc fait cesser les mouvements respiratoires sans léser la cinquième paire ni le facial, puisque la sensibilité et les mouvements des yeux étaient parfaitements conservés.

Il nous reste maintenant à examiner l'influence qu'exerce la section du pneumogastrique sur les organes contenus dans l'abdomen, sur les organes digestifs et sur le foie. Cette étude sera le sujet de la prochaine leçon; nous devrons y rechercher encore la cause de la mort des animaux qui succombent à la section des nerfs vagues, cause que nous n'avons pas trouvée nécessairement dans les altérations produites sur les organes thoraciques.

QUATORZIÈME LEÇON

24 JUIN 1857.

SOMMAIRE : Effets de la section du pneumogastrique sur les organes abdominaux. — La sensation de la faim persiste. — Les aliments s'accumulent dans l'œsophage paralysé. — La sécrétion gastrique est troublée. — Expériences sur des mammifères et sur des oiseaux. — Modifications apportées par la section des nerfs vagues dans l'absorption sur la membrane muqueuse stomacale. — Effets de la section des nerfs pneumogastriques sur les fonctions du foie. — La fonction glycogénique est troublée. — Expériences. — Modification du côté des urines. — La galvanisation du nerf pneumogastrique détermine l'apparition du sucre dans le sang et dans les urines. — Expériences. — Observation du retour des propriétés nerveuses dans un pneumogastrique fatigué par la galvanisation. — Observation du retour des actes physiologiques auxquels préside le pneumogastrique, après la section de ce nerf.

MESSIEURS,

Nous continuons aujourd'hui l'histoire du pneumogastrique, et nous allons chercher à voir comment succombent les animaux chez lesquels on en a pratiqué la section.

Nous avons vu qu'ils pouvaient mourir asphyxiés ; mais il ne faudrait pourtant pas généraliser cette conclusion, parce que dans certaines conditions, dans certaines espèces animales, l'hépatisation du poumon n'a pas lieu. Cette lésion est donc une cause de mort accidentelle.

Examinons maintenant ce qui arrive chez les animaux qui, après avoir eu les pneumogastriques coupés, ne présentent pas la lésion pulmonaire et meurent cependant.

On ne peut pas admettre que les animaux meurent par suite de troubles de la digestion, car ils succombent beaucoup plus vite que les animaux soumis à l'abstinence. Cependant il y a aussi dans les actes digestifs des troubles qui ont sur la mort une influence évidente.

Le larynx, l'œsophage, l'estomac sont paralysés : mais les animaux ne perdent pas l'appétit pour cela.

On avait présenté l'estomac comme le siège de la sensation de la faim, et on avait prétendu que la section des pneumogastriques faisait disparaître le besoin de prendre des aliments. Il n'en est rien : après l'opération, les animaux continuent à manger ; nous avons vu beaucoup de lapins manger surtout lorsqu'ils ont été opérés étant à jeun. Dans ces conditions les animaux continuent donc à manger ; mais ils rendent ordinairement aprés un certain temps ce qu'ils ont pris. On a cherché à expliquer ces vomissements qui suivent l'ingestion des aliments en prétendant que ces animaux avaient bien gardé la sensation de la faim ; mais qu'ils avaient perdu celle de la satiété.

Désireux de vérifier, aussi directement que possible, ce qui se passe dans cette circonstance, j'avais autrefois coupé les pneumogastriques sur un chien porteur d'une fistule stomacale, assez large pour permettre l'observation. Au moment de l'opération, ce chien était à jeun. Après la section, il mangea avidement; rien ne parvenait cependant dans l'estomac. Bientôt l'animal se mit à vomir; tout s'était accumulé dans l'œsophage.

Je vous ai dit que la section des pneumogastriques paralysait l'œsophage; il se trouve dès lors constituer une poche inerte qui cède à l'action mécanique des aliments ingérés et se dilate. Toutefois le cardia reste fermé et ce n'est qu'au bout d'un certain temps qu'il se relâche à son tour.

Ces observations sont d'accord avec celles de Magendie et de Muller qui avaient vu que lorsque l'œsophage est en repos, le cardia est le siége de contractions vermiculaires qui comprennent le cinquième inférieur de l'œsophage environ.

Le lendemain de l'opération, il n'en est plus ainsi; les aliments s'accumulent encore dans l'œsophage, mais ils finissent par pénétrer dans l'estomac peu après, sollicités par les contractions des piliers du diaphragme.

Il y a en même temps paralysie de l'estomac. En y introduisant le doigt, on ne le sent plus pressé par les contractions que sa présence détermine lorsque les pneumogastriques sont intacts.

On a signalé encore, comme conséquence de la section des pneumogastriques, la suppression de la sécrétion gastrique. Cette influence, toutefois, a été très controversée. Tandis que certains auteurs l'admettent, d'autres la nient. Je vous dirai ce que m'ont appris, à cet égard, mes expériences, qui ont porté sur deux ou trois observations directes.

Lorsqu'on prend un chien qui a à l'estomac une fistule large et pouvant permettre d'observer l'état de l'organe, on voit que l'animal étant à jeun, son estomac vide est enduit d'un mucus à réaction alcaline. Ce mucus étant enlevé avec une éponge douce, la membrane muqueuse devint immédiatement rouge, turgide; elle se recouvrit des gouttelettes du suc gastrique qui bientôt ruisselèrent le long des parois de l'organe. C'est à ce moment et dans ces conditions, que j'ai coupé les deux pneumogastriques. Aussitôt la membrane muqueuse était devenue pâle, de rouge qu'elle était; la sécrétion gastrique, acide, limpide, avait immédiatement changé de caractère et avait été remplacée quelquefois par une sécrétion muqueuse alcaline, visqueuse et filante. Telles sont les conditions dans lesquelles j'ai deux fois observé ce phénomène.

Si maintenant on faisait l'expérience autrement : que l'on donnât à manger à l'animal et qu'on lui coupât ensuite les pneumogastriques, on ne serait plus dans des circonstances aussi satisfaisantes pour observer, dégagé d'influences étrangères, l'effet de la section des nerfs vagues. Il y aurait eu sécrétion de suc gastrique, au moment de l'arrivée des aliments dans l'estomac, et ce suc gastrique, préalablement sécrété et emprisonné avec les aliments, pourrait, étant retrouvé, faire croire que la sécrétion a continué après l'opération.

Il est encore, dans l'appréciation de ce fait, une autre cause d'erreur, que j'ai pu constater dans des expériences directes. Sur un chien, dont nous rapporterons plus loin l'observation, j'ai mis, après l'opération, de la soupe dans l'estomac. La fistule fut bouchée avec une éponge maintenue par un bandage de corps. Le lendemain, la soupe était encore dans l'estomac où elle se trouvait à l'état d'une bouillie très acide. Devrait-on en conclure qu'il y avait eu sécrétion de suc gastrique? — Ce serait, Messieurs, tirer de cette observation, des conclusions erronées qui dépendraient d'une simple apparence. On se tromperait en admettant que la réaction acide fût due au suc gastrique: elle provenait de la fermentation lactique de l'aliment.

En effet je vidai alors l'estomac, dans lequel j'introduisis de la viande hachée. Le lendemain, cette viande était infecte; elle exhalait une odeur ammoniacale très prononcée, et donnait une réaction alcaline, résultat de la décomposition spontanée de la viande.

Il est donc important de ne pas se placer, pour juger de l'influence de la section des pneumogastriques sur les sécrétions de l'estomac, dans des conditions qui exposent à prendre la réaction des aliments pour celle du suc gastrique.

En résumé, si, au moment de l'opération, il se trouve des aliments dans l'estomac, le suc gastrique sécrété peut continuer à les digérer; mais, si le suc gastrique est enlevé, la section des pneumogastriques empêche la sécrétion de se produire après qu'elle a été pratiquée.

Nous verrons bientôt si la sécrétion gastrique peut plus tard se montrer de nouveau; car il est des cas exceptionnels dans lesquels les animaux ont survécu à la section des nerfs vagues. Dans tous les cas, la conclusion immédiate est qu'après la section des pneumogastriques, la sécrétion du suc gastrique est au moins momentanément troublée et suspendue.

Voici maintenant les détails des faits dont nous venons d'indiquer les principaux résultats :

Exp. — Deux lapins, l'un à jeun, l'autre en digestion, eurent les pneumogastriques coupés dans la région du cou. Tous deux étaient morts le lendemain et leur estomac présentait toujours la réaction acide, et les intestins une réaction alcaline.

Après l'opération, on avait présenté des carottes aux deux animaux; seul, celui qui était à jeun, en avait mangé.

Mais bientôt il ne put plus avaler, éternua, eut des étouffements et fit des efforts de vomissement, sans rien rendre toutefois. Il avait la respiration anxieuse comme s'il eût eu quelque chose dans la trachée.

A l'autopsie, on trouva l'œsophage distendu par des carottes mâchées qui le remplissaient jusqu'au niveau du larynx, et on reconnut des fragments de carottes qui avaient pénétré dans la trachée. Vers la partie inférieure, les carottes s'arrêtaient immédiatement au-dessus des piliers du diaphragme.

Exp. — Sur un cheval, à jeun depuis vingt-quatre heures, morveux et farcineux, amaigri par la maladie, on fit la resection d'une certaine longueur des deux nerfs vagues, dans la région moyenne du cou. A droite, le nerf ne parut pas sensible; à gauche, il parut doué d'une légère sensibilité quand on le pinçait et qu'on le tiraillait en même temps.

Les deux vagues étant coupés de chaque côté, à peu près au niveau de l'articulation du larynx avec la trachée; l'animal ne sembla nullement gêné et la respiration resta libre.

On donna alors 3 litres d'avoine à manger à l'animal;

il les mangea d'abord assez bien, mais, après 15 ou 18 minutes, lorsqu'il arriva à la fin de son avoine, il parut gêné dans la déglutition et éternua comme si quelque parcelle d'aliments avait pénétré dans le larynx.

On lui donna alors du foin qu'il mangea, mais assez lentement, et en n'en prenant que de petites bouchées à la fois. Au bout de cinq à six minutes, il fut repris plus fort par la gène de déglutition, éternuait violemment, baissait la tête et s'arrêtait de manger pour recommencer, lorsque la quinte de toux était passée. Alors, on donna à boire au cheval. Il prit une gorgée d'eau, et aussitôt elle lui ressortit par les naseaux, entraînant avec elle de l'avoine broyée, mélangée à du foin très finement mâché. De violents éternuments s'ensuivirent et se calmèrent au bout de quelques minutes. L'animal reprit alors une nouvelle gorgée d'eau ; les mêmes phénomènes survinrent, et prouvèrent évidemment qu'il ne pouvait pas avaler l'eau qu'il buvait. Alors on le sacrifia par l'ouverture de l'artère carotide.

En examinant l'œsophage, on le trouva rempli d'un boudin alimentaire s'étendant depuis les piliers du diaphragme jusque au pharynx. Aucune parcelle alimentaire n'avait pénétré dans l'estomac, qui contenait seulement un peu d'un liquide verdâtre. La partie supérieure de la matière alimentaire contenue dans l'œsophage, formait une pâte plus fluide que celle de la partie inférieure. Cela était dû à l'eau avalée ; ce qui le prouve, c'est que cette bouillie se retrouvait jusque dans le pharynx et les fosses nasales.

Cette expérience montre clairement que les sensations

de la faim et de la soif ne sont pas abolies par la section des nerfs vagues et que si les animaux se remplissent alors l'œsophage jusqu'au pharynx, ce n'est pas, comme on l'avait cru anciennement, parce qu'ils ont perdu la satiété ; mais parce que les aliments ne peuvent plus pénétrer dans l'estomac et s'arrêtent dans l'œsophage paralysé.

Exp. — Deux lapins à jeun, qui eurent les pneumogastriques coupés, présentèrent des phénomènes analogues. Le pain que l'un mangea lui resta dans l'œsophage ; l'autre mangea des carottes qui s'y arrêtèrent aussi. Chez ces deux animaux, la présence de ces aliments dans l'œsophage amena des phénomènes de suffocation.

Exp. (10 décembre 1843.) — Sur un chien, muni d'une large fistule gastrique qui datait de deux mois, on fit la section des deux nerfs vagues de la manière suivante :

La fistule examinée avant la section, l'animal étant à jeun, offrait une réaction très acide ; et, en promenant le doigt dans l'estomac, on le retirait humecte par un liquide très acide. La membrane muqueuse de l'estomac formait autour de la fistule un bourrelet d'un rouge vif et turgide. On fit alors la section des deux nerfs pneumogastriques dans la région du cou.

Aussitôt après cette section, la membrane muqueuse se décolora instantanément, devint livide et blafarde comme celle d'un animal mort ; la sécrétion acide cessa et la membrane offrit une réaction neutre sur les bords de la fistule ; ce n'est qu'en l'enfonçant profondément dans l'estomac que le papier bleu rougissait encore. Au bout de vingt minutes, il n'y avait plus nulle part de réaction acide, et le liquide qui s'écoulait de la fistule était neutre. Lorsqu'on introduisait le doigt par la fistule, les parois de l'estomac ne se contractaient plus; et l'animal n'éprouvait plus de sensation. Aussitôt après la section des nerfs vagues, on donna à manger à l'animal de la soupe au lait sucrée ; il la mangea avec peine et en faisant beaucoup d'efforts pour l'avaler ; mais on ne la vit pas descendre dans l'estomac et sortir par la fistule, ainsi que cela avait lieu pour les aliments ingérés avant la section des pneumogastriques. Un instant après, l'animal vomit sa soupe, mêlée d'une grande quantité de mucus filant.

L'animal essaya à quatre reprises différentes de manger sa soupe sans pouvoir la faire entrer dans l'estomac. Trois heures après la section des vagues, l'estomac était toujours neutre. On introduisit alors dans son estomac, à l'aide de la fistule, des morceaux de sucre, de l'albumine et un peu de lactate de fer.

Treize heures après la section des vagues, l'estomac était toujours neutre ; l'animal paraissait malade; on retira de l'estomac une certaine quantité d'un liquide filant à réaction neutre.

Vingt-quatre heures après l'opération, l'animal était très malade, et à ce moment, l'animal étant couché, on vit s'écouler par l'estomac un liquide blanchâtre très acide que l'on reconnut visiblement pour être du lait qui était descendu de l'œsophage dans l'estomac et qui, pendant son séjour dans l'œsophage, avait subi la fermentation lactique. L'animal mourut quelque temps après.

A l'autopsie, on trouva des matières alimentaires empilées dans l'œsophage distendu, jusque dans le pharynx. Les parties solides des aliments étaient arrêtées par les piliers du diaphragme ; il n'y avait eu que les parties liquides qui avaient coulé dans la cavité stomacale. Dans l'œsophage, il y avait du pain et des morceaux de viande qui n'avaient subi aucune altération.

Les poumons étaient sains et exempts d'ecchymoses.

Exp. (13 décembre 1845.) — Une jeune chienne portait depuis un mois une fistule gastrique parfaitement cicatrisée, mais qui avait été dilatée depuis quelques jours avec de l'éponge préparée, afin de voir plus facilement la surface interne de l'estomac. Sur cette chienne on fit la résection des deux nerfs vagues dans la région moyenne du cou. L'animal, à jeun depuis trente-six heures et affamé, venait d'avaler quelques débris de lapin qu'il avait trouvés dans le laboratoire.

Avant de faire la section des deux nerfs vagues, je débouchai la fistule en enlevant l'éponge préparée qui l'obstruait. L'estomac contenait une grande quantité de suc gastrique que j'enlevai, ainsi que les débris d'aliments qui s'y trouvaient. Avec une éponge fine, j'essuyai partout la surface interne de l'estomac.

Une portion de la membrane muqueuse faisait saillie vers la partie inférieure de la fistule ; elle était rouge et turgide. Alors je coupai le nerf vague droit, préalablement mis à découvert ; il se montra nettement sensible. Aussitôt la membrane muqueuse devint pâle. Je coupai ensuite le nerf vague gauche, qui parut moins sensible que le droit. La pâleur de la muqueuse n'augmenta pas d'une façon appréciable.

Après cette opération, l'animal, quoique jeune, n'éprouva pas de phénomènes de suffocation, il fit seulement quelques efforts de toux.

Alors on essuya de nouveau la muqueuse avec une éponge ; il n'y avait plus aucune sécrétion à sa surface, et elle était tout à fait insensible quand on la pinçait, tandis qu'avant la section des vagues, elle était très sensible.

Après la section des nerfs vagues, l'animal avait conservé l'appétit vorace qu'il manifestait avant l'opération. On lui donna à manger du fromage d'Italie, qu'il mangea et déglutit en faisant des efforts. On regarda dans l'estomac, au moment où l'animal avait déjà dégluti une certaine quantité d'aliments : rien n'y était descendu.

Après quelques instants, j'examinai la réaction de la muqueuse stomacale; elle était sensiblement neutre au papier de tournesol, sèche, visqueuse et collante.

Voulant savoir si l'absorption n'avait pas été modifiée par la section des vagues, on coucha l'animal sur le dos, et, à l'aide d'une pipette, j'introduisis dans l'estomac, par la fistule, quelques gouttes d'acide prussique au quart. Après quelques instants, l'animal mourut avec tous les phénomènes de l'empoisonnement par l'acide cyanhydrique.

Après la mort, on ouvrit le thorax : les poumons s'affaissaient; le sang était rutilant dans les artères et moins noir qu'à l'ordinaire dans les veines. Le cœur battit pendant quelque temps et les vaisseaux ouverts donnèrent du sang qui devint de plus en plus rutilant ; et, lors des dernières contractions du cœur, le sang veineux était aussi rutilant que le sang artériel : ce qui était dû, d'une part, à l'influence de l'acide prussique, et, de l'autre, à ce que dans les dernières portions des hémorrhagies veineuses le sang finit par offrir une couleur plus claire.

En ouvrant l'œsophage, on le trouva dilaté par les portions d'aliments qu'avaient avalées l'animal et qui se trouvaient entourées d'un mucus filant.

Toutes les parties des aliments étaient restées au-dessus du diaphragme ; aucune parcelle n'était tombée dans l'estomac.

Exp. — Sur un jeune chien de taille moyenne, on fit la section des deux pneumogastriques et on appliqua une canule à la trachée. L'animal était très sensible et très indocile. Les pneumogastriques étaient sensibles lorsqu'on en fit la section.

Après la section des pneumogastriques, l'animal ne voulut pas manger. Environ un quart d'heure après, il fut pris d'attaques d'épilepsie qui se renouvelèrent très fréquemment.

On injecta dans l'estomac de l'albumine d'œuf frais mêlée avec de l'eau, que l'animal vomit en partie, parce que toute la substance n'avait pas pénétré dans l'estomac.

Deux heures après, on introduisit jusque dans l'estomac de la gélatine. Six heures après l'opération, on vit l'animal qui était toujours dans un état épileptiforme.

Vingt-quatre heures après le chien était mort.

A l'autopsie, on trouva dans l'estomac quelques parcelles alimentaires.

L'estomac offrait une réaction neutre.

Les poumons étaient fortement congestionnés sans présenter précisément des épanchements.

Les expériences sur les oiseaux montrent que les phénomènes digestifs sont complétement arrêtés par suite de la paralysie du jabot et des organes situés au-dessous. Mais comme la mort survient chez eux sans altérations des poumons, le terme s'en trouve retardé.

Exp. (Mai 1850.) — Sur un jeune pigeon de six semaines à deux mois, mangeant très bien seul, et à jeun depuis vingt-quatre heures, j'ai coupé les deux nerfs vagues dans la région supérieure du cou, en dénudant un peu le bout inférieur pour éviter qu'il se trouvât en contact avec le bout supérieur. Les deux vagues paraissaient peu sensibles. On laissa le pigeon jusqu'au lendemain avec des vesces qui étaient son aliment ordinaire, et avec de l'eau.

Le lendemain, le pigeon n'avait pas mangé et son jabot contenait à peine quelques graines; mais il était rempli d'air et d'un liquide clair qui regorgeait par le bec du pigeon, quand celui-ci faisait un mouvement un peu violent ou quand on lui pressait le jabot.

Les jours suivants, le pigeon restait dans le même état; il paraissait malade, mangeait à peine quelques graines et son jabot était toujours plein de liquide et de gaz. Ce liquide ne me paraissait pas provenir directement de ce que buvait le pigeon, car l'eau n'avait pas sensiblement diminué dans le vase. Au bout de quelques jours de cet état, le pigeon allait un peu mieux; la plaie du cou était cicatrisée; il prenait un peu de vesces, le liquide de son jabot diminuait; ce pigeon avait beaucoup maigri; cependant il paraissait en voie de rétablissement, lorsque le douzième jour de l'opération, ayant mis dans une cage cet animal, resté jusqu'alors en liberté, je le trouvai le lendemain étranglé pour avoir passé la tête entre les barreaux de sa cage où elle était restée prise.

A l'autopsie, on trouva que les deux nerfs vagues étaient bien reséqués; leurs bouts étaient bien cicatrisés; mais on ne rechercha pas s'il y avait entre eux des filets de communication. Le foie, examiné le lendemain, ne contenait pas sensiblment de sucre.

Exp. (14 juillet 1850.) — Sur un pigeon de trois mois environ, bien nourri, vigoureux, mais n'ayant rien dans son jabot, on reséqua les deux pneumogastriques à la partie supérieure du cou, et on trouva pendant l'opération que les nerfs étaient assez sensibles. Après la section des nerfs, la respiration baissa considérablement; les pulsations ne furent pas comptées. Aussitôt après l'opération, l'animal parut essoufflé, mais bientôt il se remit. On ferma la plaie du cou et on laissa ensuite l'animal dans une cage sans lui donner ni à boire ni à manger.

Le 15 juillet, le pigeon avait l'air assez bien portant, il becquetait quelques graines égarées dans sa cage et essayait de les manger. On constata qu'il n'avait aucun liquide dans le jabot et on le laissa encore ce jour-là à l'abstinence.

Le 16 juillet, le pigeon paraissait toujours dans le même état; point de liquide dans le jabot. Alors on lui donna à boire et à manger : aussitôt le pigeon se jeta sur l'eau qu'on lui présentait et en but avec avidité et à plusieurs reprises une grande quantité. Aussitôt que le pigeon eut bu, il parut gêné dans sa respiration ; il se cambrait en arrière et ouvrait largement le bec pour respirer comme s'il était essoufflé.

Deux heures après, on revit le pigeon qui paraissait assez tranquille; mais aussitôt qu'on le prit dans la main il s'échappa de son bec du liquide, dont le jabot était plein et distendu; puis, aussitôt après, l'animal parut essoufflé et ouvrit largement le bec pour respirer. On replaça l'animal dans sa cage et il se mit encore à boire à diverses reprises, quoique cela parut lui gêner de plus en plus la respiration. La soif paraissait inextinguible; mais il n'en était pas de même de l'appétit, car on ne lui vit prendre aucun aliment solide.

Alors on enleva l'eau de la cage du pigeon pour savoir si son jabot se désemplirait.

Le lendemain, 17 juillet, le pigeon était à peu près dans le même état. Aussitôt qu'il se remuait violemment, l'eau de son jabot était rejetée et l'animal était essoufflé. Toutefois l'eau avait disparu en partie et le jabot était moins plein que la veille.

Les jours suivants, le pigeon parut aller un peu mieux quoique de la bile se trouvât parfois mêlée au liquide des régurgitations. L'animal avait considérablement maigri; il s'affaiblissait continuellement et mourut le 26 juillet, c'est-à-dire douze jours après l'opération.

D'après les expériences qui précédent, on peut voir que chez les oiseaux la section des nerfs vagues arrête la digestion. On voit aussi que ces animaux résistent, en général, plus longtemps que les mammifères aux suites de cette opération.

Nous devons vous parler actuellement d'un autre effet de la section des nerfs vagues sur les phénomènes d'absorption dans la membrane muqueuse de l'estomac.

Après la section des pneumogastriques, la membrane muqueuse de l'estomac, par suite des modifications circulatoires qui sont survenues dans son tissu, absorbe plus lentement : on a même dit qu'elle n'absorbait pas du tout et on a cité des expériences dans lesquelles, après la ligature du pylore, on pouvait injecter dans l'estomac une solution de noix vomique sans que l'animal fût empoisonné. Ces expériences ont été faites par M. le professeur H. Bouley (d'Alfort) sur des chevaux et sur des chiens. Nous avons répété ces expériences avec le prussiate de potasse, que nous avons vu cependant passer dans les urines. Dans les expériences citées plus haut, la déligature du pylore amenait de suite l'empoisonnement, d'où on avait conclu que c'était dans l'intestin que l'absorption avait lieu. Müller avait déjà dit qu'après la section du pneumogastrique, l'absorption était ralentie dans l'estomac. Dupuy, expérimentant sur des chevaux avec la poudre de noix vomique après la section des pneumogastriques, était arrivé à conclure que cette poudre n'avait pas d'action. Nous avons fait quelques expériences qui, d'accord avec les faits observés par Müller et M. Bouley, montrent un ralentissement dans l'absorption par la surface stomacale.

Exp. — Sur une chienne jeune et à jeun, on coupa les deux pneumogastriques et on plaça une canule à la trachée. Les pneumogastriques ne se montrèrent pas sensibles à la section.

Les phénomènes ordinaires de la section des pneumogastriques se manifestèrent.

Trois heures après, on injecta dans l'estomac de l'acide tartrique, afin de le rechercher dans l'urine. Mais, chose singulière, quelques instants après, le ventre de l'animal s'élargit en se dilatant considérablement.

Quatre heures après la section des pneumogastriques, on injecta une solution saturée à froid de cyanure de mercure. L'empoisonnement survint bientôt, mais un peu plus lentement, en apparence, que chez les chiens qui n'ont pas eu les pneumogastriques coupés et avec des troubles de la circulation moins prononcés et moins de convulsions.

A l'autopsie de l'animal, on sentit dans les poumons l'odeur caractéristique de l'acide prussique. L'estomac était énormément distendu par des gaz qui ne passaient ni dans l'œsophage ni dans l'intestin grêle. L'estomac était parfaitement vide d'aliments. Le gaz contenu dans l'estomac, recueilli sous l'eau dans une cloche, ne brûla pas : ce n'était donc ni de l'hydrogène, ni de l'oxygène

Après la section des pneumogastriques, les effets de l'éthérisation paraissent plus durables.

Exp. (6 novembre 1851.)—Sur un gros chien caniche on fit une injection d'éther dans le péritoine et dans la plèvre. Au moment où l'éthérisation s'était manifestée, on fit la section des deux nerfs vagues dans la région moyenne du cou. La section des vagues eut pour résultat que les effets de l'éthérisation se dissipèrent très lentement. Toutefois, il sembla qu'après la section des vagues, la diminution des mouvements respiratoires n'avait pas été aussi considérable chez ce chien que chez les animaux non éthérisés.

L'animal servit ensuite à des expériences sur la sécrétion salivaire qui durèrent une heure environ, après quoi il fut sacrifié, et on ne trouva pas d'urine dans la vessie.

Remarquez bien ici, Messieurs, que jusqu'à présent nous ne trouvons rien encore qui puisse expliquer la mort qui survient chez nos opérés.

Mais il y a dans l'abdomen un autre organe sur lequel le pneumogastrique a une influence réelle quoiqu'elle semble indirecte : cet organe, c'est le foie.

Voyons si nous pouvons regarder les troubles qu'y amène la section des pneumogastriques comme cause de la mort.

Lorsqu'on coupe les pneumogastriques sur un animal en santé, le foie contient, au moment de l'opération, tout ce qu'il doit normalement contenir ; ce n'est que plus tard que des changements peuvent y survenir.

Lorsqu'on a coupé les nerfs pneumogastriques à un lapin, qu'il est mort au bout de trente-six heures, par exemple, on trouve que toujours le foie a cessé de contenir du sucre. Chez ce chien, chez ce pigeon, qui mourront sans lésions du poumon, nous ne trouverons plus tard, dans le foie, ni sucre, ni matière glycogène.

Peut-on rattacher la mort à la cessation des fonctions du foie, fonctions que d'ailleurs nous ne connaissons pas toutes? — Les expériences tendraient à le faire admettre.

En suivant l'animal dans son développement, on voit la fonction glycogénique s'exécuter dès la vie intra-utérine ; plus tard, elle persiste pendant tout le cours de la vie et dure jusqu'à la mort. Chez les animaux soumis à l'abstinence, on voit cette fonction persister ; toujours leur foie renferme du sucre et de la matière glycogène ; ce n'est que quelques jours avant la mort que la matière disparaît. A ce moment, l'animal est perdu, irrévocablement, même quand on lui donne à manger. Or, quand les animaux sont arrivés à ce point d'épuisement, qui correspond à la disparition de la matière glycogène dans le foie, ils succombent généralement au bout de trois ou quatre jours, comme après la section des pneumogastriques. Je crois que chez les animaux qui ont subi cette opération, lorsqu'on ne trouve rien dans le cœur, rien dans le poumon, rien dans l'estomac qui puisse expliquer la mort, il faut se rattacher à ces fonctions du foie qui ne peuvent être suspendues sans causer la perte de l'animal. Après la section des pneumogastriques, les animaux se refroidissent et périssent dans l'épuisement qu'on observe dans l'inanition ; seulement, dans l'inanition, cette période dernière n'arrive qu'au bout d'un temps assez long, tandis qu'ici elle commence de suite après la section des vagues.

Pour toutes ces raisons, je crois que la cause de la mort est extrêmement compliquée, et que la cessation des fonctions du foie doit y avoir une large part.

Du reste, les expériences qui suivent montrent combien est profonde l'influence de la section des pneumogastriques sur les phénomènes de la nutrition, et quelles modifications cette opération amène, soit du côté du foie, soit du côté des urines, qui, par leur composition, représentent jusqu'à un certain point l'état de la nutrition.

Exp. (22 novembre 1848). — Sur un chien loulou, ayant, deux ou trois heures auparavant, fait un repas de viande, on coupa les deux vagues dans la région moyenne du cou. Le chien était mort le troisième jour ; il n'y avait pas trace de sucre dans son foie.

Exp. — Sur un gros lapin, on coupa les deux nerfs vagues dans la région moyenne du cou et on divisa, en même temps, le filet sympathique. Le vague droit parut très sensible et le gauche l'était beaucoup moins.

Aussitôt après la section des nerfs, la respiration fut ralentie et devint abdominale. L'animal n'avait pas de suffocation. On prit de l'urine avant l'opération : elle était très trouble et très alcaline, colorée en jaune rougeâtre.

Trois quarts d'heure après, on retira de l'urine de la vessie du lapin ; elle était limpide et beaucoup plus faiblement alcaline.

Exp. (11 mars 1846). — A un lapin à jeun, ayant les urines acides et claires, on donna à midi des carottes à manger. Trois heures après, il avait les urines troubles, blanchâtres, nettement alcalines. Alors on coupa les deux vagues en ayant soin de ne pas toucher au filet du sympathique. Les signes ordinaires de la section du vague apparurent, moins le rhonchus que l'animal ne présenta pas, ce qui pourrait peut-être dépendre de la non-section du filet du sympathique.

A quatre heures et demie, les urines du lapin examinées étaient neutres; à cinq heures et demie, les urines étaient claires et bien nettement acides. A six heures les urines étaient toujours claires et très acides; le lapin se tenait dans un coin, respirait lentement et avec peine, mais il ne faisait pas entendre de rhonchus.

Le lendemain, le lapin était mort et on trouva à l'autopsie que les récurrents et les filets sympathiques avaient été ménagés.

Exp. (17 mars 1846). — Lapin adulte, à jeun depuis trente-six heures, ayant les urines très acides, citrines et claires. On lui donna des carottes qu'il mangea avec avidité. Après une demi-heure, les urines étaient troubles, mais encore acides quoiqu'elles le fussent moins. Après une heure quarante minutes, elles étaient très troubles, blanchâtres, et alcalines.

Alors on fit la section des deux pneumogastriques en ménageant le laryngé et les filets sympathiques. Il n'y eut pas de rhonchus. Après une heure, les urines étaient devenues acides et moins troubles, quoiqu'elles le fussent encore. Après une heure et demie, les urines n'étaient plus acides, mais toujours un peu troubles.

Alors, pensant que cette acidité des urines provenait d'un arrêt de la digestion, on fit une injection de 100 grammes de suc gastrique naturel de chien dans l'estomac du lapin.

Après cette injection, les urines restèrent toujours acides et très limpides.

D'après les faits précédents, on voit donc que la section des pneumogastriques a eu pour effet d'amener la disparition du sucre dans le foie au bout d'un certain temps. Nous savons que son excitation, au contraire, produit l'apparition du sucre dans le sang et dans les urines. Quoique nous ayons déjà rapporté des faits de cette nature dans le premier volume de ces leçons, à propos de la théorie du diabète, nous allons vous signaler ici une nouvelle série de ces résultats se rapportant plus spécialement à la physiologie du nerf pneumogastrique.

Exp. (23 avril 1849). — Sur un chien, nourri de viande depuis trois jours, et ayant fait son dernier repas deux heures auparavant, l'on retira vers dix heures du matin de l'urine de la vessie, puis on saigna l'animal à la jugulaire gauche, ensuite on mit à découvert les deux nerfs vagues dans la région du cou, et, en soulevant ces deux nerfs sur un fil sans les couper, on les excita en faisant passer sur leur tronc un courant électrique, assez faible pour ne déterminer sur la langue qu'un léger picotement. Les nerfs vagues étaient excessivement sensibles à cette galvanisation, et on provoquait de la part de l'animal des cris et des mouvements de déglutition. Toutefois, pendant cette galvanisation, le timbre de la voix ne parut pas sensiblement modifié, et, ce qu'il y a de particulier, c'est qu'au même moment, pendant la galvanisation, la pupille gauche était contractée, la membrane clignotante devint saillante, tandis que du côté droit, la pupille semblait élargie. Il y avait, en même temps aussi, des mouvements convulsifs dans les muscles sourciliers.

On galvanisa les nerfs à trois reprises différentes pendant une heure ; on reprit alors de l'urine dans la vessie et du sang dans la jugulaire. L'animal fut pris d'un tremblement considérable comme s'il avait froid.

Après une heure le chien ne tremblait plus. La pupille gauche était toujours contractée et non la droite. On retira alors de l'urine de la vessie et du sang de la jugulaire, puis on galvanisa de nouveau les vagues. Ils paraissaient encore sensibles à cette galvanisation ; l'animal cria, mais la voix était devenue rauque et voilée.

L'animal étant remis en liberté, fut encore repris de cette espèce de tremblement déjà observé une fois. Alors on enleva le fil passé au-dessous des deux vagues, et on mit l'animal au repos. Il présentait de 20 à 22 respirations et de 140 à 150 pulsations par minute.

Vers quatre heures du soir, le chien paraissait être dans les conditions d'un animal qui a eu les pneumogastriques coupés, ses respirations étaient très lentes ; mais il y avait un signe contraire, c'est que les pupilles étaient dilatées, la droite toujours plus que la gauche. On retira alors de l'urine de la vessie et du sang de la veine jugulaire, puis le chien fut laissé en repos.

On fit l'examen comparatif du sang et des urines pendant le cours de l'opération :

URINE.	SANG.
Avant l'expérience.	*Avant l'expérience.*
Ambrée, claire, acide, pas de sucre.	Sérum limpide, alcalin, contenant des traces de sucre.

Pendant toute la durée de la galvanisation, l'urine et le sang conservèrent les mêmes caractères. Le lendemain, le sang comme l'urine étaient dépourvus de sucre, d'où il résulte que la galvanisation du pneumogastrique dans les conditions précitées n'a pas produit l'apparition du sucre dans les urines et l'aurait même fait disparaître du sang. On a conservé ce chien : les jours suivants, peu à peu il se remit à manger et revint à son état normal, ce qui prouve que les nerfs galvanisés avaient pu reprendre leurs fonctions, car l'animal serait mort, si les pneumogastriques avaient été coupés ou altérés d'une façon équivalente.

Le 28 avril, l'animal était à peu près revenu à son état normal et il servit plus tard à d'autres expériences.

Exp. (23 avril 1849). — Sur un gros lapin, on mit à découvert les deux nerfs vagues, on les souleva à l'aide d'un fil placé sous eux et on les galvanisa avec un courant faible pendant quelques instants.

Avant l'expérience, les urines étaient troubles, blanchâtres, alcalines, ne contenaient pas de sucre.

Quelques heures plus tard, les urines étaient toujours claires, elles étaient moins alcalines et renfermaient du sucre d'une manière très nette, quoiqu'en petite quantité.

Le soir, neuf heures après la galvanisation, les urines étaient troubles, alcalines et paraissaient contenir encore des traces de sucre.

Le 24 avril, le fil étant toujours resté autour des vagues fut retiré avec une certaine difficulté.

Dès ce moment, l'animal parut avoir la respiration gênée et il mourut la nuit suivante avec tous les symptômes de la section des nerfs vagues.

Les poumons étaient ecchymosés. Le foie donnait une

décoction jaunâtre, limpide, qui ne contenait aucune trace de sucre.

Exp. (16 novembre 1852). — Sur une chienne en pleine digestion et bien portante, on fit la section des pneumogastriques dans la région moyenne du cou et on galvanisa les deux bouts supérieurs préalablement liés ensemble. La galvanisation dura environ une demi-heure, mais elle était interrompue et on agissait alternativement sur chacun des deux nerfs. L'animal vomit abondamment; les yeux devinrent saillants. Dans les premiers instants de la galvanisation, la pupille se resserra; mais bientôt elle se dilatait fortement si la galvanisation continuait.

Pendant la galvanisation, l'animal présenta des convulsions assez violentes. Une demi-heure après la galvanisation, ce chien rendit de l'urine qui ne contenait pas de sucre.

Une heure après la première opération, on galvanisa encore l'animal pendant un quart d'heure avec des interruptions. Le galvanisme détermina toujours des convulsions avec efforts de vomissement.

Un peu plus tard, on fit la ponction de la vessie pour obtenir de l'urine qui fut trouvée légèrement alcaline et contenait une grande quantité de sucre.

Une heure après la ponction de la vessie, l'animal rendit spontanément de l'urine très chargée de sucre. Le lendemain matin, environ dix-huit heures après, l'animal fut trouvé mort, mais encore chaud.

Autopsie. Le foie ne contenait que des traces de sucre. La vessie et les intestins étaient vides. Les cornes de la matrice renfermaient six petits, dont trois seulement étaient morts. Le foie de ces petits chiens contenait du sucre de même que le liquide amniotique.

Le cerveau et la moelle allongée étaient très injectés, ce qui tenait peut-être à la galvanisation du bout supérieur des nerfs vagues.

Le cœur était plein de sang coagulé; il y avait une ecchymose hémorrhagique dans l'épaisseur de la valvule mitrale. Les poumons étaient engoués et comme hépatisés.

Exp. — Sur un chien en digestion, on fit, le 12 novembre 1853, la piqûre de la moelle allongée, après avoir, quatre jours auparavant, tenté la section des nerfs grands splanchniques.

La piqûre réussit bien, et, au bout d'une heure environ, l'animal s'était relevé et marchait. Seulement il avait vomi et il salivait beaucoup. La pupille, qui était très dilatée immédiatement après la piqûre, l'était encore beaucoup quatre heures plus tard.

On saigna l'animal deux heures environ après la piqûre et on trouva une grande quantité de sucre dans le sang de la veine jugulaire.

On examina de l'urine que l'animal avait rendue spontanément quelque temps après, on y constata une quantité considérable de sucre.

Deux jours après, le 14 novembre, l'animal n'avait plus de sucre dans son urine. Alors on découvrit les deux nerfs vagues dans la région moyenne du cou; on les lia ensemble, et on galvanisa au-dessus de la ligature avec l'appareil électro-magnétique de Breton. La première fois, on galvanisa pendant quelques minutes. Vingt-cinq minutes après, on les galvanisa de nouveau : l'animal mourut pendant l'opération, ce qui tenait, sans doute, à l'arrêt des mouvements respiratoires qui étaient comme suspendus pendant la galvanisation.

A l'autopsie, on constata que les nerfs splanchniques n'étaient coupés ni à droite, ni à gauche; l'instrument avait porté trop en dehors. Le sang de l'animal renfermait du sucre, de même que le foie qui, au dosage, donna 0,77 pour 100. Il n'y avait point d'urine dans la vessie.

Exp. (6 janvier 1853). — Sur un chien loulou, ayant fait le matin un repas copieux de viande et de soupe, on pratiqua la section des deux vagues dans la région moyenne du cou afin de pouvoir les galvaniser ensuite.

Le chien, étant étendu sur la table et fixé par des liens, offrait par minute 28 respirations et 152 pulsations à l'artère crurale. On fit la ligature des deux nerfs vagues ensemble, et ensuite leur section, de manière à tenir réunis dans des ligatures séparées les deux bouts supérieurs et les deux bouts inférieurs. Les nerfs vagues parurent complétement insensibles, et, au moment où on en fit la ligature, l'animal remua la queue seulement comme cela arrive fréquemment.

Après la section, les respirations étaient de 12 par minute, et les pulsations de 192. Cette augmentation des pulsations n'a paru se manifester que cinq à six minutes après la ligature des nerfs. Il serait curieux de savoir s'il en est de même dans d'autres cas. Alors on galvanisa successivement les bouts centraux et périphériques des nerfs vagues. On galvanisa modérément et à diverses reprises, pendant cinq à six minutes, les bouts supérieurs. Quand on galvanisait le vague droit, il y avait toujours vomissement des aliments et arrêt de la respiration. Quand on galvanisait le vague gauche, il n'y avait pas de vomissement et il semblait que la respiration ne s'arrêtait pas aussi facilement. D'ailleurs, lorsqu'on galvanisait ces nerfs, il y avait du côté des yeux les symptômes ordinaires; et du côté de la face, tiraillement en arrière des commissures de la gueule, etc.

Après cette galvanisation, l'animal fut détaché et mis en liberté dans le laboratoire. La respiration était lente et difficile; après une heure on recommença de nouveau la galvanisation ; et aussitôt après on retira de la vessie des urines qui étaient devenues alcalines, d'acides qu'elles étaient avant; on constata qu'elles contenaient manifestement du sucre.

Dans la seconde galvanisation, les symptômes provoques par chacun des deux vagues en particulier ne furent pas aussi nets que la première fois.

Enfin on galvanisa plus tard très fortement l'animal, et le sucre disparut de l'urine.

Dans aucun cas, on n'irrita le bout périphérique des nerfs vagues. Le lendemain matin, l'animal n'était pas encore mort; il n'avait plus que 8 respirations par minute. Il mourut le soir. On trouva à l'autopsie son foie dépourvu de sucre.

Exp. (11 juin 1853). — Sur un chien, de taille moyenne et adulte, en pleine digestion et ayant fait trois heures auparavant un repas de viande cuite (tête de mouton), on compta les respirations qui étaient de 30 par minute (l'animal était un peu agité), les pulsations étaient de 96 à 100. Ensuite on fit la section des deux nerfs vagues dans la région moyenne du cou, entre deux ligatures portées sur les deux nerfs à la fois qui étaient peu sensibles. Après la section de ces deux nerfs on avait du côté de l'œil et de la face les phénomènes ordinaires de la section du grand sympathique faite en même temps que celle des vagues. On galvanisa alors les deux bouts supérieurs, tantôt à la fois, tantôt allant d'un nerf à l'autre, pendant dix minutes environ, avec des intermittences. Les mouvements respiratoires étaient suspendus pendant cette galvanisation. L'animal n'eut pas eu de vomissements réels, mais il avait de la tendance à vomir pendant qu'on galvanisait, allant toujours d'un nerf à l'autre.

Après qu'on eut cessé la galvanisation, on constata que les respirations étaient de 12 par minute, et les pulsations de 112 à 120. Le chien étant remis en liberté, les respirations étaient difficiles et ses yeux étaient déformés et injectés. On retira des urines de la vessie et on constata qu'elles étaient alcalines. Une heure après, on galvanisa le chien ; on prit de l'urine avant la galvanisation et on n'y constata pas la présence du sucre. Après la galvanisation, qui avait duré environ dix minutes avec intermittences, on reprit les urines. Les urines paraissaient alors moins alcalines qu'elles ne l'étaient une heure auparavant et elles ne contenaient pas de sucre. Une heure après la seconde galvanisation, on retira de l'urine qui était toujours légèrement alcaline, et on y reconnut la présence d'une grande quantité de sucre. On trouva alors les respirations de 13 par minute, et les pulsations de 152 à 160. Alors on sacrifia l'animal par la section du bulbe rachidien et on recueillit, par le procédé ordinaire, le sang de différents vaisseaux, savoir : de la veine porte, des veines hépatiques, du cœur droit et du cœur gauche. On constata la présence du sucre dans tous ces sangs, mais beaucoup plus dans le sang des veines sus-hépatiques. Le sérum était clair et limpide dans tous les sangs, excepté dans celui du cœur droit où il présentait une teinte laiteuse. Il existait dans le péricarde un épanchement considérable de sérosité, qui se prenait par le refroidissement en une masse fibrineuse et qui contenait beaucoup de sucre.

On fit fermenter alors, comparativement, les urines avant les galvanisations, et les urines qu'on avait retirées de l'animal après la mort. La fermentation fut nulle dans la première ; dans l'autre, elle fut très active et donna une grande quantité d'acide carbonique.

Le chien pesait 16^{kil}, son foie pesait 180 gram.; il donna une décoction limpide, dans laquelle on trouva que le tissu de l'organe contenait 1^{gr},415 de sucre pour 100.

L'examen du foie fut fait le lendemain de la mort. On examina de même le contenu de l'estomac, qui ne renfermait pas de sucre ; la bile était, au contraire, manifestement sucrée.

Exp. (21 janvier 1853). — Sur une chienne de moyenne taille, très grasse, ayant déjà servi à d'autres expériences, et ayant eu les deux nerfs récurrents coupés par un procédé sous-cutané. On peut, en effet, couper les nerfs récurrents chez le chien par la méthode sous-cutanée. Pour cela, avec notre crochet à couper les nerfs, on pique la peau et on va sur les côtés de la trachée, vers sa partie supérieure. Cela fait, on remonte le long de la face externe droite et gauche de la trachée, on accroche et on coupe les nerfs récurrents qui sont accolés sur les parties latérales des premiers anneaux du tuyau respiratoire.

On reconnaît que la section est opérée à la raucité de la voix de l'animal. Mais revenons au sujet de l'expérience actuelle.

On coupa les nerfs vagues dans la région moyenne du cou, puis on galvanisa les bouts supérieurs, et, à trois reprises, on constata qu'alors les mouvements du thorax étaient arrêtés. Puis, on galvanisa les bouts inférieurs et on vit que le cœur était arrêté. Ensuite, on revint galvaniser les bouts supérieurs, en prolongeant davantage la galvanisation, afin de faire vomir l'animal; la chienne ne vomit pas et n'eut pas même des envies de vomir; mais l'autopsie prouva plus tard que l'animal était à jeun, qu'il n'avait rien dans l'estomac. Une heure après, on galvanisa les bouts inférieurs des vagues seulement, à deux ou trois reprises, à un quart d'heure d'intervalle; puis, une demi-heure après la dernière galvanisation, l'animal fut sacrifié par la section du bulbe rachidien.

L'autopsie montra que le foie contenait beaucoup de sucre et que l'urine, qui était acide, était sucrée, ainsi que la bile. Le foie contenait 1gr,67 pour 100 de sucre.

On observa sur cette chienne différentes particularités : 1° le vague droit paraissait bien évidemment plus petit que le gauche (cette disposition ne serait ici qu'exagérée). 2° Les vagues étaient sensibles avant qu'on n'en fît la section ; mais après la section, il sembla que les bouts inférieurs excités, donnaient lieu à des manifestations de douleur, qui ne pourraient s'expliquer là que par l'irritation du bout central du grand sympathique, qui restait uni au bout périphérique du vague. 3° Il sembla que chez cet animal les phénomènes du côté des yeux étaient moins prononcés qu'à l'ordinaire. 4° Enfin cette expérience prouve encore que la galvanisation des bouts périphériques n'a pas empêché le diabète de se produire, par suite de la galvanisation des bouts centraux. 5° On constata chez cette chienne, au moment où elle fut sacrifiée, que dans la mort par section du bulbe rachidien la conjonctive devient insensible avant la cornée. Enfin, cette expérience montre que le diabète peut parfaitement se manifester l'animal étant à jeun.

Exp. (Octobre 1851). — 1° Un petit chien, de six à huit jours, fut éthérisé d'une manière continue, pendant une heure, dans le but de voir si cette éthérisation produirait l'apparition du sucre dans l'urine. Une heure après, en examinant l'urine dont sa vessie était remplie, on n'y rencontra pas de sucre d'une manière sensible.

On tua ensuite l'animal par décapitation. Son sang contenait du sucre, de même que la décoction du foie qui était transparente.

Dans les expériences de diabète, on ne saurait attribuer l'apparition du sucre dans les urines au ralentissement de la respiration qui accompagne la section des pneumogastriques et qui donnerait lieu à une sorte d'asphyxie. L'expérience suivante montre que l'asphyxie aurait plutôt un effet contraire.

Exp. — 2° Un autre chien, du même âge que le précédent, eut les deux récurrents coupés dans la région du cou; il devint de suite cyanosé; il suffoquait; mais, comme il était né depuis quelques jours, son asphyxie fut lente et dura une heure et quart. La vessie était pleine d'urine qui ne renfermait pas de sucre; le sang contenait seulement des traces de sucre et la décoction du foie n'en contenait pas.

Exp. — 3° Un troisième petit chien, de la même portée que les précédents, fut tué directement par décapitation pour être comparé aux deux précédents. Son sang contenait du sucre. La décoction de son foie était opaline et sucrée. L'urine ne renfermait pas de sucre.

Il résulte de ces trois expériences faites sur ces trois petits chiens, dans les mêmes conditions de digestion à peu près terminée, que l'asphyxie lente a détruit le sucre au lieu de le faire apparaître dans le sang et dans les urines. L'éther, au contraire, quoiqu'il n'ait pas fait apparaître le sucre dans l'urine, d'une manière évidente, semble avoir augmenté sa production dans le sang et dans le foie. Quant au troisième chien, nous voyons que la décoction de son foie se distinguait des deux autres par l'opalescence, caractère qui, d'après ce que nous avons vu depuis, indique que son foie contenait de la matière glycogène, tandis qu'il n'y en avait plus chez les deux autres. Cette expérience prouve de plus que, sous ce rapport, il ne faudrait pas assimiler l'éther aux agents asphyxiants.

La section d'un seul pneumogastrique n'est pas mortelle chez les chiens ; et, si au bout d'un certain temps, de six semaines, par exemple, on pratique la section de l'autre pneumogastrique, on dit que l'animal résiste à cette section successive des deux nerfs. On a pensé que le temps qui s'était écoulé entre les deux opérations avait été suffisant pour permettre le rétablissement des fonctions du vague coupé. Toutefois, après ce temps, les phénomènes que la section amène du côté de l'œil et du côté de la température de la tête n'ont pas encore disparu.

Exp. — Une grosse chienne avait eu le pneumogastrique droit coupé dans la région moyenne de cou, et éprouva, comme conséquence, tous les symptômes ordinaires qui sont observés du côté de l'œil et du côté de la chaleur de la tête.

Deux mois et demi après, ces symptômes n'avaient pas encore disparu. L'œil du côté coupé était plus petit, la pupille plus contractée, etc. Alors, on coupa le pneumogastrique bien au-dessous du point où il avait été coupé la première fois, et on galvanisa son bout supérieur, afin de voir si la galvanisation aurait quelque effet sur l'œil, en d'autres termes, si les propriétés des nerfs étaient rétablies dans le point coupé. Cette galvanisation ne produisit aucun effet sensible sur la pupille ; l'œil ne devint pas saillant.

Cette expérience semblerait prouver que, après deux mois et demi, le pneumogastrique ou plutôt le sympathique qui lui était uni, ne s'était pas régénéré, de manière à reprendre ses fonctions. Cela peut paraître surprenant, parce qu'on dit que la section des deux pneumogastriques est ordinairement suivie de mort, tandis que la section successive des deux nerfs à six semaines de distance ne l'est pas. On explique ce résultat en disant que le nerf coupé a eu le temps de reprendre ses fonctions. Cette expérience prouverait cependant que le nerf n'avait pas recouvré ses propriétés physiologiques; il eût fallu, pour savoir si le nerf pouvait entretenir la vie, faire la section du côté opposé. Il aurait été nécessaire encore de faire la section du nerf au-dessus du point de la section primitive, afin de voir si la galvanisation du bout périphérique n'aurait pas arrêté le cœur, effet qui appartient exclusivement au pneumogastrique.

Nous citerons à ce propos l'expérience suivante quoiqu'elle renferme d'autres résultats qui se rapportent plutôt à l'histoire du grand sympathique.

Exp. (28 octobre 1853). — Sur un chien ayant, comme dans le cas précédent, un pneumogastrique coupé depuis longtemps, on constata qu'il y avait encore un peu de chaleur dans l'oreille correspondante et les désordres caractéristiques du côté de l'œil; ce qui montrait que les fonctions du grand sympathique n'étaient pas rétablies.

Après avoir éthérisé l'animal, on découvrit le pneumogastrique vers le point de sa cicatrisation, puis on laissa revenir l'animal de son éthérisation. On galvanisa le nerf au-dessus de la cicatrice et on n'observa rien du côté du cœur, tandis qu'il y avait saillie du globe de l'œil et les phénomènes ordinaires du côté de la tête. On galvanisa ensuite au-dessous de la cicatrice et on observa un arrêt du cœur et rien du côté de la tête. Ce qui prouve évidemment que l'excitation électrique ne passait pas à travers la cicatrice.

On sacrifia ensuite l'animal par la section du bulbe rachidien et aussitôt on observa qu'en galvanisant le premier ganglion thoracique du côté gauche, le cœur se remit à battre et des mouvements énergiques apparurent dans l'intestin grêle et dans l'estomac. Quand ou galvanisa le ganglion cœliaque du même côté, on vit, au contraire, les mouvements de l'intestin grêle s'arrêter tandis qu'il en apparut dans le gros intestin de très violents. A plusieurs reprises on constata les mêmes phénomènes, après quoi on galvanisa de même les ganglions, premier thoracique et cœliaque du côté opposé, avec les mêmes résultats.

Enfin, on coupa le filet nerveux qui unit inférieurement le ganglion premier thoracique au ganglion suivant, et on obtint toujours le même résultat par la galvanisation du ganglion, ce qui prouverait que l'influence du ganglion se transmet aux intestins par une action réflexe passant par la moelle. En effet, on galvanisa alors le bout supérieur du nerf coupé tenant au ganglion et on produisit les mêmes phénomènes de contraction; tandis qu'en agissant sur le bout inférieur, on ne vit aucun mouvement se développer. Il reste maintenant à déterminer par quel filet cette action réflexe se propage aux intestins; tout porte à penser que c'est par les nerfs splanchniques.

Nous reviendrons sur ces questions à propos du nerf sympathique.

Lorsque les nerfs ont été fatigués par une cause quelconque; par la galvanisation, par exemple, ils reprennent leurs propriétés assez vite, contrairement à ce qui a lieu après leur ligature ou leur section; c'est ce que prouve l'expérience suivante :

Exp. (25 avril 1849).—Sur un chien, on mit à nu les deux vagues et on les galvanisa dans la région moyenne du cou. On fit passer un courant assez faible pour ne pas trop altérer les nerfs; cependant, après avoir cessé la galvanisation, la voix de l'animal était devenue rauque, voilée; la pupille du côté gauche était rétrécie et la membrane clignotante faisait saillie au-devant de l'œil comme lorsque le sympathique a été coupé; les respirations ne paraissaient cependant pas sensiblement ralenties. Pendant qu'on galvanisait les pneumogastriques, l'animal faisait de fréquents mouvements de déglutition.

Le 30 avril, l'animal se portait bien; il mangea, et les symptômes précédemment observés avaient disparu : la voix était redevenue claire et la pupille de l'œil gauche avait repris son état normal.

Alors cet animal fut piqué au plancher du quatrième ventricule, et, à la suite de cette opération, on observa l'apparition du sucre dans les urines avec les phénomènes que nous avons signalés.

Cette expérience montre que l'altération des nerfs, qui a été produite par le fait de la galvanisation, a cessé plus rapidement qu'on aurait pu le penser, puisque au bout de cinq jours le nerf avait repris ses propriétés. Ce qui prouve que le nerf était simplement fatigué par la galvanisation, mais non pas détruit, car les choses se fussent passées tout autrement après la section.

Enfin, il semble que le pneumogastrique soit un nerf capable d'offrir des exemples de toutes les anomalies possibles, car on a vu des chiens survivre à la section des deux pneumogastriques sans qu'on puisse en donner l'explication, si ce n'est en disant que l'influence nerveuse a pu se continuer par l'anastomose que Galien avait déjà signalée entre le laryngé supérieur et le laryngé inférieur, anastomose qui serait dans ces cas plus forte qu'à l'état ordinaire. Nous considérons cette explication comme une simple hypothèse. Quoi qu'il en soit, divers observateurs, M. Sédillot en particulier, ont signalé des exemples de survie prolongée chez des chiens à qui on avait coupé les nerfs vagues. Nous allons vous en rapporter un cas que nous avons observé nous-même.

Exp. (26 mars 1847). — Je reséquai, sur un chien, les deux vagues dans la région moyenne du cou.

Avant l'opération, les pulsations étaient au nombre de 85 avec irrégularité. Après l'opération 178, et régulières. Les respirations, qui étaient avant au nombre de 16, étaient tombées à 12 après la section des nerfs.

On remarqua pendant l'opération qu'après la section du nerf vague gauche, la circulation était déjà accélérée.

Aussitôt après la résection des deux nerfs vagues, l'animal suffoquait convulsivement; bientôt le calme se rétablit.

On observa, en outre, du côté des yeux une constriction de la pupille, un enfoncement du globe oculaire, une déformation de l'ouverture palpébrale, conséquences de la section du grand sympathique inévitablement coupé avec le pneumogastrique.

Le 27 mars, l'animal allait bien, ne paraissait pas triste, les symptômes de la veille persistaient du côté de la respiration et de la circulation. On donna à l'animal un morceau de viande qu'il mangea, mais qu'il ne put avaler; il le vomit bientôt, essaya de nouveau de le manger, le revomit et ainsi de suite.

Le 28 mars, l'animal allait toujours bien; les mêmes symptômes persistaient; l'animal buvait assez bien les aliments liquides; cependant, en buvant, il toussait et vomissait de temps en temps; mais une certaine quantité des aliments arrivait cependant dans l'estomac, car il en rendait beaucoup moins qu'il n'en prenait.

Le 29 mars, même état; le chien mangeait toujours et vomissait la plus grande partie de ce qu'il prenait. Du 30 mars au 2 avril, le chien resta toujours de même : il rendait toujours la plus grande partie de ce qu'il prenait. De temps en temps il rendit des excréments qui étaient durs, et son urine était très foncée.

L'animal paraissait calme, il se courbait en rond pour s'endormir comme à l'ordinaire; ses respirations étaient toujours excessivement laborieuses et l'inspiration commençait toujours par la contraction très forte des muscles abdominaux, à laquelle succédait l'écartement très marqué des côtes. Au moment où l'inspiration commençait, tous les muscles de l'animal étaient pris d'une sorte de tremblement convulsif qui se voyait même jusque dans les muscles de la cuisse, et ce tremblement convulsif durait dans les muscles pendant tout le temps de l'inspiration et cessait un instant au moment où l'expiration se faisait par un relâchement brusque des forces inspiratrices, pour recommencer bientôt avec une nouvelle inspiration. Les jours suivants, l'animal présenta toujours les mêmes phénomènes.

Huit jours après la résection des vagues, on plaça une canule à l'estomac de l'animal. On trouva qu'il y avait une certaine quantité de liquide acide dans l'estomac; qu'une partie des aliments y avait pénétré et paraissait y être digérée. On nourrit le chien avec du bouillon et différents autres aliments.

Le chien maigrissait toujours de plus en plus, et il mourut dix-sept jours après la section des vagues. A l'autopsie, on trouva un poumon entier en suppuration, l'intestin grêle présenta, en grande quantité, des villosités blanchâtres gorgées de chyle, ce qui tenait à la lenteur de l'absorption, car ce fait s'observe aussi chez des animaux auxquels on fait la section du vague en pleine digestion. La dissection de la région du cou montra que les deux nerfs vagues étaient bien coupés; il existait une solution de continuité entre les deux bouts qui présentaient chacun un renflement très manifeste.

Nous avons aussi répété plusieurs fois la section du pneumogastrique au-dessous du cœur et du poumon, de telle façon que les effets de la paralysie de ce nerf ne peuvent se manifester que sur les organes abdominaux. Nons avons décrit ailleurs (1) le procédé à l'aide duquel

(1) Tome I, p. 328.

on coupe le pneumogastrique dans la poitrine. Il n'y a, dans l'opération ainsi pratiquée, aucun phénomène du côté du cœur, ni de la respiration qui reste normale, mais, ce qui est plus remarquable, c'est que les désordres que la section de ce nerf apporte dans les fonctions des organes abdominaux n'influent pas d'une manière immédiate sur la santé de l'animal. C'est ainsi qu'après cette opération, nous avons vu la digestion continuer, et la formation du sucre avoir lieu dans le foie ainsi que le prouve l'expérience suivante.

Exp.— Sur un chien, jeune et de taille moyenne, on pratiqua l'éthérisation pour couper les nerfs pneumogastriques au-dessous des poumons, par le procédé déjà décrit (t. I, pag. 328). Après l'opération on observa ce qui suit :

L'urine avant l'opération était colorée, acide, et elle donna directement du nitrate d'urée par l'addition d'acide azotique. Une heure après l'opération, l'urine était légèrement alcaline, pas de précipité albumineux par l'acide azotique, ni par la chaleur; mais il y avait toujours précipitation de nitrate d'urée par l'acide azotique; pas de sucre d'une manière évidente.

Deux heures après l'opération, les urines offraient toujours les mêmes caractères; leur réaction était légèrement alcaline. En laissant sécher le papier rouge qui était devenu bleu par son immersion dans l'urine, on le voyait redevenir rouge, ce qui semblerait indiquer que l'alcalinité était due à de l'ammoniaque.

En faisant bouillir ces urines qui étaient nettement alcalines, elles devenaient également acides.

Le 14 juin, le chien mangea et se portait bien. L'urine présentait toujours les mêmes caractères.

On avait constaté que les pupilles du chien n'offraient pas de déformation. Le sympathique, qui agit sur la pupille, n'était donc pas encore uni dans ce point avec le pneumogastrique.

Le 19 juin, le chien était toujours bien portant, il mangeait bien; l'urine, au moment de l'émission, était légèrement alcaline; mais l'alcalinité disparaissait sur le papier quand il séchait, et l'urine même finissait pas devenir acide à l'air.

21 juin. — Le chien était toujours dans le même état On recueillit de l'urine qui présentait toujours les mêmes caractères; alcalinité légère, au moment de l'émission, qui disparaissait par l'ébullition. On fit servir ce chien à des expériences sur la salive, expériences qui ont été rapportées (t. II, p. 113).

L'animal fut empoisonné par injection de strychnine dans le canal parotidien. A l'autopsie, on trouva vers le quart inférieur de l'œsophage, que le vague, appliqué contre la partie droite de ce canal, était coupé et présentait des cicatrices renflées à ses bouts. Sur le côté gauche, on trouva également un filet coupé. On constata donc que les filets nerveux, qui à ce niveau représentent les deux pneumogastriques réunis, étaient très bien coupés. L'animal avait été sacrifié au commencement de la digestion, l'estomac était rempli de viande; le canal thoraciques et les lymphatiques étaient distendus par un liquide blanchâtre.

Le sang contenait du sucre; le tissu du foie en ren

fermait une grande quantité, tandis que le contenu de l'intestin n'en donnait pas de trace.

Cette expérience prouve donc qu'après la section des pneumogastriques au-dessous du poumon, la vie a pu continuer sans lésion pulmonaire et sans que les fonctions digestive et glycogénique du foie aient été suspendues.

Ces derniers résultats sont très importants en ce qu'ils semblent bien montrer que l'action mortelle de la section du pneumogastrique ne produit pas ses effets funestes par une action directe sur les organes abdominaux, mais très probablement par une action réflexe qui aurait sa source soit dans le poumon, soit dans le cœur. Le grand sympathique doit probablement avoir un rôle dans ces sortes d'actions réflexes organiques, et c'est précisément à cause de ce mélange des propriétés d'un nerf de la vie extérieure et d'un nerf de la vie organique, que le pneumogastrique nous offre dans son histoire des obscurités qui ne pourront être dissipées que lorsque le sympathique lui-même sera mieux connu.

Afin de distinguer les actions qui appartiennent aux pneumogastriques et au grand sympathique, il faudrait faire la physiologie comparée de ces nerfs chez des animaux où leurs filaments se trouveraient séparés.

Chez les invertébrés, il y a des nerfs qu'on a comparés au pneumogastrique et au grand sympathique. Ces deux nerfs affectent un développement inverse.

Chez les insectes, deux filets partent du cerveau de même qu'un autre du ganglion médian ou ganglion frontal. Le filet émané du ganglion frontal vient passer dans l'anneau œsophagien et accompagne le canal digestif. Les filets émanés du cerveau se rendent aux trachées et au vaisseau dorsal.

Quand on suit le filet œsophagien chez les dystiques, on voit qu'il se distribue à l'espèce de jabot dans lequel descendent les aliments : on ne peut le suivre au delà. Si l'on vient à couper ce nerf, l'animal déglutit constamment; s'il ne mange pas, il déglutit de l'air.

L'arrêt brusque de ce nerf à la fin de l'organe de la déglutition se retrouve dans les espèces animales élevées : lorsque, sur un chien ou sur un oiseau, on galvanise le pneumogastrique, on fait contracter l'estomac ou le jabot; on ne produit rien au delà. Chez les animaux invertébrés il semble en être de même.

Tout à l'heure, sur le pigeon que vous avez vu ouvert sur cette assiette, nous avons galvanisé les pneumogastriques et fait ainsi contracter le gésier; les contractions n'ont pas été au delà de cet organe.

Sur ce chien qui nous a déjà servi au commencement de la leçon et qu'on vient de sacrifier, nous allons galvaniser le pneumogastrique.

L'estomac se contracte (l'animal est en digestion); mais nous ne voyons aucun mouvement des intestins. Ces mouvements sont provoqués surtout lorsqu'on galvanise le pneumogastrique vers la partie inférieure de l'œsophage. Les mouvements péristaltiques intestinaux sont indépendants de ceux qu'on provoque ainsi dans l'estomac. En portant les conducteurs de l'appareil galvanique sur le point dont je viens de parler, nous obtenons des mouvements beaucoup plus violents, surtout vers le pylore. Il faut, pour que ces mouvements aient une grande intensité, que l'animal soit en digestion.

Les mouvements qui ont pour siége les fibres contractiles des conduits pancréatique et biliaire ne sont pas sous l'influence du pneumogastrique. Chez les pigeons, où ils sont très prononcés, ils continuent après la section du pneumogastrique comme le font les mouvements du cœur. Ils ne sont pas non plus, chez ces animaux, arrêtés par la galvanisation. D'après ces faits, l'action motrice du vague semblerait donc s'arrêter à l'estomac.

Messieurs, en finissant l'histoire du pneumogastrique, nous terminons celle des nerfs crâniens. Nous avons déjà, dans le premier sémestre, vu les racines rachidiennes, de sorte qu'il ne nous reste plus à étudier que le grand sympathique dans ses différentes portions. Toutefois, avant d'aborder ce sujet, nous devons revenir sur quelques points de l'histoire des nerfs cérébro-rachidiens. Ainsi on a signalé fréquemment des paralysies partielles de certaines branches nerveuses qui dépendent de lésions centrales du système nerveux, et qui à cause de cela sont assez difficiles à expliquer. Ainsi, dans les affections saturnines on voit survenir une paralysie qui affecte plus spécialement les muscles extenseurs. Quant au siège de cette paralysie il est difficile de s'en rendre compte, soit qu'on le place dans les muscles, soit qu'on le place dans la moelle épinière. Cependant nous devons rappeler que nous avons vu dans nos expériences qu'il y avait certaines parties de la moelle affectées plus spécialement aux mouvements d'extension ou de flexion.

On a encore signalé, comme conséquence de l'asphyxie par le charbon, la paralysie isolée de certaines branches nerveuses des membres. Enfin on sait qu'il existe dans l'hystérie et dans d'autres affections, des lésions passagères ou durables de la sensibilité, lésions très exactement circonscrites à certaines régions, et dont il est, dans l'état actuel de la science, impossible de donner une explication physiologique.

A propos des nerfs mixtes rachidiens, nous ne voulons pas ici faire leur histoire détaillée, je dirai quelques mots sur le rôle de leurs anastomoses ou plexus.

Nous savons que tous les nerfs rachidiens s'associent deux à deux , une racine de mouvement avec une racine de sentiment. Nous savons encore que ces nerfs mixtes, sur leur trajet, s'associent les uns aux autres dans des plexus d'où émanent des nerfs qui proviennent d'un certain nombre de paires nerveuses. De telle sorte qu'on peut dire que bien que les nerfs rachidiens soient indépendants les uns des autres, cependant ils forment, par la réunion d'un certain nombre d'entre eux, des faisceaux nerveux destinés spécialement à telle ou telle partie du corps.

Malgré cette réunion des nerfs rachidiens entre eux dans les plexus, on ne peut pas en conclure que leurs propriétés y soient confondues, et on voit souvent des paralysies partielles et limitées à un muscle paraissant provenir d'une lésion des centres nerveux et montrant ainsi que dans un nerf il pourrait y avoir à la fois des fibres altérées et des fibres restées saines.

C'est dans les plexus nerveux que les nerfs rachidiens semblent contracter cette union sur laquelle nous avons longuement insisté dans le premier semestre, union en vertu de laquelle la racine postérieure sensible communique sa sensibilité, dite récurrente, à la racine antérieure. Nous savons, en effet, que lorsqu'on vient à couper le nerf rachidien mixte immédiatement après la réunion des deux racines, on trouve que la racine antérieure a perdu sa sensibilité récurrente. Ce qui prouve que le retour de la sensibilité de la racine postérieure à la racine antérieure s'effectue plus loin. Mais si l'on vient à couper les nerfs au delà de leur plexus, on trouve que la racine antérieure rachidienne ne perd pas sa sensibilité récurrente, parce que la communication de la sensibilité a eu lieu plus haut que la section.

L'existence de cette sensibilité récurrente se retrouve probablement dans tous les nerfs qui s'anastomosent entre eux. C'est ainsi qu'en prenant un rameau collatéral du nerf spinal ou un rameau du nerf facial et en opérant la section, on constate, en attendant un temps convenable, que les deux bouts qui résultent de cette section sont sensibles. Le bout central possède une sensibilité directe, qui vient directement de la racine postérieure, et le bout périphérique possède une sensibilité récurrente qui revient au moyen des anastomoses périphériques. On trouve, par exemple, en coupant les différentes anastomoses que les nerfs cervicaux envoient au nerf spinal, que ce dernier perd sa sensibilité récurrente.

Il faut donc admettre que les nerfs peuvent, par leurs anastomoses périphériques, communiquer non-seulement de façon à s'accoler pour marcher vers une destination commune, mais de manière à s'échanger des filets dont les uns remontent par un trajet récurrent vers les centres nerveux. Nous nous sommes déjà longuement étendu dans le premier semestre sur la manière dont il fallait comprendre ce retour des filets d'une racine dans l'autre. Nous allons ici revenir en quelques mots sur ce sujet, l'un des plus importants de la physiologie des nerfs.

Nous avons dit qu'il fallait évidemment supposer que des fibres sensitives émanées d'une racine postérieure H (fig. 15), se recourbaient en A, après un certain trajet, pour retourner par la racine antérieure V dans le centre nerveux même. De telle sorte que cette fibre nerveuse sensitive prend son origine à l'émergence de la racine postérieure, et se termine à l'émergence de la racine antérieure. Or, comme nous savons que les fibres sensitives perdent leurs propriétés de la périphérie vers le centre, il devient facile de comprendre comment, chez un animal épuisé, la fibre sensitive a perdu ses propriétés à son extrémité la plus reculée, c'est-à-dire dans la racine antérieure. Cette manière de comprendre le retour de la fibre sensitive dans la racine antérieure, permet parfaitement de comprendre comment il arrive, lorsqu'on a divisé la racine antérieure après avoir constaté qu'elle était sensible, que ce soit le bout périphérique qui conserve sa sensibilité, tandis que le bout central de cette racine devient complétement insensible. C'est qu'en effet, en pinçant le bout périphérique de la racine antérieure, on pince en réalité le bout central de la fibre sensitive qui manifeste ses propriétés; tandis qu'en pinçant le bout central de la racine antérieure, on irrite, en réalité, le bout périphérique de la fibre sensitive qui se reconnaît aux propriétés négatives de cette fibre.

Comment maintenant cette fibre sensitive récurrente

se termine-t-elle dans la substance même de la moelle épinière ? Nous savons que ses fibres naissent par des cellules dans la corne postérieure de la substance grise. Lorsque après un long trajet elles reviennent à la moelle par la racine antérieure, elles se terminent, sans doute, ou par une cellule ou par quelque autre mode de terminaison qu'on ne saurait préciser actuellement.

En résumé, la paire rachidienne constituée par deux racines pourrait être considérée comme présentant des fibres dans quatre directions.

Deux espèces de fibres, qu'on pourrait appeler directes, émaneraient de la racine antérieure V, ou de la racine postérieure H, pour aller directement se rendre à la peau P ou dans un muscle M.

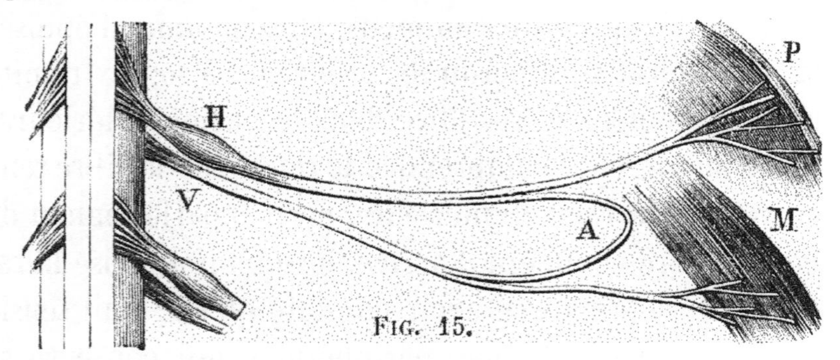

Fig. 15.

Deux autres espèces de fibres, qui seraient récurrentes : l'une provenant de la racine postérieure H, remontant par la racine antérieure V, irait se terminer dans les faisceaux moteurs de la moelle épinière ; l'autre, dont l'existence n'est ici donnée qu'hypothétiquement, émanerait de la racine antérieure V, se recourberait également en A, et remonterait par la racine postérieure H, pour venir se terminer soit par une cellule, soit autrement dans la partie sensitive de la moelle épinière.

Le rôle physiologique de cette communication ou de cette récurrence, qui est bien établi pour les fibres sensitives, serait assez difficile à déterminer actuellement pour les fibres motrices. Nous savons seulement que les deux racines des nerfs sont toujours associées entre elles. Si nous voulions émettre une hypothèse sur ce sujet, ce qui est toujours nécessaire pour ouvrir une nouvelle voie aux recherches, nous dirions que la moelle épinière, constituant en réalité un organe, a besoin de recevoir elle-même, dans chacune de ses parties, des nerfs moteurs et des nerfs sensitifs. Or, la partie motrice de la moelle épinière recevrait par récurrence ses nerfs sensitifs de la racine postérieure ; et, de même, la partie sensitive de la moelle épinière recevrait par récurrence ses nerfs moteurs de la racine antérieure.

Il est singulier que cette sensibilité de la moelle paraisse résider surtout à sa surface ainsi que le montre l'expérience suivante :

Exp. — Sur un chien, dont la moelle avait été coupée dans la région lombaire, on enfonça très profondément des aiguilles dans le tissu médullaire sans y développer de la sensibilité, tandis qu'à la surface des faisceaux, et surtout des faisceaux postérieurs, il y avait une sensibilité très vive. Ce qui semble prouver que la surface nerveuse de la moelle est plus sensible que la partie intérieure. La substance grise parut complétement insensible.

Je désire placer ici quelques-unes des observations qui m'ont prouvé que la quantité d'électricité nécessaire pour manifester l'activité physiologique d'un organe est bien différente suivant le tissu auquel on s'adresse.

été à même d'observer un fait de ce genre : c'est lorsque voulant étudier les effets que le curare produit sur les nerfs, je priai M. Pulvermacher de construire les pinces électriques bien connues aujourd'hui des physiologistes. D'abord ces pinces étant d'un très petit calibre, voici ce que j'observai sur les grenouilles tuées dans l'état physiologique, et préparées à la manière de Galvani : j'avais constaté que les pinces appliquées sur les nerfs déterminaient des convulsions violentes dans les muscles, tandis qu'au contraire je reconnus que lorsque la grenouille avait été empoisonnée par le curare, la même pince appliquée sur les nerfs ne déterminait aucune contraction musculaire. Mais alors, voulant savoir si le curare avait détruit l'irritabilité musculaire en même temps que l'excitabilité nerveuse, je portai la pince électrique sur le tissu musculaire même de la grenouille tuée par le curare, et je ne constatai non plus aucune contraction dans le tissu musculaire.

Pour savoir si le muscle était également paralysé par le curare, je répétai la même expérience sur des cuisses de grenouilles non empoisonnées, et je vis que chez ces grenouilles, lorsqu'on agissait seulement sur le tissu musculaire, sans exciter le nerf, on n'obtenait aucune contraction musculaire. Il me fut démontré par cette expérience, que j'ai depuis répétée et publiée, que, sur un même animal, on peut, avec un même courant électrique, obtenir une contraction très violente dans les muscles quand on agit primitivement sur les nerfs, tandis qu'il faut employer un courant beaucoup plus énergique pour obtenir la contraction musculaire en agissant directement sur le tissu de l'organe.

C'est à cause de cela que je fis faire à M. Pulvermacher un modèle de pinces beaucoup plus fort, afin qu'elles fussent capables d'exciter non-seulement les nerfs, mais encore les muscles eux-mêmes lorsqu'on agit directement sur leur tissu.

Il résulte donc de ce qui précède, qu'il faut, pour faire agir un muscle, une quantité d'électricité beaucoup plus considérable que pour agir sur un nerf. Je ne saurais indiquer avec quelque précision quelle est cette différence ; je puis seulement dire qu'elle est considérable.

Cette simple remarque peut expliquer, je crois, des faits en apparence contradictoires qui ont été émis par M. Duchenne (de Boulogne) et M. Remak.

M. Duchenne a admis que l'irritabilité musculaire était plus facilement mise en jeu lorsqu'on agissait avec des courants assez faibles sur certaines parties des muscles. M. Remak a fait observer que les points répondaient à l'entrée des nerfs dans les muscles, et que l'action de l'électricité était alors portée directement sur eux, et il en conclu que, sur le vivant, il n'était pas possible de produire des contractions en agissant directement par l'électricité sur le tissu musculaire sans l'intermédiaire des nerfs, et qu'ainsi, sur le vivant, l'irritabilité musculaire n'était pas mise en jeu.

La divergence d'opinion entre MM. Duchenne et Remak me paraît s'expliquer quand on sait que la quantité d'électricité qui est nécessaire pour faire contracter un muscle, est beaucoup moins considérable quand on agit sur les nerfs que lorsqu'on agit directement sur le muscle.

Cette différence d'excitabilité à l'électricité entre les

tissus nerveux et musculaire, me semble, ainsi que je l'ai dit depuis longtemps, être un excellent argument pour démontrer que l'irritabilité musculaire et l'excitabilité nerveuse sont deux choses distinctes.

Il est un autre fait que je veux signaler et qui, je crois, avait déjà été observé avant moi : c'est la différence d'excitabilité sous l'influence de l'électricité qui existe entre le nerf moteur et le nerf sensitif.

Lorsqu'on excite le tronc du nerf sciatique d'une grenouille, tenant d'une part à la moelle épinière et de l'autre aux muscles de la jambe, avec une pile très faible ou avec le courant musculaire d'une grenouille, on n'obtient jamais de contraction réflexe par suite de l'excitation du nerf sensitif, tandis qu'on obtient constamment la contraction dans les muscles où se rend le nerf sciatique par l'excitation du nerf moteur.

Un troisième point serait relatif à la différence d'électricité nécessaire pour manifester les propriétés d'un nerf moteur du système cérébro-rachidien et d'un nerf moteur du système sympathique.

En effet, pour faire contracter la pupille ou les vaisseaux sous l'influence du filet cervical du grand sympathique, il faut une dose d'électricité plus considérable que pour exciter un nerf de la vie animale.

Pour faire sécréter la glande sublinguale sous l'influence de la corde du tympan, il faut un courant plus énergique que pour faire contracter un muscle en agissant sur un des rameaux du nerf facial, etc.

Les nerfs mixtes, lorsqu'ils ont été coupés, sont susceptibles de se régénérer. M. Waller, en particulier, a beaucoup insisté sur le mécanisme de cette régénération. Je veux seulement rappeler ici un fait que j'ai plusieurs fois observé. C'est un retour de la sensibilité après la section des racines rachidiennes. Nous devons signaler aussi le retour de la sensibilité dans certaines parties qui ont été séparées du corps. Ainsi, dans certaines opérations, dans la rhinoplastie, par exemple, on voit des lambeaux qui, après avoir été séparés de toutes parts, reprennent leur sensibilité. On a constaté que dans ces circonstances, il y avait eu une régénération des fibres nerveuses dont on ne peut reconnaitre directement la continuité avec le scalpel, mais dont le microscope donne parfaitement la démonstration. Une question qui pourrait être soulevée à cette occasion est celle de savoir si deux branches nerveuses peuvent se souder et reprendre leurs propriétés sans être détruites préalablement. On a essayé, et nous avons essayé nous-même, de souder des nerfs jouissant de propriétés différentes, sans pouvoir arriver à aucun résultat décisif. Mais quand, par une greffe animale, on soude à une partie quelconque du corps un appendice tel que la queue ou l'oreille par son extrémité libre, et qu'ensuite on vient à couper cet appendice vers sa base, il paraîtrait qu'on trouve la sensibilité conservée dans les deux moignons. La question serait de savoir alors si on peut admettre que le même nerf sensitif puisse transmettre les impressions sensitives dans deux sens opposés; ce qui devrait avoir lieu s'il n'y a pas eu formation de nouveaux nerfs et si ceux qui existaient antérieurement restaient encore chargés de l'accomplissement des fonctions.

Il nous reste encore à indiquer une précaution importante à prendre dans les expériences relativement aux propriétés des filets nerveux moteurs et sensitifs que nous savons être parfaitement distincts, au point qu'on ait pu les détruire isolément.

Lorsqu'on a empoisonné une grenouille avec le curare, après avoir lié les vaisseaux qui se rendent soit dans un membre isolé, soit dans les deux membres postérieurs, on voit qu'après l'empoisonnement la grenouille a conservé la propriété d'opérer des mouvements réflexes quand on vient à pincer une partie du corps dans laquelle le poison a pénétré, et qu'elle semble même se mouvoir volontairement lorsqu'on la place dans l'eau, après avoir empêché le poison de pénétrer dans les deux membres postérieurs. Ce que je désire faire remarquer ici, c'est que la réaction des nerfs sensitifs sur les nerfs moteurs n'a lieu que lorsque l'empoisonnement paraît tout à fait complet.

En effet, lorsque l'animal est sous la première influence de l'empoisonnement et qu'on vient à pincer une partie du corps empoisonnée, on n'a aucune espèce de réaction de la part des membres préservés de l'action du curare par la ligature des vaisseaux; on n'observe rien non plus qui puisse être attribué à l'influence de la volonté sur ces membres. J'ai même observé qu'à ce moment les propriétés électriques des muscles et de la peau étaient anéanties. Ce n'est que quelques instants plus tard que la grenouille reprend sa sensibilité et que les réactions sur les nerfs moteurs deviennent alors très évidentes et peuvent durer pendant un temps souvent très long.

QUINZIÈME LEÇON.

26 JUIN 1857.

SOMMAIRE : Système nerveux du grand sympathique. — Difficulté actuelle de son histoire physiologique. — Examen de l'influence qu'exerce la section du sympathique. — Section du sympathique au cou. — Effets notés du côté de l'œil. — Modification de la température de la tête. — Expériences comparatives sur les nerfs qui se distribuent à la face.

MESSIEURS,

On divise le système nerveux en deux grandes parties : le système nerveux cérébro-spinal que nous avons étudié jusqu'ici, et le système du grand sympathique que nous allons maintenant examiner. Une telle étude serait impossible dans son ensemble aujourd'hui, les notions que nous avons sur ce nerf se réduisent à des faits détachés, entre lesquels il serait difficile d'établir un lien systématique.

Nous allons commencer par une influence des plus remarquables de ce nerf sur laquelle nous avons fait un grand nombre d'expériences, je veux parler de l'influence que la section de ce nerf exerce sur la chaleur animale et sur la circulation du sang.

Je n'ai pas l'intention de rapporter ici toutes les hypothèses qu'on a pu faire sur les fonctions du grand sympathique ; je désire seulement rappeler dans leur ordre chronologique les principales expériences qu'on a tentées sur ce nerf à diverses époques. Cette indication historique montrera, mieux que toute autre discussion, la part et la succession des efforts de chacun dans l'étude expérimentale, si difficile, de cette partie du système nerveux.

La première expérience sur la portion cervicale du nerf grand sympathique appartient à Pourfour du Petit. Dans un mémoire très remarquable, publié dans les *Mémoires de l'Académie des sciences* pour 1727 (mémoire dans lequel il est démontré que les nerfs intercostaux fournissent des rameaux qui portent des esprits dans les yeux, p. 1), cet auteur soutient déjà que la portion cervicale du grand sympathique ne naît pas dans la tête (de la cinquième et sixième paire) pour descendre vers le thorax comme l'avaient cru Vieussens et Willis, mais qu'elle monte au contraire ds la partie postérieure du corps (chez les quadrupèdes) vers la tête, pour se terminer dans les yeux, avec les deux nerfs précités. La preuve que Petit en donne, c'est que quand on coupe le nerf sympathique dans le cou, chez les animaux (chiens), les effets de sa paralysie se manifestent au-dessus de la section vers les yeux, qui offrent alors un rétrécissement de la pupille, un affaissement de la cornée, une rougeur et une injection de la conjonctive ; de plus, la troisième paupière est saillante et s'avance au-devant de l'œil. Chez les chiens, le cordon sympathique au cou est uni avec le vague, qu'il est impossible par conséquent de ménager. Petit, qui n'ignore pas cette disposition, distingue très bien dans cette expérience complexe les effets qui dépendent de la section du pneumogastrique de ceux qui appartiennent à celle du sympathique. Petit ajoute que le sympathique influence les glandes et les vaisseaux de l'œil qui, après la section du nerf, perdent leur ressort et s'emplissent de sang ; il explique très bien aussi le rétrécissement de la pupille par la paralysie des fibres du sympathique qui, après être unies aux filets ciliaires, doivent aller dilater la pupille. Enfin il signale encore un rapetissement du globe oculaire quand les animaux vivent un certain temps.

Tous les phénomènes signalés précédemment se produisent lorsqu'au lieu de couper le filet sympathique au cou, on extirpe le ganglion cervical supérieur ou l'inférieur.

Dupuy en 1816, Brachet en 1837, John Reid en 1838 n'ajoutèrent rien de bien essentiel à l'expérience de Pourfour du Petit. Ils signalèrent tous, comme conséquence de la section du filet sympathique au cou, ou comme résultat de l'extirpation des ganglions cervicaux de ce nerf, le rétrécissement de la pupille, la rougeur de la conjonctive, l'enfoncement du globe oculaire dans l'orbite et la projection du cartilage de la troisième paupière au-devant de l'œil.

Quoi qu'il en soit, c'est ce phénomène du *rétrécissement de la pupille* qui avait attiré plus spécialement l'attention des expérimentateurs, dans ces derniers temps ; c'est à ce fait surtout que se sont adressées toutes les explications proposées et toutes les expériences nouvelles qui firent faire quelques progrès à cette question.

En 1846, M. Biffi (de Milan) observa cet autre fait nouveau que lorsque la pupille est rétrécie par suite de la section du nerf sympathique, on peut lui rendre son élargissement en galvanisant le bout céphalique du nerf sympathique coupé.

A peu près à la même époque, le docteur Ruete (de Vienne) ayant remarqué que, dans la paralysie de la troisième paire de nerfs, la pupille dilatée et immobile peut encore s'agrandir sous l'influence de la belladone, en conclut que l'iris reçoit deux espèces de nerfs moteurs correspondant à ses deux ordres de fibres musculaires, et que le grand sympathique, en animant les fibres musculaires radiées, produit le mouvement de dilatation, tandis que le nerf moteur oculaire commun, en animant les fibres circulaires, détermine au contraire le mouvement de contraction de l'iris.

En 1851, MM. Budge et Waller reconnurent que, dans son action sur la pupille, le filet cervical du grand sympathique n'agit que comme un conducteur qui transmet une influence dont le point de départ est dans une région de la moelle épinière que précisèrent ces expérimentateurs, et à laquelle ils donnèrent le nom de *région cilio-spinale*. Cette région est comprise entre la dernière vertèbre cervicale et la sixième vertèbre pectorale inclusivement.

Toutefois ces auteurs, en signalant ce résultat, s'attachèrent uniquement à l'explication du rétrécissement de la pupille. Ils admettent aussi qu'après la section du sympathique, les fibres radiées de l'iris (muscle dilatateur) sont paralysées, d'où il suit que l'action des fibres circulaires (muscle constricteur) prédomine et rétrécit l'ouverture pupillaire. Si, quand on galvanise la région de la moelle à laquelle le sympathique prend naissance, on voit la pupille se dilater, cela vient encore, suivant eux, de ce que, sous l'influence galvanique, le nerf sympathique moteur excite l'action des fibres radiées ; leur contraction énergique surpasse alors temporairement l'action des fibres circulaires et détermine la dilatation de la pupille.

Depuis plusieurs années, en montrant dans mes cours publics les effets de la section de la portion céphalique du grand sympathique, j'ai insisté sur ce point qu'au lieu de poursuivre une explication exclusive pour rendre compte des modifications de la pupille, il faudrait en chercher une pour tous les autres phénomènes qui, survenant et disparaissant simultanément, semblent naître sous l'influence d'une cause commune. Tous ces phénomènes simultanés et connexes sont, ainsi que nous l'avons vu :

1° Le rétrécissement de la pupille et la rougeur de la conjonctive ;

2° La rétraction du globe oculaire dans le fond de l'orbite, ce qui fait saillir le cartilage de la troisième paupière et le porte à venir se placer au-devant de l'œil ;

3° Le resserrement de l'ouverture palpébrale et en même temps une déformation de cette ouverture qui devient plus elliptique et plus oblongue transversalement ;

4° L'aplatissement de la cornée et le rapetissement consécutif du globe oculaire.

Outre les phénomènes précédents, j'ai encore signalé le rétrécissement plus ou moins marqué de la narine et de la bouche du côté correspondant; mais j'ai surtout indiqué une modification toute spéciale de la circulation, coïncidant avec une grande augmentation de caloricité et même de sensibilité dans les parties.

J'étudiai ces faits, qui n'avaient été signalés par personne avant moi, comme résultat de la destruction du nerf grand sympathique, et le 29 mars 1852, je lus à l'Académie des sciences une note *sur l'influence du nerf grand sympathiqne sur la chaleur animale.*

Bien que ce phénomène de calorification et d'augmentation de sensibilité eût dû se manifester entre les mains de tous les expérimentateurs, personne ne l'avait cependant remarqué, ni ne lui avait donné sa signification : c'est à peine s'il avait été noté. Dupuy parle, dans deux de ses expériences sur des chevaux, de chaleur passagère et de sueurs même survenues dans quelques parties de la face ou de la nuque. Mais cet observateur ne pense pas le moins du monde à caractériser le phénomène, qu'il confond, du reste, dans la description des symptômes d'une carie de l'occipital qui existait coïncidemment dans un cas, et d'une carie de l'os maxillaire qui existait dans l'autre. Il le signale, au reste, chez d'autres animaux qui n'avaient pas eu les ganglions extirpés, mais qui présentaient des maladies des fosses nasales ou des os maxillaires (1).

Il reste donc évident que Dupuy n'a pas distingué ni compris le phénomène comme résultat physiologique de l'extirpation des ganglions sympathiques, ainsi que nous

(1) Voyez Dupuy, *De l'affection tuberculeuse*. Paris, 1817, in-8.

le démontrent les conclusions de son mémoire, que je transcris littéralement et complétement :

« Des expériences que nous avons rapportées, il résulte :

» 1° Que la situation profonde des ganglions supérieurs des nerfs grands sympathiques ne s'oppose point à leur excision sur l'animal vivant ;

» 2° Que l'opération nécessaire pour enlever ces ganglions est simple, peu douloureuse, et n'est accompagnée ni suivie d'événements fâcheux ;

» 3° Que les phénomènes qui se manifestent et qui sont indépendants de l'opération sont le resserrement de la pupille, la rougeur de la conjonctive, l'amaigrissement général accompagné de l'infiltration des membres et de l'éruption d'une espèce de gale qui finit par affecter toute la surface cutanée ;

» 4° Enfin qu'on est en droit de conclure que ces nerfs exercent une grande influence sur les fonctions nutritives. »

En lisant le mémoire de Dupuy avant la publication de mon travail, aucun des nombreux auteurs qui l'ont cité n'a pu y voir et n'y a vu que la calorification des parties fût la conséquence de l'extirpation des ganglions cervicaux ; car cela n'y est pas dit. Mais aujourd'hui que j'ai caractérisé le phénomène, si on trouve, en lisant rétrospectivement les expériences du professeur d'Alfort, ou même celles d'autres auteurs, qu'il y a dans les descriptions, des mots, des phrases, des passages qui doivent se rapporter à ce que j'ai décrit, ce n'est pas la question que j'examine ; car il est clair, ainsi que je l'ai déjà dit, que les expériences ont dû donner les mêmes résultats entre les mains de tous les expérimentateurs qui ont dû, par conséquent, avoir tous le phénomène en question sous les yeux. Mais il est si facile d'avoir un phénomène sous les yeux et de ne pas le voir, tant qu'une circonstance quelconque ne vient diriger l'esprit de ce côté! En 1842, j'ai fait un grand nombre de sections du sympathique et d'ablations des ganglions cervicaux de ce nerf sans me douter que cette opération produisît le réchauffement des parties, bien que je connusse cependant les expériences de Dupuy. Si, dix ans après, c'est-à-dire en 1852, j'ai découvert le fait, cela tient à ce que je m'étais placé à un point de vue différent pour observer les résultats de l'expérience.

Dans ma note lue à l'Académie des sciences je me bornai à décrire les phénomènes et à signaler leur condition de production sans vouloir entrer aucunement dans leur explication. Cependant au premier abord il était difficile de ne pas croire que cette augmentation de caloricité et de sensibilité ne fût pas consécutive à une plus grande activité circulatoire. Mais comme j'avais observé des cas dans lesquels l'activité circulatoire semblait être le phénomène secondaire au lieu d'être le fait primitif, je me bornai à indiquer la possibilité des deux hypothèses, en disant que la caloricité n'était pas toujours en raison directe de la vascularisation des parties.

Depuis lors je continuai mes recherches et je signalai la même année, dans mon cours, que le galvanisme appliqué sur le bout supérieur du sympathique au cou, faisait disparaître tous les troubles produits par la section du nerf. Ces résultats furent publiés plus tard dans les *Comptes rendus de la Société de biologie* (octobre et novembre 1852).

Mais pendant que je poursuivais mes expériences en France, M. Budge en Allemagne, M. Waller en Angleterre, et M. Brown-Séquard en Amérique, chacun de leur côté, étaient à la recherche de l'explication du phénomène que j'avais découvert.

M. Budge rattacha cette calorification à la région cilio-spinale de la moelle, ce qui pouvait confirmer sans doute que la partie cervicale du sympathique naît en ce point, mais ce qui n'ajoutait en réalité rien au phénomène lui-même.

M. Waller fit pour les artères le même raisonnement que pour la pupille. Il admit que la section du filet cervical du sympathique qui est moteur, amène une paralysie des artères de la face, qui se relâchent, se dilatent et se remplissent d'une plus grande quantité de sang. Ainsi s'explique pour lui la calorification des parties. Si l'on galvanise le sympathique, on fait contracter les artères, le sang en est expulsé et le refroidissement survient.

A son retour en France, M. Brown-Séquard réclama pour lui la théorie de la stase du sang par la paralysie des artères, et il annonça avoir vu le premier en Amérique que la galvanisation du sympathique amène le refroidissement des parties et la contraction des artères. Je n'entrerai pas dans des discussions de priorité relativement à des faits qui datent tous de la même année, et qui se sont développés immédiatement comme corrolaires tout naturels de ma première expérience. Je me félicite seulement de l'empressement que les expérimentateurs cités plus haut ont mis à me suivre dans l'étude de ces phénomènes de calorification. Cela me prouve qu'ils les ont trouvés importants et dignes d'intérêt.

M. R. Wagner (de Gœttingue) s'est encore livré dans ces derniers temps à des expériences très intéressantes sur le grand sympathique, mais qui ne se rapportent point directement à la question d'augmentation de caloricité et de sensibilité que nous examinons ici.

Depuis la publication de nos premières expériences sur l'influence du sympathique sur la calorification, un grand nombre d'expérimentateurs ont vérifié et répété nos expériences.

Depuis longtemps j'avais été frappé du grand nombre de faits contradictoires qui existent dans la science relativement à l'influence des lésions nerveuses sur la calorification des parties paralysées. On a observé en effet, dans ces circonstances, tantôt la diminution, tantôt l'augmentation de caloricité. Il y avait donc à rechercher la raison de ces dissidences dans une spécialité d'influence des diverses espèces de nerfs; car quand, en physiologie, un phénomène s'offre avec des apparences contradictoires, on peut être assuré que ses éléments sont encore complexes et que ses conditions d'existence n'ont pas été suffisamment analysées. Il fallait examiner ainsi successivement l'influence sur la calorification des nerfs de mouvement, des nerfs de sentiment et de ceux du grand sympathique. Je commençai par ces derniers, et je dois dire que, étant sous l'influence de l'idée très ancienne que le grand sympathique qui accompagne spécialement les vaisseaux sanguins artériels doit être le nerf qui préside aux phénomenes des mutations organiques s'accomplissant dans les tissus vivants, j'eus la pensée que sa section, en amenant une atonie des vaisseaux et un ralentissement ou une abolition dans les phénomènes circulatoires et nutritifs, serait probablement en rapport avec le refroidissement des parties. Je fis donc l'expérience et je choisis le lapin, parce que chez cet animal le filet cervical sympathique, qui monte à la tête en allant d'un ganglion à l'autre, se trouve facile à atteindre et est très nettement distinct du nerf pneumogastrique. Le résultat fut loin d'être d'accord avec ma prévision, et, au lieu du refroidissement que j'attendais, je constatai une grande élévation de température dans tout le côté correspondant de la tète. Mon hypothèse s'évanouit aussitôt devant la réalité ; mais elle m'avait mis sur la trace d'un fait nouveau qui devait rester acquis à la science; il s'agissait de l'étudier, de l'isoler et de lui donner une signification parmi les phénomènes qui se rapportent à l'histoire du système nerveux sympathique.

Comme c'était sur le le nerf sympathique de la face que j'avais d'abord expérimenté, je pensai qu'il valait mieux agir sur les nerfs de sentiment et de mouvement de cette même partie du corps afin d'avoir des phénomènes plus facilement comparables.

1° EXPÉRIENCES SUR LE NERF DE LA CINQUIÈME PAIRE. — *Exp.* — Le 21 décembre 1851, sur un gros lapin vif et bien portant, j'ai fait la section de la cinquième paire à gauche dans le crâne par le procédé de Magendie. L'opération, qui réussit parfaitement, fut suivie immédiatement des symptômes d'insensibilité de la face bien connus.

Avant l'opération on ne sentait à la main qui saisissait l'oreille, ou avec le doigt plongé dans le pavillon auriculaire, aucune différence sensible dans la chaleur d'un côté à l'autre. Environ une demi-heure après la section de la cinquième paire, on appréciait au contraire manifestement à la main que l'oreille gauche qui correspondait au côté de la section était plus froide; on ne mesura pas la différence à l'aide d'un thermomètre. Le lendemain 22 décembre, dix-huit heures environ après l'opération, il existait toujours la même différence très marquée entre la température des deux oreilles; celle du côté gauche était plus froide. La chaleur, prise au thermomètre, donna 34° C. à droite et 31° C. à gauche ce qui faisait 3° C. d'abaissement de température après la section de la cinquième paire. L'animal avait, du reste, conservé toute sa vigueur.

A ce moment les phénomènes d'altération de nutrition de l'œil décrits par Magendie commençaient à se manifester du côté gauche. La conjonctive était rouge, les vaisseaux dilatés et gorgés de sang, l'œil chassieux, les paupières collées et la cornée déjà altérée ; mais, comme je l'ai dit, la température de ces parties était cependant abaissée malgré l'existence de ces troubles circulatoires qu'on rattache généralement à ce qu'on appelle des inflammations.

Alors je fis la résection du filet sympathique au cou à gauche, du même côté où la température des parties avait été abaissée par la section de la cinquième paire, et aussitôt la calorification se manifesta. Après quelques instants la température de l'oreille gauche dépassa de beaucoup celle de l'oreille droite, et le thermomètre plongé dans les deux pavillons auriculaires environ trois quarts d'heure après donna pour l'oreille gauche 37° C. et pour l'oreille droite 31° C.

En résumant les variations de température observées voici les chiffres obtenus :

	A gauche, côte opéré.	A droite, côté sain.
1° Après la section de la 5ᵉ paire. . .	31° cent.	34° cent.
2° Après la section du sympathique. .	37° cent.	31° cent.

Il est bon de noter que l'élévation de température à gauche a coïncidé avec un abaissement à droite. Nous retrouverons plus tard des choses semblables dans des expériences analogues.

Le 2 décembre, les deux oreilles offraient toujours la même différence de température que la veille; les phénomènes d'altération de l'œil marchaient toujours. La conjonctive était toujours très injectée, la cornée était devenue entièrement opaque et ramollie ; il y avait aux lèvres des ulcérations du même côté. Il est inutile de dire que l'insensibilité complète de la face persistait toujours à gauche ; cependant il y avait encore dans le pavillon de l'oreille de la sensibilité qui provenait des branches auriculaires du plexus cervical. Je fis alors la résection de ces nerfs au cou, à leur émergence sur le bord postérieur du muscle sterno-mastoïdien, et immédiatement l'oreille devint complétement insensible; mais cela ne changea rien dans la température de cette oreille qui resta toujours plus élevée que celle du côté opposé.

Les jours suivants jusqu'au 27 décembre l'animal fut observé, et il offrit constamment une plus grande élévation de température dans le côté gauche de la tête.

J'ai bien souvent répété la section de la cinquième paire sur des lapins dans le but de vérifier l'expérience qui précède, et toujours j'ai vu cette opération être suivie d'un abaissement de température dans la partie correspondante de la tête. Mais si alors on fait la section du sympathique, les phénomènes de calorification surviennent de même et indépendamment des lésions que produit la paralysie de la cinquième paire; et généralement on peut même dire que chacun de ces phénomènes atteint son maximum d'intensité dans des conditions vitales opposées, c'est-à-dire que les altérations dues à la section de la cinquième paire se manifestent avec d'autant plus de rapidité et d'intensité que les animaux sont plus faibles et languissants; au contraire le phénomène de calorification se produit avec d'autant plus de force et d'instantanéité que les animaux sont plus vigoureux et mieux portants.

2° Expériences sur le nerf facial (septième paire). — Le 21 décembre 1851, sur un gros lapin vif et bien portant, j'ai fait du côté gauche la section du nerf facial non loin de sa sortie par le trou stylo-mastoïdien, en pénétrant avec un stylet aigu dans la caisse auditive,

Cette opération fut suivie des phénomènes ordinaires de paralysie de mouvement que je n'ai pas à décrire. Mais en examinant l'oreille environ une demi-heure après l'opération, au point de vue de la calorification qui nous occupe, je trouvai à la main l'oreille gauche paralysée, manifestement plus chaude que celle du côté sain. Je laissai l'animal jusqu'au lendemain, et je trouvai toujours une élévation de température plus considérable du côté où le facial avait été coupé. Le thermomètre donnait :

Oreille gauche paralysée.	33° cent.
Oreille droite saine.	30° cent.

Alors je coupai le filet cervical du sympathique du côté gauche. Quelques instants après, la chaleur avait apparu beaucoup plus prédominante encore du côté gauche ; on avait au thermomètre :

Oreille gauche paralysée.	36° cent.
Oreille droite saine.	31°,5 cent.

Les jours suivants, l'animal ne présenta rien de particulier ; il fut observé jusqu'au 26 décembre.

Sur un autre lapin adulte et très vigoureux, je fis de même la section du nerf facial dans la caisse auditive du côté gauche, en ayant soin d'incliner l'instrument de manière à couper le nerf aussi près que possible de son origine. L'opération réussit très bien ; mais quelques instants après la section on appréciait à la main une élévation manifeste de température du côté paralysé Le thermomètre donnait :

Oreille gauche paralysée.	33° cent.
Oreille droite saine.	31° cent.

Le lendemain, la différence de température était un peu moindre, et on avait :

Oreille droite paralysée	32°,5 cent.
Oreille droite saine	31°,5 cent.

Les jours suivants, l'excès de température de l'oreille gauche s'effaça de plus en plus, et six jours après l'opération les deux oreilles étaient à l'unisson de chaleur. Le thermomètre donnait :

Oreille gauche paralysée	31° cent.
Oreille droite saine.	31° cent.

Cette égalité de température se maintint pendant les trois jours durant lesquels l'animal fut encore soumis à l'observation.

3° AUTRES EXPÉRIENCES SUR LE NERF FACIAL.—Il m'est souvent arrivé, en piquant la moelle allongée des chiens ou des lapins pour faire apparaître le sucre dans leur urine, de blesser involontairement les origines cachées du nerf de la septième paire, et de produire une paralysie simple des mouvements de la face, soit à gauche, soit à droite. Dans ces circonstances il y a toujours, au moment même de la piqûre, une augmentation momentanée de la température dans les deux côtés de la tête. Mais après quelques instants, lorsque cette chaleur, due à l'émotion, a disparu, la face et les oreilles reprennent leur température primitive, quelquefois même elle est un peu plus basse; or jamais l'oreille paralysée ne fut plus chaude que l'autre : c'était souvent le contraire, et le thermomètre indiquait généralement 1 degré à 1 degré 1/2 d'abaissement de température relative, dans le côté de la face paralysé du mouvement et ayant conservé toute sa sensibilité, ce qui témoignait de l'intégrité de la cinquième paire. Un phénomène momentané d'élévation de chaleur des parties périphériques a presque toujours lieu quand on blesse brusquement, d'une manière quelconque, un point des centres nerveux ; mais cela ne peut pas être confondu avec les phénomènes durables que je décris ici.

Il se manifeste donc, ainsi qu'on le voit, des effets calorifiques différents, suivant que le nerf facial est coupé dans son trajet extra-crânien, ou suivant que ses fibres originaires sont coupées dans la substance même de la moelle allongée. Dans ce dernier cas, la paralysie du facial amène, au point de vue de la calorification, des effets qui ne diffèrent pas notablement de ceux que produit la section de la cinquième paire ; et si, pour ce dernier nerf, l'abaissement de température est ordinairement plus considérable, on pourrait l'attribuer aux lésions de nutrition qui surviennent après la section du trijumeau, lésions qui ne se manifestent pas après la section du facial.

Quand au contraire on coupe le facial après qu'il s'est engagé dans le canal spiroïde du temporal, et surtout après qu'il en est sorti, les effets de sa section se rapprochent beaucoup de ceux que produit le sympathique, en ce sens qu'il y a toujours une élévation marquée de température.

Cette opposition entre les expériences précédemment citées me fait penser qu'en agissant sur la moelle allongée on paralysait uniquement les origines spécialement motrices musculaires du facial, car on avait une paralysie complète des muscles de la face sans augmentation de température; qu'en coupant, au contraire, le facial dans le canal spiroïde, on agissait non-seulement sur les origines motrices musculaires, mais encore sur les fibres sympathiques qui s'y trouvaient adjointes, puisqu'on observait l'augmentation de température. J'étais, du reste, porté à cette interprétation des phénomènes par d'autres expériences. En effet, s'il est incontestable, en s'appuyant sur l'anatomie comparée et sur la physiologie, que le sympathique en prenant naissance dans les centres nerveux cérébro-spinaux a des rapports de contact avec les nerfs moteurs, il faut néanmoins admettre une origine spéciale dans la substance nerveuse pour les nerfs sympathiques à raison d'une spécialité nette de leurs propriétés. J'ai vu en particulier que le curare, qui agit d'une manière si remarquable sur le système nerveux, éteint distinctement les propriétés nerveuses, d'abord celles des nerfs de sentiment, puis celles des nerfs de mouvement, et celles des nerfs sympathiques, dont l'extinction se manifeste la dernière. J'aurai, du reste, occasion de développer ailleurs ces faits intéressants; je veux seulement insister ici sur ce point que l'influence sur la calorification appartient spécialement au nerf sympathique, quand on agit sur lui isolément. Les nerfs de sentiment, comme la cinquième paire, ne peuvent être, sous ce rapport, confondus avec lui, puisqu'ils produisent un refroidissement; et si maintenant on trouve que le facial coupé dans son trajet extra-crânien donne lieu à des effets complexes, il est beaucoup plus naturel et plus logique de conclure que ce nerf qui contracte, comme on sait, tant d'anastomoses dans le canal spiroïde, est déjà compliqué dans sa composition. Pour obtenir une solution directe de la question, et pour savoir si les nerfs moteurs purs agissent sur la calorification, je pensai qu'il était plus convenable d'agir sur les racines rachidiennes, qu'on peut atteindre avant qu'elles aient subi aucun mélange.

4° EXPÉRIENCES SUR LES NERFS RACHIDIENS. — Sur un chien de forte taille, adulte et vigoureux, j'ouvris la colonne vertébrale dans la région lombo-sacrée, pour atteindre les racines des nerfs qui animent les membres postérieurs. L'animal ne perdit pas beaucoup de sang et supporta bien l'opération, qui dura environ une demi-heure. Toutes les racines rachidiennes étant à découvert et convenablement préparées à droite et à gauche, je pris la température dans les deux membres en faisant une ponction sous-cutanée à la partie interne de chaque cuisse et en introduisant exactement toute la longueur de la cuvette du thermomètre sous la peau ; je pris aussi la température du rectum. Voici les chiffres que donna le thermomètre :

Cuisse gauche.	35°,5 cent.
Cuisse droite	35°,5 cent.
Rectum.	39°,5 cent.

Les températures étant bien constatées et vérifiées à plusieurs reprises, je fis alors à droite la section des six racines antérieures (quatre dernières lombaires et deux sacrées) qui concourent à la formation des plexus lombaire et sacré. Ces racines possédaient une sensibilité récurrente très faible, à cause d'un peu de fatigue de l'animal et du temps un peu considérable depuis lequel la moelle était dénudée. Alors la plaie du dos fut soigneusement recousue, l'animal délié et laissé en repos. Fréquemment le chien se relevait et courait dans le laboratoire, traînant son membre postérieur droit paralysé du mouvement ; on constata que la sensibilité était très bien conservée dans les deux membres postérieurs.

Deux heures et demie après la section des racines antérieures, j'examinai l'animal au point de vue de la température de ses deux membres postérieurs. A la main on sentait manifestement que le membre gauche sain avait une température plus élevée que le membre droit paralysé du mouvement. La température fut reprise avec le thermomètre, plongé sous la peau par les mêmes incisions et de la même façon que la première fois. Voici le nombre qu'on obtint constamment dans un grand nombre de vérifications successives :

Cuisse gauche saine.	36° cent.
Cuisse droite paralysée du mouvement .	34° cent.

Alors la plaie du dos fut décousue, la moelle était chaude et très sensible, ainsi que les racines antérieures qui offrirent alors une sensibilité récurrente très développée. Ce réchauffement de la plaie survenu pendant le repos de l'animal peut expliquer l'élévation de température d'un demi-degré qu'on a trouvée du côté sain ; mais il n'en reste que plus évident que la section des racines antérieures a amené un abaissement de température dans le membre correspondant.

Alors et pendant que la plaie était décousue, je fis du côté gauche la section de toutes les racines postérieures de sentiment (quatre dernières lombaires et deux sacrées) qui concourent à la formation des plexus lombaire et sacré. Cette opération finie, la plaie fut recousue une seconde fois et l'animal laissé en repos.

Une demi-heure et une heure après, on prit à deux reprises la température sous-cutanée des deux cuisses, comme il a été indiqué, en ayant soin de toujours répéter plusieurs fois les vérifications. Voici ce que l'on obtint :

1re OBSERVATION après 1/2 heure.	Cuisse gauche paralysée du sentiment. .	35° cent.
	Cuisse droite paralysée du mouvement .	34° cent.
2e OBSERVATION après 1 heure. .	Cuisse gauche paralysée du sentiment. .	34° cent.
	Cuisse droite paralysée du mouvement .	32° cent.

On voit ainsi qu'aussitôt après la section des racines rachidiennes, aussi bien après la section des antérieures qu'après celle des postérieures, la température du membre a commencé à s'abaisser, tandis que la température s'était très bien maintenue dans le membre tant qu'il avait conservé ses deux ordres de nerfs rachidiens.

Trois heures s'étaient à peine écoulées depuis la section des racines antérieures, que la température du membre droit s'était abaissée de quatre degrés ; et déjà une heure après la section des racines de sentiment, celle du membre gauche s'était abaissée d'un degré.

L'animal était resté très vigoureux après son opération, et on ne pouvait pas objecter que son état d'affaiblissement avait empêché les effets de caloricité de se développer. Toutefois, je voulus lever toute prise à l'objection en faisant une contre-épreuve directe : en conséquence, sur le chien qui avait subi toutes ces expériences sur les racines rachidiennes, je coupai le sympathique au cou, et après vingt-cinq minutes il y avait à la main déjà une très grande différence de température entre les deux oreilles : l'oreille gauche, où l'on avait coupé le sympathique, donnait 23 degrés, tandis que celle du côté sain marquait seulement 20 degrés. Il fut donc démontré par là que la calorification se développait encore très activement chez cet animal, et que par conséquent ce phénomène aurait dû nécessairement se produire, si la section des racines antérieures eût été dans le cas de le déterminer.

En résumé, il me semble résulter clairement des expériences contenues dans ce paragraphe les propositions qui suivent :

1° La section des nerfs du sentiment, outre l'abolition du sentiment, produit la diminution de température des parties.

2° Celle des nerfs de mouvement, outre l'abolition du mouvement, a donné lieu également à un refroidissement des parties paralysées.

3° La destruction du nerf sympathique, qui ne produit ni l'immobilité des muscles ni la perte de sensibilité, amène une augmentation de température constante et très considérable.

4° Maintenant, si l'on coupe un tronc nerveux mixte qui renferme à la fois des nerfs de sentiment, de mouvement et des filets sympathiques, on a les trois effets réunis, savoir : paralysie de mouvement, paralysie de sentiment et exaltation de caloricité. C'est ce que l'on peut obtenir par la section du nerf sciatique, par exemple ; toutefois, on comprendra que la calorification doive être dans ce dernier cas un peu moins prononcée, parce qu'elle est alors contre-balancée par l'abaissement que détermine simultanément la paralysie des nerfs de mouvement et de sentiment.

5° D'après cela je crois donc avoir établi avec raison que cette augmentation de caloricité est le résultat spécial de la section du nerf sympathique. C'est cet effet isolé qu'il s'agira d'étudier dans les paragraphes suivants.

J'ai observé que lorsque sur un animal mammifère, sur un chien, sur un chat, sur un cheval, sur un lapin ou sur un cochon d'Inde, par exemple, on coupe ou on lie dans la région moyenne du cou le filet de communication (1) qui existe entre le ganglion cervical inférieur et le ganglion cervical supérieur, on constate aussitôt que la caloricité augmente dans tout le côté correspondant de la tête de l'animal. Cette élévation de température débute d'une manière instantanée, et elle se développe si vite qu'en quelques minutes, dans certaines circonstances, on trouve entre les deux côtés de la tête

(1) Chez le lapin, le cochon d'Inde, le cheval, ce filet est isolé du pneumogastrique, et se trouve placé entre ce nerf et l'artère carotide. Chez le chien, le chat, le filet sympathique est confondu avec le vague, et il devient impossible de couper isolément ces deux nerfs. Le ganglion cervical moyen manque généralement chez ces animaux, excepté chez le cochon d'Inde, où je l'ai à peu près toujours rencontré.

une différence de température qui peut s'élever quelquefois jusqu'à 4 ou 5 degrés centigrades. Cette différence de chaleur s'apprécie parfaitement à l'aide de la main, mais on la détermine plus convenablement en introduisant comparativement, et avec les précautions convenables, un petit thermomètre dans la narine ou dans le conduit auditif de l'animal.

J'ai souvent extirpé les ganglions cervicaux supérieurs du grand sympathique chez le chien et chez le lapin; chez ce dernier animal, je les ai trouvés insensibles à la pression d'une pince, ainsi que l'avait déjà constaté M. Flourens; seulement leur arrachement semble toujours accompagné d'une douleur plus ou moins vive. Chez le chien, cette sensibilité paraît un peu plus grande. L'ablation du ganglion cervical supérieur est suivie des mêmes effets calorifiques que la section du filet cervical; toutefois ces effets sont toujours plus rapides, plus intenses et plus durables. Il est inutile de citer toutes les expériences excessivement nombreuses que j'ai pratiquées; je dirai seulement qu'après la section du filet sympathique chez les lapins, les phénomènes de l'excès de calorification et de sensibilité ne sont guère évidents au delà de quinze à dix-huit jours, tandis que chez les chiens cela peut durer six semaines à deux mois. Après l'ablation des ganglions chez ces animaux, la persistance de la lésion peut être considérée comme indéfinie; car sur un chien à qui j'avais fait l'extirpation du ganglion cervical supérieur à gauche, tous les phénomènes d'excès de caloricité et de sensibilité dus à cette extirpation étaient encore très intenses un an et demi après l'extirpation du ganglion, lorsque l'animal fut sacrifié pour d'autres expériences.

Cette différence de 4 à 5 degrés est remarquable comme différence de calorification relative entre les deux côtés de la face. Mais si l'on compare la chaleur de l'oreille et de la narine (ainsi échauffée par suite de la section du nerf) à la chaleur du rectum ou des parties centrales du corps, le thorax ou l'abdomen, on voit qu'elle est à peu près la même. Toutefois, j'ai constaté assez souvent que l'extirpation du nerf sympathique élevait dans l'oreille correspondante la chaleur jusqu'à 40 degrés, tandis que la température normale dans le rectum, chez cet animal, ne dépassait alors pas 38 ou 39 degrés centigrades.

Toute la partie de la tête qui s'échauffe après la section du nerf devient le siége d'une circulation sanguine plus active. Cela se voit très distinctement sur les vaisseaux de l'oreille chez le lapin. Mais les jours suivants, et quelquefois même dès le lendemain, cette turgescence vasculaire a souvent considérablement diminué, bien que la chaleur de la face, de ce côté, continue à être très développée.

On peut constater, en faisant pénétrer le thermomètre à l'aide d'incisions préalables, que cette élévation de température qu'on apprécie superficiellement s'étend également aux parties profondes, et même dans la cavité crânienne et dans la substance cérébrale. Cela se remarque mieux après l'extirpation des ganglions sympathiques. Le sang lui-même qui revient des parties ainsi échauffées possède une température plus élevée, ainsi que je l'ai constaté plusieurs fois sur des chiens, en introduisant un petit thermomètre dans la veine jugulaire à la région moyenne du cou. Il est bien entendu que la cuvette du thermomètre doit être dirigée en haut, de manière à être baignée par le sang veineux qui descend de la tête.

J'ai voulu rechercher comment le côté de la tête échauffé par la section du nerf sympathique se comporterait comparativement avec les autres parties du corps, si l'on venait à soumettre les animaux à de grandes variations de température ambiante. Je plaçai donc un animal (un lapin auquel j'avais pratiqué la section du nerf) dans une étuve, dans un milieu dont la température était au-dessus de celle de son corps. Le côté de la tête qui était déjà chaud ne le devint pas sensiblement davantage, tandis que la moitié opposée de la face s'échauffa; et bientôt il ne fut plus possible de distinguer le côté de la tête où le nerf sympathique avait été coupé, parce que toutes les parties du corps, en acquérant leur summum de caloricité, s'étaient mises en harmonie de température.

Les choses se passent tout autrement quand on refroidit l'animal en le plaçant dans un milieu ambiant dont la température est beaucoup au-dessous de celle de son corps. On voit alors que la partie de la tête correspondante au nerf sympathique coupé, résiste beaucoup plus au froid que celle du côté opposé; c'est-à-dire que le côté normal de la tête se refroidit et perd son calorique beaucoup plus vite que celui du côté opposé. De telle sorte qu'alors la désharmonie de température entre les deux moitiés de la tète devient de plus en plus évidente, et c'est dans cette circonstance que l'on constate une différence de température qui peut s'élever quelquefois jusqu'à 10 ou 12 degrés centigrades.

J'avais eu l'idée de faire la section du nerf sympathique sur des animaux hibernants, pour savoir si cela les rendrait moins sensibles à l'action engourdissante que le froid leur fait éprouver. Je n'ai pas encore eu l'occasion de réaliser cette expérience.

Ce phénomène singulier d'une plus grande résistance au froid s'accompagne aussi d'une sorte d'exaltation de la vitalité des parties, qui devient surtout très manifeste quand on fait mourir les animaux d'une manière lente, soit en les empoisonnant d'une certaine façon, soit en leur reséquant les nerfs pneumogastriques. A mesure que l'animal approche de l'agonie, la température baisse progressivement dans toutes les parties extérieures de son corps ; mais on constate toujours que le côté de la tète où le nerf sympathique a été coupé offre une température relativement plus élevée, et au moment où la mort survient, c'est ce côté de la face qui conserve le dernier les caractères de la vie. Si bien qu'au moment où l'animal cesse de vivre, il peut arriver un instant où le côté normal de la tète présente déjà le froid et l'immobilité de la mort, tandis que l'autre moitié de la face, du côté où le nerf sympathique a été coupé, est sensiblement plus chaude et offre encore ces espèces de mouvements involontaires qui dépendent d'une sensibilité sans conscience et auxquels on a donné le nom de mouvements réflexes.

En observant pendant longtemps les animaux auxquels j'avais fait la section de la partie céphalique du grand sympathique, j'ai pu suivre les phénomènes de calorification ainsi que je l'ai dit plus haut. Si les animaux restaient bien portants, je n'ai jamais vu, après cette expérience, survenir dans les parties plus chaudes aucun œdème ni aucun trouble morbide qu'on puisse rattacher à ce qu'on appelle de l'inflammation. J'ai dit : si les animaux étaient bien portants, car en effet, lorsqu'ils deviennent malades, soit spontanément, soit à la suite d'autres opérations qu'on leur fait subir, on voit les membranes muqueuses oculaire et nasale, seulement du côté où le nerf sympathique a été coupé, devenir très rouges, gonflées, et produire du pus en grande abondance. Les paupières restent habituellement collées par du mucus purulent, et la narine en est fréquemment obstruée. Si l'animal guérit, ces phénomènes morbides disparaissent avec le retour à la santé.

D'après cela je n'admets pas l'*inflammation* de la conjonctive signalée par Dupuy, John Reid, etc., comme une conséquence normale de la lésion du nerf sympathique : je considère ce phénomène comme accidentel et comme ne survenant qu'à la suite d'un état d'affaiblissement consécutif de l'animal. Je signale du reste le fait comme je l'ai observé, sans vouloir essayer d'expliquer pour le moment, comment il se fait que cette augmentation de caloricité et de sensibilité des parties arrive à se changer subitement sous certaines influences en ce qu'on appelle une inflammation violente avec formation purulente excessivement intense.

Les faits de calorification de la tête que j'ai précédemment signalés, après la section, la ligature, la contusion ou la destruction de la partie cervicale du grand sympathique, sont faciles à reproduire et à vérifier. Toutefois, comme toujours en physiologie expérimentale, il est nécessaire de prendre quelques précautions pour obtenir des résultats constants et bien tranchés. Voici les conditions qui me paraissent les meilleures :

1° Il est préférable de faire l'expérience lorsque la température ambiante est un peu basse, parce qu'alors la différence de chaleur entre les deux côtés de la face est d'autant plus facile à saisir qu'elle est plus considérable.

2° Il faut choisir des animaux vigoureux et plutôt en digestion, l'observation m'ayant appris que les phénomènes de calorification se manifestent d'autant plus faiblement et plus tardivement que les animaux sont préalablement affaiblis ou languissants.

3° Il faut éviter les grandes douleurs et l'agitation de l'animal pendant l'opération. Il arrive en effet, si celle-ci est laborieuse, que l'émotion et l'excitation générale que l'animal éprouve en se débattant masquent complétement le résultat immédiat. Bien qu'on n'ait coupé le nerf sympathique que d'un seul côté, on pourrait trouver les deux oreilles par exemple aussi chaudes l'une que l'autre immédiatement après la section. Mais bientôt, si on laisse l'animal en liberté, les choses reprennent leur équilibre et le côté correspondant au nerf coupé reste seul avec une température plus élevée.

4° Ainsi qu'il a été dit, les phénomènes sont toujours

plus marqués et plus durables, quand au lieu de couper le filet d'union du sympathique au cou, on extirpe le ganglion cervical supérieur.

5° Du reste, en revenant ailleurs sur les phénomènes de calorification produits par la section du sympathique nous verrons qu'ils paraissent suivre les variations physiologiques de la chaleur animale. Ils sont plus marqués généralement pendant la période digestive et plus faibles pendant l'abstinence. J'ai pratiqué encore l'extirpation des ganglions et la section des filets du sympathique dans le thorax et dans l'abdomen. Je ne décrirai point ici ces expériences, parce qu'elles ont été faites à d'autres points de vue. Je dirai seulement qu'elles sont suivies quelquefois mais non toujours des mêmes effets vasculaires et calorifiques qu'à la tête.

Lorsqu'on galvanise avec une forte machine électro-magnétique le bout céphalique du nerf sympathique coupé, chez un chien par exemple, ce n'est pas seulement la pupille qui reprend son élargissement, mais tous les autres phénomènes qui avaient suivi la section du nerf disparaissent également et même s'exagèrent en sens inverse; c'est-à-dire, que sous cette influence galvanique, la pupille rétrécie devient plus large que celle du côté opposé, l'œil enfoncé devient saillant hors de l'orbite, la vascularisation des parties s'efface et leur *température* baisse au-dessous de l'état normal. C'est en me fondant sur ces faits que j'ai insisté depuis longtemps sur la connexion évidente de tous ces désordres et sur la possibilité de les ramener tous, malgré leur variété, à une explication unique, puisqu'ils apparaissent et disparaissent constamment tous sous l'influence des mêmes causes.

J'ai fait connaître ces résultats dans mon cours de l'année 1852, et ils ont été imprimés aux mois d'octobre et novembre de la même année, dans les comptes rendus de la Société de Biologie. Voici une partie de l'extrait qui s'y trouve : « Si l'on galvanise le bout supérieur du grand sympathique divisé, tous les phénomènes qu'on avait vu se produire par la destruction de l'influence du grand sympathique changent de face et sont opposés. La pupille s'élargit, l'ouverture palpébrale s'agrandit ; l'œil fait saillie hors de l'orbite. D'active qu'elle était la circulation devient faible ; la conjonctive, les narines, les oreilles qui étaient rouges pâlissent. Si l'on cesse le galvanisme, tous les phénomènes primitivement produits par la section du grand sympathique reparaissent peu à peu pour disparaître de nouveau à une seconde application du galvanisme. On peut continuer à volonté cette expérience, la répéter autant de fois que l'on voudra, toujours les résultats sont les mêmes. Si l'on applique une goutte d'ammoniaque sur la conjonctive d'un chien du côté où le nerf a été coupé, la douleur détermine l'animal à tenir son œil obstinément et constamment fermé. Mais à ce moment si l'on galvanise le bout supérieur du sympathique coupé, malgré la douleur qu'il éprouve, le chien ne peut maintenir son œil fermé ; les paupières s'ouvrent largement en même temps que la rougeur produite par le caustique diminue et disparaît presque entièrement. »

Parmi les expériences très nombreuses que j'ai faites

relativement à l'influence de la galvanisation sur la calorification, il me suffira de décrire une de celles qui ont été faites avec des mesures thermométriques pour donner une idée exacte de la nature du phénomène. Les chiffres indiqués ci-dessous représentent des nombres arbitraires pris sur des thermomètres métastatiques à déversement de M. Walferdin, qui a bien voulu me prêter son concours dans ces recherches délicates. Mais la comparaison n'en est que plus facile et plus sûre; du reste on peut avoir les valeurs réelles par le calcul en se reportant à un thermomètre étalon (1).

Ces expériences ont été faites pendant l'été; la température ambiante était élevée et oscillait entre 20° et 22° C. Cela doit être noté, parce que la différence de caloricité entre les parties saines et celles où le sympathique avàit été coupé a dû se montrer moins grande qu'elle ne l'aurait été par un temps plus froid.

Exp. — Sur une chienne, de petite taille, j'ai fait la section du grand sympathique dans la partie moyenne du cou, du côté droit. Il est impossible, ainsi qu'il a été dit, de couper le sympathique seul chez le chien, parce qu'il est intimement uni au tronc du nerf vague. Mais ce nerf n'a aucune part dans ces phénomènes de calorification, ainsi que cela se prouve par la même expérience donnant les mêmes résultats chez le lapin, où l'on

(1) 56,7 parties du thermomètre métastatique mis en usage = 1 degré centigrade, 1 partie = par conséquent 0°,0176; d'où il résulte que dans cette série d'expériences on a pu lire directement des fractions très faciles à apprécier à l'œil nu, et correspondant à une fraction plus petite que la centième partie d'un degré centésimal. Ce thermomètre avait été réglé de 35° à 40°. La température ambiante de 20°,5.

peut faire la section du sympathique isolément. Si j'ai choisi le chien, c'est parce que le volume plus considérable des nerfs se prête mieux à la galvanisation.

On prit la température dans les deux conduits auditifs 9 minutes après la section du nerf.

Oreille gauche = 280. Oreille droite = 287. Différence 7.

Le thermomètre restant placé dans l'oreille droite, on galvanise le bout céphalique du sympathique du même côté, en alternant à peu près avec une minute de repos, et on constate pendant la galvanisation l'abaissement de température dans l'oreille de la manière suivante :

287	point de départ.
269	après 7 minutes.
255	après 11 minutes.
245	après 15 minutes.
240	après 16 minutes.

On cesse la galvanisation et bientôt la température s'élève ainsi qu'il est démontré par les nombres suivants :

240. Point extrême d'abaissement.	Seize minutes après qu'on avait cessé la galvanisation, on replace le thermomètre dans l'oreille, et il donne les nombres suivants :
245	après 16 minutes de repos.
259	19 — —
268	22 — —
273	24 — —
276	25 (la température montant toujours, on cesse l'observation).

On voit donc que l'oreille droite qui, par la section du sympathique, était montée de 7 parties au-dessus de l'oreille gauche saine, est descendue par la galvanisation bien au-dessus de la normale 280, puisqu'elle est arrivée au chiffre 240, c'est-à-dire à un abaissement de 27 parties.

Pendant cette galvanisation l'oreille gauche normale ne participait en rien à l'abaissement de température observé sur l'oreille droite. Au contraire elle éprouvait une influence inverse ; car en examinant la température immédiatement après la galvanisation au moment où l'oreille droite marquait 240, on trouva dans la gauche 286,5, c'est-à-dire une augmentation de température à peu près égale à celle que la section du nerf sympathique avait produite primitivement dans l'oreille droite.

On avait donc alors comme résultat comparatif les nombres suivants :

Avant la galvanisation.	Oreille gauche saine.	280
	Oreille droite correspondant au sympathique coupé	287
Après la galvanisation .	Oreille gauche saine.	286,5
	Oreille droite correspondant au sympathique coupé	240

Cette espèce de renversement ou d'antagonisme des phénomènes calorifiques d'un côté à l'autre, est très remarquable et nous allons le retrouver encore à l'occasion des effets de la chloroformation.

Les inspirations d'éther ou de chloroforme, qui ont la propriété d'éteindre la sensibilité, produisent ce même effet quand le sympathique a été détruit ; seulement, si on fait agir le chloroforme lentement, on voit que ce résultat arrive ordinairement un peu plus tard à cause de l'excès de sensibilité qui existe toujours dans les parties. Mais c'est la calorification qui nous offre le plus d'intérêt en ce qu'elle se comporte comme s'il s'agissait de l'électricité.

Première expérience. — Une chienne de petite taille et encore jeune avait subi la section du filet sympathique dans le cou du côté droit, elle avait également été soumise à la galvanisation du bout périphérique de ce nerf, et avait fourni les résultats qui ont été consignés précédemment.

Le quatorzième jour après l'opération, la plaie du cou était depuis longtemps cicatrisée ; mais les phénomènes de calorification persistaient toujours très évidemment, l'oreille droite était plus injectée et plus chaude que celle du côté opposé. On chloroforma alors l'animal à l'aide d'un masque de caoutchouc serré autour du museau et communiquant avec de l'air chargé de vapeur de chloroforme : bientôt l'insensibilité se manifesta, et au moment où elle était devenue complète au point que l'attouchement des conjonctives ne produisait plus de clignement, l'oreille droite baissa rapidement de température, devint froide et pâle ; tandis que celle du côté sain à gauche devint plus injectée et plus chaude. On introduisit un thermomètre dans les oreilles et on trouva :

Oreille droite correspondant au nerf sympathique coupé pendant la chloroformation et l'insensibilité complète.	36°,8 C.
Oreille gauche saine au même moment	37°,2 C.

On cessa alors les inspirations de chloroforme, peu à peu l'animal revint, et une heure et demie après, lorsqu'il était à peu près sorti de son ivresse chloroformique, on trouva :

Oreille droite, côté de l'opération	37°,8 C.
Oreille gauche, côté sain	34°,4 C.

On soumit de nouveau l'animal à l'action du chloroforme, et au moment ou l'insensibilité devint complète, la température des oreilles était :

Oreille droite, côté de l'opération	37°,3 C.
Oreille gauche, côté sain.	37°,8 C.

Deuxième expérience. — Sur une chienne de forte taille, adulte, je fis la section à droite du filet cervical du grand sympathique. Quelques instants après, la température fut prise avec un thermomètre métastatique à déversement de M. Walferdin, à échelle arbitraire ; on obtint :

1° Côté gauche sain.	Oreille.	165
	Narine au moment de l'expiration.	165,5

On voit dans la narine une oscillation d'une demi-division environ pendant la respiration ; il y a un abaissement à chaque inspiration par l'action de l'air froid, et élévation à chaque expiration par sortie de l'air chaud.

2° Côté droit correspondant au nerf coupé .	Oreille.	177,5
	Narine.	174,2

On n'observait plus alors ces oscillations respiratoires indiquées précédemment ; il semblait qu'il passait à peine de l'air par cette narine. Cela dépendait de la section du vague qui avait été opérée avec le sympathique.

On soumit alors l'animal à la chloroformation, et aussitôt que l'insensibilité fut obtenue, on mesura la température des oreilles qui fut trouvée :

1° Oreille droite, nerf coupé. . .	baissée de 177,5 à 175,3
2° Oreille gauche, côté sain . . .	montée de 165,5 à 174,3

Je me borne à citer ces deux expériences; elles démontrent que le chloroforme n'agit pas de même sur les parties saines et sur celles où le sympathique a été coupé. Plus tard ces faits seront repris à un autre point de vue.

Ainsi que je l'ai indiqué dans ma note lue à l'Académie en mars 1852, la section du filet cervical du grand sympathique et surtout l'extirpation du ganglion cervical supérieur, amènent immédiatement et en même temps que l'augmentation de chaleur, une très forte turgescence vasculaire dans l'oreille et dans tout le côté correspondant de la tète. Les artères, plus pleines, semblent battre avec plus de force; la circulation est activée et l'absorption des substances toxiques ou autres, déposées à quantité égale dans le tissu cellulaire sous-cutané de la face ou à la base de l'oreille, paraissent toujours plus vite absorbées du côté où a été opérée la section du sympathique.

Il y a, sans aucun doute, des rapports intimes que personne ne peut méconnaître, entre les phénomènes de calorification et de vascularisation des parties du corps; mais est-cc à dire pour cela que dans le cas qui nous occupe, on devra attribuer l'augmentation de chaleur de l'oreille ou de la face purement et simplement à ce que la masse de sang, qui est devenue plus considérable, se refroidit moins facilement et fait apparaître les parties plus chaudes? Cette interprétation par la stase toute mécanique, qui devait d'abord se présenter à l'esprit, serait insuffisante pour expliquer ces différences de 6° à 7° C. de température qui existent quelquefois entre les deux côtés de la face. J'ai été encore porté à repousser cette explication, parce que l'on voit très souvent l'engorgement des vaisseaux diminuer considérablement dès le lendemain de l'opération, bien que l'oreille ne varie pas sensiblement de température. Parmi un très grand nombre d'expériences de cette nature que j'ai pu observer, j'en citerai une seule pour donner une idée plus exacte du fait.

Exp. — Sur un gros lapin, vigoureux et bien nourri, j'ai fait l'extirpation du ganglion cervical supérieur du côté droit. L'opération fut faite au mois de décembre et la température ambiante était basse ; avant l'opération la température prise dans les deux oreilles était :

Pour l'oreille droite . . . . 33° cent.
Pour l'oreille gauche. . . . . . . 33° cent.

Aussitôt après l'extirpation du ganglion l'oreille droite devint très vascularisée et très chaude, tandis que celle du côté opposé n'avait pas sensiblement changé d'aspect. Un quart d'heure après l'enlèvement du ganglion on reprend la température des deux oreilles et on trouve :

Pour l'oreille droite . . . . 39° cent.
Pour l'oreille gauche. . . . . . . 33° cent.

Ainsi en un quart d'heure la chaleur de l'oreille et de la face avait monté de 6° C. Le phénomène n'était pas encore arrivé à son *summum*, car une heure après on trouva 40° C. dans l'oreille droite.

L'animal fut laissé jusqu'au lendemain où il fut de nouveau soumis à l'observation. L'oreille droite était alors beaucoup moins turgescente que la veille ; les artères étaient considérablement diminuées de calibre, et il fallait une assez grande attention pour voir une différence entre les deux oreilles au premier abord. C'étaient seulement les très petites ramifications vasculaires ou les capillaires qui étaient restés plus visibles et plus nombreux dans l'oreille droite; mais la main percevait toujours très manifestement une grande différence de température entre les deux côtés de la tête. Le thermomètre plongé dans les deux oreilles donna :

Pour l'oreille droite.	37° cent.
Pour l'oreille gauche	30°,5 cent.

On voit ainsi que l'énorme turgescence vasculaire et l'accumulation d'une grande quantité de sang qui suivent immédiatement l'opération, peuvent diminuer considérablement, sans entraîner un abaissement de température notable. Cependant, comme je l'ai dit, la circulation capillaire reste toujours plus visible dans l'oreille plus chaude.

Toutefois il ne faudrait pas encore conclure de là que la température sera toujours plus élevée quand les vaisseaux capillaires seront plus visibles. A la suite de la section de la cinquième paire, comme on sait, la conjonctive devient très rouge et les vaisseaux capillaires y sont très visibles ainsi que dans d'autres parties de la face, et cependant il y a dans ces cas un abaissement de température. Si à cela on objectait avec raison qu'il y a, après la section de la cinquième paire, une paralysie des vaisseaux qui enraye la circulation et produit le refroidissement, je répondrais qu'il est étonnant de considérer aussi comme une paralysie, la section du sympathique qui fait apparaître aussitôt la calorification dans les tissus où la turgescence vasculaire existait déjà cependant, mais avec refroidissement. Cette influence calorifiante du sympathique, même sur les parties où le cours du sang se trouve gêné et diminué par une inertie vasculaire, sera encore rendue plus évidente par l'expérience suivante :

Exp. — Sur un lapin adulte et bien portant, j'ai fait la ligature des deux troncs vasculaires veineux de chaque oreille. Après cette opération les veines se dilatèrent, devinrent gorgées par le sang qui stagnait. Après trois quarts d'heure, les deux oreilles s'étaient manifestement refroidies par suite de cette stase de sang. Alors je fis la section du filet sympathique cervical du côté droit, et aussitôt l'oreille correspondante devint plus chaude ; il était cependant impossible d'expliquer cette calorification par l'accumulation seule du sang qui précédemment produisait un phénomène inverse, le refroidissement qui s'observait toujours sur l'oreille du côté opposé. Alors je fis la ligature de l'artère de façon à emprisonner autant que possible le sang dans l'oreille, la température diminua un peu, mais elle resta toujours plus élevée que dans l'oreille opposée.

Quand, au lieu de la ligature primitive des veines, on pratique celle des artères, les parties se refroidissent aussi, mais par un mécanisme inverse. Dans le premier cas, le refroidissement est la conséquence de l'impossibilité du renouvellement du sang, et dans le second, le résultat de son absence. Nous avons vu qu'en reséquant le sympathique après la ligature des veines, la calorification peut se produire, ce qui n'a pas lieu quand on fait la section de ce nerf après la ligature exacte des artères seules ; mais tout cela démontre simplement que si le phénomène de calorification ne peut pas se produire dans les parties dont les vaisseaux sont complétement vides de sang, il peut au contraire avoir lieu dans des parties où le sang stagnait, quand son mouvement peut devenir plus rapide. J'ai encore remarqué que si chez les chiens ou les lapins, où la calorification d'un des côtés de la tête se trouve bien développée, sous l'influence de l'extirpation du sympathique, on vient à diminuer l'afflux ou le renouvellement du sang par la ligature de l'artère carotide du côté correspondant, on voit néanmoins la chaleur des parties rester toujours plus élevée que celle du côté opposé.

D'après ces expériences, il n'est donc pas possible d'expliquer le réchauffement des parties par une simple paralysie des artères qui, à raison d'un élargissement passif, laisseraient accumuler une plus grande quantité de sang. En résumé, le mot paralysie est ici plutôt l'expression d'une théorie que d'un fait démontré.

La section du sympathique n'amène pas toujours à l'instant même de l'opération un élargissement subit de l'artère; c'est souvent le contraire qu'on observe. En faisant sur des lapins la section du filet cervical du sympathique qui avoisine la carotide, on voit d'abord cette artère se resserrer au moment de la section ou du déchirement du filet. Plus tard cette artère et ses divisions deviennent plus grosses et sont en quelque sorte distendues par un appel de sang qui se fait dans les parties correspondantes; mais cet effet, loin de ressembler à une paralysie, amène une circulation plus active. Quand en galvanisant le bout périphérique du nerf sympathique coupé avec une forte machine électro-magnétique, on produit dans les parties où il se distribue une série de troubles profonds, je ne puis pas les considérer comme une exagération de l'état fonctionnel qui amènerait un arrêt de la circulation. Alors les artères comme les veines se resserrent et reviennent sur elles-mêmes; il n'y a plus de sang pour les distendre. Mais il n'est pas prouvé que ce resserrement des vaisseaux ne soit pas le simple effet d'une rupture d'équilibre fonctionnel. Et du reste, si c'était une vraie paralysie ou atonie des artères, il me semble que l'impulsion du cœur devrait finir par amener des dilatations artérielles anévrysmatiques. Il n'arrive rien de semblable, puisque nous avons vu au contraire que le lendemain de la section du sympathique la vascularisation a ordinairement beaucoup diminué, les artères sont revenues sur elles-mêmes, bien que la chaleur soit toujours très notablement augmentée.

En un mot, le phénomène circulatoire qui succède à la section du nerf sympathique me paraît actif et non passif, il est de la même nature que la turgescence sanguine qui ainsi que je l'ai démontré ailleurs, survient dans un organe sécréteur qui, d'un état de repos ou de fonctionnement faible, passe à un état de fonctionnement très actif; il se rapproche encore de l'afflux de sang et de l'augmentation de sensibilité qui surviennent autour d'une plaie récente ou aux environs d'un corps étranger qui séjourne dans les tissus vivants. Je n'ai pas à me préoccuper ici de l'explication de ces phénomènes sur lesquels j'aurai occasion de revenir ailleurs. Il me suffira de dire que, bien que dans tous ces cas on voie les vaisseaux plus gorgés de sang et les artères battre avec plus de force, il ne peut venir à l'idée de personne de les rapporter à une paralysie pure et simple des artères.

Je désire, du reste, ne pas insister davantage ici sur l'explication de ces phénomènes, parce que, pour bien les comprendre, il faut encore avoir égard à d'autres considérations, et particulièrement à l'action du cœur.

Nous vous citerons dans la prochaine leçon des cas de l'effet de la galvanisation sur la chaleur de l'oreille quand on galvanise directement cette partie soit saine, soit après avoir fait la section du nerf grand sympathique dans le cou.

SEIZIÈME LEÇON.

1ᵉʳ JUILLET 1857.

SOMMAIRE : Grand sympathique (suite) ; — Des rapports qui existent entre la vascularisation et la calorification des parties après la section du grand sympathique ; — Effets de la galvanisation sur la chaleur de l'oreille ; — Les effets de la calorification produits par la section du grand sympathique, pouvant se compliquer de phénomènes inflammatoires chez un animal affaibli. — Exemples d'ablation des divers ganglions du grand sympathique ; — Procédé pour couper le grand sympathique dans la poitrine ; — Expériences ; — Influence de la destruction de certaines parties du grand sympathique sur l'exhalation des membranes séreuses ; — Dernières expériences sur la piqûre du plancher du quatrième ventricule.

MESSIEURS,

La galvanisation appliquée directement sur l'oreille au lieu d'être portée sur le filet cervical du sympathique coupé dans la région du cou, produit des effets différents suivant qu'on a ou qu'on n'a pas préalablement coupé ce nerf.

Lorsqu'on a divisé le filet sympathique au cou, l'oreille s'échauffe comme nous le savons. Si on laisse l'animal dans les conditions ordinaires et qu'on l'examine le lendemain ou le surlendemain, on trouve que bien que la température de l'oreille soit toujours plus élevée que celle du côté opposé, elle est cependant beaucoup abaissée si on la compare à celle observée aussitôt après la section du filet sympathiqne ; et c'est à ce moment que les effets de cette section sont toujours le plus prononcés.

Si alors on galvanise l'oreille directement, en pinçant la base de l'oreille et son extrémité avec deux serres-fines à chacune desquelles on applique un des pôles d'une pile, afin de faire traverser l'oreille par le courant dans son grand diamètre, on voit dans cette opération que, sous l'influence de la galvanisation directe, l'oreille s'échauffe au lieu de se refroidir, comme cela a lieu quand on galvanise le bout supérieur du nerf sympathique coupé au cou. Ce qui est remarquable, c'est que cette galvanisation directe produit des effets opposés lorsque l'oreille est saine ou lorsque le grand sympathique a été préalablement coupé.

On constate, dans le premier cas, que la galvanisation directe produit un abaissement de la température comme si l'on galvanisait le nerf sympathique lui-même.

Voici des expériences qui montrent ce résultat. La galvanisation a été faite avec l'appareil de Legendre et Morin. Les nombres qui sont indiqués n'ont qu'une valeur comparative parce qu'ils ont été pris avec un thermomètre à échelle arbitraire :

Exp. (18 janvier 1854). — Sur un lapin bien portant, dont le filet sympathique avait été coupé à gauche dans le cou depuis trois jours, on prit la température de l'oreille qui était de 28 divisions du thermomètre.

Pendant les premiers instants de la galvanisation, l'oreille devint rouge sans que la température s'élevât sensiblement. Puis bientôt, par la galvanisation, la température monta rapidement de 29 jusqu'à 43 divisions.

L'oreille du côté droit, qui n'avait pas subi d'opération,

fut alors galvanisée comme la gauche. Elle marquait 26°,5. Pendant la galvanisation, elle descendit à 23 divisions; on arrêta la galvanisation et la température descendit encore jusqu'à 20°,5.

Exp. — Un autre lapin, vigoureux, n'ayant subi aucune opération sur le sympathique, fut lié pour l'opération ; il poussa des cris violents, s'agita et ses oreilles s'échauffèrent beaucoup comme cela a toujours lieu chez ces animaux lorsqu'ils sont agités ou émus. Les oreilles avaient alors une température de 43 à 45 divisions. Quelques instants après cet échauffement passager avait disparu, et l'oreille gauche était redescendue à 34 divisions. Alors on la galvanisa pendant deux minutes, et elle baissa à 31 divisions; mais aussitôt qu'on cessa la galvanisation elle remonta momentanément à 40, pour redescendre bientôt (au bout de quatre minutes) à 32 divisions. Trois minutes après, elle était à 25. Enfin, on galvanisa encore l'oreille, et la température descendit à 23 divisions où elle resta.

On prit alors l'oreille droite qui était à 26 divisions. On la galvanisa : pendant la galvanisation, la température descendit à 24°,5 où elle resta.

Exp. — Sur un lapin, dont le filet sympathique avait été divisé à droite et le nerf auriculaire du plexus cervical coupé à gauche depuis huit jours: on lia l'animal, et ses oreilles s'échauffèrent momentanément par les mouvements qu'il fit. On galvanisa l'oreille droite; elle était à 29, et elle monta, au moment où l'animal poussa des cris, jusqu'à 38 divisions: puis après elle redescendit à 35, où elle resta fixe. L'oreille gauche marquait alors

35 divisions, ce qui était une température relativement élevée ; cela tiendrait-il à la section du filet auriculaire? Quoi qu'il en soit, on galvanisa directement cette oreille en partie insensible, et, pendant la galvanisation, elle descendit à 30 divisions; après cela elle continua à descendre encore jusqu'à 23.

Si l'on cherche d'abord à quoi tient cette différence entre les résultats obtenus par la galvanisation directe de l'oreille lorsque le grand sympathique a été coupé ou lorsqu'il est resté intact, on est porté aux explications suivantes pour se rendre compte des phénomènes.

Lorsque, en agissant sur l'oreille dont le filet sympathique a été coupé, on voit la température s'élever par l'excitation galvanique, on peut penser que le nerf sympathique n'est pas directement excité et que l'élévation de la température provient de ce que, sous l'influence de la douleur, le cœur fait sentir son excitation avec plus de force dans les artères de l'oreille relâchées par la section du grand sympathique; tandis que, dans le cas où le sympathique n'a pas été coupé, cette action portée sur les nerfs sensitifs et transmise par la moelle épinière produit une action réflexe sur le grand sympathique, qui resserre les vaisseaux et l'oreille, et empêche l'action du cœur d'avoir les mêmes résultats. Pour vérifier cette hypothèse, il faudra couper d'un même côté le filet auriculaire et le grand sympathique pour, l'oreille étant insensible, voir si les mêmes effets se produiront. Ce sont là des résultats sur lesquels il y aura lieu de revenir aussi quand nous étudierons l'influence du grand sympathique sur la circulation d'une manière plus spéciale.

Exp. (19 janvier 1854). — Sur un lapin, chez lequel on avait coupé à gauche le filet du grand sympathique, depuis sept jours, on fit les expériences suivantes :

L'animal étant en repos, la température de l'oreille gauche était de 22 degrés, mais l'excitation que l'on produisit chez lui en le liant sur la table, fit subitement monter la température de 22 à 28 degrés, tandis que l'oreille droite ne marquait que 22°,5.

Alors on mit à nu les nerfs auriculaires droit et gauche du plexus cervical qu'on isola en passant un fil au-dessous ; après ces opérations, lorsque l'animal fut un peu revenu de son émotion, la température de l'oreille gauche s'était arrêtée à 24 degrés, celle de l'oreille droite à 22°,5.

On lia alors le nerf auriculaire gauche, ce qui fit éprouver au lapin une douleur vive et fit monter subitement la température de son oreille de 24 à 34, 35, 36, 37, 38 degrés, c'est-à-dire de 14 degrés.

Pendant cette élévation si considérable de la température de l'oreille gauche, l'oreille droite était à 24 degrés ; elle avait par conséquent monté de 1°,5. Alors on pratiqua la ligature du nerf auriculaire droit, et aussitôt après on trouva, comme température, 38 degrés à gauche et 22°,5 à droite.

Après ces opérations, on procéda à la galvanisation des nerfs auriculaires.

On galvanisa d'abord le bout périphérique du nerf auriculaire droit coupé ; il n'en résulta aucune douleur, et la température de l'oreille ne varia pas ; elle resta à 22°,5.

Alors on galvanisa le bout central, ce qui produisit une vive douleur et fit descendre la température de l'oreille à 20 degrés. Toutefois, pendant cette galvanisation, l'oreille ne devint pas pâle; elle paraissait même au contraire un peu plus vascularisée. Pendant cette opération, la température de l'oreille gauche était de 36 degrés.

On galvanisa alors le nerf auriculaire gauche. La galvanisation du bout périphérique ne produisit ni douleur, ni changement de température. La galvanisation du bout central produisit de la douleur; le thermomètre marquait 35 degrés et n'oscilla guère pendant l'opération que dans les limites de 1 degré; l'oreille finit par rester à 35 degrés.

Pendant les galvanisations des bouts centraux des nerfs auriculaires, on remarqua que les yeux devenaient larmoyants; il y avait des contractions de la face pendant la galvanisation du bout central du nerf auriculaire droit.

Après toutes ces opérations, on isola le nerf sympathique du côté droit dans la région du cou et on passa un fil au-dessous de lui. Par le seul fait de cet isolement du nerf et de son tiraillement, le thermomètre placé dans l'oreille était monté de 22 à 35 degrés.

Alors, sans couper le nerf sympathique, on le galvanisa en le soulevant sur un fil; cette galvanisation fit descendre rapidement la température de l'oreille de 35 à 30 degrés.

Alors on galvanisa le bout central du filet auriculaire droit, et, pendant cette galvanisation, la température de l'oreille, au lieu de baisser comme cela avait eu lieu lorsque le filet sympathique n'était pas détruit, continua à monter de 32 à 34 degrés où elle était parvenue lorsqu'on cessa l'expérience.

Ce dernier résultat montre bien que l'excitation du bout central du nerf auriculaire sensitif détermine un mouvement réflexe qui agit sur l'oreille par l'intermédiaire du grand sympathique, car, après la section de ce filet, le refroidissement de l'oreille, résultat de cette action réflexe, ne se manifeste plus.

Exp. — Sur un autre lapin, qui avait eu le filet sympathique cervical coupé à gauche, depuis trois à quatre semaines, l'oreille gauche marquait 18 degrés. Pendant la galvanisation directe, elle oscilla entre 17 et 18 degrés et remonta aussitôt après à 22 degrés.

L'oreille droite, examinée après cette première opération, marquait 17°,5. Le filet auriculaire du plexus cervical de ce côté avait été coupé.

On fit la galvanisation du bout central de ce nerf : l'animal poussa des cris aigus, et la température de 17°,5 descendit successivement jusqu'à 14 degrés où elle s'arrêta.

On observa encore que pendant la galvanisation les yeux devenaient larmoyants.

Messieurs, les effets de calorification du grand sympathique peuvent se transformer en phénomènes inflammatoires lorsque l'animal s'affaiblit. C'est ce que montre l'expérience suivante :

Exp. — On coupa d'un seul côté, à gauche, le pneumogastrique et le vague réunis, sur un chien. Après quoi on pratiqua une fistule salivaire permanente du canal parotidien. On pratiqua, plusieurs jours après, des expériences sur l'excitation de la sécrétion salivaire à l'aide du vinaigre porté sur la langue, et sur la rapidité du passage de l'iodure de potassium dans la salive. On prit du liquide céphalo-rachidien pour y constater le passage de l'iodure de potassium. Cette dernière opération rendit l'animal malade et produisit une inflammation des centres nerveux : il mourut cinq jours après. Ce qu'il y eut de remarquable, c'est que les muqueuses du côté de la face correspondant à la section du sympathique, devinrent le siège d'une inflammation violente, dès le moment où l'animal commença à s'affaiblir par la maladie. Il y avait une suppuration abondante de la narine, de la muqueuse buccale et de la conjonctive gauches, tandis que du côté opposé les mêmes muqueuses étaient à l'état normal. De sorte que l'on voit ici que l'inflammation des membranes muqueuses, qui est bien la conséquence de la section du sympathique, n'a pu se manifester que lorsque l'animal s'y est trouvé prédisposé par un état général morbide. C'est là un fait dont il faut tenir compte dans les recherches physiologiques sur l'inflammation.

L'ablation de certains ganglions produit encore des effets de vascularisation qui donnent lieu très facilement à des inflammations violentes. Les ganglions thoraciques, ainsi que ceux du plexus solaire, sont dans ce cas, ainsi que le prouvent les expériences suivantes :

Exp. (4 juillet 1853). — Sur un chien de moyenne taille, on fit une incision au-dessus de l'épaule gauche qui fut tirée en bas. On arriva ainsi sur le muscle grand dentelé dont on divisa l'insertion à la première côte ; puis on fit une ouverture au thorax en incisant les muscles intercostaux entre la première et la seconde côte. On maintint écartés les deux côtes à l'aide d'un coin de bois introduit entre elles. Alors, à l'aide d'une érigne, on accrocha le ganglion que l'on souleva, avec une pince à anneaux, on le saisit et on l'arracha complétement; cela fait, on recousit la plaie extérieure des muscles et on laissa l'animal en repos.

Pendant l'opération, l'animal était chloroformé. A chaque expiration, on constatait la sortie de l'air à travers l'ouverture faite à la poitrine. On constata en outre qu'au moment de l'extirpation du ganglion, quoique l'animal fût éthérisé, la respiration s'accélera considérablement. On laissa ce chien en repos jusqu'au lendemain.

Le lendemain, 5 juillet, on constata que la pupille du côté opéré était trés contractée; l'oreille du même côté était très chaude; l'animal paraissait malade; les respirations étaient de 36 et les pulsations de 92 par minute. Les urines étaient très acides, contenaient beaucoup d'urée; on avait donné à manger à l'animal, mais on ne sait pas s'il avait pris la nourriture qui lui avait été présentée.

Le lendemain, 6 juillet, l'animal était mort; il avait succombé pendant la nuit.

A l'autopsie, on trouva une pleurésie violente avec injection extraordinairement forte et caractéristique dans tout le thorax. Toutefois il y avait une différence entre les deux côtés : à gauche, là ou on avait fait l'ablation du ganglion, il y avait pleurésie avec épanchement de liquide trouble, purulent, et formation de fausses membranes abondantes sur la plèvre pariétale et costale, tandis que du côté droit, le liquide de l'épanchement, un peu sanguinolent, n'était pas trouble et ne paraissait pas contenir de pus. L'injection de la plèvre semblait plus prononcée parce qu'elle n'y était pas masquée par de fausses membranes.

Outre les vaisseaux assez volumineux qui étaient gorgés de sang, on voyait dans les deux plèvres des ecchymoses et des extravasations sanguines. On voyait une arborisation très riche autour de l'aorte et des gros troncs nerveux et veineux, autour du péricarde, ainsi que sur la face supérieure du diaphragme. En examinant ensuite l'intérieur de l'aorte, de l'œsophage, on ne retrouva plus la même injection; la membrane interne de ces organes était blanche et avait sa couleur normale. Le tissu du poumon était gorgé de sang, et magnifiquement injecté dans toutes ses parties. Le tissu du cœur n'offrait rien de particulier, non plus que sa surface intérieure. Dans l'abdomen, le péritoine n'offrait aucune injection; il semblait même que les organes abdominaux fussent plus pâles qu'à l'état normal et comme anémiques. L'estomac contenait des morceaux de viande en partie digérés et offrant une réaction neutre ou même légèrement alcaline, ce qui pourrait dépendre de ce que les aliments séjournaient depuis longtemps dans l'estomac, et de ce que la grande chaleur avait, depuis la mort, amené un commencement de décomposition. Le foie ne contenait pas de sucre dans son tissu.

Exp. (29 novembre 1845) (1). — Sur un gros chien mouton, jeune, à jeun, on enleva les deux ganglions solaires par une plaie faite à l'abdomen. Aussitôt après l'opération on retira à l'animal 100 grammes de sang veineux.

(1) Expériences déjà citée à un autre point de vue, t. I, p. 369.

Quand on toucha simplement les ganglions solaires, il n'y eut pas manifestation de douleur ; seulement, quand on fit, en quelque sorte, vibrer les nerfs tendus qui en partent, par un frottement rapide, il en résulta des mouvements de totalité du tronc et particulièrement des membres inférieurs, mouvements saccadés et involontaires.

Quand on pinçait fortement le ganglion solaire ou qu'on le tiraillait, l'animal éprouvait manifestement de la douleur et poussait des cris.

Lorsque le ganglion ou un des gros nerfs qui en partent eut été ainsi contus par la compression, il resta noirâtre et comme ecchymosé à la place de la contusion, ce qui n'a pas lieu pour les nerfs du système cérébro-spinal.

Pendant l'opération, l'animal rendit des matières fécales diarrhéiques. Après l'opération, la plaie fut recousue et l'animal laissé en repos jusqu'au lendemain.

Le lendemain, 30 novembre, l'animal paraissait triste et refusa les aliments.

Le 1er décembre, le chien était toujours triste. L'ayant amené dans le laboratoire, il urina et rendit des matières fécales diarrhéiques. Il refusa toute espèce de nourriture solide ou liquide et but seulement un peu d'eau.

Le 2 décembre, l'animal était morne; la plaie de l'abdomen s'était ouverte ; elle fumait et laissait s'écouler une grande quantité d'un liquide séro-purulent.

Le 3 décembre l'animal était mort.

Autopsie. A l'ouverture de l'abdomen, on vit une rougeur écarlate de toutes les parties contenues dans le ventre. Cette rougeur appartenait essentiellement au péritoine et elle s'étendait sur toute la surface des intestins, sur le mésentère, sur ses appendices graisseux qui présentaient la même coloration rouge. Cette teinte rouge vif, résistait parfaitement au lavage; elle était partout uniforme et ne paraissait pas, à l'œil nu, offrir d'arborisation; mais, au microscope, on voyait une injection capillaire excessivement fine et abondante.

Les ganglions solaires avaient été bien enlevés; il restait seulement une grande quantité de nerfs qui allaient sur les artères dans tous les sens. Les poumons étaient sains, exempts d'ecchymoses; il y avait toutefois un peu de sérosité dans la plèvre, mais cette membrane n'offrait aucunement la rougeur et l'altération du péritoine.

Cette expérience montre donc que les ganglions solaires sont sensibles aux fortes contusions ou au tiraillement; que l'excitation des nerfs qui en partent détermine des mouvements dans les membres, et que l'ablation de ces ganglions produit une péritonite particulière avec dilatation énorme des vaisseaux capillaires.

Néanmoins j'ai vu cette inflammation ne pas se manifester dans deux cas où les animaux avaient été éthérisés :

Exp. (13 juin 1853). — Sur un chien adulte, de taille moyenne, on pratiqua la chloroformisation et on extirpa le ganglion cœliaque du côté gauche, l'animal ayant sa digestion terminée et l'estomac vide. L'opération étant achevée, on cessa les inhalations de chloroforme; l'animal étant revenu peu à peu on fit les observations suivantes :

La température du ventre au moment où on commença l'expérience était de 39°,5, prise dans le péritoine, l'animal n'étant pas encore complétement anesthésié. Après l'opération, l'animal étant encore sous l'influence du chloroforme, la température du péritoine était de 39 degrés. Deux heures après l'opération, les effets du chloroforme ayant cessé, on reprit la température qu'on trouva de 39°,2, de sorte qu'elle ne paraissait pas avoir varié sensiblement par le fait de l'ablation du ganglion cœliaque. On examina l'urine avant et après l'opération. Avant l'opération, l'urine était acide, concentrée; elle précipitait directement par l'acide azotique du nitrate d'urée. Après l'opération, l'urine était moins concentrée; elle ne précipitait plus directement du nitrate d'urée par l'acide azotique et elle présentait une réaction alcaline, qui ne disparaissait pas en faisant sécher le papier réactif. Par la chaleur, il y avait un précipité d'apparence albumineuse ; par la potasse ajoutée à l'urine, il y avait un précipité floconneux que le même réactif n'y dénotait pas avant l'opération. Il n'y avait pas de sucre d'une manière évidente dans cette urine.

Deux heures et demie après l'opération, on retira encore de l'urine de la vessie; elle offrait les caractères que nous venons de signaler et ne renfermait pas de sucre. On observa que les pupilles n'avaient subi aucune déformation, ce qui montre que la lésion qu'on avait produite n'avait pas eu d'influence sur l'œil.

Le lendemain (14 juin) le chien se portait assez bien ; il n'avait pas mangé, mais il ne paraissait pas avoir des symptômes de péritonite. Les urines étaient acides, ne contenaient pas d'albumine et donnaient directement du nitrate d'urée par l'addition d'acide azotique.

Le 15 juin, le chien allait bien; il avait mangé. Urines acides, pas d'albumine; l'acide azotique y précipitait directement du nitrate d'urée.

19 juin, le chien va bien; la plaie du ventre se cicatrise.

23 juin, même état; on fit alors servir l'animal, dans le but de le sacrifier, à des expériences sur la sécrétion salivaire (voir t. II, p. 113).

A l'autopsie, on ne trouva dans le péritoine aucune trace de péritonite ; seulement, on trouva les ganglions lymphatiques mésentériques très volumineux. Les lymphatiques paraissaient très pleins, et le canal thoracique très distendu par de la lymphe Cette distension du système lymphatique pourrait être le résultat de l'empoisonnement par la strychnine qui fut injectée dans le conduit salivaire chez ce chien, car cette même distension du système lymphatique a été observée chez un autre chien empoisonné de la même manière.

La dissection du plexus solaire a montré que le ganglion cœliaque droit était entièrement conservé, tandis qu'à gauche, il était presque complétement enlevé.

Il résulte de cette expérience, que la péritonite qui s'est développée avec beaucoup de violence dans d'autres circonstances après la destruction du plexus solaire ne s'est pas montrée ici. Est-ce dû à l'ablation partielle du plexus solaire ou à l'emploi du chloroforme dont on n'avait pas fait usage dans les autres expériences. C'est ce que pourront établir des expériences ultérieures.

Exp. (24 juin 1853). — Sur un chien, on extirpa un ganglion solaire et on dilacéra l'autre, l'animal étant soumis aux inhalations de chloroforme.

Les jours suivants, l'animal n'eut pas de péritonite et présenta des phénomènes analogues à ceux notés chez l'animal dont il vient d'être question. Il guérit assez rapidement. Il est remarquable que cette péritonite que nous avions notée si violente chez le chien de la première observation ait manqué dans ces deux cas. Est-ce parce qu'il y avait eu dans le premier cas extirpation plus complète des ganglions solaires, ou parce que l'animal n'avait pas été éthérisé ?

Enfin, il y a certaines parties du grand sympathique qu'on peut couper impunément sans qu'il en résulte aucun phénomène apparent de calorification ni de vascularisation dans les organes, qui sont en rapport avec ces nerfs. C'est ce qui arrive dans la section des nerfs splanchniques dont nous rapporterons quelques exemples, en signalant les procédés que nous avons employés pour faire les experiences.

Si l'on voulait couper les nerfs qui, partant du ganglion cervical inférieur, le réunissent au premier thoracique, il faudrait faire une incision vers la partie inférieure du cou, puis trouver le pneumogastrique qui passe en dedans des scalènes et tirer ces muscles en dedans, en abaissant l'épaule, et on trouverait l'artère vertébrale sur laquelle rampent les nerfs qu'il s'agit de couper.

Pour couper le grand sympathique dans la poitrine, on a fait une incision immédiatement au-dessous de la dernière côte, aussi près que possible, et dans l'angle rentrant, que forme son articulation avec la colonne vertébrale. Le bistouri introduit jusque dans la poitrine sert de guide à un crochet *ad hoc;* puis, le bistouri étant dégagé de la plaie, on pousse le crochet transversalement vers la colonne vertébrale. Dès qu'on sent l'instrument arrêté par le corps des vertèbres, on tourne le côté tranchant du crochet du côté du dos et on retire l'instrument en coupant ce qu'il accroche.

On arrive au même résultat en enfonçant l'instrument entre les apophyses transverses de la dernière vertèbre dorsale et de la première lombaire. Puis on fait glisser le crochet tranchant sur la face latérale du corps de la vertèbre ; et, en inclinant la pointe de l'instrument en dehors, on le retire en coupant le nerf qui est accroché. L'aorte est à éviter.

Exp. — Sur un chien, de taille moyenne, on fit la section des deux grands splanchniques, en pénétrant dans la poitrine par les procédés indiqués. Le chien était éthérisé et n'éprouva aucune douleur au moment de l'opération. Il revint des effets de l'éthérisation comme à l'ordinaire et il ne se manifesta, après l'opération, aucun phénomène général qui pût être attribué à la section des nerfs sympathiques.

Le lendemain, l'animal paraissait très bien portant et mangea comme à l'ordinaire. Il fut conservé pendant trois jours sans qu'on reconnût aucun changement notable dans sa santé. Le quatrième jour, l'animal était en pleine digestion, on répéta le procédé de la section des nerfs splanchniques, dans la pensée où l'on était que l'opération n'avait peut-être pas réussi la première fois. Cette seconde opération, faite également pendant l'éthérisation, produisit une blessure de l'aorte qui causa immédiatement la mort.

En faisant avec soin l'autopsie de l'animal, on constata que les deux nerfs splanchniques avaient été très bien coupés la première fois, sans lésion d'aucun organe voisin. On constata aussi chez ce chien, qui était en digestion, que les vaisseaux chylifères étaient remplis d'un chyle blanc, que les mouvements péristaltique existaient, que la vessie était pleine ; enfin, on n'observa rien d'anormal dans les organes abdominaux. On recueillit ensuite le sang des veines hépatiques qui contenaient du sucre; et le tissu du foie donna une décoction laiteuse très sucrée.

On fit ensuite avec soin la dissection des nerfs coupés, et on trouva que la section du grand sympathique avait été opérée entre la douzième et la treizième côte. Elle avait laissé au-dessous d'elle deux filets communiquant encore avec la moelle.

Exp. (15 décembre 1852). — Sur un chien, de taille moyenne, on fit des deux côtés la section des nerfs splanchniques, par le procédé déjà indiqué. L'animal était éthérisé, et, après l'opération, il revint à son état normal sans présenter aucun phénomène particulier.

Les jours suivants, l'on donna à manger à ce chien qui resta toujours bien portant.

Huit jours après cette opération, on lui fit la piqûre du plancher du quatrième ventricule pour obtenir l'apparition du sucre dans les urines. Au moment même, l'animal parut peu affecté ; il était seulement titubant. Après une heure environ, il devint très malade, tomba sur le côté sans pouvoir plus se relever; il y avait une salivation abondante.

L'urine, examinée avant l'opération et durant les trois heures qui la suivirent, ne présenta de sucre dans aucun cas.

Après cinq jours, l'animal était guéri et à peu près revenu à son état normal.

Trois semaines après la section des nerfs splanchniques, on tenta de faire une fistule biliaire sur cet animal ; mais l'opération n'ayant pas réussi, on le sacrifia, et on s'assura, par l'autopsie, que les deux nerfs grands splanchniques avaient été parfaitement coupés des deux côtés. Un peu de tissu cellulaire était interposé entre les bouts divisés.

Au moment de la mort, l'animal était à jeun ; ses organes ne présentaient rien d'anormal, si ce n'est une légère rougeur de la vessie et de la partie duodénale de l'intestin.

Le foie contenait beaucoup de sucre. Il pesait 254 grammes; la rate, 64; l'animal entier pesait 9^{kil},932. Dans le cervelet, on trouva un petit foyer hémorrhagique et dans la moelle allongée on retrouva la trace de la piqûre qui avait été faite à droite, au-dessus des origines du pneumogastrique et qui s'étendait obliquement en avant dans le pont de Varole. La piqûre ne paraissait pas avoir atteint le point dont la blessure fait constamment apparaître le sucre dans les urines, de sorte qu'il est difficile d'attribuer la non-apparence du sucre dans l'urine à la section du grand sympathique.

Enfin, Messieurs, le grand sympathique a sur les propriétés de l'œil, soit sur sa sensibilité, soit sur sa nutrition, une influence très évidente. Nous savons déjà que l'ablation du ganglion ophthalmique a une influence marquée sur les mouvements de la pupille, la sensibilité de la cornée et la sécrétion de l'humeur aqueuse. Mais des phénomènes semblables peuvent se manifester lors même qu'on agit sur des portions plus éloignées du grand sympathique, comme le montrent les expériences suivantes :

Exp. — Deux lapins avaient eu d'un côté le cordon sympathique coupé au cou. L'un deux fut éthérisé et la sensibilité ne parut pas, d'une manière évidente, persister plus longtemps dans l'œil du côté correspondant au côté du sympathique coupé.

Chez l'autre lapin, tué par le curare, on observa que l'œil du côté où le sympathique avait été coupé restait sensible lorsque l'autre ne l'était plus. Au moment de la mort, lorsque la dilatation terminale de la pupille survint, elle apparut beaucoup plus tard dans l'œil du côté où le sympathique avait été coupé, ce qui indique, en un mot, que cet œil avait, en quelque sorte, survécu à l'autre.

Exp.— Un chien adulte, en digestion, fut asphyxié par la ligature de la trachée. On observa très nettement les phénomènes qui suivent : pendant l'asphyxie, il y eut successivement élargissement, puis rétrécissement de la pupille, et enfin, élargissement terminal avec saillie du globe oculaire au moment de la mort. On observa également que c'est la conjonctive qui devint d'abord insensible ; la cornée transparente ne perdit sa sensibilité que beaucoup plus tard et très peu après l'élargissement terminal de la pupille. Presque aussitôt après la perte de sensibilité de la cornée transparente, l'animal sembla faire quelques efforts inspiratoires. On pratiqua alors l'insufflation par la trachée à l'aide d'un soufflet; mais ce fut inutilement, car les battements du cœur qui avaient cessé ne reparurent pas et la mort fut définitive.

Pour enlever le ganglion cervical supérieur chez le chien, il faut faire une incision en T, dont la branche transversale passe immédiatement au-dessous de la conque auditive; la branche verticale est prolongée en bas, le long du bord postérieur du sterno-mastoïdien. On trouve d'abord le bord postérieur de la glande parotide, qui sera déjeté en avant en ménageant la veine jugulaire qu'on repoussera dans le même sens.

On tire en arrière le bord de la plaie formé par le muscle splénius, et on aperçoit au fond de la plaie le ventre postérieur du digastrique dont on divise l'insertion postérieure à l'os le plus exactement possible. Par sa rétraction, le muscle laisse à découvert, au-dessous de lui, les vaisseaux et nerfs profonds du cou traversés par l'hypoglosse qui est placé sur le premier plan.

C'est immédiatement au-dessous de l'anse que forme ce nerf que se trouve le ganglion cervical supérieur qu'il devient alors facile d'extraire, parce qu'en ce point il est séparé du pneumogastrique.

Exp. (4 juillet 1842). — Le ganglion cervical supérieur gauche fut extirpé sur un jeune chien. Aussitôt après cette opération, l'ouverture palpébrale gauche était déformée et plus petite que celle du côté opposé, et la paupière inférieure semblait plus relevée qu'à l'ordinaire. Les deux yeux étaient chassieux, mais particulièrement celui du côté où le ganglion cervical avait été enlevé. L'animal paraissait souffrir des plaies qui étaient enflammées.

Le 7 juillet, on observa de nouveau l'animal et on constata les mêmes phénomènes. On examina la narine gauche, et on reconnut qu'elle était plus excitable et comme agitée de frémissements musculaires constants.

Le 8 juillet, même état. — Les plaies se cicatrisent.

Le 23 août, cinquante jours après l'opération, l'animal était parfaitement guéri de toutes ses plaies; l'œil gauche seul était resté chassieux ; il était baigné par un liquide muco-purulent, sans que cependant la cornée fut altérée. Il paraissait y avoir exaltation de la sensibilité de l'œil gauche. La pupille et l'ouverture palpébrale sont toujours plus resserrées que du côté opposé. L'animal avait, depuis l'opération, conservé une petite toux qui survenait par quintes.

Ce chien fut ensuite soumis à une expérience de la commission qui examinait les travaux de Darcet sur la gélatine.

Le 6 novembre, deux cent six jours après l'extirpation du ganglion, l'œil gauche est dans le même état, chassieux ; l'ouverture palpébrale et la pupille sont toujours resserrés; le chien a toujours cette espèce de toux quinteuse. Ce jour-là, on fit sur l'animal une autre opération consistant dans la section de tous les nerfs du plexus brachial à droite, afin de voir quels seraient les troubles que cette opération apporterait dans la nutrition du membre. En même temps on nourrit l'animal avec de la garance, afin de voir si elle passerait dans le membre paralysé de même que dans l'autre.

Le 13 novembre, la plaie de l'aisselle était à peu près cicatrisée. Il n'y avait rien d'apparent dans la nutrition du membre : pas d'œdème; la patte offrait une certaine rigidité et était entraînée dans le sens de la flexion.

Le 15 novembre, neuvième jour de l'alimentation à la garance, les urines étaient rouges et l'ammoniaque les rendait pourpres. Les excréments étaient brun noir et l'ammoniaque y révélait clairement la présence de la garance.

Sur le membre antérieur droit paralysé, on mit à découvert l'artère et la veine. L'artère contenait du sang rutilant, et la veine du sang noir. Les muscles de la jambe, qui avaient leur couleur normale, étaient excitables; il n'y avait aucune douleur quand on tiraillait les nerfs du membre.

On chercha si dans le pus qui provenait de la plaie il y avait de la garance; il ne parut pas y en avoir; l'ammoniaque ne fit pas apparaître de coloration rouge.

Le 28 novembre l'animal fut sacrifié. Les mêmes phénomènes déjà observés du côté de l'œil persistaient.

On fit l'autopsie et on examina si le ganglion avait été parfaitement enlevé. On le trouva enlevé complétement sauf une petite portion de sa partie supérieure. Les poumons étaient sains; il n'y avait rien d'anormal du côté du cœur.

Exp. (20 novembre 1845). — Sur un chat adulte, on

découvrit le filet de communication des ganglions cervicaux et on en fit la section des deux côtés. Ce filet était uni au vague, situé en arrière de lui, et contenu dans la même gaine; la séparation en fut assez difficile. Après la section du filet d'un côté, la voix présenta un timbre moins fort; en coupant l'autre filet, le timbre de la voix diminua encore d'intensité; la respiration n'était pas gênée. Alors, des deux côtés, la pupille très sensible était arrondie et semblait élargie. La troisième paupière recouvrait la moitié au moins du globe de l'œil. On fit des essais infructueux pour suivre le filet jusqu'au ganglion cervical inférieur; et, en faisant cette opération, on observa qu'à chaque cri d'expiration de l'animal, l'œsophage se gonflait d'air qui venait de l'estomac.

Alors, on ouvrit l'abdomen de l'animal, il était en pleine digestion. On titilla le ganglion solaire et l'on n'obtint rien.

C'est après cela que l'on coupa les deux nerfs vagues dans la région du cou, ce qui ne détermina pas de phénomènes de suffocation. Après cette section, on excita les deux ganglions solaires et on détermina dans le thorax et dans le train postérieur de l'animal des mouvements convulsifs involontaires. On coupa et on arracha alors les ganglions du plexus solaire.

On ouvrit ensuite le thorax, le cœur battait avec force et très régulièrement. Alors on arracha les ganglions cervicaux inférieurs et aussitôt les battements du cœur, de réguliers qu'ils étaient, devinrent irréguliers; et les contractions confuses paraissaient moins énergiques.

Exp. — Sur un cochon d'Inde, on coupa le filet sympathique au cou, après quoi l'on observa que l'ouverture palpébrale était devenue plus petite et plus oblongue que celle du côté opposé. Au moment de la section du nerf, on vit diminuer considérablement le calibre de l'artère carotide.

On ne put pas voir bien clairement les effets produits sur la pupille. Plus tard, l'animal étant placé à la cave, dans l'obscurité, on constata, à la lumière, que la pupille était bien plus dilatée du côté opéré que du côté sain. L'oreille était également plus vasculaire de ce côté et sa chaleur plus développée.

La section du filet sympathique a donc chez le cochon d'Inde les mêmes effets que chez les autres animaux, sauf la pupille qui est dilatée au lieu d'être rétrécie.

Enfin, Messieurs, sur les animaux sains, la section du grand sympathique manifeste aussitôt ses effets par une injection violente dans tout le côté correspondant de la face; tandis que sur les animaux affaiblis et très débiles, les phénomènes sont excessivement peu marqués.

En outre, chez les animaux faibles, il arrive de la suppuration comme conséquence de la section du grand sympathique, ce qui n'a pas lieu chez les animaux robustes. Sur deux chiens chez lesquels le vague et le sympathique avaient été coupés d'un côté, dans la région du cou, les animaux étant devenus malades, il y eut suppuration dans le nez et dans l'œil du côté correspondant.

Mais lorsque ensuite les animaux reviennent à la santé et reprennent de la force, ces phénomènes inflammatoires disparaissent ; c'est-à-dire que la suppuration cesse.

Le sympathique paraît avoir encore une influence sur les exhalations des membranes séreuses ainsi qu'il paraîtrait résulter d'expériences que nous avons faites sur les ganglions cervicaux :

Exp. — Sur un lapin, on enleva le ganglion cervical inférieur du côté droit ; la mort arriva au bout de six jours et on trouva à l'autopsie une pleurésie et surtout une péricardite intense avec formation d'une quantité considérable de fausses membranes. Les poumons étaient gorgés de sang, particulièrement du côté opéré.

Exp. (7 juin 1841). — Sur un jeune lapin, on enleva de chaque côté le ganglion cervical supérieur à l'aide du procédé suivant :

L'angle de la mâchoire inférieure et l'apophyse transverse de l'atlas étant pris comme points de repère, on fit une incision longitudinale entre ces deux tubérosités. On évita la veine jugulaire qu'on repoussa en avant, puis, un peu plus profondément, on aperçut bientôt l'artère carotide et le pneumogastrique, entre lesquels se trouve placé le ganglion cervical supérieur au-dessus de l'anse de l'hypoglosse.

Il fut très facile alors d'en faire l'ablation.

Des deux côtés, le ganglion cervical supérieur fut pincé, tiraillé, lacéré, sans donner aucune trace de sensibilité. Le pneumogastrique pincé dans cette région donna, au contraire, des signes de sensibilité évidente.

Le 22 juin 1841, treize jours après, le lapin mourut après quelques jours de langueur.

A l'autopsie, on trouva un épanchement considérable dans la plèvre ; et des fausses membranes épaisses qui couvraient entièrement la face extérieure du péricarde et une partie du poumon gauche. L'intérieur de la poche péricardique était entièrement tapissé par des fausses membranes mais ne contenait pas de liquide. La surface extérieure du cœur, recouverte par des fausses membranes, offrait un aspect comme chagriné. Les plaies du cou étaient parfaitement cicatrisées et on s'est assuré qu'il n'y avait aucune relation directe entre l'inflammation de cette plaie et la lésion du cœur.

On trouva chez ce lapin, comme cela arrive souvent, une grande quantité d'hydatides dans le foie et dans les feuillets du mésentère.

Exp. (12 juillet 1842). — Sur un jeune lapin, on extirpa complétement les quatre ganglions cervicaux.

On commença par l'ablation des deux ganglions cervicaux inférieurs et on constata qu'alors les deux pupilles étaient contractées et offraient leur grand diamètre dans le sens vertical. Ensuite, on enleva les deux ganglions cervicaux supérieurs : la pupille était un peu plus fortement contractée. Après cette opération, l'animal respirait plus lentement et plus difficilement qu'avant ; il but abondamment et ne mangea pas.

Une heure après l'opération, la respiration devint encore plus difficile ; les mouvements respiratoires étaient lents et pénibles.

Trois heures après : même état.

Neuf heures après : respiration excessivement anxieuse ; mouvements respiratoires lents ; mouvements du cœur lents, rares; enfin l'animal mourut comme en syncope.

A l'autopsie, on trouva une quantité énorme de liquide dans la plèvre et le péricarde. Les parties supérieures des poumons étaient hépatisées et tombaient au fond de l'eau.

Le liquide contenu dans la plèvre et le péricarde était un peu trouble et contenait des fausses membranes, ce qui pourrait faire penser que la pleurésie existait avant l'opération. Toutefois, alors, l'animal était vif et paraissait bien portant.

Exp. — Sur un gros lapin, on fit d'abord l'extirpation des deux ganglions cervicaux supérieurs, sans qu'il y eut rien de changé relativement à la rapidité ou à l'intensité des bruits du cœur que l'on ausculta.

On extirpa ensuite les ganglions cervicaux inférieurs; on ne constata pas encore de changement sensible dans les bruits du cœur.

Puis on coupa les pneumogastriques dans la région moyenne du cou. Il y eut aussitôt gène considérable de la respiration. L'animal mourut au bout de six heures.

A l'autopsie on trouva les poumons engoués; ils étaient le siège d'un épanchement de sang noir; le péricarde et les plèvres contenaient une certaine quantité de sérosité.

Messieurs, on a prétendu encore que les mouvements réflexes qui se passent lorsqu'on vient à agir sur un nerf de sensibilité exigeaient, pour leur accomplissement, l'intégrité des ganglions intervertébraux, qui dès lors rempliraient le même rôle, relativement aux mouvements réflexes externes, que les ganglions du grand sympathique relativement aux mouvements réflexes internes. J'ai déjà cité, il y a quelques années, à la Société de biologie, des faits de destruction partielle des ganglions intervertébraux qui pourraient venir à l'appui de cette opinion. Ces expériences consistaient à montrer que la destruction des ganglions intervertébraux enlevait l'action réflexe sans empêcher la transmission de la douleur. Quoi qu'il en soit, il est certain qu'on peut observer des mouvements réflexes non-seulement chez les animaux décapités, mais dans des circonstances où, soit à cause de la légèreté de l'excitation ou de l'affaiblissement des propriétés nerveuses, l'animal ne perçoit plus de douleur. Ces faits ressortent des expériences qui suivent :

Exp. (4 février 1842). — Sur un chien, légèrement stupéfié par l'opium, on découvrit l'anastomose auriculo-temporale de la cinquième paire avec le facial. Son pincement était très douloureux, et, en l'excitant avec une pince, on déterminait des mouvements dans les paupières. On découvrit ensuite le nerf sous-orbitaire qui était très sensible, et, lorsqu'on l'excitait légèrement, on produisait des mouvements dans la lèvre supérieure.

Ces expériences se rapprochent de celles qui ont été déjà faites sur le rameau auriculaire du plexus cervical et elles montrent que, bien que les nerfs de sentiment ne puissent être considérés comme les conducteurs du mouvement, cependant leur excitation légère, non douloureuse, suffit à déterminer un mouvement dans les parties auxquelles ces nerfs se rendent. C'est sans doute par action réflexe qu'a lieu cet effet, et, pour s'en assurer, il était intéressant de faire la section du nerf moteur. En prenant l'oreille pour exemple, c'est le nerf facial qui a été coupé : les mouvements ont cessé.

Exp.— Sur un lézard, décapité étant en mue et à jeun depuis quelque temps, après avoir ouvert l'abdomen, on pinça le ganglion semi-lunaire qui est collé contre la rate. A chacune de ces excitations, on ne vit aucune contraction dans l'estomac ; mais on détermina constamment des mouvements dans les parois abdominales, surtout du côté gauche. Ce résultat a été constaté un grand nombre de fois.

Exp. — Lorsque sur un animal on a coupé la moelle épinière et qu'ensuite on l'asphyxie en obstruant les narines, on voit des mouvements apparaître dans les membres postérieurs au-dessous de la section de la moelle. Ces mouvements se remarquent également lorsqu'on fait périr l'animal d'hémorrhagie. C'est le grand sympathique, qui, sans doute, transmet au bout inférieur de la moelle épinière l'excitation qui cause ces mouvements. Dans ces conditions, on observe encore un phénomène très important, c'est que la galvanisation des bouts inférieurs des pneumogastriques fait apparaître des mouvements dans le train postérieur paralysé, ce qui n'a pas lieu dans les cas où la moelle n'est pas coupée.

Ces mouvements produits dans les membres postérieurs par l'excitation du grand sympathique se remarquent dans d'autres circonstances encore ; par exemple, lorsque dans les expériences sur le foie, on fait la ligature de la veine porte à son entrée dans cet organe, comprenant dans la ligature le paquet nerveux qui l'accompagne : on voit alors des mouvements éclater dans les membres inférieurs.

Pour les centres nerveux, les recherches les plus récentes tendent à prouver que les mouvements réflexes ont pour agents de transmission les cellules de la substance grise, analogues aux cellules des ganglions nerveux. Nous avons vu, dans les nombreuses sections de la moelle épinière, qu'il y avait eu exagération des mouvements réflexes et de l'activité organique en général dans les parties situées au-dessous de la section de la moelle. Nous avons vu que les fonctions du foie elles-mêmes se trouvaient dans le cas des autres parties et que ces fonctions étaient exagérées. Ce qu'il y a de remarquable dans ces expériences, c'est qu'il faut opérer la section dans des points bien déterminées pour que les phénomènes puissent se produire. Nous ne rappellerons pas ce que nous avons dit sur le lieu précis de la piqûre du plancher du quatrième ventricule sur lequel nous avons déjà longuement insisté. Nous rappellerons seulement que, suivant que la section de la moelle porte au-dessus, au niveau ou au-dessous du renflement brachial, les effets sont essentiellement différents et lorsqu'on veut, sur un lapin, couper la moelle, de manière à produire dans l'abdomen les mouvements péristaltiques et les autres phénomènes du côté du foie décrits ailleurs, il faut en général faire la section au-dessus du renflement brachial.

Dans cette expérience, il y a un danger qui consiste à couper la moelle trop haut, au-dessus de l'origine des nerfs phréniques, de telle sorte que l'animal meurt subitement asphyxié. Il y a un procédé qui conduit juste sur l'espace intervertébral qu'il faut atteindre. Pour cela, on saisit, entre le pouce et l'index de la main gauche, la colonne vertébrale par derrière, immédiatement au-dessus de la première côte. En remontant, on trouve à un centimètre ou deux, une dépression qui correspond à l'espace intervertébral dans lequel il faut pénétrer avec l'instrument. De cette manière, on ménage toujours les origines supérieures des nerfs phréniques.

Enfin ces actions réflexes, qui, d'après la théorie actuelle, sont sous la dépendance des cellules du grand sympathique, semblent prendre, ainsi que certaines sécrétions qui en dépendraient, une plus grande activité sous l'influence de certaines substances, le curare en particulier. Voici un nouvel exemple de ces faits sur lesquels nous avons déjà appelé l'attention.

Exp. (28 octobre 1851). — Sur un gros chien, bien portant, ayant servi quelques jours auparavant à l'établissement d'une fistule pancréatique qui était cicatrisée, on introduisit, au commencement de la digestion, une solution de curare sous la peau du dos. Dix à douze minutes après, le poison fit sentir ses effets et la respiration s'arrêta. Alors on plaça l'animal sur une table et on souffla dans la trachée avec un soufflet pendant environ deux heures et demie, en cessant seulement par intervalles. Voici ce qu'on observa :

Le sang, pendant l'insufflation, était très bien poussé dans les artères par le cœur et le pouls était très manifeste. Aussitôt qu'on cessait l'insufflation, le sang devenait noir dans les artères; dès qu'on la recommençait il devenait rutilant. Pendant l'insufflation, les pupilles étaient constamment en mouvement, se dilatant ou se rétrécissant suivant qu'on diminuait ou qu'on laissait arriver la lumière. Il y avait cependant, en général, dilatation pupillaire. Pendant l'insufflation, il y avait sécrétion abondante de larmes et de salive; la plaie même de la fistule pancréatique, qui n'était pas encore complétement cicatrisée, se couvrit abondamment d'une sorte de plasma ou de sérosité. Après deux heures d'insufflation, le cœur battait très bien. Alors, on découvrit le pneumogastrique droit et on le coupa dans la région moyenne du cou. On vit, à ce moment, que la pupille du côté correspondant se rétrécit. Quand on saisissait avec des pinces le bout supérieur du vague et du sympathique, la pupille se dilatait largement, tandis que le pincement et le tiraillement des bouts inférieurs du même nerf ne produisaient aucun effet sur la pupille. En même temps, et lorsqu'on avait cessé momentanément l'insufflation, on vit se manifester dans les membres une espèce de tremblement convulsif. Il y avait des mouvements de déglutition, des mouvements dans la queue, et émission des urines et des excréments ; puis enfin des sortes de tentatives de mouvements respiratoires. Un enduit sec, qui s'était formé sur la cornée, disparut en partie et les pulsations semblèrent devenir plus fortes. Alors on coupa le nerf sciatique et on irrita les deux bouts. L'irritation du bout inférieur produisit quelques mouvements dans les muscles, et celle du bout supérieur des mouvements généraux dans tout le corps. Alors on constata l'apparition du sucre dans l'urine. Enfin, ayant cessé d'insuffler l'animal, il mourut. On a remarqué que les muscles étaient plus irritables qu'à l'ordinaire, et à l'autopsie les ganglions solaires ont paru plus rouges.

Enfin, Messieurs, dans cette leçon, la dernière, relative au système nerveux, nous devons réunir ce qui nous reste à dire sur ce sujet. Nous vous avons déjà rappelé beaucoup d'expériences isolées et se rattachant en même temps à des sujets divers; il nous reste encore à ajouter quelque chose à des expériences dont nous vous avons souvent entretenus, mais dont l'explication physiologique est fort difficile, et en même temps fort importante.

Il s'agit de recherches sur la piqûre du plancher du quatrième ventricule, et du mécanisme par lequel cette lésion vient réagir sur le foie. Nous vous avons déjà dit que cette piqûre ne se transmet pas par les pneumogastriques. D'après des expériences que nous vous avons citées précédemment, elle ne se transmettait pas non plus par les filets du grand splanchnique. Il s'agirait de savoir si la moelle épinière est l'agent de cette transmission. Nous avons fait à ce sujet quelques expériences que nous allons vous rapporter; nous y joindrons, en même temps, quelques nouveaux résultats relatifs au diabète artificiel dont nous vous avons déjà, à d'autres points de vue, cité beaucoup d'exemples.

Celles que nous allons d'abord vous rapporter établiront, qu'en suivant notre procédé ordinaire, qui consiste à traverser le cervelet avant d'arriver sur le plancher du quatrième ventricule, la blessure du cervelet n'a aucune action sur la production du sucre et que cette production de sucre peut avoir lieu lorsqu'on arrive sur le plancher du quatrième ventricule sans blesser le cervelet. Nous avons montré, en outre, dans d'autres circonstances, que les blessures superficielles de la moelle allongée, soit sur sa partie antérieure, soit sur sa partie postérieure, ne produisent pas le diabète artificiel et qu'il faut, pour le déterminer, atteindre la partie moyenne de l'épaisseur de cette partie des centres nerveux.

Exp. (23 juin 1850). — Sur trois lapins de la même portée on fit les expériences suivantes :

1° Sur l'un deux, on découvrit la membrane occipito-atloïdienne en écartant les muscles de la nuque sans les diviser en travers, afin d'éviter la titubation qui en est la conséquence. On divisa ensuite la membrane occipito-atloïdienne d'où résulta l'écoulement du liquide céphalo-rachidien ; après on introduisit l'instrument à piqûre par l'orifice inférieur du quatrième ventricule, de manière à en blesser le plancher au niveau de l'origine des pneumogastriques sans léser le cervelet. Au moment de la piqûre, qu'un mouvement de l'animal rendit un peu plus étendue, il y eut une espèce de sidération, les respirations s'arrêtèrent et les conjonctives devinrent insensibles. Mais bientôt l'animal se rétablit, la respiration s'effectua de nouveau et les yeux reprirent leur sensibilité. Toutefois l'animal resta couché sur le côté.

Après une heure, les urines recueillies étaient alcalines, troubles, jaunâtres et ne contenaient pas de sucre. Plus tard, l'animal était toujours dans le même état, mais ses urines abondantes, toujours troubles, contenaient beaucoup de sucre.

Cinq heures après la piqûre, l'animal étant toujours couché sur le flanc et dans le même état, ses urines étaient claires, abondantes, et contenaient toujours du sucre quoique en quantité moindre que précédemment.

L'animal fut sacrifié par décapitation et on recueillit tout son sang.

Après l'autopsie, on retira le foie qui pesait 45 gr. Il donna par décoction un liquide laiteux sucré qui renfermait pour la totalité du foie 0gr,16 de sucre, ce qui fait 0gr,35 pour 100 grammes de foie.

Le sang contenait 0gr,225 de sucre par 100 centimètres cubes de sang.

L'autopsie de la tête montra que l'instrument avait produit une large piqûre oblique qui s'étendait sur le plancher du quatrième ventricule depuis le bec du calamus scriptorius jusqu'aux tubercules de Wenzel, près de l'orifice postérieur de l'aqueduc de Sylvius.

2° Sur un second lapin, on perfora l'occipital avec l'instrument qu'on enfonça dans l'épaisseur du cervelet sans aller assez profondément pour atteindre le plancher du quatrième ventricule.

Aussitôt après l'expérience, l'animal présenta des respirations plus accélérées; il était comme chancelant sur ses pattes.

L'urine examinée avant l'expérience était trouble, jaunâtre et alcaline, ne contenant pas de sucre.

Trois quarts d'heure après, les urines présentaient les mêmes caractères et ne contenaient pas de sucre.

Deux heures après, les urines examinées ne renfermaient pas de sucre et n'avaient pas changé d'aspect.

Plus tard encore, les urines de l'animal n'offraient pas de sucre.

3° Sur le troisième lapin, on piqua la moelle allongée en traversant le cervelet. Aussitôt après l'animal présenta des respirations plus accélérées ; puis il eut des mouvements de roideur convulsive dans ses membres sur lesquels il se tient soulevé.

Avant l'expérience les urines étaient troubles, jaunâtres, alcalines et ne contenaient pas de sucre.

Trois quarts d'heure après, les urines étaient troubles, alcalines et contenaient des traces douteuses de sucre.

Une heure après la piqûre, il y avait évidemment du sucre quoique en petite quantité.

Une heure et demie plus tard, les urines toujours troubles et alcalines renfermaient une grande quantité du sucre.

Un quart d'heure après on tua l'animal par décapitation, en recueillant son sang. Son foie pesait 41 grammes et donnait une décoction sucrée qui accusa 0gr,88 de sucre pour 100 grammes de tissu frais du foie.

Le sang, dosé, contenait 0gr,269 par 100 centimètres cubes de sang. Enfin, l'urine la plus sucrée contenait une quantité de sucre correspondant à 2gr,5 pour 100 centimètres cubes d'urine.

Exp. — Sur un lapin adulte, bien portant, on fit la piqûre du plancher du quatrième ventricule par le procédé ordinaire. Au bout d'une heure environ, l'urine du lapin contenait très évidemment du sucre, dont la présence fut constatée par la réduction du liquide cupro-potassique et par la fermentation. L'animal n'avait pas de désordres très marqués dans les mouvements, si ce n'est un peu d'inclinaison de la tête à droite. Environ une heure et demie après la piqûre, lorsque la quantité de sucre était considérable dans les urines et dans le sang de la veine jugulaire, on coupa la moelle épinière tout à fait au commencement de la région dorsale.

Aussitôt après cette section de la moelle, le lapin fut complétement paralysé de tout le train postérieur. Les côtes étaient immobiles et l'animal respirait par le diaphragme seulement.

La formation de l'urine sembla arrêtée par la section de la moelle ; car, après cette opération, il fut impossible d'en faire rendre à l'animal.

Deux heures environ après la section de la moelle, n'ayant pu obtenir de l'animal aucune quantité d'urine, on retira du sang de la veine jugulaire et de l'artère carotide, et on constata que le sucre y avait considérablement diminué sans avoir toutefois disparu.

D'après cela, il paraîtrait vraisemblable que la section de la moelle épinière aurait fait diminuer la production du sucre dans le sang et dans l'urine, si la formation de ce dernier liquide n'avait pas été complétement arrêtée.

L'animal fut alors tué par hémorrhagie, et son foie étant examiné donna une décoction très laiteuse qui contenait très peu de sucre.

L'autopsie de la tête montra que la piqûre avait été faite au niveau des tubercules de Wenzel et un peu sur le côté droit, ce qui explique l'inclinaison de la tête de l'animal de ce côté.

La quantité d'urine qui s'était écoulée avant la section de la moelle ne paraissait pas plus considérable que dans les conditions normales.

Exp. — Sur un autre lapin, adulte et bien portant, on fit la piqûre du plancher du ventricule, et, une heure environ après, on examina l'urine qui contenait beaucoup de sucre. Le lapin avait quelques troubles dans les mouvements et était un peu chancelant. On suivit l'animal pendant trois heures et on constata que l'urine, qui n'était pas augmentée de quantité, contenait toujours beaucoup de sucre. Cette particularité que l'urine était sucrée sans être plus abondante, faisait supposer, d'après d'autres expériences déja indiquées (t. I) que la piqûre devait siéger un peu haut.

On sacrifia l'animal pour faire l'autopsie de sa tête, et on trouva, en effet, que la piqûre siégeait un peu au-dessus des tubercules de Wenzel et sur la limite de la région dont la lésion produit le diabète.

Chez le lapin, la quantité de sucre commençait déjà à diminuer dans l'urine, trois heures après la piqûre, au moment où il fut sacrifié.

Exp. — Sur un jeune chien, bien portant et en digestion, on fit la piqûre du plancher du quatrième ventricule. Il en résulta un peu de déviation dans la tête du côté gauche, et un désordre marqué dans les mouvements. Environ une heure et demie après la piqûre, on retira de l'urine de la vessie au moyen de la sonde, et l'on y constata, d'une manière très évidente, la présence du sucre. Chez cet animal, on remarqua en même temps qu'une salivation très abondante s'était développée à la suite de la piqûre, et on mit à découvert les conduits salivaires parotidien et sous-maxillaire, d'abord du côté gauche, puis du côté droit. Du côté gauche, il y avait une sécrétion de la glande sous-maxillaire plus forte que la sécrétion parotidienne du même côté ; mais on constatait très nettement qu'à droite la sécrétion sous-maxillaire était beaucoup plus forte que celle du côté gauche. On mit un tube dans chacun des conduits sous-maxillaires et on observa encore de nouveau que la quantité de salive qui s'écoulait par le tube droit était beaucoup plus considérable que celle qui s'écoulait par le tube gauche. A droite, l'écoulement de la salive était continu, tandis qu'à gauche il était quelquefois presque nul et s'accélérait surtout lorsqu'on irritait la plaie dans laquelle se trouvait le nerf lingual.

A ce moment, on coupa le nerf lingual des deux côtés et on pinça successivement les deux bouts périphériques et les deux bouts centraux de ces nerfs. Lorsqu'on pinçait les bouts périphériques, on n'observait d'augmentation de la sécrétion salivaire ni à droite ni à gauche. Lorsqu'on pinçait, au contraire, les bouts centraux, il y avait augmentation de sécrétion à droite et à gauche, pour le pincement de chacun des bouts. On observa seulement ceci de particulier que, lorsqu'on pinçait le bout central du nerf lingual droit, on provoquait de ce côté un écoulement très abondant de salive, et du côté opposé un écoulement faible; tandis que, en pinçant le bout central du nerf lingual gauche, on provoquait un écoulement modéré de salive dans la glande du même côté, et un écoulement très considérable dans celle du côté droit.

On voit par là que le pincement des bouts centraux des deux nerfs linguaux agissait toujours plus énergiquement sur la sécrétion salivaire du côté droit ; ce qui prouve que la piqûre avait apporté à l'origine du nerf de ce côté une excitation fonctionnelle. Cependant, il paraîtrait qu'il y eut effet croisé, car l'animal déviait la tête à gauche.

Après avoir fait toutes ces constatations, on a essayé la section des nerfs splanchniques dans le thorax d'après le procédé déjà indiqué ; puis on a laissé l'animal en repos.

Cette nouvelle opération ne changea rien à l'écoulement de la salive qui était toujours très abondant et continuel du côté droit, tandis qu'à gauche cet écoulement était très faible.

Environ trois heures après la section des nerfs splanchniques, on retira de l'urine de la vessie de l'animal, et on y constata l'absence du sucre, tandis que dans les urines recueillies avant, on avait reconnu sa présence au moyen de la fermentation et du liquide cupro-potassique.

A l'autopsie, on vit que la piqûre siégeait immédiatement au-dessus de l'origine du pneumogastrique, et un peu à droite, du côté opposé à la déviation de la tête. Le siége de cette piqûre explique très bien la présence du sucre dans l'urine, la déviation de la tête à gauche, et la sécrétion plus abondante de salive du côté droit. On trouva chez ce chien des traces de vascularisation, comme inflammatoire, dans les ventricules. Le foie et l'urine ne contenaient pas de sucre.

Exp. — Sur un lapin, en digestion et bien portant, on coupa la moelle épinière au commencement de la région dorsale, après quoi on piqua le plancher du quatrième ventricule comme pour rendre le lapin diabétique. Mais, ainsi que nous l'ont montré les expériences précédentes, comme il est impossible d'avoir de l'urine dans ces conditions, nous avons eu recours à l'examen du sang pour y constater la présence du sucre. On avait, avant la piqûre du plancher du quatrième ventricule, saigné l'animal et vidé la vessie de l'urine qu'elle contenait. Ensuite on laissa en repos l'animal qui était paralysé du train postérieur, couché sur le côté, ne respirant que par l'abdomen.

Une heure et demie après, l'animal étant toujours dans le même état, on le saigna de nouveau à la même veine jugulaire, et on vit qu'il n'y avait pas d'urine dans la vessie.

En examinant, au point de vue du sucre, le sang des deux saignées, on constata qu'il existait du sucre dans toutes deux, et il était difficile de déterminer s'il y en avait plus dans un cas que dans l'autre.

Trois heures et demie après l'opération, l'animal étant toujours dans le même état, on fit de nouveau une saignée à la veine jugulaire, et on constata qu'il n'y avait plus de sucre dans le sang. On observa de plus qu'à ce moment la température de l'animal avait considérablement baissé dans le rectum, et que de 38 degrés, température normale, elle était descendue à 23 degrés.

Alors on tua l'animal par hémorrhagie, et on constata de nouveau dans tout son sang qu'il n'y avait pas de sucre.

Le foie donna une décoction très laiteuse qui était dépourvue de sucre.

L'autopsie de la tête montra que la piqûre avait été faite dans le lieu convenable pour produire l'apparition du diabète.

Cette expérience est intéressante en ce qu'elle nous montre, d'abord qu'après la section de la moelle épinière l'urine cesse de se produire et que le sucre disparaît du sang, d'où il résulte clairement que l'action de la piqûre, qui a pour effet d'augmenter cette transformation de matière sucrée, ne peut plus se transmettre au foie lorsque la moelle épinière a été coupée. De plus, nous avons vu le tissu du foie lui-même ne plus contenir de matière sucrée, mais il renfermait la matière glycogène qui, dans ce cas, ainsi que cela a lieu dans toutes les sections de la moelle, semble s'être formée en quantité plus abondante, comme si le tissu du foie avait acquis un surcroît de vitalité, comme cela a lieu, dans ces conditions, pour les tissus musculaire et nerveux.

Exp. — Sur un lapin adulte et bien portant on fit la piqûre du plancher du quatrième ventricule, en cherchant à tomber un peu plus bas que le point ordinaire, pour obtenir une augmentation de l'urine en même temps que l'apparition du sucre.

Après la piqûre, l'animal éprouva un désordre considérable des mouvements et une espèce d'opisthotonos. Après cette piqûre, la quantité de l'urine augmenta considérablement, et de trouble qu'elle était [illegible] devint limpide et transparente.

Pendant trois ou quatre heures après l'opération, on constata l'augmentation de la quantité d'urine, mais il n'apparut point de sucre. On tua alors l'animal par hémorrhagie et on constata dans son sang des traces excessivement faibles de sucre; on n'en put pas trouver dans la décoction de son foie, qui était à peu près transparente. L'autopsie de la tête montra que la piqûre était faite bien exactement sur la ligne médiane; mais beaucoup au-dessous des tubercules de Wenzel, et c'est là un des cas que nous avons déjà signalés, dans lesquels on peut produire l'augmentation de l'urine sans l'apparition du sucre.

Exp. — Un chien de forte taille, et en digestion, fut piqué au plancher du quatrième ventricule, après qu'on eut fait préalablement, à l'aide d'un perforateur, un trou à l'occipital par lequel on put diriger l'instrument. Au moment de la piqûre, l'animal fit un mouvement qui causa une blessure plus large et des désordres considérables dans les mouvements. L'animal avait la tête fortement inclinée à droite, poussait des hurlements très forts, fut pris de vomissements et d'une salivation très abondante.

Une heure après environ, on examina l'urine qui contenait des quantités considérables de sucre, et elle resta sucrée jusqu'à la mort de l'animal, qui eut lieu pendant la nuit. En effet, le lendemain on retira de l'urine de la vessie, après la mort, et on constata qu'elle était toujours sucrée. Le tissu du foie donna une décoction qui contenait également du sucre.

L'autopsie de la tête montra que la piqûre siégeait à droite, qu'elle était oblique, très étendue, et remontait jusqu au-dessus de l'origine des pneumogastriques.

On peut voir, d'après les expériences précédentes, que les résultats obtenus offrent une grande variété quant au rapport entre l'apparition du sucre dans les urines et sa production dans le foie.

De plus, dans ces expériences, nous avons vu que la section de la moelle épinière fait disparaître le sucre du sang ainsi que de la décoction du foie; mais, dans ce cas, le foie contient de la matière glycogène en très grande proportion.

Quant à la section des nerfs splanchniques et à l'influence que cette opération peut avoir sur la production du diabète artificiel, nous voyons que la section de ces nerfs ne paraît pas empêcher ce phénomène. Il en résulterait que c'est probablement par les filets splanchniques nés plus haut que peut se transmettre cette action de la piqûre du plancher du quatrième ventricule, qui doit évidemment se propager depuis la moelle allongée jusqu'au foie par une continuité nerveuse.

Aujourd'hui, le cours de ce semestre se trouve terminé, et là doivent s'arrêter pour le moment nos études sur le système nerveux. Nous n'avons pas eu la prétention d'épuiser notre sujet. Nous avons voulu vous montrer seulement que la science est loin, comme on l'a voulu montrer, d'être faite sur cette partie, et qu'elle offre encore matière à d'abondantes découvertes pour ceux qui voudront s'en occuper.

Nous avions chemin faisant ajourné certaines questions qui, malheureusement, restent encore à résoudre.

Ainsi, relativement aux nerfs olfactifs, nous avons émis notre opinion sur les fonctions exclusives de ces nerfs dans le sens de l'olfaction. Nous avions à ce sujet projeté des expériences que nous n'avons pas eu le temps de réaliser.

Relativement à l'influence des différents rameaux qui partent du nerf intermédiaire de Wrisberg pour se rendre aux glandes, nous n'avons pas non plus terminé les expériences que nous avons projetées. Mais, dans un cours prochain, nous aurons certainement l'occasion de revenir sur ces questions.

Nous n'avons pas non plus épuisé aussi complétement que nous l'eussions désiré la recherche des propriétés de sensibilité récurrente dans les nerfs de la face, ni les différentes études que nous aurions pu poursuivre sur la nature de ce phénomène. Toutefois, nous vous avons indiqué toutes ces questions d'une manière suffisamment précise, pour qu'elles puissent servir de point de départ à ceux d'entre vous qui désireraient poursuivre quelques-uns des problèmes si intéressants que nous présente encore l'étendue du système nerveux.

FIN DU TOME SECOND.

TABLE DES MATIÈRES

DU TOME SECOND.

FIN DE LA TABLE DES MATIÈRES DU TOME SECOND.

Lightning Source UK Ltd.
Milton Keynes UK
UKHW010122181218
334172UK00014B/807/P